Wolf D. Beiglböck

Lineare Algebra

Eine anwendungsorientierte Einführung
in die Geometrie, die Gleichungs-
und Ungleichungstheorie
sowie die Proportionalitätsgesetze
zum Gebrauch neben Vorlesungen

Springer-Verlag
Berlin Heidelberg New York Tokyo 1983

Professor Dr. Wolf D. Beiglböck
Institut für Angewandte Mathematik der Universität Heidelberg,
Im Neuenheimer Feld 294, D-6900 Heidelberg

Umschlagbild vom Verfasser nach einem Motiv aus
A. Dürers „Unterweysung der Messung mit dem Zirkel und Richtscheit"
3. Ausgabe, 1538

ISBN 3-540-12477-2 Springer-Verlag Berlin Heidelberg New York Tokyo
ISBN 0-387-12477-2 Springer-Verlag New York Heidelberg Berlin Tokyo

CIP-Kurztitelaufnahme der Deutschen Bibliothek
Beiglböck, Wolf:
Lineare Algebra : e. anwendungsorientierte Einf. in d. Geometrie, d. Gleichungs- u. Ungleichungs-
theorie sowie d. Proportionalitätsgesetze zum Gebrauch neben Vorlesungen, Wolf D. Beiglböck.
– Berlin ; Heidelberg ; New York : Springer, 1983.
ISBN 3-540-12477-1 (Berlin, Heidelberg, New York, Tokyo)
ISBN 0-387-12477-1 (New York, Heidelberg, Berlin, Tokyo)

Offsetdruck und Bindearbeiten: Beltz Offsetdruck, 6944 Hemsbach
2144/3130-543210

Inhaltsverzeichnis

1. Motivation

Das lineare Proportionalitätsgesetz aus Physik und Ökonomie sowie seine Darstellung durch Tabellen. Lösung eines linearen Gleichungssystems durch Manipulieren des Koeffizientenschemas. Die Grundlagen der Matrizenrechnung und ihr Beitrag zum Gauss'schen Algorithmus. Die elementare Vektorrechnung gegründet auf die Konstruktionslehre der Synthetischen Geometrie.

2. Lineare Räume

Entwicklung der Koordinatendarstellung linearer Räume aus ihrer axiomatischen Grundlegung: Austauschprinzip, Basis, Dimension. Die direkte Summe und die lineare Unabhängigkeit. Die Grassmann'sche Dimensionsformel. Existenz einer Basis. Verwendung des Gauss-Jordan'schen Verfahrens zur rechnerischen Bestimmung der linearen Unabhängigkeit von Vektoren, der Dimension von Teilräumen und der Inversen. Der Rang einer Matrix.

3. Die lineare Abbildung

Beziehung der Linearität von Abbildungen zur Struktur der unterlegten Vektorräume. Der Isomorphiesatz und das Übertragungsprinzip für lineare Räume. Die algebraische Struktur und die Matrixdarstellung von Hom(X,Y). Koordinatentransformationen.

Aut(X) als Automorphismengruppe von End(X), invariante Gesetzmässigkeiten und die Variablensubstitution als Lösungsverfahren linearer Gleichungssysteme.

4. Die linearen Gleichungen   95

Die drei fundamentalen Auffassungen eines linearen Gleichungssystems. Allgemeine und partikuläre Lösungen, homogene und inhomogene Systeme, lokale und globale Existenzkriterien und Eindeutigkeitskriterien für die Lösungen. Vollständige numerische Lösungen mit dem Gauss'schen Verfahren, Rundungs- und Stabilitätsprobleme. Die UDO-Zerlegung. Die Fredholm'sche Alternative. Lösung mit dem Cramer'schen Verfahren für n ≤ 3. Die Grassmann'sche Determinantenfunktion und ihre Koordinatendarstellung. Die Determinante einer linearen Abbildung und ihrer Matrixform. Der Laplace'sche Entwicklungssatz, die Determinantenformel der Inversen, der Determinantentest für lineare Unabhängigkeit. Determinantenberechnung für spezielle Matrizen. Ihre Vereinfachung mithilfe des Gauss'schen Algorithmus.

5. Die affine Geometrie   133

Der affine Raum der Anschauung, sein Tangentenraum, die affine Basis und Dimension. Die Parallelität. Affine Koordinatendarstellung und Parameterdarstellung eines m-Flachs. Das Teilverhältnis. Affine Abbildungen, der Isomorphiesatz und das Übertragungsprinzip der affinen Geometrie. Die Gruppe der affinen Transformationen eines Vektorraumes und ihre Struktur. Die Abbildungsgeometrie nach dem "Erlanger Programm". Das m-Simplex und der Schwerpunktsbegriff. Das Parallelepiped und die Determinantenfunktion als Volumbegriff. Die Orientierung.

6. Die linearen Funktionale   160

Im Hauptsatz der Dualitätstheorie findet man die (kanonischen)Isomorphismen von X auf X* und X** sowie die Darstellungsformeln für Vektoren mit Hilfe dualer Basispaare. Fundamentale Eigenschaften des Annullators werden auf die Beschreibung von Hyperebenen und der Lösungsmannigfaltigkeiten von Gleichungssystemen angewandt; geometrische Deutung des Gauss'schen Verfahrens. Die Transponierte. Einige Fredholm'sche Alternativen. Anwendung der Dualität auf die geometrische Behandlung linearer Ungleichungen: Polyeder, Kegel, Trennungssatz und Darstellbarkeit mit Hilfe der Extremalpunkte. Die Fredholm'sche Alternative für Ungleichungen wird gegeben. Das zentrale Thema der Ungleichungstheorie ist der Dualitätssatz von J.v. Neumann und eine Skizze des Simplexverfahrens.

7. Die metrischen Strukturen   198

Auf dem Skalarprodukt wird die metrische Dualitätstheorie aufgebaut. Metrischer Fundamentaltensor, Cauchy-Schwarz- und Minkowski-Ungleichung, Schmidt'sches Orthonormalisierungsverfahren. Die orthogonalen und selbstadjungierten Abbildungen, sowie die orthogonalen Projektoren werden vorgestellt. Die metrische Geometrie wird auf die Ähnlichkeitstransformationen gegründet. Der metrische Volumbegriff und drei grundlegende Winkelbegriffe dienen als Beispiel geometrischer Objekte. Der Spiegelungsbegriff führt zur Cholesky-, QR- und Polarzerlegung sowie zum Tridiagonalisierungsverfahren für Matrizen. Die Behandlung der Bilinearformen schlägt eine Brücke von den Skalarprodukten zu den Endomorphismen. Punktspiegelungen werden behandelt und damit die vollständige affine und metrische Klassifikation von Quadriken gegeben. Die Hauptachsengleichung verweist schon auf die Eigenwerttheorie. Bemerkungen zur indefiniten und symplektischen Geometrie schliessen dieses Kapitel ab.

8. Die Rolle der komplexen Zahlen   239

Im Geiste des "Erlanger Programms" wird eine auf die Gruppentheorie gestützte geometrische Konstruktion der komplexen Zahlen und der Quaternionen gegeben. Die Theorie komplexer linearer Räume wird skizziert. Anschliessend findet man den für die Deutung der Eigenwerttheorie wichtigen Zusammenhang zwischen komplexen und reellen Vektorräumen. Die Nullstellensätze für Polynomfunktionen werden zitiert und auf ihre Bedeutung für die Lineare Algebra hin untersucht.

9. Die Reduktionstheorie   253

Die Untersuchungen zur Spektraltheorie werden am Beispiel eines dynamischen Systems motiviert. Es werden drei äquivalente Definitionen für das Spektrum vorgestellt und der Zusammenhang zwischen der Reduktionstheorie reeller Operatoren und ihrer Komplexifizierung geklärt. Als Anwendung folgt der Satz über die Quasitriangulierbarkeit reeller und die Triangulierbarkeit komplexer Endomorphismen. Die metrische Reduktionstheorie des vektorraumtheoretischen Spektrumsbegriffs führt zur Diagonalisierung (bzw. Quasidiagonalisierung) der Matrixform von selbstadjungierten und normalen Abbildungen durch orthogonale Transformationen. Diese Ergebnisse werden mit Hilfe des abbildungstheoretischen Begriffs des Spektrums in End(X) neu formuliert und gipfeln im Spektralsatz für normale Operatoren, Funktionenkalkül, Wurzelziehen und der komplexen Polarzerlegung. Das algebraisch erklärte Spektrum wird verwendet, um die affine Reduktionstheorie bis zur Jordan'schen Zerlegung zu entwickeln. Affine Diagonalisierbarkeit, halbeinfache und nilpotente Endomorphismen, algebraische und geometrische Multiplizitäten, Wurzelräume, Jordan'sche Normalform.

Anhänge

Literaturverzeichnis 287

Sachverzeichnis 291

Einleitung

Vor die Wahl gestellt, zu einer sehr kurzen Einleitung, in der ich nur sagen wollte, dass dieses Buch den Inhalt meiner 1980/81 in Heidelberg gehaltenen Anfängervorlesung wiedergibt, zu greifen oder in einer vielleicht über Gebühr langen dem Leser den Aufbau des Werks und meine Auffassung von der Linearen Algebra vorzustellen, habe ich mich schliesslich für den zweiten Weg entschieden[†].

Obwohl es im logischen Ablauf keine Lücken lässt und auch keine Beweise überspringt oder unzulässig verkürzt, ist dieses Buch weniger zum Selbststudium als vielmehr als Begleittext zu einer einführenden Vorlesung in die Lineare Algebra gedacht. Der Leserkreis wird vorwiegend aus Studienanfängern bestehen. Von diesen setze ich voraus, dass sie eine solide mathematische Vorausbildung an der Schule, vor allem im Hinblick auf die Beherrschung grundlegender Rechen- und Schlusstechniken sowie auf ein solides Beispielmaterial in der elementaren Geometrie, bekommen haben. Die an sich begrüssenswerte Experimentierfreudigkeit einer bis vor zwanzig Jahren im Ausprobieren zeitgemässer naturwissenschaftlicher Ausbildungsformen recht unerfahrenen Behörde hat leider dazu geführt, dass die Vorbildung der jetzt in die höheren Lehranstalten, insbesondere die Universitäten, eintretenden Studenten recht uneinheitlich erscheint. Es ist daher unbedingt zuzuraten, den Stoff der Grundvorlesungen nicht allein aus einem Buch, sondern möglichst mit Unterstützung eines Dozenten zu lernen; zumindest sollten die Bibliotheken, die in der Regel über eine gute Kollektion elementarer Lehrbücher verfügen, intensiv genutzt werden. Um das zu erzwingen, und auch um dem Wunsch des Verlegers nach einem kurzgefassten Einführungstext nachzukommen, habe ich darauf verzichtet, Strichzeichnungen oder mehr als unbedingt nötig an Rechenbeispielen aufzunehmen. Ich gebe aber eine längere Literaturliste an, als man sie sonst in einführen-

---

[†] Das erlaubt mir auch, einige Streiflichter auf die historische Entwicklung der hier behandelten Theorie zu werfen.

den Texten finden kann; dort findet der Leser seinem Interessengebiet
entnommene Beispiele[†]. Der Dozent sollte diese Liste in Anpassung an den
von ihm betreuten Ausbildungsgang ergänzen.

Es fehlen mit wenigen in den Text eingebauten Ausnahmen auch die
Übungsaufgaben. Hierfür gibt es neben den genannten Gründen noch einen
weiteren: Geübt werden sollte eigentlich stets im engen Wechselspiel
zwischen Lehrenden und Lernenden. In diesen Vorgang soll ein Begleittext
nicht eingreifen. Dass dies in der Tat zum Schaden der Ausbildung gereichen
kann, hat mir meine Erfahrung in den Vereinigten Staaten gezeigt, wo das
zu enge Arbeiten am Text und das Beharren auf den dort meist einschliesslich der Lösungen vorgegebenen Aufgaben zu einem für Dozenten und
Studenten gleichermassen sterilen und langweiligen Unterricht geführt hat;
die jüngere Generation versucht, davon mit viel Einsatz und Engagement
für das Lehren wieder abzukommen. Die Entwicklung, die die Fachbücher,
vor allem die im Zusammenhang mit dem Fernstudium entwickelten, in
Deutschland in letzter Zeit durchgemacht haben, zeigt, dass hier die Erfahrung der Amerikaner noch vor uns liegt. Ich möchte diesen Lernprozess
beschleunigen und hoffe, dass dieses Buch das mitbewirken kann. Die
Schule soll an gut gewählten Teilgebieten die mathematische Intuition (im
Sinne von Descartes) und die solide Beherrschung von elementaren Rechentechniken vermitteln; das grosse Ordnen und Aufräumen, das Aufzeigen von Zusammenhängen zwischen verschiedenen Sachgebieten und das
darauf gegründete Vorbereiten auf die Höhere Mathematik, die Physik oder
andere naturwissenschaftlich arbeitende Fächer ist Aufgabe und Hauptanliegen der Grundausbildung der berufsbildenden Hochschulen und Universitäten, in Einzelfällen vielleicht auch der einer gut geplanten und mit
dem Hochschulcurriculum abgestimmten Oberstufe an Gymnasien. In
keinem Fall sollte es auf dieser Ebene mehr nötig sein, beispielsweise über
unzählige Seiten hinweg dem Leser Matrizenumformungen (in der Regel
entartet das sehr schnell zu einem Einüben der Grundrechnungsarten an
rationalen Zahlen) im Detail vorzuführen; einige anleitende Hinweise müssen genügen, der Rest gehört in die Hausaufgaben und deren mündliche
Bearbeitung in den Übungsstunden.[*]
Ich habe Wert darauf gelegt, den Stoff, soweit dies in einem einführenden
Text zulässig ist, in recht konzentrierter Form niederzuschreiben. Bereits an
dieser Stelle möchte ich den Studenten darauf hinweisen, dass ihn kein
Lese-, sondern ein Arbeitsbuch erwartet. Wie schon oben erwähnt, habe ich

---

[†]Besonders empfehle ich — gerade auch zur Vorbereitung auf Prüfungen —, das
originelle Buch von Glazmann/Liubitch [23] wenigstens zum Teil selbständig
durchzuarbeiten.
[*] "The method of many examples and continuous exercise which springs from the
philosophy of inductive acquisition of patterns of attitudes, ideas, concepts and
judgments is always applicable; only it is a question whether this method is not just
the cause of many learning failures, whether it not often does block learning" [16].
Diese Bedenken Freudenthals halte ich für berechtigt.

mich bemüht, Gedankensprünge zu vermeiden, ich habe aber auch ebensoviel Mühe darauf verwandt, Wiederholungen auszuweichen. Dieses kann der Sache nach natürlich nicht gelingen, will man aus relativ wenigen Grundannahmen eine für die Anwendungen ausreichende Fülle von Lehrsätzen ableiten; methodisch hoffe ich, das Ziel dennoch erreicht zu haben, indem ich den Leser, anstatt ein Argument mehrmals ausführlich zu geben, ständig im Text auf die Stelle, wo es zum erstenmal ausgesprochen wurde, zurückverweise. Dem Ungeübten empfehle ich, solche Beweise, die vor allem in der zweiten Hälfte des Buches häufiger auftreten, auf einem Stück Papier genau durchzuarbeiten. Mit diesem Stil hoffe ich, den Leser zu veranlassen, ständig in dem bereits bearbeiteten Stoff nachzuschlagen, um sich so das Gelernte besser einzuprägen und das Ineinandergreifen der abgeleiteten Lehrsätze verstehen zu lernen. Dies ist ein Versuch, eine von Descartes in seinen "Regeln zur Anleitung des Verstandes", [10], Regel 11, formulierte Empfehlung pädagogisch umzusetzen. Er sagt dort, wenn ich eine freie Übersetzung versuchen sollte, das Folgende:

Wollen wir, nachdem wir intuitiv einige einfache Wahrheiten erfasst haben, daraus irgendwelche Folgerungen ziehen, dann ist es nützlich, sie in einem kontinuierlichen und ununterbrochenen Gedankengang zu durchlaufen, über ihre wechselseitigen Beziehungen zu reflektieren und so viele Sätze, als es uns möglich ist, gleichzeitig und gemeinsam zu erfassen. Denn dieses ist ein Weg, unser Wissen sicherer zu machen und die Kraft unseres Verstandes beträchtlich zu erweitern.

Schliesslich behaupte ich im Untertitel, dass ich eine anwendungsorientierte Einführung in die Lineare Algebra vorlege. Oberflächlich betrachtet mag ich hier mein Thema verfehlt haben, indem ich, wie schon dargelegt, wenige explizite Beispiele bringe. Mich da zu rechtfertigen würde mehr Platz benötigen, als ich dieser Angelegenheit in einer Einleitung einzuräumen bereit bin. Ich will aber doch ein paar Schlaglichter auf meine Auffassung werfen; die nachfolgenden historischen Anmerkungen werden diese noch für den Leser vertiefen. Ich glaube nicht, dass den Anwendern damit gedient ist, wenn ich jedem von ihnen die Nützlichkeit der Methoden an Beispielen, die aus ihrem eigentlichen—etwa physikalischen oder technischen—Sinnzusammenhang gerissen sind, demonstriere. Da ausserdem noch jeder die Theorie von seinem Blickwinkel aus betrachtet, wird bei einer solcherart anwendungsnahen Darstellung auch die Eleganz des mathematischen Aufbaus empfindlich gestört, also die gerade für den Anwender so wichtige Klarheit unseres Denkschemas getrübt. Ich mache aber die Konzession, aus der Anwendung kommende Beispiele zur Motivierung des Fortgangs der logischen Entwicklung zu verwenden. Der aufmerksame Leser kann von hier aus erkennen, welche Teile der Theorie für seine eigenen Zwecke besonderes Gewicht haben könnten. Die Lineare Algebra ist das Beispiel par excellence, wo eine uns Menschen eigene Art zu denken und zu argumentieren formalisiert und mathematisch exakt gemacht werden konnte. Es ist uns in den vergangenen 150 Jahren gelungen, die Gesetze der linearen Proportionalität, wichtige Teile der Geometrie, aber auch die

Lösungsmethoden linearer Gleichungssysteme auf einen ihnen gemeinsamen, einfachen und intuitiv erfassbaren Kern, den wir heute axiomatisch zu formulieren gewohnt sind, zurückzuführen. Dem Praktiker ist am meisten damit gedient, wenn ihm das Erfassen dieser Axiome und anschliessend daran des Erlernen der Technik, daraus für ihn nutzbringende Folgerungen zu ziehen, ermöglicht wird. Descartes sagt dazu, dass die Intuition die von Zweifeln freie Auffassungsform des reinen und wachen Verstandes ist, die der Erleuchtung durch die Vernunft allein entspringt; er hält sie für gewisser als die Deduktion. In Regel 5 der oben zitierten Schrift rät er uns, dass wir dunkle und verwickelte Aussagen erst schrittweise methodisch auf einfachere zurückführen und erst danach, ausgehend vom intuitiven Erfassen der absolut einfachsten, zu allen anderen Lehrsätzen aufsteigen sollten. Das erste Kapitel soll helfen, diese einfachsten als Axiome gefassten Sätze zu finden; danach beginnt der Aufstieg, auf dem eine Einführung den Leser nur ein kurzes Stück begleiten kann. Danach wird der Ökonom, der Ingenieur, der Physiker und auch der Mathematiker in seiner eigenen Fachliteratur sich den weiteren Weg bahnen müssen. Ich bemühe mich nur, ihm an den entsprechenden Stellen den Weg zu weisen und zu verdeutlichen, wo er logisch anzusetzen hat.

Das ganze Buch hindurch, mit Ausnahme der dem Eigenwertproblem gewidmeten Kapitel, wachen wir über die rechnerische Entscheidbarkeit der aufgeworfenen Probleme. Viele Algorithmen zum Lösen linearer Gleichungs- und Ungleichungssysteme, zur Vereinfachung von Matrizen, zur Bestimmung der linearen Unabhängigkeit, zum Auffinden bequemer Koordinatensysteme und manches mehr werden an den dafür logisch natürlichsten Stellen in das Gesamtbild eingebaut. Wie man aber etwa einem Rechner die Aufgabe am besten eingibt, muss ein Lehrbuch der numerischen Mathematik darlegen; dabei auftretende Probleme, wie beispielsweise die der Stabilität oder der Laufzeit von Rechenmethoden, können hier nur skizzenhaft aufgezeigt werden. Die numerische Eigenwertbestimmung ist weniger ein algebraisches als vielmehr ein analytisches Problem. Ich habe mich daher—nicht ohne Bedauern—dazu entschlossen, sie nicht in diesem Buch darzustellen. Die vorgeführten Sätze erlauben es aber, wenigstens in sehr einfach gelagerten Fällen zu Ergebnissen zu kommen; am Beispiel der Hauptachsentransformation und an einem einfachen dynamischen System kann der Leser lernen, welche für die Anwendungen brauchbare Information in den Eigenwerten steckt.

Zieht sich der Aspekt der Berechenbarkeit durch das ganze Buch, so trifft das für andere praktische Gesichtspunkte nicht zu.

Die für den Wirtschaftswissenschaftler interessante lineare Optimierung bekommt nahezu ein ganzes Kapitel eingeräumt, obwohl sie den Hauptstrom der Entwicklung nicht fördert; sie illustriert aber in überzeugender Weise den Nutzen der Dualitätstheorie und den der geometrischen Interpretation algebraischer Probleme.

Die Geometrie selbst, in gewissem Sinne die Stammmutter der Linearen Algebra, kommt auf den ersten Blick für viele zu knapp und in einer

vielleicht als unbefriedigend empfundenen Form weg. In der Tat tritt sie in
zwei Auffassungen auf: Einmal naiv beim Studium affiner Mannigfaltigkeiten, wo ich im Interesse der Physiker eine Formulierung, die den schnellen Anschluss an die für die moderne Vektoranalysis benötigte Theorie der
differenzierbaren Mannigfaltigkeiten ermöglicht, gewählt habe, und einmal
in der auf F. Klein, S. Lie und H. Poincaré zurückgehenden geometrischen
Invariantentheorie. Diese wird auch deshalb behandelt, um der Auffassung,
dass die funktorielle Einführung der Endomorphismenalgebra die wesentliche Idee war, die die Lineare Algebra über die Vektorrechnung des vorigen
Jahrhunderts stellt, mehr Nachdruck zu verleihen.

Im übrigen zieht sich gerade diese Botschaft durch das ganze Buch und
erreicht neben der Geometrie ihren zweiten Höhepunkt im Spektralsatz des
letzten Kapitels.

Über den Inhalt des vorliegenden Buches will ich hier nicht mehr sagen.
Ich habe dazu ein beschreibendes Inhaltsverzeichnis gewählt und verweise
den Leser darauf. Darüberhinaus steht ihm ein sehr ausführliches Stich-
wortverzeichnis zur Verfügung, an dem er sich orientieren mag. Obwohl mir
in bezug auf den Aufbau und auch auf den einen oder anderen Beweis kein
unmittelbares Vorbild bekannt ist, enthält das Buch nichts dem Fachmann
Neues. Es hat natürlich auch den allen einführenden Werken anhaftenden
Fehler, dass es gerade dann aufhören muss, wenn es für viele spannend zu
werden beginnt. Hier muss der Dozent korrigierend eingreifen. Der
Numeriker hätte gerne noch ein Kapitel zur Eigenwertanalyse, der Physiker
erführe lieber mehr über die multilineare Algebra und die Vektoranalysis,
dem Ingenieur mangelt es an einer weitergehenden Einlassung in problem-
orientierte Koordinatensysteme u.v.m. All das könnte an diesen Text
angeschlossen werden, sofern der Student inzwischen auch ein gutes
Rüstzeug in der Analysis erworben hat. Dem Mathematiker sollte die
Beschränkung auf den reellen, später auch den komplexen Skalarkörper
nicht genügen. Zunächst wird er zur Übung andere Zahlkörper dafür
einsetzen, später sollte er sich aber auch die Grundkenntnisse der Mo-
dultheorie aneignen. Der Weg dahin wird durch das Arbeiten mit Blockmatrizen oder den Erweiterungstrick im Beweis des Satzes von Cayley und
Hamilton geebnet.

Ich hoffe, dass es mir gelungen ist, nicht nur das Interesse an diesen
weiterführenden Studien zu wecken, sondern alle in diesem Buch selbst
dargelegten Entwicklungen ausreichend zu motivieren. Naturgemäss werden
die dafür nötigen Worte von Kapitel zu Kapitel knapper; ein mit der
Materie zunehmend besser vertrauter Leser braucht weniger und weniger
Hinweise, um den rechten Weg zu finden. Längere Ausführungen werden
später mit Hilfe von Literaturverweisen abgekürzt; dahinter steckt die
Absicht, den Leser zu motivieren, die ihm zugänglichen Bibliotheken zu
nutzen. Den Lehramtskandidaten sei in diesem Zusammenhang auch noch
die Lektüre der Einleitung des Lehrbuchs von J. Dieudonné und das
Studium des Geometriekapitels in H. Freudenthals anregendem Buch empfohlen. Für unbedingt lesenswert halte ich auch die Einleitung zu O.

Heaviside's "Electromagnetic Theory", wo der Autor die Notwendigkeit, das Begriffliche zu lehren, herausstellt; das geradezu hirnerweichende Drillen von nicht enden wollenden Zahlenbeispielen setzt er in die richtige Perspektive, wenn er sagt:

> Now this (das Rechnen) is only a part of his (des Mathematikers) work, a sometimes necessary and very disagreeable part, which he would willingly hand over to a properly trained computer.

Leider hat die Schule, sofern sie sich immer noch nicht von der Mode der "New Math" befreit hat, dem Unangenehmen zuviel Bedeutung beigemessen und dabei das Notwendige übersehen. In den zitierten Werken werden Wege vorgeschlagen, wie der Lehrer zwischen beiden die richtige Relation finden kann, wobei der Hinweis, den Schüler mit Computern vertraut zu machen, sehr ernst genommen werden sollte.

In der Algebra wird es vielleicht mehr als in jeder anderen geistigen Disziplin deutlich, wie wichtig eine gut gewählte Bezeichnung und eine klar in ihrer Bedeutung abgegrenzte Sprechweise für eine sichere Gedankenführung ist. Descartes formuliert dazu die 13. Regel:

> Ist eine "Frage" einmal wohl verstanden, müssen wir sie von jeder für ihre Bedeutung überflüssigen Konzeption befreien, sie in einfachsten Ausdrücken formulieren und sie unter Bezug auf ein Verfahren des Ordnens in die verschiedensten Anteile, unter die die Analyse nicht mehr ins Detail gehen kann, aufspalten.

und er drückt dann in dem uns hier interessierenden Zusammenhang sogar den Optimismus aus, dass nahezu jede Kontroverse der Philosophen vermieden werden könnte, könnte man sich nur auf die Bedeutung der Worte einigen. Ich meine, dass man dort, wo das gelingen kann, auch schon den grössten Teil des Weges zu einer Mathematisierung der Gedanken zurückgelegt hat. Die Lineare Algebra ist das schönste Beispiel für einen solchen Erfolg, und der Leser soll daran lernen, den Begriffen nicht mehr und nicht weniger an Bedeutung zuzumessen, als in ihre Definition gesteckt wurde.[†] Ich habe mich bemüht, oft auf Kosten eines flüssigeren Stils, dem allen grossen Wert beizumessen. Ich gebe aber auch zu, dass ich nicht immer konsistent geblieben bin. Die Anwendungsgebiete unserer Theorie haben auch ihre Sprache entwickelt, und dieser müssen gelegentlich Konzessionen gemacht werden. Haarspaltereien sind hier nicht am Platze. Das Auffinden der "richtigen" Bezeichnung ist ein Entwicklungsvorgang, der parallel zur gewonnenen Einsicht abläuft. Ich habe das vorgeführt, indem ich beispielsweise für lineare Abbildungen zunächst die von Grassmann benutzte Funktionsschreibweise verwende und erst dann, nachdem man eingesehen hat, dass sie in eineindeutige Beziehung zu Matrizen gesetzt werden können, gehe ich auf die heute allgemein übliche Cayleysche Schreibweise über. Für Skalare benutze ich griechische Buchstaben und ignoriere den Hinweis von O. Heaviside, der im Zusammenhang mit der Verwendung des griechischen

---

[†] Er wird dann mit grösserer Gelassenheit die Artikel beispielsweise der Zeitschrift "Mathematical Modelling" lesen und sogar manchen Gewinn daraus ziehen können.

Alphabets in der Vektoranalysis ablehnend meint" … and in fact many people think it is about time the dead languages were buried". Ich greife aber seine Phillippika [†] gegen die gotischen Buchstaben, die in dem Satze "German letters must go" gipfeln, auf und schreibe die Vektoren mit lateinischen Lettern; das ist die heute international anerkannte Gepflogenheit. Zum Abschluss dieses Absatzes zitiere ich noch einmal aus der lesenswerten Einführung zum dritten Kapitel des berühmten Elektrodynamikbuchs von O. Heaviside:

> Also, he (der Leser) should remember that unfamiliarity with notation and processes may give an appearance of difficulty that is entirely fictitious, even to an intrinsically easy matter; so that it is necessary to thoroughly master the notation and ideas involved. The best plan is to sit down and work; all that books can do is to show the way.

Nachdem ich mehrfach Zeugen der Vergangenheit für meine Auffassung vorgebracht habe, sollte ich jetzt versuchen, so gut ich es vermag, einige Worte zur Geschichte der Linearen Algebra zu sagen. Mit Ausnahme des Buches von M. Crowe, dem ich nicht immer zustimmen kann, ist mir keine Darstellung davon bekannt; es wäre eine solches Werk sicher zu begrüssen. In den folgenden Absätzen geht es mir auch darum, etwas von dem Geist, den ihre Begründer der Theorie mitgegeben haben, wieder aufleben zu lassen.

Es scheint nicht unangebracht für unsere Zwecke, die Geburt der Linearen Algebra auf den 10.11.1619 in einen nicht näher bestimmten bayrischen Bauernhof zu legen. Nach seinen eigenen Angaben ist R. Descartes (1596–1650) damals auf seine philosophische Konzeption gestossen, die nicht nur sein weiteres Werk, sondern unser gesamtes naturwissenschaftliches Arbeiten tiefgreifend beeinflusst hat. [‡] Dieser Denker ist nicht nur über das kartesische Koordinatensystem mit der Analytischen Geometrie verbunden. Schon in seinem ersten grossen Werk "Regeln für die Ausrichtung des Verstands" entwickelt er unter Regel 4, betitelt:

> Es besteht die Notwendigkeit nach einer *Methode*, die Wahrheit zu finden.

das Bedürfnis nach einer "Universellen Mathematik", die keinen Unterschied macht, ob es sich bei einer quantitativen Untersuchung um

---

[†] Er beklagt, dass sie schwer lesbar und oft nur mit einer Lupe unterscheidbar sind, und vermerkt dann: Besides, there can be little doubt that the prevalent shortsightedness of the German nation has (in great measure) arisen from the character of printed and written letters employed for so many generations, by inheritance and accumulation.

[‡] Dies ist ein lehrreiches Beispiel dafür, wie man auch die Zeit des Wehrdienstes nutzen kann, um für die Menschheit eine unsterbliche Leistung zu vollbringen.

Zahlen, Figuren, Sterne, Klänge oder andere Objekte handelt. [†] In entsprechend verfeinerter und modernisierter Form finden wir dieses Bestreben als eine wesentliche Motivation zur Entwicklung einer Algebra bei Grassmann, Hamilton, Heaviside und Gibbs wieder. Sylvester wird seine in Baltimore gehaltenen Vorlesungen zur Matrizenrechnung später "Lectures on the principles of universal algebra" nennen.

Von diesen Gedanken Descartes' haben alle modernen mathematischen Modellbildungen ihren Anfang genommen. Zur Algebra selbst sagt er, dass sie zur Zeit blühe als eine Methode, die sich zum Ziel setze, das, was die Alten mit Figuren erreichten, mit Zahlen zu verwirklichen. Er glaubt, mit gutem Grund annehmen zu können, dass Pappus und Diophant über allgemeinere Methoden als die, die sie uns überlieferten, zum Auffinden ihrer Ergebnisse verfügten, und fügt dann hinzu, dass auch talentierte Männer seiner Zeit solche wieder zum Leben zu erwecken versuchten. Er schreibt dazu:

> Es scheint dies gerade die Wissenschaft, die unter dem barbarischen Namen Algebra bekannt ist, zu sein, könnten wir sie nur von dem Wust von Zahlen und unerklärbaren Figuren, von denen sie überwältigt ist, befreien, so dass sie die Klarheit und Einfachheit, die, wie wir uns vorstellen, in jeder echten Mathematik existieren muss, zum Vorschein bringen könne.

Dies ist das Hauptargument, mit dem die oben genannten Mathematiker des 19.Jahrhunderts für ihre Methoden Reklame machten. Descartes konnte nie eine klare Konzeption dessen, was wir heute als Algebra zu bezeichnen bereit wären, entwickeln, und so blieb es denn dabei, dass neben der Euklidischen Methode, Geometrie zu betreiben, eine recht lose durch ein willkürliches Gitter den Problemen aufgeprägte Koordinatenarithmetik betrieben wurde.

Gerade diese wurde mit dem Aufkommen der Analysis nach Newton und Leibniz (1646–1716) immer bedeutender. Es liegt daher auf der Hand, dass letzterer sich über diese Grundlage seiner Methode Gedanken machte. In einem Brief, den er am 8.9.1679 an Chr. Huygens geschrieben hat, spricht er über seine mathematische Arbeit und sagt dann:

> Mais apres tous les progres que j'ay faits en ces matieres, je ne suis pas encor content de l'Algebre, en ce qu'elle ne donne ny les plus courtes voyes, ny les plus belles constructions de Geometrie. C'est pour quoy lorsqu'il s'agit de cela, je croy qu'il nous faut encor une autre analyse proprement geometrique lineaire, qui nous exprime directement *situm*, comme l'Algebre exprime *magnitudinem*.

[†] Dies erinnert an eine Stelle in den Tagebüchern und Aufzeichnungen Leonardo da Vincis: "Die Proportion ist nicht nur in Zahlen und Massen zu finden, sondern auch in Tönen, Gewichten und Lagen, sowie in jeglicher Wirkungskraft, die es gibt." Wahrhaftig ein Satz, der schon auf eine moderne, naturwissenschaftliche Lineare Algebra zielt. [58]

Er selbst legt den Versuch einer Antwort dem Brief bei; leider genügte sie den Anforderungen nicht. Erst Grassmann hat dieses Ziel erreicht und verdiente sich mit seiner von der Jablonowskischen Gesellschaft dafür ausgezeichneten Arbeit "Geometrische Analyse, geknüpft an die von Leibniz erfundene geometrische Charakteristik" einen Geldpreis und eine Medaille.

Leibniz kommt noch von einer anderen Seite in unser Bild: 1693 führte er in einem Brief an Huygens die Determinantenmethode zum Auflösen linearer Gleichungssysteme ein.

Damit sind auch schon die beiden wesentlichen mathematischen Arbeitsrichtungen, aus denen die Lineare Algebra erwachsen sollte, genannt: die Geometrie und die Theorie linearer Gleichungssysteme. Später gesellte sich noch die Physik dazu.

Die Hauptakteure in dieser Entwicklung waren H. Grassmann (1809–1877), R. W. Hamilton (1805–1865), J. J. Sylvester (1814–1897), A. Cayley (1821–1895), J. W. Gibbs (1839–1903) und O. Heaviside (1850–1925). Ihre Beiträge haben in der Geschichte der Linearen Algebra die nachhaltigsten Spuren hinterlassen, und ihre Äusserungen sind für meine Auffassung dieser Theorie immer noch aktuell. Der Leser darf sich keine misanthropen Stubengelehrten, als die viele die Mathematiker sehen, vorstellen; in der Tat waren dies Männer von erstaunlicher Vielseitigkeit und Originalität. Cayley und Sylvester waren über ein Jahrzehnt Rechtsanwälte in Lincoln's Inn, Grassmann und Cayley ausgebildete Theologen, Grassmann, Gibbs, Hamilton und Heaviside vollbrachten sehr gute, zum Teil unsterbliche Leistungen für die Physik und die Technik. Grassmann und Sylvester unterrichteten alte Sprachen, wobei noch zu bemerken ist, dass ersterer für seine Studien des Sanskrit, was übrigens Hamilton auch sprach, zum Ehrendoktor der Tübinger Universität ernannt wurde. Grassmann und Heaviside hatten nie eine Universitätsposition inne, letzterer ging in der Tat überhaupt nur in den Jahren 1870–1874 einer bezahlten Arbeit nach, und beide genossen sie nie eine Ausbildung in höherer Mathematik. Was nun die schönen Künste betrifft, so widmete sich Cayley der Malerei, während Sylvester selbstverfasste Gedichte in alten und neuen Sprachen, Grassmann eigene Kompositionen und eine Volksliedersammlung herausgab. Offenbar war Grassmann der Vielseitigste, aber er ist auch der einzige unter den Genannten, dessen mathematisches Werk zu Lebzeiten nicht und auch danach nur recht zögernd anerkannt wurde. Die für seine Stellenbewerbungen an Universitäten herangezogenen Gutachter hielten ihn für originell, seinen Stil aber für unlesbar, und konnten sich nie zu einem uneingeschränkten Lob durchringen. Diese Auffassung wurde später von dem einflussreichen F. Klein sowie dem Herausgeber seiner Werke, F. Engels, wiederholt und von da an von allen abgeschrieben. Ein gutes Beispiel für die von Heaviside angesprochene deutsche Kurzsichtigkeit! Der Ire Hamilton, der Amerikaner Gibbs und der Franzose Cauchy sahen darin keine Barriere, sein Werk zu würdigen. Betrachten wir die Form, die die Theorie heute bekommen hat, als die endgültige, dann müssen wir sagen,

dass unter den Originalarbeiten seine "Lineale Ausdehnungslehre" [24] und
[25] die weitaus modernste und vollständigste Darstellung der Vektorrechnung ist.

Hamiltons Einstieg in die Algebra ist seine 1837 erschienene Arbeit über
die Komplexen Zahlen, in der er diese als Paare reeller Zahlen mit den uns
heute vertrauten Verknüpfungen auf eine solide begriffliche Basis stellte. Er
gibt uns darin seine Auffassung von der algebraischen Methode :

> The Study of Algebra may be pursued in three very different schools,
> the Practical, the Philological, or the Theoretical, according as Algebra
> itself is accounted an Instrument, or a Language, or a Contemplation;
> according as ease of operation, or symmetry of expression, or clearness
> of thought, (the *agere*, the *fari*, or the *sapere*,) is eminently prized and
> sought for. The Practical person seeks a Rule which he may apply, the
> Philological person seeks a Formula which he may write, the Theoreti-
> cal person seeks a Theorem on which he may meditate.

und er fügt hinzu:

> No man can be so merely philological an Algebraist but that things or
> thoughts will at some times intrude upon signs; and occupied as he
> may habitually be with the logical building up of his expressions, he
> will feel sometimes a desire to know what they mean, or to apply
> them. And no man can be so merely theoretical or so exclusively
> devoted to thoughts, and to the contemplation of theorems in Algebra,
> as not to feel an interest in its notation and language, its symmetrical
> system of signs, and the logical forms of their combinations; or not to
> prize those practical aids, and especially those methods of research,
> which the discoveries and contemplations of Algebra have given to
> other sciences.

Später schreibt er noch gegen die um sich greifende formalistische Auffassung von Algebra:

> Yet a natural regret might be felt, if such were the destiny of Algebra;
> if a study, which is continually engaging mathematicians more and
> more, and has almost superseded the Study of Geometrical Science,
> were found at last to be not, in any strict and proper sense, the Study
> of a Science at all: and if, in thus exchanging the ancient for the
> modern Mathesis, there were a gain only of Skill or Elegance, at the
> expense of Contemplation and Intuition. Indulgence, therefore, may
> be hoped for, by any one who would inquire, whether existing
> Algebra, in the state to which it has been already unfolded by the
> masters of its rules and of its language, offers indeed no rudiment
> which may encourage a hope of developing a SCIENCE of Algebra: a
> Science properly so called; strict, pure, and independent; deduced by
> valid reasonings from its own intuitive principles; and thus not less an
> object of priori comtemplation than Geometry, nor less distinct, in its
> own essence, from the Rules which it may teach or use, and from the
> Signs by which it may express its meaning.

Hamilton versuchte, seine Wissenschaft philosophisch auf das Studium der Zeit zu gründen, während Grassmann dem Raumbegriff diese Rolle einräumte. Dieser sagt in der Vorrede seines 1844 erschienenen Buches [24]:
Durch die neue Analyse war die Möglichkeit, einen solchen rein abstrakten Zweig der Mathematik auszubilden, gegeben; ja diese Analyse, sobald sie, ohne irgend einen schon anderweitig erwiesenen Satz vorauszusetzen, entwickelt wurde, und sich rein in der Abstraktion bewegte, war diese Wissenschaft selbst. Der wesentliche Vortheil, welcher durch diese Auffassung erreicht wurde, war der Form nach der, dass nun alle Grundsätze, welche Raumesanschauungen ausdrückten, gänzlich wegfielen, und somit der Anfang ein eben so unmittelbarer wurde, wie der der Arithmetik, dem Inhalte nach aber der, dass die Beschränkung auf drei Dimensionen wegfiel. Erst hierdurch traten die Gesetze in ihrer Unmittelbarkeit und Allgemeinheit ans Licht und stellten sich in ihrem wesentlichen Zusammenhange dar, und manche Gesetzmässigkeit, die bei drei Dimensionen entweder noch gar nicht, oder nur verdeckt vorhanden war, entfaltete sich nun bei dieser Verallgemeinerung in ihrer ganzen Klarheit.
Aber nicht nur hier im Suchen nach einer, wie Descartes es nannte, universellen praktischen Anwendbarkeit stand er neben Hamilton, wenn er schrieb:[†]
Und ich hatte die Freude zu sehen, wie durch die so gestaltete und erweiterte Analyse nicht nur die oft sehr verwickelten und unsymmetrischen Formeln, welche dieser Theorie zu Grunde liegen, sich in höchst einfache und symmetrische Formeln umsetzen, sondern auch die Art ihrer Entwickelung stets dem Begriffe zur Seite ging. In der That konnte nicht nur jede Formel, welche im Gange der Entwickelung sich ergab, aufs leichteste in Worte gekleidet werden, und drückte dann jedesmal ein besonderes Gesetz aus; sondern auch jeder Fortschritt von einer Formel zur andern erschien unmittelbar nur als der symbolische Ausdruck einer parallel gehenden begrifflichen Beweisführung. Bei der sonst üblichen Methode zeigte sich durch die Einführung willkürlicher Koordinaten, die mit der Sache nichts zu schaffen haben, die Idee ganz verdunkelt, und die Rechnung bestand in einer mechanischen, dem Geiste nichts darbietenden und darum Geist tödtenden Formelentwickelung. Hingegen hier, wo die Idee, durch nichts Fremdartiges getrübt, überall durch die Formeln in voller Klarheit hindurchstrahlte, war auch bei jeder Formelentwickelung der Geist in der Fortentwickelung der Idee begriffen.—Durch diesen

---

[†] Diese Sätze könnten als Motto über jedem Buch zur Linearen Algebra stehen. Die hier vorgebrachten Gedanken spielen auch in der modernen Physik seit den Untersuchungen A. Einsteins und H. Weyls eine zentrale Rolle, wenngleich die konsequente Verfolgung des Gedankens, Naturgesetze koordinatenfrei zu formulieren, erst zögernd nach dem zweiten Weltkrieg Eingang in die physikalische Lehrbuchliteratur gefunden hat.

Erfolg nun hielt ich mich zu der Hoffnung berechtigt, in dieser neuen
Analyse die einzig naturgemässe Methode gefunden zu haben, nach
welcher jede Anwendung der Mathematik auf die Natur fortschreiten
müsse, und nach welcher gleichfalls die Geometrie zu behandeln sei,
wenn sie zu allgemeinen und fruchtreichen Ergebnissen führen solle.

Nach der Auffassung der beiden genannten Autoren ist die Algebra eine
formale, über den Anwendungen stehende, in sich begründete und logisch
deduzierende Wissenschaft, die aber aus der Anwendung erwachsen und in
sie zurückwirken muss. Auch Gibbs äussert sich ähnlich:

But as algebra is a formal science, and as the whole discussion is
concerning the best form of representing certain kinds of relations the
important question would seem to be whether there is anything of
formal value in my treatment of the linear vector function. [21]

und:

But that to which I wish especially to call attention is that the terms
and notations in question express exactly the notions which physicists
want to use.

Alle sehen sie in der neu entstehenden Algebra einen Weg, den Verstand
zu schulen, insbesondere zu dem Zweck, den Fragen des Naturforschers auf
den Grund gehen zu können; hier ist die Geistesverwandtschaft mit Descartes am augenfälligsten. Der wortgewaltige Heaviside stimmt dem zu und
fügt noch an:

People who do not cultivate their minds have no conception of what
they lose. They become mere eating and drinking and money-grabbing
machines. And yet they seem happy! There is some merciful dispensa-
tion at work, no doubt. [32]

Es wurde also leidenschaftlich um die Durchsetzung der Ideen gekämpft,
aber zugestanden, dass man ohne Kenntnis der Algebra auch auf gesell-
schaftliche Anerkennung hoffen kann.

Aus diesem Geist heraus ist also unsere Theorie entstanden: Reine Form
der Wissenschaft zusammen mit praktischer Anschaulichkeit oder, wie wir
heute sagen würden: Axiomatische Begründung und unmittelbare ausser-
mathematische Deutbarkeit der logisch abgeleiteten Gesetze sind die Forderungen. Das aber würde ich als die Idealvorstellung eines mathematischen
Modells bezeichnen, und die Lineare Algebra ist ihr in bewundernswerter
Weise nahegekommen. Als eine für das Selbstverständnis der Mathematik
tiefe Bemerkung möchte ich an dieser Stelle darauf hinweisen, dass ein
solcherart auf eine in sich konsistente Axiomatik gegründetes Modell nicht
darauf angewiesen ist, die Wahrheit über die benutzten Objekte und Relationen zu wissen; es wird auch von der ihm innewohnenden eigenen
Gewissheit getragen. H. Weyl spricht daher von einer "logischen Leerform
möglicher Wissenschaften" und wirft somit eine neues Schlaglicht auf die
Äusserungen Grassmanns und Hamiltons, die, wie wir gesehen haben, selbst
nicht bereit waren, so weit zu gehen. Ich gebe ihnen recht. Es muss auch in
der Mathematik erlaubt sein, der gewünschten Interpretation Raum zu
geben und die Leerform mit zweckbezogenem Inhalt zu füllen; jedenfalls

dem Lernenden empfehle ich, das zu tun. Die Stärke der axiomatischen
Methode liegt—besonders für den Praktiker—gerade darin, dass man, ohne
die Beweislogik zu ändern, mit geeignet vereinbarten Deutungen recht
verschiedene Bedürfnisse aus derselben Quelle befriedigen kann.

Ich möchte den Zitaten vorerst nicht mehr hinzufügen und versuche nur
noch eine Zusammenstellung historisch wichtiger Beiträge.

Hamilton versuchte sich an einem für die damalige Zeit zentralen Problem: Er wollte die komplexen Zahlen, deren Bedeutung für die reine und die
angewandte Mathematik damals durch die grossartigen Untersuchungen
von Gauss und Cauchy schlagend demonstriert worden war, auf eine solide
Grundlage stellen und hatte damit, wie oben erwähnt, auch Erfolg. Danach
stellt er sich die Frage, ob es nicht auch einen Zahlkörper gäbe, der für die
Analysis und die Geometrie des Raumes das, was die komplexen Zahlen in
der Ebene vermochten (siehe [9]), leisten könne. 1844 veröffentlichte er seine
Entdeckung der Quaternionen und brachte dafür eine Fülle von Anwendungen in der Physik. Während Lord Kelvin diese Methode als unphysika-
lisch empfand und mit starken Worten bekämpfte, lies Maxwell, von
Hamiltons Schüler Tait dazu ermutigt, sie in seine bahnbrechenden Arbeiten zur Elektrodynamik einfliessen. Grassmann knüpfte an die Geometrie
an und entwickelte eine Vektorrechnung, wie sie heute an der Schule
unterrichtet wird, und veröffentlichte sie erstmals 1844 [24]. Er erkannte
schnell, dass der Vektorbegriff ebenso natürlich in der Physik seinen Platz
hat und testete seine Theorie schon 1840 in seiner Arbeit über Ebbe und
Flut [25]. Diese Auffassung führte ihn automatisch zu Vektorräumen beliebiger Dimension. Er erkennt die Rolle der linearen Unabhängigkeit,
findet das Skalarprodukt und behandelt die Drehgruppe in der Ebene sowie
den Winkel. Schon in dieser frühen Arbeit definiert er lineare Abbildungen
und zeigt in Paragraf 6 den Zusammenhang zwischen diesen und den
Matrizen an einem Spezialfall. In der Schrift von 1844 und später 1862
vertieft er diese Untersuchungen und stellt auch den Zusammenhang
zwischen seiner Theorie und der der linearen Gleichungssysteme her. Im
Zusammenhang mit seiner auch in diesen Werken vorgestellten multilinearen Algebra gibt er einen einfachen und eleganten Zugang zur Cramer'schen
Regel, der allein von Cauchy aufgegriffen und in Verbindung zur Determinantentheorie gebracht wurde. 1877 greift er in die Auseinanderset-
zung über den Wert der Quaternionenrechnung mit einem Aufsatz "Der Ort
der Hamilton'schen Quaternionen in der Ausdehnungslehre" ein und zeigt
klar deren speziellen Charakter im Rahmen der allgemeineren Theorie. Er
verwirft zu Recht deren Anwendung auf die Zusammensetzung der Kräfte
und hält sie selbst bei der Behandlung der Drehungen räumlicher
Gebilde—der einzige Ort, wo sie, wie wir heute wissen, eingesetzt werden
könnten—für ungeeignet; in der Tat leistet die Drehgruppe das eleganter.
Wäre diese Arbeit rechtzeitig bekannt geworden, hätte sie den heftigen
Streit, der Ende des Jahrhunderts vor allem in der englischen Literatur über
den Wert der Quaternionen gegenüber dem der Vektorrechnung entbrannte,
überflüssig gemacht.

Hundert Jahre später, 1941, brachte der Geometer Forder die von Grassmann versuchte Begründung der Geometrie durch die Lineare Algebra in dessen Geiste zu einem Abschluss [15].

Hilberts Untersuchungen führten zu der Erkenntnis, dass die grundlegendsten Axiome der Euklidischen Geometrie nichts anderes als die fundamentalen Erkenntnisse der Linearen Algebra, also auch die der Theorie der linearen Gleichungen, wiedergeben. Das öffnet uns die Augen dafür, dass ein zu enges Festhalten an der mit den Begriffen gelieferten (geometrischen) Vorstellung uns blind machen kann für ihre weiteren Inhalte. Es steckt aber auch ein Triumph der axiomatischen Methode in diesem Dilemma. Am Höhepunkt des Erfolgs müssen wir durch sie feststellen, dass die Affine Geometrie für das tiefere Anliegen der Geometrie nur eine beschränkte Bedeutung hat. Weyl drückt das in [59] so aus:

Aus alledem geht hervor, dass die ganze affine Geometrie über den Raum nur dieses lehrt (man wird uns ohne genauere Erklärung verstehen), dass er *ein dreidimensionales lineares Grössengebiet* ist. Alle die anschaulichen Einzeltatsachen, deren in Paragraf 1 Erwähnung geschah, sind nur Verkleidungen dieser einen einfachen Wahrheit. Ist es nun auf der einen Seite ausserordentlich befriedigend, für die vielerlei Aussagen über den Raum, räumliche Gebilde und räumliche Beziehungen, aus denen die Geometrie besteht, diesen einen gemeinsamen Erkenntnisgrund angeben zu können, so muss auf der anderen Seite betont werden, dass dadurch aufs deutlichste hervortritt, wie wenig die Mathematik Anspruch darauf machen kann, das anschauliche Wesen des Raumes zu erfassen: von dem, was den Raum der Anschauung zu dem macht, was er *ist* in seiner ganzen Besonderheit und was er nicht teilt mit "Zuständen von Rechenmaschinen" und "Gasgemischen" und "Lösungssystemen linearer Gleichungen", enthält die Geometrie nichts. Dies "begreiflich" zu machen oder ev. zu zeigen, warum und in welchem Sinne es unbegreiflich ist, bleibt der Metaphysik überlassen. Wir Mathematiker können stolz sein auf die wunderbare Durchsichtigkeit der Erkenntnis vom Raume, welche wir gewinnen; aber wir müssen uns zugleich sehr bescheiden, da unsere begrifflichen Theorien nur imstande sind, das Raumwesen nach einer Seite hin, noch dazu seiner oberflächlichsten und formalsten, zu erfassen.

Das hat sich erst mit der Arbeit "A Memoir on the Theory of Matrices" (1858), [5], zu bessern begonnen. Mit ihr ist die Lineare Algebra zu einer für alle Zweige der Mathematik unentbehrlichen Wissenschaft geworden. 1812 zeigte Cauchy, dass das Produkt zweier Determinanten wieder eine Determinante ist; das dafür zu verwendende Zahlenschema, aus dem die Determinanten rein kombinatorisch aufgebaut wurden, hing von den beiden Ausgangsschemata in berechenbarer Weise ab. Cayley fasste diese Abhängigkeit als ein Produkt der Matrizen auf, interpretierte diese als eigenständige Grössen und schuf damit die Matrixalgebra. Schon 1851 hob er mit seiner Untersuchung über Hyperdeterminanten die Invarian-

tentheorie aus der Taufe und wies damit der Transformationstheorie eine
wichtige Rolle zu. Es blieb nicht aus, dass er der Gruppentheorie sein
Augenmerk widmete. Sylvester wurde von diesen Gedanken angeregt, und
beide legten sie, noch während ihrer gemeinsamen Tage als Anwälte bei
Gericht, die Grundlage für das Studium der Endomorphismen, insbesondere der Eigenwerttheorie. Von hier führt ein gerader Weg zu Kleins
"Erlanger Programm" und damit zu einer weitaus befriedigenderen Deutung der Geometrie, als sie die Grassmann'schen Untersuchungen zuliessen;
das hat wenigstens zum Teil die Einwände Weyls entkräftet, sie aber nicht
ganz aus der Welt geschafft.

Jetzt waren alle Bausteine gefunden und die nachfolgenden Mathematiker haben daraus schnell das Gebäude der Linearen Algebra gezimmert.
Methodisch war über die Matrizenrechnung noch vieles an die Koordinaten
gebunden. Die Bearbeitung unendlichdimensionaler Vektorräume, die seitens
der Integralgleichungstheorie um die Wende zum 20.Jahrhundert angeregt
worden war, hat sie schliesslich in die heutige Form gegossen.[†] Als wichtigste aus dieser Epoche sind die Dualitätstheorie und die vertiefte Einsicht
in die Spektraltheorie hervorzuheben, zu denen sich um die Mitte unseres
Jahrhunderts noch der für das Strukturverständnis bedeutende Begriff des
Funktors gesellte.

Die beiden Physiker Gibbs und Heaviside, obwohl sie vieles aus der
Vektorrechnung, vor allem der Vektoranalysis, die schon Grassmann und
Hamilton entwickelt hatten, neu entdeckten, können historisch auf keine so
tiefgreifenden Erfindungen Anspruch erheben. Ihr Verdienst darf aber
dadurch nicht geschmälert werden. Sie haben im Anschluss an das Studium
der Werke Maxwells Quaternionenrechnung gelernt und schnell erkannt,
dass diese Methode ungeeignet für eine physikalischen Interpretation ist.
Von hier an entwickelten sie eine daraus abgeleitete Vektoralgebra, führten
die heute noch in der Physik üblichen Bezeichnungen ein und machten
vehement für die neue und gegen die kartesische Methode Reklame. Sie
forderten, die Bezeichnung der Physiker für Kraft, Feldstärke u.dgl. sollte
nicht eine abkürzende Schreibweise für Zahlentripeln, sondern eine Grösse,
mit der man direkt rechnen darf, werden. Heaviside sagt dazu:

> Similarly, in the usual treatment of physical vectors, there is an
> avoidance of the vectors themselves by their resolution into compo-
> nents.
>
> That this is a highly artificial process is obvious, but it is often
> convenient. More often, however, the Cartesian mathematics is ill-
> adapted to the work it has to do, being lengthy and cumbrous, and
> frequently calculated to conceal rather than to furnish and exhibit
> useful results and relations in a ready manner. When we work directly
> with vectors, we have our attention fixed upon them, and on their
> mutual relations; and these are usually exhibited in a neat, compact,

---

[†] Bahnbrechend war die Arbeit von O. Toeplitz "Über die Auflösung unendlich-
vieler Gleichungen mit unendlichvielen Unbekannten" [54].

and expressive form, whose inner meaning is evident at a glance to the
practised eye. Put the same formula, however, into the Cartesian form,
and—what a difference! The formula which was expressed by a few
letters and symbols in a single line, readable at once, sometimes swells
out and covers a whole page! A very close study of the complex array
of symbols is then required to find out what it means; and, even
though the notation be thoroughly symmetrical, it becomes a work of
time and great patience. In this interpretation we shall, either con-
sciously or unconsciously, be endeavouring to translate the Cartesian
formulae into the language of vectors.

Again, in the Cartesian method, we are led away from the physical
relations that it is so desirable to bear in mind, to the working out of
mathematical exercises upon the components. It becomes, or tends to
become, blind mathematics.

Gibbs hat sich zum Verfechter der Grassmann'schen Ideen gemacht und
die Herausgabe seiner gesammelten Werke mit angeregt. Er hat aber auch
leidenschaftlich für die linearen Abbildungen geworben, hat er doch erkannt,
dass sie, genau wie in der Mathematik, auch in der Physik den Nutzen der
Theorie wesentlich erhöhen. So haben damit er und Heaviside den Bogen
geschlossen und die Theorie zu ihrem Ausgangspunkt, den Anwendungen in
den Naturwissenschaften, zurückgeführt und dort für alle Zeiten fest
verankert.

Ich hoffe, dass der Leser durch diese Bemerkungen angeregt wird, in den
Mussestunden auch etwas in der alten Literatur zu blättern, um das Gefühl
zu bekommen, dass er als Student im Begriffe ist, auf die Schultern der
Riesen zu klettern (vgl. [44]), um vielleicht von dort aus die alte Tradition zu
neuen Höhen zu führen. Es sollte auch klar geworden sein, dass zu dieser
Tradition ein stets waches Bewusstsein für die Anwendungen einer
mathematischen Theorie gehört, und dass jene ohne diese oft nicht zur
restlosen Klarheit finden können. "Darum, Studenten," sagt Leonardo da
Vinci, "studiert Mathematik und baut nicht ohne Fundamente!"

Es bleibt mir jetzt nur noch die angenehme Pflicht, den vielen, die zum
Entstehen des Buches beigetragen haben, zu danken. Herr Laufs hat als
Rektor der Heidelberger Universität sich zum Anwalt meiner Hörer, die
eine Vorlesungsmitschrift erbaten, gemacht und mich bewogen, in ihr den
Grundstein dieses Buchs zu legen. Der Text selbst wurde mit dem System
SCRIBE auf einem DEC 2060 Computer geschrieben und formatiert[†]. Dem

---

[†] Das zunehmende Bestreben von Autoren, mathematische Texte selbst am
Computer zu generieren, weist auf die Anfänge der Buchdruckerkunst zurück: 1471
gründete der Astronom und Mathematiker Regiomontanus eine eigene Druckerei
zu Nürnberg, um den Besonderheiten des mathematischen Satzes gerecht zu
werden.

Department of Mathematics der University of Texas in Austin muss ich
dafür danken, dass es mir die Möglichkeit und Mittel zur Benutzung der
Anlage des Computation Centers eingeräumt hat; viel Hilfe habe ich von
Frau Joseph am Computation Center bekommen. Der Verlag und die
Firma Science Typographers haben sich bemüht, meine Computerdaten
wieder in lesbarer Form aufs Papier zu bringen. Die äusseren Gegebenheiten in den USA waren der Grund dafür, dass ich bedauerlicherweise das
scharfe ß durch ss ersetzen musste. Der Leser sehe darüber freundlicher-
weise hinweg. Ein Teil des Textes wurde auch auf den Besitzungen der
Familie Zieb in Venezuela geschrieben. Allen schulde ich Dank und hoffe,
ihn mit diesen Worten abgetragen zu haben. Schwerer wird mir das bei
meinem Kollegen K. Bichteler gelingen, dem ich viel Ermutigung und mein
Verständnis für das textverarbeitende System schulde. In schlechterdings
unabtragbarer Schuld stehe ich aber bei meiner Familie, der ich die ihr sonst
zustehende Zeit während der Abfassung des Textes genommen habe, und
besonders bei meiner Frau, ohne deren viele hundert Stunden Mitarbeit
dieses Buch nie zustande gekommen wäre.

Dieses Werk widme ich dem Andenken an meine Eltern sowie an Maria
und Dr. Franz Orthner, denen ich so vieles verdanke.

Austin und Heidelberg   W. D. Beiglböck
1982

1. KAPITEL

Motivation

Die lineare Proportionalität

1.1.1. Wenn Jäger und Sammler der Vorzeit Binsenweisheiten austauschten, dann mag einer gesagt haben, der Pfeil bohre sich umso tiefer in die Beute, je mehr er die Bogensehne spanne. Dies sind erste Versuche, in Umwelterfahrungen Gesetzmässigkeiten zu finden, und sie werden als Proportionalitätsaussagen verbalisiert. Derjenige, der dann versuchte, etwa durch Messung die Eindringtiefe des Pfeils in Beziehung zur Auslenkung der Bogensehne zu setzen, kann mit gutem Grund als Physiker bezeichnet werden. Danach musste aber noch ein gutes Stück Mathematik entwickelt werden, ehe einer etwa sagen konnte: Die Eindringtiefe ist dreimal so gross wie die Auslenkung der Sehne. Dieser Schritt zur quantitativen und qualitativen Erfassung einer Gesetzmässigkeit ist der entscheidende hin zum exakten naturwissenschaftlichen Denken, das heute weite Bereiche unserer Zivilisation bestimmt. Das Gesetz, das er gefunden hat, bringt eine LINEARE PROPORTIONALITÄT zum Ausdruck. Es ist erstaunlich, dass nahezu alle physikalischen Vorgänge in guter Näherung linearen Gesetzen folgen.[†]

Dies sind die wesentlichen Schritte, eine zunächst vage Beobachtung zu präzisieren und schliesslich einer mathematischen Behandlung zugänglich zu machen. Man nennt diesen Weg sprachlich wenig schön die MATHEMATISIERUNG. Die Lineare Algebra kann als der vorläufige Höhepunkt

[†]Gerade dieser Sachverhalt, die nahezu universelle Gültigkeit des Proportionalitätsgesetzes im Bereich unserer heutigen Naturerkenntnis, ist der tiefe Grund für die bedeutende Rolle, die die Theorie linearer Gleichungen und die Geometrie, letztlich also die Lineare Algebra, überall dort, wo naturwissenschaftliche Methoden verwendet werden, spielt.

der Versuche zur Mathematisierung der Gesetzmässigkeit der linearen Proportionalität bezeichnet werden. Sie formalisiert die darin enthaltenen Denkschemata und stellt Algorithmen zur qualitativen und quantitativen Beantwortung der dort stellbaren Fragen bereit.

In diesem Kapitel werden wir einige Beispiele linearer Gesetzmässigkeiten bringen und vorführen, welche Algorithmen entwickelt worden sind, um sie mathematisch behandeln zu können. Der Abschnitt ist unsystematisch und die Darstellung vertraut darauf, dass die Schule genügend Grundlagen bereitgestellt hat, um den Argumenten folgen zu können. Ein späterer Vergleich dieses Kapitels mit den nachfolgenden wird deutlich machen, dass Mathematik nicht etwas Fertiges, sondern ein sich ständig neu formendes Gebilde ist, dass ein wirkliches Verständnis erst nach dem Kennenlernen mehrerer Seiten eines Gegenstandes gewährleistet ist, und dass beim Wechseln der Betrachtungsweise Wesentliches und Unwesentliches die Rolle tauschen können. Es ist beabsichtigt, in diesem Kapitel mehr Fragen zu provozieren als Antworten zu geben. Der Leser ist also aufgefordert, analoge Beispiele zu finden, mit dem gebotenen Material zu spielen, Fragen zu formulieren und eigene Erkenntnisse auszugraben.

1.1.2. Fragen wir nach dem Spannungsabfall U in einem elektrischen Schwingkreis, der aus einem Ohmschen Widerstand, einer Spule und einem Kondensator bestehen soll, dann stellen wir fest, dass U von der Ladung Q, der Stromstärke I und der zeitlichen Schwankung S des Stromes abhängt. Der erste Schritt einer Mathematisierung ist die Einführung von Symbolen für beobachtete Grössen und das Ausdrücken einer funktionalen Abhängigkeit durch $U = U(Q, I, S)$. Wir nennen Q, I, S die Eingangsgrössen und U die Ausgangsgrösse. Im Experiment stellen wir fest, dass auf Null gestellte Eingangsgrössen $U = 0$ bewirken. Halten wir zwei Eingangsgrössen fest, dann ist die Änderung der Ausgangsgrösse der Änderung der dritten, nicht festgehaltenen Eingangsgrösse linear proportional; variiere also beispielsweise die Stromstärke, während Q und S festgehalten werden, dann findet man $\Delta U = R_I \Delta I$, wo Δ auf die Differenz zwischen "vorher" und "nachher" anspielt.

Um diese Aussagen mathematisch besser erfassen zu können, müssen wir den klassischen Messvorgang doch etwas genauer ansehen. Er zerfällt in zwei begrifflich verschiedene Teile: Die zu messende physikalische Objektivität, wie Stromstärke, und die quantitative Messung mit der dafür nötigen Eichung des Messinstruments; d.h. wir müssen unterscheiden zwischen dem, was wir messen wollen, und dem, wodurch wir das Ergebnis der Messung ausdrücken. Beide Daten brauchen wir, wenn wir eine Aussage über das System, etwa, dass ein Strom von 5 Ampère fliesst, machen wollen und beides muss ins mathematische Modell eingehen. Das "wie" der Messung, d.h. wie die Apparatur gebaut sein muss, um gerade die Stromstärke zu erfassen, ist zentral für die Physik, aber peripher für ein mathematisches Modell, wie wir es jetzt anstreben.

Es gibt mehrere Wege, beide Daten ins Modell einzubringen. Einen werden wir im nächsten Abschnitt anhand eines Beispiels aus der Ökonomie aufzeigen, den in der experimentellen Physik üblichen greifen wir jetzt auf.

Hier liegt die Auffassung zugrunde, dass Messwerte normalerweise durch reelle Zahlen repräsentiert werden können, letztlich also die Gesetzmässigkeiten in der Natur zahlenmässig erfassbar sein sollen. Es ist dies eine kühne Einstellung, da sie in der Tat über das reine Parametrisieren, also eine Namensgebung für Messeffekte, hinausgeht und auch noch die Überzeugung enthält, dass die Rechengesetze für reelle Zahlen unmittelbar für die Physik relevant sein sollen. Würde man nicht diese stärkere Annahme machen, wäre es nicht sinnvoll, eine Grösse von anderen quantitativ in Form einer reellen Funktion abhängen zu lassen. Der Physiker glaubt so sehr daran, dass die reellen Zahlen Naturgesetzlichkeiten aller denkbaren Formen widerspiegeln können, dass er sich nur mehr eine einzige Freiheit lässt, nämlich die der Eichung seiner Skala.

Er legt also zur zahlenmässigen Erfassung der Gesetzmässigkeiten Skaleneinheiten für die Eingangs- und Ausgangsgrössen fest, etwa 1 Volt für die Spannung oder 1 Ampère für die Stromstärke. Ist dies getan, dann strebt er danach, die gesuchte funktionale Abhängigkeit als eine zwischen reellen Zahlen zu erfassen, und er vertraut darauf, dass er schon weiss, welche Bedeutung einer Zahl jeweils zukommt. Jeder Anfänger im Physikstudium weiss, dass es zu Beginn Mühe macht, stets die physikalische Dimension richtig mitzuführen; so müssen auch den Proportionalitätsfaktoren Dimensionen, etwa dem R_I die Grösse "Ohm", zugemessen werden udgl.

All das verschiebt man auf diesem Weg in den Bereich der physikalischen Interpretation einer mathematischen Gleichung, die Gleichung selbst fasst man aber als reine Zahlbeziehung auf. Es ist dann leicht, die funktionale Abhängigkeit rein mathematisch zu untersuchen. So folgt:

$$U(0, I, 0) = U(0, I, 0) - U(0, 0, 0) = \Delta U$$
$$= R_I \Delta I = R_I(I - 0) = R_I I.$$

und daraus weiter:

$$U(0, I, S) - U(0, I, 0) = \Delta U = R_S \Delta S = R_S S$$

oder zusammengenommen:

$$U(0, I, S) = R_I I + R_S S.$$

Ein weiterer Schritt derselben Art, diesmal bezüglich der Änderung von Q, gibt das gewünschte Resultat:

$$U(Q, I, S) = R_Q Q + R_I I + R_S S.$$

Wir haben damit eine Formel gefunden, die die funktionale Abhängigkeit, wie sie oben als ein Prinzip der linearen Proportionalität verbal formuliert wurde, im mathematischen Modell zum Ausdruck bringt.

Blicken wir auf das Resultat zurück, dann finden wir, dass der Spannungswert eigentlich durch ein Tripel reeller Zahlen und nicht durch drei einzelne unabhängige bestimmt ist. Die Zusammenbindung entsteht dadurch, dass sie alle im gleichen physikalischen Experiment, dem Schwingkreis, zusammengefasst als Eingangsgrösse erscheinen. Die Lineare Algebra wird diese Zusammenfassung ganz natürlich berücksichtigen und wird ausserdem die Freiheit, neben der quantitativen Messung auch die jeweils beobachtete Qualität mitzuführen, erlauben.

Ehe wir das Ergebnis weiter analysieren, geben wir ein anderes, noch etwas komplexeres Beispiel.

1.1.3. Der Leser stelle sich einen landwirtschaftlichen Betrieb vor, der etwa zum Weiterverkauf die Ausgangsprodukte Schweine, Hühner, Rinder,..., Eier liefert und dafür die Eingangsprodukte Futtermittel, Düngemittel,..., Impfstoffe benötigt. Denkt man sich den Hof mit seinen Gebäuden, Maschinen und Personal als feste Grösse, dann kann man empirisch eine Tabelle aufstellen, die zum Ausdruck bringt, wieviel von *jedem* der Eingangsprodukte benötigt wird, um *ein bestimmtes* Endprodukt zu züchten. Wieder führen wir Symbole ein, etwa $(x_1, x_2, \ldots, x_n)$ für die *n* Eingangsprodukte und $(y_1, \ldots, y_m)$ für die *m* Ausgangsprodukte. Der Index *i* beschreibt dabei die Qualität, x_i dagegen die Quantität des *i*-ten Eingangsprodukts; ähnliches gilt für die Interpretation des Ausgangs.[†] Unsere Tabelle hat dann *n* Spalten und *m* Zeilen und wir verstehen jeden Eingang in die Tabelle als eine reelle Zahl α_{ij} die wir interpretieren, indem wir α_{ij} als den—etwa in Prozenten ausgedrückten—Bruchteil des *j*-ten Eingangsprodukts, der zur Züchtung des *i*-ten Ausgangsprodukts benötigt wird, deuten. Quantitativ setzt sich die Ausgangsgrösse y_i danach aus den Grössen $\alpha_{ij}x_j$ zusammen.

Führen wir nun noch operationelle Symbole ein: Etwa "+" für das Umgangssprachliche "und" und "=" für "wird benötigt zur Züchtung von", dann können wir die Aussage, dass dreissig Prozent des vorhandenen Hafers *und* fünfzehn Prozent der Impfstoffe usw. *zur Züchtung* eines Rindes *benötigt wird*, als Formel schreiben. Wir erhalten dann allgemein:

$$y_i = \alpha_{i1}x_1 + \alpha_{i2}x_2 + \cdots + \alpha_{in}x_n.$$

was formal wie die in (1.1.2) gewonnene Beziehung aussieht. Diesmal haben wir aber nicht nur eine, sondern *m* Formeln gewonnen. Jede einzelne gehorcht dem in (1.1.2) formulierten Prinzip der linearen Proportionalität, wovon der Leser sich selbst unter Berücksichtigung der oben beschriebenen Bedeutung von "+" und "=" überzeugen möge.

Es soll betont werden, dass zum Unterschied vom vorhergehenden Abschnitt diesmal nur die α_{ij} reelle Zahlen sind, nicht aber die x_j und y_i und damit auch die Operationszeichen nicht die gewohnten sind. Wir zögern daher vor allem auf das Pluszeichen die üblichen Rechenregeln anzuwenden. Ein gängiger Einwand ist der, dass man eben nicht Hafer und Impfstoff

---

[†]In (1.1.2) hat *U* sowohl Qualität (Spannung) wie Quantität (5 [Volt]). Der Physiker fast oft beides in einem Symbol zusammen und seine Gleichungen meist als Zahlenrelationen auf, für die mathematische Behandlung ist die logische Trennung aber vorteilhaft. Die Indexschreibweise berücksichtigt sie.

addieren kann, handelt es sich doch um recht verschiedene Qualitäten. Der Physiker möchte zur Auswertung auf Zahlengleichungen zurückgreifen und entwaffnet den Einwand, indem er die a_{ij}, etwa R_I im vorigen Abschnitt, mit einer physikalischen Dimension, z.B. "Ohm" belegt.

1.1.4. Es empfiehlt sich daher, zunächst erst einmal die "Summenschreibweise" für unser System fallen zu lassen. Wir erinnern uns daran, dass wir es mit Eingangs- und Ausgangsprodukten und einer Tabelle zu tun haben. Von daher ist es vielleicht natürlich, das System so darzustellen:

$$(\mathbf{MG}) \quad \begin{pmatrix} y_1 \\ y_2 \\ \vdots \\ y_m \end{pmatrix} = \begin{pmatrix} \alpha_{11} & \alpha_{12} & \cdots & \alpha_{1n} \\ \alpha_{12} & \alpha_{22} & \cdots & \alpha_{2n} \\ \cdots\cdots\cdots\cdots\cdots\cdots \\ \alpha_{m1} & \alpha_{m2} & \cdots & \alpha_{mn} \end{pmatrix} \begin{pmatrix} x_1 \\ x_2 \\ \vdots \\ x_n \end{pmatrix}$$

wofür man auch kurz $y = Ax$ schreibt. y steht dabei für die linke Spalte, x für die rechte und A für die Tabelle. Die Tabelle, die ja den Betriebsablauf wiederspiegelt, *wandelt* also den Eingang x in den Ausgang y um. Mit dieser Sprechweise ist dem Gleichheitszeichen in der neuen Schreibweise eine Bedeutung zugewiesen, das störende Pluszeichen ist redundant geworden und die Gleichung $y = Ax$ ist interpretiert.[†] Dass man die Eingangs- und Ausgangsquantitäten in Spaltenform darstellt, ist eine Verabredung, die sich durch den später zu entwickelnden Rechenapparat als vernünftig erweist.

1.1.5. Der Ansatz, für solche Gebilde Rechenregeln zu finden, besteht in der Einführung zweier Verknüpfungen: Einer Addition und einer Skalarmultiplikation. Wir können jedes Produkt mit reellen Zahlen multiplizieren: αx_i ist einfach die α-fache Menge des ursprüngliche vorhandenen x_i. Wir können auch zwei *gleiche* Produkte addieren, also $x_i + x_i'$ bilden, ohne dem oben gemachten Einwand gegen das Pluszeichen zu begegnen. Jetzt *definieren* wir für die Eingänge und die Ausgänge die SKALARMULTIPLIKATION durch:

$$\alpha \begin{pmatrix} x_1 \\ x_2 \\ \vdots \\ x_n \end{pmatrix} = \begin{pmatrix} \alpha x_1 \\ \alpha x_2 \\ \vdots \\ \alpha x_n \end{pmatrix}$$

und die ADDITION durch:

$$\begin{pmatrix} x_1 \\ x_2 \\ \vdots \\ x_n \end{pmatrix} + \begin{pmatrix} x_1' \\ x_2' \\ \vdots \\ x_n' \end{pmatrix} = \begin{pmatrix} x_1 + x_1' \\ x_2 + x_2' \\ \vdots \\ x_n + x_n' \end{pmatrix}$$

Nun kommt die wichtigste Beobachtung, die sich der Leser in allen Einzel-

---

[†] Der Physikstudent stelle zur Übung das klassische Hebelgesetz—das wohl bekannteste Proportionalitätsgesetz schon aus der Antike—in dieser Form dar.

heiten selbst klar machen soll. Sie ist ein entscheidender Schritt zur
Linearen Algebra. Wir stellen fest, dass in unserer Kurzschreibweise $Ax +$
$Ax' = A(x + x')$ und $A(\alpha x) = \alpha(Ax)$ gelten. In diesen Rechenregeln für
die neu eingeführten Operationen wird *das Prinzip der linearen Proportionalität in seiner allgemeinen Form* ausgedrückt. Sie besagen, dass dem
α-fachen Eingang ein α-facher Ausgang und der "Summe" der Eingänge die
der Ausgänge entspricht[†].

Der nächste Schritt müsste nun sein, die hier gefundene Struktur weiter
zu analysieren und dafür Rechenvorschriften zu entwickeln, die uns beispielsweise erlauben, die benötigten Eingangsprodukte zu bestimmen, wenn
wir eine vorgegebene Menge von Ausgangsprodukten erzielen wollen. Das
aber ist gerade das Hauptanliegen der Linearen Algebra, mit dem wir uns
im Laufe der weiteren Entwicklung auseinandersetzen müssen. Wir wollen
an dieser Stelle nur betonen, dass wir in unserem Modell die Elementar-
mathematik verlassen haben, und dass weder die Grössen x, y noch die
Tabellen A Zahlen sind[‡]. Der nächste Paragraf wird uns einige Ideen geben,
wie man mit Tabellen rechnen könnte.

Das lineare Gleichungssystem

1.2.1.   Der aus dem Arabischen stammende Begriff Algebra[§] bezog sich
ursprünglich auf Umformungsverfahren zum Lösen von Gleichungen. In
der *Linearen* Algebra interessiert man sich für Systeme von Gleichungen
vom Typ

$$\textbf{(LG)} \qquad \sum_{k=1}^{n} \alpha_{ik} x_k = y_i \qquad i = 1, \ldots, m$$

Man nennt Gleichungen von dieser Form LINEARE GLEICHUNGEN.

Die KOEFFIZIENTEN α_{ik} entstammen dabei einem vorgegebenen
Bereich, dem KOEFFIZIENTENBEREICH, in dem die Rechengesetze der
Addition und der Multiplikation erklärt sein sollen. In den Anwendungen
handelt es sich meist um den Bereich der reellen oder komplexen Zahlen,

---

[†]Dass hier nicht von einer Proportionalität der Differenzen wie in (1.1.2)
gesprochen wird, ist eine Folge der in (1.1.2) angedeuteten und hier durchgeführten
Mathematisierung, die uns eine neue Vorstellung von Proportionalität aufzwingt.

[‡]Der Leser lasse sich nicht durch den Umstand, dass die Positionen in einer
gegebenen Tabelle durch Zahlen besetzt sind, verwirren. Unser Modell interessiert
sich für Tabellen als Ganzes und es empfiehlt sich, sie sich einfach als rechteckiges
Schema, in dem den einzelnen Zahlen keine besondere Bedeutung zukommt,
vorzustellen.

[§]Siehe dazu den Anhang A, wo die wichtigsten Begriffe der Algebra, soweit wir sie
benötigen werden, zusammengestellt sind.

für tiefergehende mathematische Untersuchungen kommt man damit allein
aber nicht aus. Wir werden in (8.1.2) noch auf diesen Punkt eingehen, bis
dahin aber mit reellen Koeffizienten arbeiten.

Sind die m Grössen $(y_1, \ldots, y_m)$ reelle Zahlen, ebenso die n Grössen
$(x_1, \ldots, x_n)$, dann ist (LG) eine sinnvolle Gleichung. Sie bleibt auch sinnvoll, wenn wir unterstellen, dass uns die wirklichen Zahlenwerte von $x_1, \ldots,$
x_n zunächst nicht bekannt sind. Das ist sehr häufig der Fall, ist doch die
interessanteste Frage der Gleichungstheorie, bei vorgegebenen α_{ik}'s und y_i's
die Grössen x_k so zu bestimmen, dass sie den reellen Zahlengleichungen
(LG) genügen. Nicht jedes Gleichungssystem besitzt aber eine Lösung und
deshalb ist es gefährlich, mit den unbekannten Grössen x_k so zu rechnen, als
wären sie reelle Zahlen.[†] Ein Kalkül für lineare Gleichungssysteme muss
diesen logischen Fehler vermeiden und die Rechenoperationen der reellen
Zahlen auf die Koeffizienten und die gegebenen Grössen der rechten Seiten
beschränken. Ein anderer Weg wäre, die Unbekannten als Eingangsgrösse
$(x_1, \ldots, x_n)$ im Sinne von Paragraf 1.1 und die vorgegebenen Daten
$(y_1, \ldots, y_m)$ entsprechend als Ausgangsgrössen zu interpretieren. Dann stossen wir wieder auf die Tabellenschreibweisen (MG) in (1.1.4).

Wir wollen vorläufig aber die naive Auffassung vertreten, dass die
Unbekannten Platzhalter für unbekannte Zahlen sind, und die seit Jahr-
hunderten gewachsenen Gleichungsalgorithmen daraufhin ansehen, ob sie
uns einen Hinweis darauf geben können, wie man mit Tabellen rechnet. Wir
studieren Lösungsverfahren unter dem Gesichtspunkt, die Rechenregeln für
reelle Zahlen möglichst nur auf die vorgegebenen Grössen α_{ik} und y_i
anzuwenden. Dieser Aspekt wurde im vorigen Jahrhundert von Mathematikern, die durch ihre Untersuchungen die moderne Algebra begründet
haben, herausgearbeitet. Unter diesen sollen vor allem A. Cayley und J.J.
Sylvester erwähnt werden.

1.2.2.   Zur leichteren Verständigung führen wir einige Bezeichnungen ein:
Ein rechteckiges Schema reeller Zahlen, das aus m Zeilen und n Spalten
besteht, nennen wir eine $m \times n$-MATRIX, die einzelnen darin vorkommenden Zahlen die ELEMENTE oder KOEFFIZIENTEN der Matrix.
Jedes Element muss noch durch den Platz, an dem es steht, adressiert
werden, d.h. wir bezeichnen es mit α_{ik}, wobei i die Zeilennummer und k die
Spaltennummer angeben soll. Durch das Paar (i, k), $i = 1, \ldots, m$ und
$k = 1, \ldots, n$ ist jede Stelle des rechteckigen Schemas eindeutig gekennzeichnet; diese Stellen heissen auch die MATRIZENEINGÄNGE. Die
Matrix als Ganzes wird entweder explizit wie die Tabelle in (MG) in
Abschnitt (1.1.4), oder einfach durch einen Grossbuchstaben A angegeben.

[†]Es wird in diesem Buch auf die vielen Bemühungen, die Bedeutung des Begriffs
der Unbekannten zu erhellen, nicht näher eingegangen. Wir gehen heir naiv unter
Berufung auf die mathematische Intuition des Lesers vor. Die Auffassung, die
Unbekannten als zunächst von den Zahlengrössen verschiedene Objekte einzuführen,
war ein wesentlicher Schritt vorwärts beim Studium der modernen Algebra.

Oft ist es auch bequem, beide Schreibweisen nebeneinander zu benutzen; etwa liefert $A = (\alpha_{ik})$ die Information, dass die Elemente der Matrix durch α_{ik} bezeichnet werden sollen.

Haben wir es mit einem linearen Gleichungssystem zu tun, dann nennt man die Matrix, die aus den Koeffizienten des Systems in der gegebenen Anordnung gebildet wird, die KOEFFIZIENTENMATRIX des Gleichungssystems.

1.2.3. Wir studieren nun als Beispiel ein Lösungsverfahren, bei dem die Variablen sukzessiv eliminiert werden, bis nur mehr eine übrigbleibt; von dieser aus kann man dann im Rückwärtsschritt die andern Unbekannten bestimmen. Diese Lösungsmethode ist sehr alt, ist aber immer noch die effizienteste und wird in vielen Varianten zu numerischen Berechnungen benutzt; heute bezeichnet man sie meistens als GAUSSALGORITHMUS nach dem Mathematiker C.F. Gauss.[†]

Um deutlich zu machen, dass die Operationen nicht an den Unbekannten ausgeführt werden, schreiben wir parallel zu dem Gleichungssystem die damit verbundenen Matrizen heraus. Die angegebenen Operationen lassen sich an ihnen direkt ausführen.

$$
\begin{array}{rcl}
1x_1 + 2x_2 - 5x_3 - 2x_4 &=& 2 \\
2x_1 - 3x_2 + 4x_3 - 4x_4 &=& 4 \\
4x_1 + 1x_2 - 6x_3 + 0x_4 &=& 0
\end{array}
\qquad
\begin{array}{rrrr|r}
1 & 2 & -5 & -2 & 2 \\
2 & -3 & 4 & -4 & 4 \\
4 & 1 & -6 & 0 & 0
\end{array}
$$

Die erste Matrix auf der rechten Seite ist die Koeffizientenmatrix des Systems, die zweite die der Vorgabedaten. Wir multiplizieren nun die erste Zeile mit (-2) und addieren das Ergebnis zur zweiten Zeile, dann entsteht:

$$
0x_1 - 7x_2 + 14x_3 + 0x_4 = 0
\qquad
\begin{array}{rrrr|r}
0 & -7 & 14 & 0 & 0
\end{array}
$$

Multiplizieren wir die erste Zeile mit (-4) und addieren das Ergebnis zur dritten, dann finden wir

$$
0x_1 - 7x_2 + 14_3 + 8x_4 = 0
\qquad
\begin{array}{rrrr|r}
0 & -7 & 14 & 8 & -8
\end{array}
$$

Diese beiden Gleichungen setzen wir an Stelle der alten in die zweite und dritte Zeile des Systems ein. Wir erhalten ein neues System, in dem die erste Unbekannte nur mehr in der ersten Gleichung auftritt, in allen anderen eliminiert ist:

$$
\begin{array}{rcl}
x_1 + 2x_2 - 5x_3 - 2x_4 &=& 2 \\
0x_1 - 7x_2 + 14x_3 + 0x_4 &=& 0 \\
0x_1 - 7x_2 + 14x_3 + 8x_4 &=& -8
\end{array}
\qquad
\begin{array}{rrrr|r}
1 & 2 & -5 & -2 & 2 \\
0 & -7 & 14 & 0 & 0 \\
0 & -7 & 14 & 8 & -8
\end{array}
$$

Jetzt multiplizieren wir die zweite Gleichung mit (-1) und erhalten eine neue zweite Gleichung, in der gegenüber der alten alle Vorzeichen vertauscht

---

[†] Das Rechenschema findet sich bereits in den NEUN BÜCHERN (250 v.Chr.), dem einflussreichsten chinesischen Mathematiktext des Altertums.

sind. Diese addieren wir zur dritten und erhalten eine neue dritte Gleichung, die wir noch durch 8 teilen wollen. Das System wird dadurch schliesslich verwandelt in

$$
\begin{array}{rrrrr}
1x_1 + 2x_2 - 5x_3 - 2x_4 = & 2 \\
0x_1 + 7x_2 - 14x_3 + 0x_4 = & 0 \\
0x_1 + 0x_2 + 0x_3 + x_4 = & -1
\end{array}
\qquad
\begin{array}{rrrrr}
1 & 2 & -5 & -2 & 2 \\
0 & 7 & -14 & 0 & 0 \\
0 & 0 & 0 & 1 & -1
\end{array}
$$

Da wir alle Schritte rückgängig machen können, kommen wir zu der Auffassung, dass das so gewonnene System linearer Gleichungen zum ursprünglichen gleichwertig ist. Es hat aber den Vorteil, dass wir eine Unbekannte, x_4, sofort bestimmen können. Setzen wir willkürlich $x_3 = \tau$ fest, dann können wir durch Rückwärtsauflösen x_2 von der zweiten und danach x_1 von der ersten Gleichung ablesen.

1.2.4. Wir wollen an dieser Stelle eine Verbindung zum Paragrafen 1.1 herstellen. Dazu bemerken wir, dass wir die in Abschnitt (1.1.5) eingeführten Rechenoperationen der Skalarmultiplikation und der Addition sowohl für Zeilen als auch für Spalten, die aus n reellen Zahlen bestehen, einführen können. In diesem Fall bedeuten αx_k bzw. $x_k + x'_k$ einfach Multiplikation bzw. Addition von reellen Zahlen.

Die gefundene Lösung unseres Gleichungssystems drücken wir dann so aus:

$$
\begin{pmatrix} x_1 \\ x_2 \\ x_3 \\ x_4 \end{pmatrix}
=
\begin{pmatrix} \tau \\ 2\tau \\ \tau \\ -1 \end{pmatrix}
=
\begin{pmatrix} 1 \\ 2 \\ 1 \\ 0 \end{pmatrix} \tau
+
\begin{pmatrix} 0 \\ 0 \\ 0 \\ -1 \end{pmatrix}
$$

Da die reelle Zahl τ willkürlich gewählt war und zu jedem solchen τ eine Lösung existiert, haben wir es hier mit einer ganzen Schar von Lösungen zu tun.

In der Tat entspricht jedem τ genau eine Lösung der Schar und umgekehrt. In diesem Sinne können wir die Lösungsschar als ein treues Abbild der Zahlengeraden auffassen—ein Gedanke, auf den wir noch zurückkommen werden müssen.

Wir nennen τ den PARAMETER der Lösungsschar und die rechte Seite die PARAMETERDARSTELLUNG einer Lösung daraus. Wir lesen daran eine neue Variante des in Abschnitt (1.1.2) eingeführten Proportionalitätsbegriffs ab; er gilt offenbar für die Differenz zweier Lösungen unserer Schar:

$$
\Delta \begin{pmatrix} x_1 \\ x_2 \\ x_3 \\ x_4 \end{pmatrix}
=
\begin{pmatrix} 1 \\ 2 \\ 1 \\ 0 \end{pmatrix} \Delta\tau
$$

Überdenken wir noch einmal die Bedeutung der Differenz zweier Spalten, dann heisst das, dass für jeden Spalteneingang $\Delta x_k = \text{const.} \ \Delta\tau$ gilt; die Konstante hängt von k ab.

1.2.5. Mit den Rechenoperationen, die wir im letzten Abschnitt für die Zeilen z_i der Koeffizientenmatrix eingeführt haben, können wir die Umformungsschritte in (1.2.3) neu formulieren. Der erste etwa bedeutet:

$$-2z_1 + z_2 = z_2^{(\text{neu})}.$$

Der wesentliche Inhalt der Umformungsschritte besteht darin, die alten Zeilen durch iteriertes Anwenden der beiden Rechenoperationen der Addition und Skalarmultiplikation für Zeilen in neue umzuformen. Wir sagen dafür auch: Die neuen Zeilen sind LINEARKOMBINATIONEN der alten Zeilen.

In dieser Sprechweise wird deutlich, dass unser Verfahren tatsächlich nur mit den beiden Matrizen zu operieren braucht. Da die Manipulationen an beiden parallel ausgeführt werden, ist es bequem, die Koeffizientenmatrix und die einspaltige Matrix der Vorgabe zur ERWEITERTEN Koeffizientenmatrix des Gleichungssystems zusammenzufassen (vgl. mit (1.2.3)):

$$\begin{pmatrix} 1 & 2 & -5 & -2 & 2 \\ 2 & -3 & 4 & -4 & 4 \\ 4 & 1 & -6 & 0 & 0 \end{pmatrix}.$$

Der Grundgedanke des Gaussalgorithmus besagt dann, man solle durch geeignete Linearkombinationen der Zeilen die erweiterte Koeffizientenmatrix auf eine Stufenform bringen.

Die elementare Matrizenrechnung

1.3.1. In Abschnitt (1.2.3) haben wir das Lösungsverfahren der sukzessiven Elimination der Variablen kennengelernt. Dabei mussten wir an den Gleichungen hinreichend oft eine der folgenden logisch unabhängigen Manipulationen ausführen

  i. Multiplikation der i-ten Zeile mit der reellen Zahl $\alpha \neq 0$.
  ii. Addition der i-ten zur j-ten Zeile, $i \neq j$.
  iii. Vertauschung der i-ten mit der j-ten Zeile, $i \neq j$.

Die letzte haben wir in unserem Beispiel nicht benötigt, ist aber gelegentlich nützlich, einmal, um schärfere theoretische Aussagen machen zu können (vgl. 2.3.6), zum anderen, um beispielsweise stabilere Rechenmethoden zu entwickeln (vgl. Paragraf 4.2). Die Manipulationen formen das Ausgangssystem sukzessive und so lange um, bis man die Lösung direkt ablesen kann.

Alle diese Manipulationen konnte man genauso gut an der erweiterten Koeffizientenmatrix ausführen und dabei wurde die "rechteckige" Ausgangsmatrix sukzessive in eine "dreieckige", d.h. eine solche, wo unterhalb der von der linken oberen Ecke ausgehenden "Diagonale" nur Nullen stehen, gebracht.

Angewandt auf Matrizen nennt man diese drei die ELEMENTAREN MATRIZENOPERATIONEN.[†] Diese und die Kenntnis der erweiterten Koeffizientenmatrix genügen zur Lösung des Problems. Es ist völlig unerheblich, was x_i bedeuten oder welche Interpretation wir dem Summen- oder Gleichheitszeichen geben. Diese Beobachtung erlaubt es dann, die Erfahrungen der klassischen Gleichungstheorie auch auf Proportionalitätsprobleme, Fragen aus der Geometrie u.v.m. zu übertragen. Es geht im wesentlichen immer um das Rechnen mit Matrizen; dafür soll nun ein Rechenkalkül gesucht werden.

1.3.2. Der MATRIZENKALKÜL ist in der zweiten Hälfte des 19.Jahrhunderts abschliessend entwickelt worden, vor allem von A. Cayley. Er wurde später, nicht zuletzt auch im Interesse immer effizienterer Rechenverfahren, weiter verfeinert, doch ein tieferes Verständnis war erst möglich, nachdem die Matrizen in der Linearen Algebra als eine spezielle Form von Abbildungen erkannt worden waren; wir haben das schon in (1.1.5) angedeutet, werden es aber erst im Kapitel 3 systematisch aufgreifen. Danach werden die Matrizen eine zunehmend wichtigere Rolle spielen und es erscheint nicht als übertrieben, wenn man sie als das Herzstück der modernen Linearen Algebra bezeichnet. Hier lernt der Leser erst einmal formal Regeln, die die des Rechnens mit reellen Zahlen erweitern, kennen.

Wir bezeichnen mit $M(m, n)$ die Menge aller $m \times n$-Matrizen, wie wir sie in (1.2.2) definiert haben. Eine solche Matrix bezeichnen wir entweder mit A, (α_{ij}) oder stellen sie sogar durch das Schema

$$\begin{pmatrix} \alpha_{11} & \alpha_{12} & \cdots & \alpha_{1n} \\ \alpha_{21} & \alpha_{22} & \cdots & \alpha_{2n} \\ \cdots\cdots\cdots\cdots\cdots\cdots \\ \alpha_{m1} & \alpha_{m2} & \cdots & \alpha_{mn} \end{pmatrix}$$

dar. Eine $m \times 1$-Matrix nennt man eine SPALTE und eine $1 \times n$-Matrix eine ZEILE. Es ist manchmal bequem, sich ein $m \times n$-Matrix entweder aus m Zeilen der Länge n oder aus n Spalten der Länge m aufgebaut zu denken. Für den Kalkül selbst hat das zunächst keine Bedeutung; dort wird die Matrix stets als Einheit aufgefasst.

Wir werden zwei Rechenoperationen, die ADDITION und die MULTIPLIKATION, einführen; die zweite enthält als einen vom Standpunkt der Linearen Algebra wichtigen Spezialfall die SKALARMULTIPLIKATION.

[†]Die ersten beiden formulieren als Operationen an den Zeilen gesehen, die Grundrechnungsarten der Linearen Algebra (vgl. (2.1.2)) und das weist auf die Bedeutung, die diese für die Gleichungstheorie hat, hin. In diesem Abschnitt fassen wir aber (i)–(iii) als Operationen an Matrizen auf.

1.3.3. Wir definieren die Addition zweier beliebiger Matrizen mithilfe der beiden Regeln:

    i. Eine $m \times n$-Matrix A kann genau dann zu einer $r \times s$-Matrix B addiert werden, wenn $m = r$ und $n = s$ ist.

   ii. Trifft (i) zu, dann ist die Summe durch die komponentenweise Addition erklärt, d.h. ist $A = (\alpha_{ij})$ und $B = (\beta_{ij})$ dann ist $A + B = (\alpha_{ij} + \beta_{ij})$.

Bezeichnen wir mit O die aus lauter Nullen bestehende Matrix, dann ist sie offenbar ein Nullelement der Addition. Das Negative von A ist die Matrix $-A$, deren Komponenten gerade die mit einem Minuszeichen versehenen der Matrix A sind. Man überzeugt sich leicht, dass für die Addition von Matrizen die Regeln **A.** aus dem Anhang A gelten.

Bemerkung. Hier sind zwei Hinweise angebracht: Zum ersten ist die Addition nicht uneingeschränkt ausführbar, sondern nur zwischen Matrizen der "gleichen Art". Gehen wir beispielsweise nach (1.1.4) zurück, dann erscheint uns die Einschränkung recht vernünftig: A und B spiegeln in dem dort behandelten Modell zwei Betriebe wieder und solche kann man eben nur dann problemlos zu einem verschmelzen, wenn sie aus den, bezüglich der Qualität, gleichen Anfangsprodukten die gleichen Endprodukte herstellen. Eine mathematische Erklärung für diese Regeln werden wir in Kapitel 3 geben.

Zum zweiten ist zu beachten, dass diese Addition nur wohldefiniert ist, wenn wir die Addition der reellen Zahlen als gegeben ansehen. Dann aber verhält sie sich genauso wie diese und erweitert sie sogar; darunter verstehen wir, dass im Spezialfall der 1×1-Matrizen, die wir als gewöhnliche Zahlen auffassen können, die Matrizenaddition gerade die bei reellen Zahlen übliche ist, ansonsten aber dieselben formalen Rechenregeln gelten. Solche Beobachtungen sind vom Standpunkt der Mathematik wichtige Aussagen, auch wenn sie dem Leser in diesem Fall wegen ihrer Offensichtlichkeit nicht als erwähnenswert erscheinen mögen.

1.3.4. Ähnliche Einschränkungen müssen bei der Matrizenmultiplikation beachtet werden. Wir benutzen zu ihrer Definition folgende Regeln:

    i. Eine $m \times n$-Matrix A kann genau dann mit einer $r \times s$-Matrix zu einem Produkt AB multipliziert werden, wenn $n = r$ ist.

   ii. Trifft (i) zu, dann ist das Produkt AB der Matrizen (α_{ij}) und (β_{ij}) durch folgende Berechnungsvorschrift für die Komponenten (π_{ij}) von AB erklärt:

$$\pi_{ij} = \sum_{k=1}^{n} \alpha_{ik}\beta_{kj} \qquad i = 1,\ldots, m, \quad j = 1,\ldots, s.$$

Diese Definition ist recht merkwürdig und beim gegenwärtigen Wissensstand des Lesers auch schwer zu begreifen. Um sie etwas griffiger zu machen, gehen wir auf die Modelle der letzten beiden Paragrafen zurück: Wir stellen uns gemäss (1.1.4) zwei Betriebe vor und zwar so, dass A gerade die Ausgangsprodukte von B als Eingangsprodukte benutzt; AB repräsentiert dann die Betriebskette "A nach B", die aus den Eingangsprodukten von B die Ausgangsprodukte von A erstellt. Andere Beispiele findet man in der Physik und der Technik, wo etwa die Aufgabe besteht, über mehrere Zwischenstationen hinweg einen Mechanismus zu steuern. Diese Steuervorgänge gehorchen in beschränkten Bereichen oft dem Prinzip der Proportionalität. Hier ist der Steuerbefehl einer Zwischenstation der Eingangsimpuls für die nächste, die ganze Kette also durch ein Produkt der Einzelvorgänge beschrieben.

Im Falle der Gleichungen aus (1.2.1) reflektiert AB gerade das Einsetzungsprinzip: Seien $u_1, \ldots, u_s$ die Variablen von n linearen Gleichungen, deren Koeffizientenschema durch B beschrieben wird und deren rechte Seiten von $x_1, \ldots, x_n$ gebildet werden; diese wiederum bilden die Unbekannten eines Systems von m Gleichungen gemäss (**LG**) in (1.2.1). "Ersetzt" man nun mithilfe von B die Unbekannten x_k durch $x_k = \sum\limits_{i=1}^{s} \beta_{ki} u_i$, dann entsteht ein neues System, das $y_1, \ldots, y_m$ durch die Unbekannten $u_1, \ldots, u_s$ ausdrückt und dessen Koeffizientenschema gerade durch AB repräsentiert wird.

Der Leser möge sich beide Modelle an Rechenbeispielen klar machen. Diese Beispiele zeigen, dass das Matrizenprodukt eine natürliche Bildung ist und ein offensichtliches Anliegen der Praxis mathematisiert. Ein tieferes Verständnis wird erst in Kapitel 3 kommen.

1.3.5. Ehe wir die Produktregel im nächsten Abschnitt genauer diskutieren, wollen wir eine nützliche, bildlich veranschaulichte Merkregel ansehen. Wir schreiben dazu die Matrizen A und B tabellenartig in folgender Form auf:

$$
\begin{array}{cccccc}
& & \beta_{11} & \cdot & \cdot & \beta_{1j} & \cdot & \cdot & \beta_{1s} \\
& & \beta_{21} & \cdot & \cdot & \beta_{2j} & \cdot & \cdot & \beta_{2s} \\
& & \cdot & \cdot & \cdot & \cdot & \cdot & \cdot & \cdot \\
& & \beta_{n1} & \cdot & \cdot & \beta_{nj} & \cdot & \cdot & \beta_{ns} \\
\alpha_{11} & \cdot & \cdot & \cdot & \alpha_{1n} & & | \\
\cdot & \cdot & \cdot & \cdot & \cdot & & | \\
\alpha_{i1} & \cdot & \cdot & \cdot & \alpha_{in} & ------ & \pi_{ij} & --------- \\
\cdot & \cdot & \cdot & \cdot & \cdot & & | \\
\alpha_{m1} & \cdot & \cdot & \cdot & \alpha_{mn} & & |
\end{array}
$$

und lesen daran die Bildung der Komponente π_{ij} von AB ab: Man suche diejenige Zeile von A und diejenige Spalte von B, die sich bei entsprechender Verlängerung in π_{ij} schneiden, dann multipliziere man der Reihe nach die jeweiligen ersten, zweiten, ..., n-ten Elemente und addiere die so gefundenen Produkte: Das Ergebnis ist der Wert, den wir für π_{ij} einsetzen müssen.

Für den visuellen Typ unter den Lesern mag diese Merkregel geeigneter als die Formel in der Definition sein.

1.3.6. Das Matrizenprodukt ist hochgradig *nichtkommutativ*. Wenn AB erklärt ist, dann braucht BA gar nicht zu existieren, wie etwa die Wahl von $m \neq s$ zeigt. Selbst im Falle, dass $m = s$ ausfällt, stimmt aber das Kommutativgesetz nicht mehr; man sehe sich dazu

$$A = \begin{pmatrix} 1 & 0 \\ 0 & 0 \end{pmatrix} \quad \text{und} \quad B = \begin{pmatrix} 0 & 0 \\ 1 & 1 \end{pmatrix}$$

an. Es ergibt sich nach den Gleichheits- und Produktregeln für Matrizen $AB \neq BA$.

Die einzige Ausnahme ist der Fall $m = n = s = 1$, wo beide Produkte existieren und stets $AB = BA$ gilt. Er zeigt uns auch, dass die Matrizenmultiplikation das Produkt für reellen Zahlen erweitert.

Eine andere Eigentümlichkeit, die mit der Nullmatrix zusammenhängt, betrifft die KÜRZUNGSREGEL. Gilt für zwei reelle Zahlen $\alpha\beta = 0$, dann ist eine davon Null. Für Matrizen ist das falsch, wie das Beispiel

$$A = \begin{pmatrix} 1 & 0 \\ 0 & 0 \end{pmatrix} \quad \text{und} \quad B = \begin{pmatrix} 0 & 0 \\ 0 & 1 \end{pmatrix}$$

mit dem Produkt $AB = 0$ zeigt. Damit ist $(A + C)B = CB$ für jede Matrix C, aber wir können nicht, obwohl $B \neq 0$ ist, durch B kürzen, da sicher nicht $A + C = C$ immer wahr ist. Die Frage, wann man durch B kürzen kann, wird uns später noch beschäftigen; es wird durch diese Eigenschaft eine spezielle Klasse von Matrizen ausgesondert werden (vgl. (1.3.12)).

In die gleiche Richtung weist ein anderes Phänomen. Dazu führen wir die m-te EINHEITSMATRIX $I_m = (\delta_{ij})$ mithilfe der Definition[†]

$$\begin{aligned} \delta_{ij} &= 1 \quad \text{für} \quad i = j \\ \delta_{ij} &= 0 \quad \text{für} \quad i \neq j \end{aligned} \qquad i, j = 1, \ldots, m$$

ein; sie hat in der HAUPTDIAGONALE, d.h. der von links oben nach rechts unten verlaufenden Diagonale, nur Einsen, alle anderen Komponenten sind null. Gilt für nur eine von Null verschiedene reelle Zahl α, dass $\beta\alpha = \alpha$ ist, dann muss $\beta = 1$ sein. Das ist anders bei Matrizen! Seien beispielsweise

$$A = \begin{pmatrix} 1 & 2 & 3 \\ 2 & 4 & 6 \end{pmatrix} \qquad B = \begin{pmatrix} -1 & 1 \\ 4 & -1 \end{pmatrix}$$

[†]Das so definierte Symbol δ_{ij} kommt in der Mathematik recht häufig vor. Man nennt es das KRONECKERSYMBOL.

Dann findet man $BA = A = I_m A$ und wir sehen wieder, dass die Kürzungsregel verletzt ist, da $B \neq I_m$ ist.

Die Betrachtungen zeigen uns, dass man beim Rechnen mit Matrizen viel vorsichtiger als beim Zahlenrechnen sein muss. Das Fehlen der Kürzungsregel kompliziert vieles und der Leser soll sich diese Eigenart des Matrizenkalküls an selbstgewählten Beispielen klar machen. Gerade an dieser Stelle unterlaufen dem Anfänger häufig Fehler. Beachtet man aber alle Vorsichtsmassregeln, dann gelten immerhin einige nützliche Rechenge-setze. Wir prüfen leicht nach, dass—sofern alle darin vorkommenden Bil-dungen nach (1.3.3) und (1.3.4) erlaubt sind—folgende Aussagen wahr sind:

i. $A(BC) = (AB)C$
ii. $(A + B)C = AC + BC$
iii. $A(B + C) = AB + AC$
iv. $OA = O, \qquad AO = O.$

Die letzte Bezeichnung ist dabei besonders merkwürdig. Die Matrix O bedeutet nur, dass alle ihre Komponenten 0 sind, ihre Gestalt, d.h. ihre "Rechtecksform", wechselt unter Umständen von einer Seite des Gleich-heitszeichens auf die andere.

1.3.7. Ehe wir die allgemeinen Grundlagen der Matrizenrechnung ab-schliessen, wollen wir noch einen Spezialfall der Multiplikation hervorhe-ben.

Wenn wir eine beliebige $m \times n$-Matrix A mit der $m \times m$-Matrix $(\alpha\delta_{ij})$, die in der Hauptdiagonale überall die reelle Zahl α, ansonsten aber nur Nullen enthält, von links multiplizieren, dann entsteht eine Matrix, die wir αA nennen wollen. Ihre Komponenten sind gerade die mit α multiplizierten Komponenten von A. In diesem Sinne können wir also Matrizen aus $M(m, n)$ auch mit reellen Zahlen multiplizieren.

Diese Multiplikation nennt man die SKALARMULTIPLIKATION.

Die Rechenregeln für die Skalarmultiplikation leitet man aus denen für die Matrizen in (1.3.3) und (1.3.6) her. Wir fassen sie hier zusammen:

Satz. Sind α, β reelle Zahlen und A, B $m \times n$-Matrizen, dann gelten

i. $(\alpha + \beta)A = \alpha A + \beta A$
ii. $\alpha(A + B) = \alpha A + \alpha B$
iii. $\alpha(\beta A) = (\alpha\beta)A$
iv. $1A = A.$

Bemerkung. Man kann auch eine Matrix *von rechts* mit einer reellen Zahl "skalarmultiplizieren", indem man sie von rechts mit der $n \times n$-Matrix $(\alpha\delta_{ij})$ multipliziert.

Bezüglich der Multiplikation kann man formal α wie eine Matrix behandeln. Man denke sich die Multiplikation von links als eine mit αI_m und die von rechts als eine mit αI_n. Bemerkenswerterweise gilt dann die wichtige Regel:

$$\alpha A = A\alpha$$

für alle reellen α und alle $m \times n$-Matrizen A.

Dies ist eine für die Algebra wichtige Beobachtung. Sie veranlasst uns, generell die Skalarmultiplikation von links, also in der im Satz angegebenen Form zu schreiben.

1.3.8. Sehr viel übersichtlicher wird der Matrizenkalkül, wenn man sich auf das Rechnen mit $n \times$ n-Matrizen beschränkt. Wir nennen ihre Menge anstatt $M(n, n)$ einfach $M(n)$.

Die erste wichtige Feststellung ist die, dass wir in $M(n)$ die Addition und die Multiplikation von Matrizen *uneingeschränkt* ausführen können und das Ergebnis stets wieder eine Matrix in $M(n)$ ist.

Die n-te Nullmatrix O_n ist die einzige Matrix, die für alle A aus $M(n)$

$$A + O_n = A$$

erfüllt. Andererseits ist I_n die einzige Matrix in $M(n)$, die für *alle* Matrizen A aus $M(n)$ die Gleichungen

$$I_n A = A \quad \text{und} \quad A I_n = A$$

genügt. Während die erste der beiden Aussagen auf der Hand liegt, ist die zweite wegen der Komplexität des Matrizenprodukts nicht unmittelbar aus der Definition des Produkts abzulesen.

Folgender Weg ist bequemer: Wäre J eine zweite solche Matrix, dann wäre insbesondere für $A = I_n$ $I_n = J I_n$ und aufgrund der Eigenschaft der Einheitsmatrix $J I_n = J$, also $I_n = J$. Diese Überlegung zeigt, dass es nützlich ist, für die Matrizen als ganze Rechenregeln aufzustellen, anstatt die komponentenweise Berechnungsvorschrift für das Produkt aus (1.3.4) heranzuziehen.

Fassen wir nun alle für das Produkt und die Summe gefundenen Regeln zusammen, dann können wir unter Berufung auf den Anhang A einen wichtigen Lehrsatz aussprechen.

Satz. Sei $M(n)$ die Menge aller $n \times n$-Matrizen, dann gelten:

   i. $M(n)$ ist eine Algebra.
   ii. Die Multiplikation in $M(n)$ ist für $n \neq 1$ nicht kommutativ.
   iii. Für $n \neq 1$ gilt die Kürzungsregel nicht uneingeschränkt in $M(n)$.

Genau genommen haben wir (ii) und (iii) nur für den Fall $n = 2$ gezeigt. Denken wir uns aber die 2×2-Matrizen unserer Gegenbeispiele in $M(2)$ in (1.3.6) als linke obere Ecke einer $n \times n$-Matrix, die ansonsten durch lauter Nullen aufgefüllt wird, dann dienen sie uns als Gegenbeispiele in $M(n)$. Der Leser überzeuge sich davon in einer Übungsaufgabe, kann aber auch auf Paragraf 2.3 und die dort benutzten Blockmatrizen zugreifen.

1.3.9. Wir gehen nun auf die in (1.3.1) angegebenen elementaren Matrizenoperationen, die an einer durch das lineare Gleichungssystem vorgegebenen $m \times n$-Matrix ausgeführt werden sollen, zurück und wollen zeigen, dass sie mithilfe des oben entwickelten Matrizenkalküls durch Linksmultiplikationen mit den sogenannten ELEMENTAREN $m \times m$-Matrizen ausgedrückt werden können. Wir werden diese für jeden der Schritte (i)–(iii) in (1.3.1) beschreiben und anschliessend den Vorteil des Matrizenkalküls gegenüber den zunächst nur verbal gegebenen Manipulationen diskutieren.

Wir wollen in diesem Abschnitt unter A eine $m \times n$-Matrix verstehen.

Satz. Die Multiplikation der i-ten Zeile von A mit einer von Null verschiedenen reellen Zahl α wird durch Linksmultiplikation von A mit der $m \times m$-Matrix

$$M(i; \alpha) = \begin{pmatrix} 1 & 0 & . & . & . & . & . & 0 \\ 0 & . & & & & & & . \\ . & & 1 & & & & & \\ . & & & \alpha & & & & . \\ . & & & & 1 & & & . \\ . & & & & & . & & . \\ 0 & . & . & . & . & . & 0 & 1 \end{pmatrix} \quad i\text{-te Zeile}$$

bewirkt.

Wir wiederholen in Worten: $M(i; \alpha)$ ist eine $m \times m$-Matrix, die ausserhalb der Hauptdiagonale nur Nullen stehen hat. Die Hauptdiagonalelemente bestehen bis auf das i-te aus Einsen; dieses ist das vorgegebene α.

Die Richtigkeit des Satzes prüfen wir nach, indem wir zunächst feststellen, dass die Regel (i) aus (1.3.4) es uns gestattet, A von links mit $M(i; \alpha)$ zu multiplizieren. Dann verwenden wir die Vorschrift (ii) und erhalten, wenn wir die Komponenten von $M(i; \alpha)$ mit μ_{kl} bezeichnen und die speziellen, im Satz angegebenen Werte dafür einsetzen für die Komponenten von $M(i; \alpha)A$

$$\sum_{l-1}^{m} \mu_{kl}\alpha_{lj} = \alpha_{kj} \qquad \text{falls } k \neq i$$

$$= \alpha\alpha_{ij} \qquad \text{falls } k = i$$

für alle $j = 1, \ldots, n$. Das aber bedeutet, dass alle Zeilen, mit Ausnahme der *i*-ten, die durch ihr α-Faches ersetzt wurde, erhalten bleiben. Der Leser beachte, dass der erste Index stets die Zeilennummer angibt.

Der Satz ist damit bewiesen.   □

1.3.10. Die zweite Manipulation an einem Gleichungssystem beschreiben wir analog.

Satz. Die Addition der *i*-ten zur *j*-ten Zeile, $i \neq j$, wird durch Linksmultiplikation von *A* mit der $m \neq m$-Matrix

$$A(j; i + j) = \begin{pmatrix} 1 & 0 & . & . & . & . & . & 0 \\ 0 & . & & & & & & . \\ . & & 1 & . & . & 1 & & . \\ . & & & . & . & . & & . \\ . & & & & 1 & & & . \\ . & & & & & . & & 0 \\ 0 & . & . & & . & 0 & 1 \end{pmatrix} \begin{matrix} \\ \\ -j\text{-te Zeile} \\ \\ \\ \\ \end{matrix}$$

$$| \atop i\text{-te Spalte}$$

bewirkt.

Wir beschreiben das nochmal in Worten: $A(j; i + j)$ ist die $m \times m$-Matrix, die auf der Hauptdiagonale lauter Einsen stehen hat. Ausserhalb derselben stehen lauter Nullen mit Ausnahme des *i*-ten Eingangs in der *j*-ten Zeile; dort steht 1.

Die Behauptung des Satzes ist wieder mit den Regeln aus (1.3.4) nachzuweisen. Wir bezeichnen die Eingänge der elementaren Matrix wieder mit μ_{kl} und setzen die im Satz vorgegebenen Werte dafür ein. Dann entsteht für die Komponenten des Produkts $A(j; i + j)A$:

$$\sum_{l=1}^{m} \mu_{kl}\alpha_{ls} = \alpha_{ks}$$

falls $k \neq j$ ist, da in diesem Fall nur $\mu_{kk} = 1$ von Null verschieden ausfällt; ist dagegen $k = j$, dann sind $\mu_{jj} = 1$ und $\mu_{ji} = 1$ die von Null verschiedenen Faktoren in der Summe und wir finden

$$\sum_{l=1}^{m} \mu_{jl}\alpha_{ls} = \alpha_{js} + \alpha_{is}.$$

s durchläuft jeweils die Werte $1, \ldots, n$. Interpretieren wir wieder den ersten Index als den der Zeile, dann lesen wir von unserem Ergebnis ab, dass die *k*-te Zeile, $k \neq j$, ungeändert bleibt, während jedem Element der *j*-ten Zeile das entsprechende—und hier besorgt *s* die Numerierung—der *i*-ten Zeile hinzuaddiert wird. Das aber war gerade zu zeigen.   □

1.3.11. Die letzte Operation ist die der Zeilenvertauschung.

Satz. Die Vertauschung der i-ten und j-ten Zeile, $i \neq j$, wird durch Links-multiplikation von A mit der $m \times m$-Matrix

$$V(i;\,j) = \begin{pmatrix} 1 & 0 & . & . & . & . & . & . & 0 \\ 0 & 1 & & & & & & & . \\ . & & . & & & & & & . \\ . & & & 0 & . & . & 1 & & . \\ . & & & & . & 1 & . & . & . \\ . & & & & . & & 1 & . & . \\ . & & & 1 & . & . & 0 & . & . \\ . & & & & & & & 1 & 0 \\ 0 & . & . & . & . & . & . & 0 & 1 \end{pmatrix} \begin{matrix} \\ \\ \\ -i\text{-te Zeile} \\ \\ \\ -j\text{-te Zeile} \\ \\ \end{matrix}$$

bewirkt.

In Worten ausgedrückt ist $V(i;\,j)$ eine $m \times m$-Matrix, auf deren Haupt-diagonale alle Elemente mit Ausnahme des i-ten und des j-ten 1 sind; diese sind dagegen Null. Ausserhalb der Diagonale finden wir nur Nullen mit Ausnahme des j-ten Elements der i-ten Zeile und des i-ten Elements der j-ten Zeile; dort finden wir 1.

Wir überlassen es diesmal dem Leser, das Produkt $V(i;\,j)A$ auszurech-nen. Der Weg ist in den beiden vorhergehenden Abschnitten aufgezeigt. Die Rechnung wird auch hier die Richtigkeit der Aussage des Satzes belegen.

1.3.12. Damit haben wir die elementaren Matrizenoperationen durch Linksmultiplikation mit elementaren Matrizen ausgedrückt. Ehe wir damit arbeiten, wollen wir eine wichtige Bemerkung machen. Die Aussage hängt mit der Kürzungsregel zusammen. Sie besagt, grob gesagt, dass man Elementarmatrizen wie von Null verschiedene Zahlen aus einer Gleichung kürzen kann. Um das zu präzisieren definieren wir einen wichtigen Begriff:

Definition. Sei A eine $m \times m$-Matrix. Man nennt A INVERTIERBAR, wenn es $m \times m$-Matrizen B_r und B_l mit

$$B_l A = I_m = A B_r$$

gibt.

Automatisch ist aufgrund des Assoziativgesetzes[†] $B_l = B_r$ und wir be-zeichnen diese somit eindeutig durch die invertierbare Matrix A bestimmte $m \times m$-Matrix als die zu A INVERSE MATRIX und beschreiben sie mit dem Symbol A^{-1}.

Die Elementarmatrizen sind Beispiele für invertierbare Matrizen. Viele andere werden uns im Laufe des Buches begegnen. Die tiefergehende Deutung der Invertierbarkeit wird erst in Kapitel 3 gegeben werden können.

[†]Der Leser werte $B_l A B_r$ aus und überlege, dass er auf diesem Weg auch die Eindeutigkeit der Inversen mitbewiesen bekommt.

Im Falle der elementaren Matrizen spiegelt ihre Invertierbarkeit die Beobachtung, dass jeder Umformungsschritt des Gaussschen Algorithmus rückgängig gemacht werden kann, wieder.

Für die Elementarmatrizen können wir mehr sagen:

Satz. Die in (1.3.9)–(1.3.11) eingeführten Elementarmatrizen sind alle invertierbar. Genauer gelten die folgenden Formeln:

$$M(i, \alpha)^{-1} = M(i, \alpha^{-1})$$

$$A(j; i + j)^{-1} = M(i; -1)A(j; i + j)M(i; -1)$$

$$V(i; j)^{-1} = V(j; i)$$

Insbesondere sind die Inversen wieder *Produkte* elementarer Matrizen.

Beweis. Die Richtigkeit der ersten und der dritten Aussage liegt auf der Hand, wenn man sich die Bedeutung der Matrixoperationen, die durch diese elementaren Matrizen beschrieben werden, ins Gedächtnis zurückruft. Bei der zweiten ist das etwas kniffliger: Um die Umkehroperation zu $A(j; i + j)$ zu finden, muss man einfach dass (-1)-Fache der i-ten Zeile zur j-ten addieren. Das aber ist keine elementare Operation, wohl aber ein Produkt von solchen: Erst multipliziere die i-te Zeile mit -1, dann addiere sie zur j-ten, womit die neue j-te Zeile gerade die gewünschte ist, die i-te aber ein falsches Vorzeichen trägt; das korrigieren wir mit $M(i; -1)$. Beachtet man, dass die Reihenfolge der Manipulationen im Matrizenprodukt durch Lesen von rechts nach links gegeben ist, dann haben wir unsere mittlere Formel gefunden.

Dieser Beweis wiederholt für den Leser die anschauliche Bedeutung der Matrizenformel. Als Übung beweise er sie rechnerisch durch Einsetzen der Komponenten der einzelnen Matrizen. □

1.3.13. An dieser Stelle empfiehlt es sich, zur Übung auf das Gleichungssystem in Paragraf 1.2 zurückzugehen. Das Manipulieren an diesem können wir nun durch Linksmultiplikationen ausdrücken.

Die Operationen werden an der erweiterten Koeffizientenmatrix A in (1.2.5) des Gleichungsssystems aus (1.2.3) ausgeführt.

Der erste Schritt war, die erste Zeile mit -2 zu multiplizieren, das Ergebnis zur zweiten zu addieren und danach die erste Zeile durch Multiplikation mit $-1/2$ wieder in die ursprüngliche Form zu bringen. Das hört sich umständlicher an als der entsprechende Satz in (1.2.3), ist aber genau dasselbe, diesmal durch *elementare* Operationen ausgedrückt. Wir können letztere durch Matrizenprodukte ausdrücken, lassen aber wegen der Regel (i) in (1.3.6) alle Klammern weg. Der erste Schritt ist der Übergang:

$$A \to M(1; -1/2)A(2; 1 + 2)M(1; -2)A.$$

Der nächste Schritt wäre es, daran von links das Produkt

$$M(1; -1/4)A(3; 1 + 3)M(1; -4)$$

elementarer Matrizen zu multiplizieren. Der dritte und vierte fügt dem insgesamt

$$A(3; 2 + 3)M(2; -1)$$

als weiteren Faktor von links an. Der Leser setze die auftretenden Matrizen explizit an und rechne mithilfe der Produktregeln für Matrizen nach, dass auf diese Weise in der Tat die erweiterte Koeffizientenmatrix die gewünschte "Dreiecksform" des Endsystems von (1.2.3) bekommt. Das ist eine sehr wichtige Übung und soll in allen Einzelheiten nachvollzogen werden.

Im ersten Augenblick mag der Leser nach dieser Übung den Eindruck haben, dass alles mithilfe des Matrizenkalküls im Vergleich zu (1.2.3) nur noch komplizierter geworden ist. Das ist aber nicht der Fall. Der Leser lässt sich hier täuschen durch die Tatsache, dass der menschliche Verstand im Unterschied zum Digitalroboter befähigt ist, verbalen Anweisungen zu folgen, indem er sie unbewusst in Einzelschritte einer logischen Abfolge zerlegt. Dem Computer muss man aber gerade das bewusst eingeben und das leisten die *elementaren* Umformungsschritte.

Warum diese aber dann durch Matrizenmultiplikation ausdrücken?

Der Grund ist der, dass sie eine generell und formelmässig erfassbare Rechenschablone bietet. Da ausserdem für vorgegebene Gleichungsanzahl m nur relativ wenige elementare Matrizen existieren, kann man die Rechenschablone simultan für alle $m \times n$-Matrizen A entwickeln und bei Bedarf in der Maschine abrufen.

Bei grossen Systemen—und die Praxis arbeitet mit tausenden von Unbekannten in ihren Problemen (vgl. dazu (4.3.16))—versagt die intuitive Einsicht des Menschen und muss ersetzt werden durch eine streng logisch aufgebaute Rechentechnik, die universell programmierbar sein muss. Die Erfahrung zeigt, dass nur der Weg über den Matrizenkalkül es erlaubt, Lösungsverfahren in dieser Form bereitzustellen.

Wir haben in diesem Paragrafen zunächst gelernt, dass der Gaussalgorithmus im Matrixkalkül durch sukzessives Linkmultiplizieren mit elementaren Matrizen erfassbar ist. Für die Praxis wichtige Einzelüberlegungen und Rationalisierungen lassen wir hier zunächst ausser acht.

Die Geometrie der Euklidischen Ebene

1.4.1. Erst am Schluss dieses einführenden Kapitels kommen wir auf die dritte der Säulen, auf die die Lineare Algebra gegründet ist, zu sprechen. Wir stellen damit gewissermassen die historische Entwicklung auf den Kopf: Schon im Altertum war die Geometrie eine gut etablierte mathema-

tische Wissenschaft, die auf die Matrizenrechnung gestützte Gleichungstheorie erreichte dieses Stadium im 19.Jahrhundert, während der Pro-
portionalitätsgedanke, d.h. das Konzept einer linearen Zuordnung, erst in
unserem Jahrhundert in den Mittelpunkt rückte.

Wir wollen versuchen, dem Leser zu skizzieren, wie man Geometrie einer
algebraischen Behandlung zugänglich machen kann. Dabei beschränken wir
uns auf die Geometrie der Ebene, um das Begriffliche nicht durch zuviele
Eigentümlichkeiten der höherdimensionalen Räume zu verschleiern. Wir
denken uns aber die Ebene in einer dreidimensionalen Geometrie eingebettet.

Die Geometrie der Ebene wurde schon im Altertum als klar umrissene
Theorie von Euklid formuliert und abschliessend u.a. von D. Hilbert in
für unsere Begriffe streng axiomatischer Fassung aufgeschrieben. Diese
Axiomatik findet der Leser in sehr knapper Form im Anhang C zusammengestellt. Wir stellen uns in den nachfolgenden Betrachtungen auf den
Standpunkt, dass Geometrie uns als eine Konstruktionslehre, wie sie in der
Schulmathematik benutzt wird, bekannt ist, wir also mit Zirkel und Lineal
die im Folgenden auftretenden algebraischen Regeln aufs Papier bringen
können. Die wichtigste Rolle werden dabei die Konstruktion eine Parallelogramms sowie die eines Teilverhältnisses mithilfe des Strahlensatzes spielen.

Mit der Konstruktionslehre, die man besser als SYNTHETISCHE
GEOMETRIE bezeichnet, konkurriert seit dem 17.Jahrhundert die soge-
nannte ANALYTISCHE GEOMETRIE, die mithilfe geeignet definierter
Koordinatensysteme versucht, geometrische Aussagen auf analytischem
Wege, also ohne Zuhilfenahme von Zirkel und Lineal, rein rechnerisch zu
gewinnen. Ihr liegen die Arithmetik, beispielsweise die der reellen Zahlen,
und die Mengenlehre zugrunde. Schon W. Leibniz hat in einem Brief an
Chr. Huygens 1679 den Wunsch geäussert, eine Theorie zu finden, die beide
Auffassungen von Geometrie vereinigt (vgl. [42]). Dieses Ziel erreichte H.
Grassmann 1844 mit der Erfindung der Linearen Algebra.

Die wesentlichen Konstruktionen der nächsten beiden Abschnitte stützen
sich nur auf die Verknüpfungsaxiome V und das Parallelenaxiom P aus
Anhang C. Sie führen zu einer algebraischen Beschreibung der sogenannten AFFINEN GEOMETRIEN, also solcher Geometrien, für die die
übrigen Axiome nicht unbedingt zu gelten brauchen. Unter diesen ist die
der Euklidischen Geometrie zugrundeliegende die anschaulichste. Diese
Anschaulichkeit beruht ganz wesentlich auf den Ordnungsaxiomen O und
den Axiom von der Zahlengeraden Z, die wir deshalb unseren Voraussetzungen hinzufügen wollen. Sie sind auch für den Anschluss der Euklidischen Geometrie an die Analysis, d.h. die Einführung reeller Koordinaten,
entscheidend.

1.4.2. Wir beginnen mit einer naiven Konstruktion, die für viele Anwendungen der Vektorrechnung, und diese wollen wir jetzt entwickeln,

ausreichend ist. Dazu zeichnen wir einen Punkt N der Ebene willkürlich aus. Durch ihn ziehen wir eine Gerade, auf der wir uns die reellen Zahlen unter Beibehaltung ihrer natürlichen Ordnung lückenlos aufgetragen denken, und zwar so, dass dabei dem Punkt N die Zahl 0 zukommt; das zu tun erlauben uns die Axiome **B** und **Z**. Den Punkt N und diese "Zahlengerade" denken wir uns für das Folgende festgehalten.

Sei nun P ein von N verschiedener Punkt, dann geht durch ihn und N als Folge der Verknüpfungsaxiome genau eine Gerade. Nun bezeichnen wir mit dem Buchstaben p die folgende Zeichenvorschrift: Suche diese Gerade auf und ziehe auf ihr eine Verbindungslinie *ausgehend von N nach P*. Auf diese Weise wird jedem Punkt eine Zeichenvorschrift und umgekehrt jeder solchen genau ein Punkt der ihr zugehörigen Geraden, nämlich der, wo der Bleistift zum Stillstand kommt, zugeordnet. Wir nennen p den ORTSVEKTOR von P bezüglich N. Betrachten wir das ganze durch N gelegte Geradenbüschel, dann sehen wir, dass wir auf diese Weise alle Punkte der Ebene durch solche Zeichenvorschriften von N aus erreichen können, sie also eineindeutig durch Ortsvektoren repräsentieren dürfen. Dies ist jedenfalls so, wenn wir N den Ortsvektor o zuordnen, dessen Konstruktionsvorschrift sein soll, überhaupt keine Verbindungslinie zu ziehen, sondern den Stift einfach ruhen zu lassen.

Die von o verschiedenen Ortsvektoren beinhalten zwei Daten: Eine durch die Wahl der Geraden und die Regel, den Stift darauf nicht von P nach N, sondern stets von N auslaufend nach P zu führen, gegebene RICHTUNG und eine während des Zeichnens durchlaufene DISTANZ zwischen N und P.

Um dies zu verdeutlichen, denken wir uns P als einen Punkt ausserhalb der vorgegebenen Zahlengeraden, was nach den Verknüpfungsaxiomen möglich ist. Verbinden wir P mit dem 1 repräsentierenden Punkt auf dieser, dann kann man zu der so entstandenen Verbindungslinie eine Parallele durch den die reelle Zahl α darstellenden Punkt ziehen; diese schneidet die durch N und P laufende Gerade im Punkt Q mit dem Ortsvektor q. Ist nun $\alpha > 0$, dann sehen wir, dass q in die gleiche Richtung wie p zeigt; gilt der Strahlensatz der Geometrie, dann sagt er uns, das die Distanz von N nach Q gerade α-mal so gross ist wie die von N nach P. Ist $\alpha < 0$, dann stellen wir einen Richtungswechsel von q gegenüber p fest, die Distanz wird jetzt um das $|\alpha|$-Fache vergrössert. Im Grenfall $\alpha = 0$ wird $Q = N$ oder $q = o$. Es hat sich eingebürgert

$$q = \alpha p$$

für den neuen Ortsvektor zu schreiben. Dabei gibt p die Ausgangsrichtung an, α beschreibt mit seinem Betrag die Distanz in Vielfachen der Distanz von N nach P und mit seinem Vorzeichen $|\alpha|^{-1}\alpha$ die Richtungsänderung von q relativ zu p. $0p$ bedeutet o.

Auf diese Weise ist mithilfe der Zahlengeraden eine SKALIERUNG der Geraden bezüglich N und P vorgenommen worden. Die Gerade selbst ist beschrieben als $\langle \alpha p | \alpha$ reell$\rangle$, was mit der Deutung von p als Zeichenvorschrift gerade ausdrückt, dass man in beide Richtungen die Linie ins Unendliche ausdehnen soll.

Es ist bei der Bildung von αp unerheblich, wie die Zahlengerade zu der durch P laufenden Geraden liegt. Drehen wir sie aus ihrer Lage, dann zeigt der Satz von Desargues,[†] dass diese gedrehte Zahlengerade den gegebenen Grössen α und p dasselbe αp zuordnet wie die ursprüngliche. Damit können wir die Voraussetzungen, dass P ausserhalb der gegebenen Zahlengerade liegt, fallen lassen.

Bemerkung. An dieser Stelle wird deutlich, warum wir eingangs die Annahme gemacht haben, dass die Ebene in eine höherdimensionale Geometrie eingebettet sein soll. Andernfalls wäre der Satz von Desargues unabhängig von den Axiomen **V** und **P**, was an einem Modell gezeigt werden kann (vgl. dazu [55]). Man müsste ihn also zu den Axiomen hinzunehmen, um eine Vektorrechnung der Ebene zu entwickeln. Es ist zu beachten, dass in der Konstruktion oben der Strahlensatz nicht verwendet wurde; er wurde nur der Anschaulichkeit halber zur Interpretation des Ergenissen herangezogen.

Bemerkung. 1846 hat W. Hamilton den Begriff des Vektors als eine Grösse mit bestimmter Richtung und bestimmter Länge eingeführt. Unsere Konstruktion macht aber deutlich, dass diese Beschreibung irreführend ist. Anstatt von einer Längeneinheit sollte man besser von einer Skaleneinheit sprechen. Das hat J. Gibbs, auf dessen 1901 erschienenes Buch [22] die Vektorrechnung in der Form, in der sie bis heute in der Physik verwendet wird, zurückgeht, klar erkannt. Er spricht von "magnitude" statt von "length" und nennt die reellen Zahlen "pure magnitudes", während er den in der Physik verwendeten noch ihre physikalische Dimension hinzufügt. Eine solche Skaleneinheit hängt von der willkürlichen Wahl des Punktes $P \neq N$, der die Rolle der Einheit spielt, auf *jeder einzelnen Geraden* ab. Jede Gerade hat also einen anderen Masstab, der erst dann vereinheitlicht werden kann, wenn man zur metrischen Geometrie übergeht, die etwa mittels einer Eichskala die Skalierung der verschiedenen Geraden zusammenführt. Wir kommen darauf in Kapitel 7 zurück.

1.4.3. Der Nutzen des Vektorbegriffs besteht darin, dass man für Vektoren algebraische Rechengesetze finden kann, die sowohl die Argumente der Konstruktionslehre wie die der Analytischen Geometrie umfassen. Bereits die Entdecker des modernen Vektorbegriffs—H. Grassmann, W. Hamilton,

---

[†] Wir benötigen den *Satz von Desargues* in der Form: Seien ABC und $A'B'C'$ zwei Dreiecke, so dass die drei durch AA', BB', CC' laufenden Geraden sich entweder in einem Punkt schneiden oder parallel zueinander sind, dann folgt aus der Parallelität der Geraden AB und $A'B'$ und der von BC und $B'C'$ auch die von AC und $A'C'$; umgekehrt folgt aus der Parallelität aller paarweise einander entsprechenden Dreiecksseiten, dass die eingangs genannten Geraden entweder parallel sind oder einen gemeinsamen Schnittpunkt haben.

J. Gibbs u.a.—haben ihn auf Probleme der Physik mit Vorteil anwenden
können. Sie waren alle mit der Mechanik gut vertraut und es ist daher
plausibel, anzunehmen, dass das bekannte Kräfteparallelogramm, ohne
dessen gründliche Beherrschung der Bau einer gothischen Kathedrale mit
ihren raffiniert plazierten Strebepfeilern kaum vorstellbar ist, beim Auffinden der algebraischen Rechengesetze Pate gestanden hat.[†] Jedenfalls ist es
eine gute Eselsbrücke, um sich das Folgende einzuprägen.

Wir wollen uns überlegen, wie man in N angeheftete Ortsvektoren
verknüpfen kann, so dass danach wieder einer entsteht. Seien also p und q
zwei solche. Dann bilden wir daraus einen neuen, den wir $p + q$ nennen
wollen. Wir machen dazu die Fallunterscheidung

  i. p und q sind KOLLINEAR, d.h. die zugehörigen Punkte N, P, Q
     liegen auf einer Geraden. Ist $p \neq 0$, dann findet man eine reelle
     Zahl α, so dass $q = \alpha p$ ist (siehe (1.4.2)); in diesem Fall soll
     $p + q = (1 + \alpha)p$ sein. Andernfalls setzen wir $o + q = q$.
  ii. Sind p und q nicht kollinear, dann bilden wir $p + q$ auf folgende
     Weise mithilfe einer Parallelogrammkonstruktion: Wir zeichnen
     durch P eine zur Geraden NQ und durch Q eine zu NP parallele
     Gerade. Diese schneiden sich in einem Punkt R mit Ortsvektor r.
     Wir setzen dann $p + q = r$.

Die so eingeführte Verknüpfung nennen wir die VEKTORADDITION.
Ihr Endergebnis ist offenbar stets wieder ein Ortsvektor in N. Die im
vorigen Abschnitt eingeführte und bei der Addition mitbenutzte Verknüpfung eines Vektors p mit einer reellen Zahl α nennen wir die
SKALARMULTIPLIKATION des Ortsvektors p mit dem SKALAR α.

Wir suchen die Rechenregeln für diese Verknüpfungen. Diese müssen aus
der zugrundeliegenden Geometrie folgen.

1.4.4. Im Hinblick auf die Wahl der Vektorraumaxiome in Kapitel 2 geben
wir diese Regeln in folgender Form an:

  i. Die Addition erfüllt für drei beliebig herausgegriffene Ortsvektoren
     p, q, r in N:
       a. $p + (q + r) = (p + q) + r$.
       b. Zu p gibt es einen mit $-p$ bezeichneten Ortsvektor, der
          $p + (-p) = o$ erfüllt.
       c. $p + o = o + p = p$.
       d. $p + p = q + p$.

[†] H. Grassmann nimmt in seiner "Theorie der Ebbe und Flut", 1840, explizit
Bezug darauf.

ii. Die Skalarmultiplikation erfüllt für beliebig gewählte Ortsvektoren
p, q und reelle Zahlen α, β die Identitäten:
   a. $(\alpha + \beta)p = \alpha p + \beta p$.
   b. $\alpha(p + q) = \alpha p + \alpha q$
   c. $\alpha(\beta p) = (\alpha\beta)p$.
   d. $1p = p$.

Der Leser möge den nachfolgenden Beweis dieser Regeln mit geometrischen Skizzen begleiten. Deuten wir die Summe nicht kollinearer
Vektoren als gerichtete Diagonale eines Parallelogramms, dann ist (i)(a)
sofort klar, (i)(b) ist wahr, wenn wir $-p = (-1)p$ setzen. In der zweiten
Gruppe erledigen sich (ii)(a) und (ii)(d) von selbst. Um (ii)(c) zu beweisen,
müssen wir den Satz von Desargues auf die Dreiecke $1\alpha(\alpha p)$ und
$\beta(\alpha\beta)[\alpha\beta p]$ in der Konstruktion des Skalarprodukts aus (1.4.2) anwenden.
(i)(d) ist klar, wenn p und q nicht kollinear oder beide o sind, da dann die
Summendefinition symmetrisch in p und q ist. Andernfalls unterscheiden
wir $p = o$, d.h. $p = 0q$, wo $q + o = (1 + 0)q = q = o + q$ leicht zu zeigen
ist, und $p \neq o$. In diesem Fall ist $q = \alpha p$ für ein geeignetes α und wegen
(ii)(c) dann $p = \alpha^{-1}q$, woraus folgt: $q + p = (1 + \alpha^{-1})q = (\alpha + 1)p = p$
$+ q$ unter nochmaliger Verwendung von (ii)(c) und der Vertauschbarkeit
reeller Zahlen. Damit ist (i)(d) bewiesen und (i)(c) folgt daraus sofort. Es
bleibt noch (ii)(b) zu zeigen, wofür wir wieder auf den Satz von Desargues
zurückgreifen müssen. Seien p und q nicht kollinear. Wir legen dann die
Zahlengerade so, dass sie verschieden von allen drei durch p, q und $p + q$
bestimmten Geraden ist, und machen die Konstruktion des Skalarprodukts
für alle drei Ortsvektoren p, q und $p + q$. Wenn wir wissen, dass $p + q$ und
$\alpha p + \alpha q$ auf einer Geraden durch N liegen, dann liefert der Satz von
Desargues angewandt auf die Dreiecke $1q(p + q)$ und $1(\alpha q)(\alpha p + \alpha q)$ die
Behauptung. Die hier gemachte Annahme folgt aus der Umkehrung des
Satzes von Desargues angewandt auf die Dreiecke $qp(p + q)$ und
$(\alpha q)(\alpha p)(\alpha p + \alpha q)$. Dafür müssen wir wissen, dass die Geraden qp und
$(\alpha q)(\alpha p)$ zueinander parallel sind. Das aber zeigt der Satz von Desargues,
wenn wir ihn auf die Dreiecke $q1p$ und $(\alpha q)\alpha(\alpha p)$ anwenden. Sind p und q
kollinear ist (ii)(b) trivial.   □

1.4.5.   Damit sind die Rechenregeln für Ortsvektoren aus der Konstruktionslehre abgeleitet. Wir wollen zwar einige Dinge, aus denen ihr Nutzen
für die Geometrie hervorgeht, aufzeigen, wollen den Leser aber nicht
ermutigen, den Weg allzu weit zu verfolgen. Die Geometrie hat ihre eigenen
wesentlich eindrucksvolleren Arbeitsmethoden, die direkt die mathematische Intuition ansprechen und mit einem Argument oft ein ganzes Bild
von komplexen Zusammenhängen in einem erfassen, entwickelt und die aus
unseren Regeln abgeleitete Algebra nimmt sich dagegen recht bescheiden
aus. Sie wirkt wie eine Verarmung, wenn man statt dem Bildhaften "die
Strecke von N und P" nur mehr "p" sagt, und in der Beweisführung von
Sätzen ist sie häufig nur eine abkürzende Sprechweise. Für den modernen

Geometer hat sie ausserdem den Nachteil, dass ihre Regeln nur in recht speziellen Geometrien gelten[†]. Sie bringt durch den Nullvektor auch einen ausgezeichneten Punkt N in die Geometrie, den diese nicht kennt.

Im Rahmen der Linearen Algebra kommen wir darauf in Kapitel 5 zurück, vom Standpunkt der Konstruktionslehre aus wollen wir dazu jetzt eine Anmerkung machen.

Anstatt uns p als eine von N nach P gezogene Linie vorzustellen, können wir ihn uns als geordnetes Punktepaar NP denken. So schreibt die Geometrie Strecken. Will man diese nun nicht als im Raum an einem ausgezeichneten Punkt fixiert verstehen, dann muss man Strecken gleicher Richtung und Skalenlänge — das steckt ja beides im Vektorbegriff — vergleichen können. Man sieht anhand einer Skizze, dass alle derartig zusammengehörenden Strecken entweder direkt oder, falls sie beide auf einer Geraden liegen, gegebenenfalls über eine Hilfsstrecke der gleichen Art durch eine Parallelogrammkonstruktion verbunden werden können.

Genauer nennen wir für den Fall, dass $P \neq Q$ ist, PQ ÄQUIVALENT ZU $P'Q'$, wenn es eine Punktepaar RS gibt, so dass $PQSR$ und $RSQ'P'$ Parallelogramme bilden; wir schreiben dafür PQ äq $P'Q'$. Offenbar gelten für diese Relation die Regeln: PQ äq PQ, PQ äq $P'Q'$ impliziert $P'Q'$ äq PQ und aus PQ äq $P'Q'$ und $P'Q'$ äq $P''Q''$ folgt PQ äq $P''Q''$. Immer wenn diese Regeln gelten, nennt man eine Relation eine ÄQUIVALENZRELATION und die Menge aller zu PQ äquivalenter Paare die ÄQUIVALENZKLASSE bezüglich dieser Relation. Diese Relation kann man noch auf den Fall $P = Q$ ausdehnen, indem man PP äq QQ für alle P, Q setzt. Das fügt den obigen noch eine einzige neue Klasse hinzu.

Die so erklärten Äquivalenzklassen nennen wir einen VEKTOR, eine Spezielle Strecke PQ aus einer solchen Klasse nennen wir GEOMETRISCHE REALISIERUNG des Vektors. Der Leser mache sich klar, dass man für $P \neq Q$ niemals PQ äq QP haben kann und äquivalente Paare bei der üblichen Interpretation des Parallelogramms gleichskalierte Strecken beschreiben, ein Vektor also auch hier Richtung und Distanz umfasst. Der Vorteil ist, dass man jetzt den ausgezeichneten Punkt N losgeworden ist, der Nachteil, dass man die zeichenbare Strecke durch die abstrakte Konstruktion einer Klasse ersetzen muss; diese aber kann man wiederum in jedem Raumpunkt, nicht nur in N, durch eine Strecke realisieren. Der Zusammenhang mit (1.4.2) entsteht durch die Beobachtung, dass jede Klasse eine von N ausgehende Realisierung NP mit geeignetem durch die Klasse eindeutig bestimmten P besitzt; nach (1.4.2) entspricht ihm die Konstruktionsvorschrift p. Somit ist eine eineindeutige Beziehung zwischen den Vektoren und den Ortsvektoren in N hergestellt. Diese benutzt man zur ÜBERTRAGUNG der linearen Struktur, einem wichtigen Prinzip der modernen Mathematik. Die Summe zweier durch p bzw. q realisierter

---

[†] Diese Bemerkungen beziehen sich auf geometrische Sätze, die aus der Linearen Algebra gefolgert werden können. Für die Grundlagenforschung ist es sicherlich wertvoll für geometrische Theorien ein algebraisches Äquivalent zu haben. Allerdings sind diese Algebren sehr viel verzwickter als die in diesem Buch behandelten.

Vektoren ist die Klasse, die zu $p + q$ gehört. Mit dieser Vereinbarung haben wir die additive Struktur für Ortsvektoren auf eine für Vektoren, also für Klassen von geordneten Punktepaaren, *übertragen*. So ist $PQ = -QP$ und PP entspricht dem Nullelement. All das macht nur Gebrauch von den Axiomen **V**, **P** und dem Satz von Desargues.

Deutet man die Skalare geometrisch als Teilverhältnis zweier aus einem Punkt ausgehender Strahlen, dann kann man zeigen, dass diese als Folge der genannten Axiome und des Satzes von Desargues einen Körper (vgl. Anhang A) bilden. Dessen Konstruktion ist begrifflich noch abstrakter als die für Vektoren. Hat man ihn, dann lässt sich die Skalarmultiplikation geometrisch einführen und die Regeln aus (1.4.4) können alle bewiesen werden. Der Leser findet das beispielsweise in [55]. Was man so nicht bekommt sind die reellen Zahlen. Um sie zu erhalten, benötigen wir die der Zahlengerade zugrundeliegenden Zusatzaxiome **O** und **Z**. Gelten nur die Axiome **V**, **P** und der Satz von Desargues, dann spricht man, wie wir oben schon erwähnt haben, von einer AFFINEN Geometrie, bestehen zusätzlich noch **O**, **Z**, dann nennen wir sie eine REELLE AFFINE Geometrie. Diese Geometrien erlauben also eine Vektoralgebra im Sinne der Regeln (1.4.4). Da der Satz von Desargues hierfür so wesentlich ist, nennt Hilbert ihn auch das VEKTORAXIOM der Geometrie.

Nach dieser Diskussion wird deutlich, dass die Vektorrechnung nur einen Teilaspekt der geometrischen Forschung untersuchen kann. Wir werden aber sehen, dass die in ihr zusammengefassten Regeln auch auf viele andere Bereiche, insbesondere die Gleichungstheorie, anwendbar sind. Darin liegt nun die wahre Bedeutung des Zusammenhangs von Geometrie und Vektorrechnung. Er erlaubt es umgekehrt, *a priori nicht geometrische Konzepte geometrisch zu deuten* und damit anschaulicher zu machen.

1.4.6. Jetzt werden wir uns klar machen, wie die Analytische Geometrie in der Vektorrechnung eingebaut ist. Dazu wählen wir zwei nicht kollineare Ortsvektoren p und q irgendwie aus und halten diese fest. Eine einfache geometrische Überlegung zeigt uns dann, dass jeder Punkt der Ebene entweder auf einer der beiden durch p bzw. q bestimmten Geraden liegt oder von solchen durch eine Parallelogrammkonstruktion als der fehlende vierte Punkt erreicht werden kann. Er ist also durch einen Ortsvektor der Form $\alpha p + \beta q$ mit geeigneten reellen Zahlen α und β beschreibbar. Anders ausgedrückt: Jeder Punkt der Ebene entspricht eineindeutig einem Zahlenpaar α, β, das wir seine KOORDINATENDARSTELLUNG bezüglich p und q nennen. Offenbar wird o durch $(0, 0)$ und $-p$ durch $(-\alpha, -\beta)$ dargestellt. Die Vektoraddition nimmt dann die Form einer Zeilenaddition im Sinne von (1.3.3) und die Skalarmultiplikation die der in (1.3.7) für Zeilen erklärten an. Das deutet an dass auch zwischen der Geometrie und der Matrizenrechnung Brücken geschlagen werden können.

Wir sehen, dass die in den Regeln (1.4.4) manifestierte Vektorrechnung eine Antwort auf das von Leibniz aufgeworfene Problem bereitstellt.

Ergänzend sei noch bemerkt, dass die wichtige Voraussetzung, *dass p und q nicht kollinear sind, auch rein algebraisch ausgedrückt werden kann*: Es muss für das gewählte Paar von Ortsvektoren stets aus $\alpha p + \beta q = o$ folgen, dass $\alpha = 0$ und $\beta = 0$ ist; der Nullpunkt muss der einzige durch $(0,0)$ dargestellte sein. Der Leser mache sich das selbst klar.

1.4.7. Abschliessend wollen wir uns fragen, wie sich umgekehrt die hier verwendeten geometrischen Begriffe durch die Vektorrechnung ausdrücken lassen.

Wir haben schon gesehen, dass jede durch N gehende Gerade der Menge $\{\alpha p \mid \alpha$ reell$\}$ für geeignetes auf der Geraden liegendes p entspricht. Läuft die Gerade nicht durch N, dann können wir auf ihr zwei Punkte P_o und R_o herausgreifen und diese mit N zu einem Parallelogramm $NP_oR_oQ_o$ ergänzen. P_o und Q_o legen zwei Ortsvektoren p_o und q_o fest und R_o entspricht dabei $p_o + q_o$. Dann ist mithilfe der Parallelogrammregel leicht zu prüfen, dass jeder Punkt R der Geraden bei festgehaltenen P_o dem Ortsvektor $r = p_o + \tau q_o$ für geeignetes reelles τ hat. Wir nennen q_o dann den RICHTUNGSVEKTOR der Geraden. Man nennt diese Form die PARAMETERDARSTELLUNG der Geraden (vgl. das mit (1.2.4)). Der Leser prüfe nach, dass bei einer anderen Wahl von P_o und R_o die dann entstehende Gleichung $r = p_o' + \tau q_o'$ dieselbe Gerade beschreibt. Algebraisch drückt sich das dadurch aus, dass $q_o' = \alpha q_o$ und $p_o' = p_o + \beta q_o$ sein müssen. Eine Parallelogrammkonstruktion beweist das. Als Folge dieser Überlegungen nennen wir eine durch $p + \tau q$ beschriebene Punktmenge eine AFFINE GERADE.

Offenbar wirkt p als eine Parallelverschiebung einer durch N gehenden Geraden τq in die affine Gerade $p + \tau q$. Damit haben wir einerseits eine neue Interpretation der Vektoraddition und zum anderen können wir den Satz aussprechen, dass *zwei Gerade genau dann parallel zueinander sind, wenn die Vektorform der einen aus der der anderen durch Addition eines festen Ortsvektors hervorgeht.*

Der Strahlensatz, aus dem ja der von Desargues leicht abgeleitet werden kann, lautet dann so: Seien zwei nichtzusammenfallende Strahlen durch N gegeben. Auf jedem liegen zwei Punkte P, Q bzw. P', Q', die alle nicht mit N zusammenfallen mögen; es ist dann $q = \alpha p$ und $q' = \alpha' p'$ nach (1.4.2). Die Aussage ist, *dass PP' genau dann parallel zu QQ' ist, wenn $\alpha = \alpha'$ ausfällt.* Der Beweis ist einfach, da die affinen Geraden die Richtungsvektoren $q - p$ bzw. $q' - p'$ haben und diese genau dann proportional sind, wenn $\alpha = \alpha'$ wird. Der Leser mache sich mithilfe des vorhergehenden Absatzes klar, dass Parallelität gerade die Proportionalität der Richtungsvektoren bedeutet.

Fassen wir alle hier gezeigten Begriffe zusammen, dann kann man. den Standpunkt einnehmen, dass die Vektorrechnung ein vorgegebener algebraischer Kalkül mit den Regeln (1.4.4) ist, und darin die Begriffe wie Punkt als Ortsvektor, Gerade und Parallelität wie oben *definiert* sind. Man hat dann ein MODELL der reellen affinen Geometrie gefunden. Der Leser überzeuge sich, dass tätsächlich die Axiome alle erfüllt sind. Entscheidend ist der von uns zuletzt bewiesene Strahlensatz. Er impliziert, dass in einem auf die Vektorrechnung aufgebauten Modell der Geometrie der Satz von Desargues gelten muss. Dessen Beweis wird sogar zu einer elementaren Rechenübung. Die Hinzunahme dieses Satzes zu unseren Axiomen war nicht nötig deshalb, weil wir die Beweise in (1.4.4) vielleicht ungeschickt angepackt haben, sie war aus prinzipiellen Gründen wichtig: Wir hätten sonst eben die Regeln in (1.4.4) gar nie bekommen können. Das war ein kleiner Ausflug in die Modelltheorie, die für das Studium axiomatischer Theorien so wichtig ist. Der Leser vergleiche dazu die Bemerkungen in Anhang C.

Einer besonders wichtigen axiomatischen Theorie, der Linearen Algebra, wollen wir uns jetzt zuwenden. Im Kapitel 5 werden wir von dort aus wieder auf die Geometrie zurückkommen und dabei die Ausführungen des letzten Absatzes im Detail studieren.

2. KAPITEL

Lineare Räume

Die definierenden Axiome

2.1.1. Im vorigen Kapitel haben wir in recht unsystematischer Weise einige Beispiele, wie man zu vorgegebenen praktischen Problemen eine mathematische Beschreibung finden kann, vorgeführt. In der Matrizenrechnung haben wir einen effizienten Kalkül zu ihrer Lösung aufgezeigt. Jetzt wollen wir uns die Aufgabe stellen, die mathematische Struktur systematischer zu untersuchen; ein tieferes Verständnis des Rechenkalküls verschieben wir aufs nächste Kapitel.

Wir beginnen damit, die Lineare Algebra als eine *axiomatische Theorie* aufzubauen. Eine solche gibt sich gewisse Objekte vor, die im Rahmen der Theorie nicht näher erklärbar sein müssen, die aber zueinander in Beziehung treten können. Das geschieht durch die Vorgabe von Regeln, aus denen nach den Gesetzen des logischen Schliessens, die wir uns nach und nach durch Gewöhnung aneignen wollen, neue Beziehungen folgen dürfen. Man muss sich in einer axiomatischen Theorie die Objekte und die Regeln als fest zusammengehörig vorstellen. Obwohl von eminenter Bedeutung für die praktische Verwendbarkeit der Theorie, ist es für ihren axiomatischen Aufbau völlig unerheblich, ob wir für die Objekte oder für zwischen ihnen bestehende Beziehungen eine unserer sinnlichen Intuition zugängliche Deutung haben oder nicht. Diese sind unabhängig davon, ob sie in der Welt real oder gedacht produziert werden können. Ist die Theorie widerspruchsfrei, dann werden in der Mathematik die darin vorkommenden Objekte als existent und die logisch wahren Relationen als für sie verbindlich gedacht.

Da im folgenden unser Vorgehen sehr viel formaler als bisher sein wird, unterstreichen wir noch einmal: Wir modellieren zwar unsere Axiomatik an den im vorigen Kapitel gefundenen Eigenschaften und Algorithmen so unterschiedlicher Dinge wie Zahlen, Ortsvektoren geometrischer Punkte,

Ein- und Verkäufe eines Betriebs, Zeilen und Spalten einer Matrix und man kann sich von daher die Theorie als realisierbar vorstellen, wenn man eines der genannten Dinge als real empfindet, doch für den Aufbau des mathematischen Kalküls ist das alles unerheblich. Wir stehen vor einer mathematischen Wirklichkeit, in der die landläufige Anschaulichkeit keine Beweiskraft hat und werden dadurch gezwungen, Aussagen streng nach logischen Gesetzen zu erschliessen.

Wir werden sehen, dass auch für die Praxis diese Abstraktion nicht zu einer Komplikation, sondern zu einer Vereinfachung des Argumentierens führt. Soweit es sich um axiomatisch begründbare Aussagen handelt, können sich verschiedene Modelle der Linearen Algebra zum wechselseitigen Nutzen gegenseitig befruchten. Beispielsweise übertragen sich Sätze der Gleichungstheorie auf geometrische Aussagen und umgekehrt kann man typische geometrische Konstruktionen dazu benutzen, um effiziente und numerisch stabile Lösungsverfahren für Systeme linearer Gleichungen zu entwickeln. Weiterhin zeigt die Erfahrung, dass die Abstraktion, die zu einer saubereren Formulierung der Rolle der Voraussetzungen für einen Lehrsatz führen sollte, den Anwendungsbereich einer Theorie wesentlich erweitert. Schliesslich soll auch noch auf die Arbeitsökonomie hingewiesen werden, die darin besteht, dass man bei der Mathematisierung eines bereits als linear erkannten Phänomens nur mehr die Grundobjekte und die axiomatischen Rechenregeln mit den entsprechenden Grössen des realen Modells vergleichen muss, dagegen auf die Entwicklung eines Kalküls oder von Beweistechniken verzichten kann; letztere sind ein für allemal in der axiomatisch begründeten abstrakten Theorie enthalten und für den Praktiker jederzeit abrufbar.[†]

2.1.2. In Anhang C wird in groben Umrissen dargelegt, wie man sich den Aufbau einer axiomatisch begründeten Theorie vorstellen kann. Danach ist es zunächst nötig die Grundobjekte zu definieren und dann die Grundregeln zu postulieren. Es ist heute üblich, diese beiden begrifflich ohnehin eng verwobenen Schritte in einer grundlegenden Definition zusammenzufassen. Damit beginnen wir also, obwohl historisch gesehen die Axiomatik nahezu am Ende der Entwicklung der Linearen Algebra steht; sie geht vor allem auf Peano's Arbeiten im späten 19.Jahrhunderts zurück.

Definition. Unter einem LINEAREN RAUM oder einem VEKTOR-RAUM.[‡] X über den reelen Zahlen verstehen wir eine nichtleere Menge X deren Elemente VEKTOREN genannt werden, und auf der gegeben sind:

[†]Eine gute Veranschaulichung dieses Gedankens bieten die schon in einfachen Taschenrechnern verfügbaren Programme für das Rechnen mit Matrizen.

[‡]Diese Bezeichnung hat sich international durchgesetzt und wird heutzutage wohl häufiger verwendet.

(A) eine Addition $(x, y) \rightarrow x + y$, die den folgenden Regeln genügt:

   i. Für alle x, y, z aus X gilt: $x + (y + z) = (x + y) + z$ (Assoziativgesetz)

  ii. Es existiert ein Element o in X, so dass für alle x aus X die Aussage $o + x = x$ gilt.

 iii. Zu jedem x aus X existiert ein Element $-x$ in X, so dass $x + -x = o$ gilt.

 iv. Für alle x, y aus X gilt: $x + y = y + x$ (Kommutativgesetz).

(S) eine SKALARMULTIPLIKATION $\alpha, x \rightarrow \alpha x$ der Vektoren x mit reellen Zahlen α, die den folgenden Regeln genügt:

   i. $(\alpha + \beta)x = \alpha x + \beta x$

  ii. $\alpha(x + y) = \alpha x + \alpha y$

 iii. $\alpha(\beta x) = (\alpha\beta)x$

 iv. $1x = x$

für alle x, y aus X und alle reellen α, β.

Wir betonen nocheinmal: Ein Vektorraum ist eine Menge zusammen mit einer Addition und einer Skalarmultiplikation. Der Menge X wird dadurch eine STRUKTUR, die durch die oben postulierten Regeln genauer beschrieben ist, aufgeprägt.

2.1.3. Alle im folgenden aus den in (2.1.2) vorgegebenen Grundobjekten und Grundregeln abzuleitenden Begriffe und Lehrsätze bilden eine mathematische Theorie, die wir mit dem Namen LINEARE ALGEBRA belegen. Die wichtigsten Aussagen dieser Theorie darzulegen, ist die Aufgabe, die wir uns in diesem Buch stellen wollen. Ehe wir aber damit beginnen, wollen wir die Definition (2.1.2) ein wenig analysieren.

Da ist zunächst die *Menge X*. Eine Menge ist nach Cantor "eine Zusammenfassung von bestimmten, wohlunterschiedenen Objekten unserer Anschauung oder unseres Denkens zu einem Ganzen"; heute würde man die *Elemente* der Menge nicht einmal so weit zu beschreiben versuchen, sondern sie abstrakter verstehen: Für uns gibt es zwei Sorten von Dingen, Elemente und Mengen, beide erst dann als solche erkennbar, wenn wir "x ist Element von X" schreiben können. Immerhin soll dann aber wenigstens Übereinkunft darüber bestehen, dass eine Menge stets als verschieden von jedem ihrer Elemente anzusehen ist. Ist x nicht Element von X, dann braucht x überhaupt nicht mehr Element zu sein, es verliert diese Eigenschaft ganz einfach, und umgekehrt kann X selbst zum Element werden, etwa X ist Element von $\{X\}$, was heissen soll, dass ich das einzige Objekt X im Sinne Cantors "zu einem Ganzen" zusammengefasst habe. Der Mengenbegriff ist also schon ganz schön abstrakt und unanschaulich.

Beachten wir, dass man Mengen dadurch bilden kann, dass man eine wohldefinierte Eigenschaft E hernimmt, zu der man auf irgendein wohldefiniertes Verfahren hin die Gesamtheit der Dinge, denen diese Eigenschaft zukommt, bestimmen kann, dann bilden diese Dinge eine Menge $X_E = \{x | x$ hat Eigenschaft $E\}$.

Dieses Verfahren macht deutlich, dass man unter der Menge X jede bestimmbare Eigenschaft, die mindestens einem Ding zukommt—X war nicht leer!—verstehen kann. Also sagt im Grunde das Wort "nichtleere Menge X" in der Definition gar nichts Konkretes aus. Es dient nur dazu, irgendwo den Anfang des mathematischen Dialogs festzusetzen, und formal dazu, die Objekte der Theorie von anderen Dingen durch die Kennzeichnung "x ist Element von X" unterscheiden zu können.

Da ist das Wort *Addition*. Sie ist da—auf dem X—und gehorcht sogar Regeln, aber wir wissen weder, was wir addieren, da X sich unserer Vorstellung entzieht, wie oben dargelegt, noch—als Folge davon—wie wir diese Addition bewerkstelligen sollen. Insbesondere ist nicht klar, ob man sie einer Rechenmaschine eingeben kann.

Die *Skalarmultiplikation* stellt sich uns nicht anders dar als die Addition.

Dann sind da noch die *reellen Zahlen* und das ist das einzige in der Definition, dem wir bereit sind, handfeste Realität—wenigstens im elementar mathematischen Sinne—zuzugestehen. Es ist das kleine Wunder der Linearen Algebra, dass sie aus dieser recht unscheinbaren Anbindung der Linearen Räume an die Zahlen so viel herausholen kann, dass wir wirklich etwas ausrechen können; sogar mit Rechenanlagen.

2.1.4. Wer sich von der Definition her unter einem Vektorraum etwas vorstellen will, ist durch die obigen Bemerkungen sicher entmutigt worden. Trotzdem ist es nicht nötig, von hier ab die trockenen Gesetze der Logik allein regieren zu lassen. Auch in der Mathematik spielt die Intuition, das Gefühl für eine Sache und der gute Geschmack eine ganz wichtige Rolle für die Orientierung und Ordnung innerhalb einer Theorie. Die dafür nötige Einsicht gewinnt man anhand von Beispielen und wir wollen solche für den Begriff des reellen Vektorraums geben.

Beispiel 1. Für X nehmen wir die Menge der reellen Zahlen. Die gewöhnliche Addition bzw. Multiplikation von Zahlen setzen wir in die Addition und Skalarmultiplikation der Definition (2.1.2) ein. Damit sind alle vorkommenden Begriffe erklärt und es ist ziemlich offenkundig, dass die geforderten Regeln wahr sind.

Beispiel 2. Die im Paragrafen 1.1 eingeführten Eingangsprodukte eines landwirtschaftlichen Betriebs bilden mit den in (1.1.5) erklärten Verknüpfungen der Addition und Skalarmultiplikation einen Vektorraum. Man prüfe die Regeln unter der dort gegebenen Bedeutung des Pluszeichens und des α-Fachen nach.

An dieser Stelle müssen wir aber auf ein für die Anwendungen typisches Problem hinweisen. Mathematisch besteht die Menge X aus allen überhaupt denkbaren Eingangsprodukten des wohlbestimmten Betriebs. Wie prüfe ich nach, dass das eine Menge ist? Dazu stellen wir uns n Einkäufe vor, die der Reihe nach *nur* aus Futtermittel, *nur* aus Düngemittel, *nur* aus Impfstoffen usw. — jeweils in einer festgelegten Quantität — bestehen, mathematisch also von der Form

$$(\epsilon_1, 0, \ldots, 0), (0, \epsilon_2, 0, \ldots, 0), \ldots, (0, \ldots, 0, \epsilon_n)$$

sind. Bezeichnen wir diese als Eingänge $e_1, e_2, \ldots, e_n$, dann können wir jeden Eingang e mithilfe unserer Verknüpfungen durch

$$e = \alpha_1 e_1 + \alpha_2 e_2 + , \ldots, + \alpha_n e_n$$

ausdrücken und dabei die rechte Seite auch experimentell verifizieren. Ist also e ein Eingang, dann können wir diesen Sachverhalt auch positiv entscheiden. Um nun wirklich präzise zu sagen, was die Menge X ist, sagen wir einfach: X besteht aus allen Ausdrücken der Form

$$\alpha_1 e_1 + \alpha_2 e_2 + , \ldots, + \alpha_n e_n,$$

wo die α_i alle reellen Zahlen durchlaufen. Bedeutung für das Modell haben meist nur z.B. positive α_i und die Ausdehnung auf reelle α_i ist eine Idealisierung der Wirklichkeit. Sie beinhaltet unter anderem, dass man a priori mehr Einkäufe erlaubt, als überhaupt Waren in der realen Welt vorhanden sein können. Jedenfalls ist das so definierte X offenbar eine Menge, die auch die realen Wirtschaftsdaten umfasst.

Wir werden dieses Verfahren vom streng logischen Standpunkt aus in unserer Theorie präzisieren. Hier weisen wir nur darauf hin, dass sich, will man den Begriff des Vektorraums in ein Problem der Praxis einbringen, die Grundmenge X meist nicht vor den Verknüpfungen festlegen lässt, sondern beide nur in einem "zeitlichen" Wechselspiel erarbeitet werden können.

Auf dieselbe Weise bilden die Ausgangsprodukte des Betriebs einen zweiten Vektorraum und der durch die Tabelle A in (1.1.4) ausgedrückte Betriebsablauf stellt vom mathematischen Standpunkt eine Abbildung im Sinne von Anhang A zwischen den beiden Vektorräumen dieses Beispiels dar. Im Kapitel 3 werden wir solche Abbildungen in die axiomatische Theorie einbauen.

Beispiel 3. Die reellen $m \times n$-Matrizen aus Paragraf 1.3 bilden mit den dort eingeführten Operationen einen Vektorraum $M(m, n)$; zu jedem Paar (m, n) einen.

Besonders hervorheben wollen wir die Vektorräume $M(1, n)$ und $M(n, 1)$. Die Elemente von $M(1, n)$ werden in Zeilenform, die von $M(n, 1)$ in Spaltenform als n-TUPELN $(\alpha_1, \ldots, \alpha_n)$ reeller Zahlen geschrieben. Wir werden später sehen, dass die axiomatische Theorie zwischen diesen beiden keinen Unterschied macht und es ist von daher gerechtfertigt, sie mit einem gemeinsamen Namen zu versehen. Man spricht von dem Vektorraum $\mathbb{R}^n$ und realisiert seine Elemente etwa in Spaltenform.

Beispiel 4. Die Ortsvektoren der Geometrie in Paragraf 1.4 mit der dort mithilfe der Axiomatik der Euklidischen Geometrie eingeführten Addition und Skalarmultiplikation bilden einen Vektorraum.

Beispiel 5. In der Mathematik, besonders in der Analysis, begegnet man Vektorräumen, deren Elemente reelle Funktionen auf einer Grundmenge M

sind. Die Addition ist hier "punktweise" erklärt, d.h. $f + g$ ist die Funktion, die im Punkt m aus M den Wert $(f + g)(m) = f(m) + g(m)$ annimmt. Analog ist αf erklärt durch $(\alpha f)(m) = \alpha f(m)$. Mit diesen Verknüpfungen kann man eine ganze Reihe von Vektorräumen finden, beispielsweise: Den Vektorraum *aller* reellen Funktionen, den *aller stetigen*, den *aller differenzierbaren* Funktionen u.v.m., sofern Stetigkeit, Differenzierbarkeit udgl. auf M sinnvolle Begriffe sind. Beispiele dieser Art haben in Form von Theorien für unendlichdimensionale Vektorräume zu einer für die Analysis fruchtbaren Erweiterung der in diesem Buch behandelten "klassischen" Linearen Algebra geführt.

2.1.5. Die Definition in (2.1.2) ist allumfassender als jedes der gegebenen Beispiele. In ihr wird etwas allen Beispielen gemeinsames ausgedrückt, abstrahiert und zur Anwendung in weiteren Einzelfällen aufbereitet. Jeder einzelne in (2.1.4) beschriebene Sonderfall eines Vektorraums ist aber als mathematisches Objekt reichhaltiger: Geometrie spricht von Abständen zwischen Punkten, Matrizen kann man miteinander multiplizieren, Funktionen kann man integrieren usw. All das ist im Begriff des Vektorraums nicht enthalten und damit wird nur ein bestimmtes uns interessierendes Gerüst aus jedem Einzelproblem in den Vordergrund gestellt: Seine lineare Struktur. Die Erfahrung zeigt, dass sich das auszahlt.

Die bisherigen Ausführungen dieses Paragrafen zeigen, dass man Aussagen über Vektorräume nur nach den Gesetzen der Logik gewinnen darf, sich aber von den Beispielen intuitiv zu Fragen und deren Beantwortungen anleiten lassen sollte.

Der Pragmatiker mag danach die Auffassung vertreten, dass Axiomatik nur einen Versuch darstellt, eine bereinigte Sprechweise und Algorithmen für Beobachtungen, die man an Problemen unterschiedlicher Art gemacht hat, zu finden und "Mehrarbeit" zu sparen, indem man Rechenregeln für alle Probleme gemeinsam entwickeln kann. Damit würde er allerdings nicht den vollen Sinn der Definition treffen; in ihr wird auch eine *mathematische Wirklichkeit* geschaffen, die zu erforschen und zu verstehen ähnlich bedeutsam, interessant und lehrreich für die Menschheit ist, wie es ihre Bemühungen um das Verständnis der physikalischen Wirklichkeiten des Atoms oder des Sternenhimmels sind.

2.1.6. Unter den Rechengesetzen der Linearen Algebra sind einige wenige in die Definition (2.1.2) aufgenommen worden und damit als grundlegend —in dem Sinne, dass alle anderen aus ihnen ableitbar sein sollen—verstanden. Die Auswahl solcher grundlegender Regeln ist nicht eindeutig und wird vorwiegend von der Erfahrung bestimmt. Nach heutiger Auffassung ist die gegebene Auswahl besonders geeignet, die wesentlichen Züge der Linearen Algebra gegenüber anderen (algebraischen) Theorien herauszustreichen. Für den Praktiker sind es oft andere Regeln, die ständig wiederkehren und ihm damit wichtiger erscheinen mögen.

Ein Beispiel ist für die Addition die Regel "von der eindeutigen Lösbarkeit einer Gleichung mit einer Unbekannten". Diese leiten wir aus jenen in (2.1.2) in Form eines Satzes ab:

Satz. Die Gleichung $x + a = b$ hat für jedes Paar a, b von Vektoren in X genau eine Lösung in X.

Insbesondere gibt es in X nur einen einzigen Nullvektor und zu jedem a aus X genau ein Inverses $-a$.

Beweis. Nach (2.1.2) (**A**) (i) und (iii) ist $x = b - a$ eine Lösung, d.h. die im Satz behauptete Existenz ist bewiesen. Um die Eindeutigkeit der Lösung zu zeigen, zeigen wir, dass zwei beliebige Lösungen—und damit alle— notwendig übereinstimmen müssen. Hätten wir zwei Lösungen x_1, x_2, dann wäre $x_1 + a = x_2 + a$; die eben zitierten Regeln erlauben uns, daraus $x_1 = x_2$ zu folgern.

Der Rest des Satzes folgt aus den Spezialfällen $b = a$ und $b = o$. □

Hätte man die Lineare Algebra nur als eine Theorie zum Lösen von Gleichungssystemen entwickeln wollen, dann wäre es natürlicher und aufgrund dieses Satzes auch möglich, die Regeln (**A**) (ii) und (iii) in der Definition (2.1.2) durch die Regel von der eindeutigen Lösbarkeit zu ersetzen.

2.1.7. Im Zusammenhang mit der Skalarmultiplikation benötigt man häufig die folgenden Regeln:

Satz. Für x aus X und reelles α gelten:

i. $0x = o$ und $\alpha o = o$
  Ist $\alpha x = o$, dann ist entweder $\alpha = 0$ oder $x = o$.
ii. $(-\alpha)x = \alpha(-x) = -(\alpha x)$.

Beweis. Aus (**A**) (ii) und (**S**) (ii) und (iii) entstehen die Gleichungen

$$\alpha x = \alpha(x + o) = \alpha x + \alpha o$$
$$\alpha x = (\alpha + 0)x = \alpha x + 0x$$
$$\alpha x = \alpha x + o$$

Da die Gleichung $\alpha x = \alpha x + y$ nach (2.1.6) *eindeutig* lösbar ist, müssen die drei oben gefundenen Lösungen $\alpha o, 0x$ und o übereinstimmen.

Wäre in der zweiten Aussage von (i) $\alpha \neq 0$, dann hätten wir mithilfe der eben gefundenen Regeln:

$$o = \alpha^{-1}o = \alpha^{-1}(\alpha x) = (\alpha^{-1}\alpha)x = x$$

d.h. $x = o$.

Die zweite Aussage des Satzes folgt wieder aus (2.1.6) mithilfe der drei Identitäten:

$$\alpha x + (-\alpha)x = (\alpha + (-\alpha))x = 0x = o$$
$$\alpha x + \alpha(-x) = \alpha(x + (-x)) = o$$
$$\alpha x + (-\alpha x) = o.$$

□

Es ist bemerkenswert, dass wir in (2.1.6) und (2.1.7) keinen Gebrauch von der Regel (A) (iv) gemacht haben.

Im weiteren Verlauf der Vorlesung werden wir noch viele andere Rechengesetze verwenden, ohne dabei stets auf die axiomatischen Regeln zurückzugreifen. Der Leser kann sie sich als Übung nach dem hier vorgeführten Beweisprinzip selbst ableiten.

Die lineare Unabhängigkeit

2.2.1. Die Motivation für die Untersuchungen dieses Paragrafen kommt aus der Geometrie. In 1.4 haben wir uns überlegt, wie man ausgehend von der Kontruktionslehre Euklids dem Raum eine Vektorraumstruktur aufprägen kann. Die Verknüpfungen reflektierten gewisse geometrische Konstruktionsverfahren, die aber für eine analytische Behandlung ungeeignet sind. Erst die Einführung von Koordinatensystemen machte die geometrische Struktur der numerischen Behandlung, ohne die Analysis nicht möglich ist, zugänglich. Wir wollen nun zeigen, dass eine Koordinatenbeschreibung für jeden Vektorraum gegeben werden kann, studieren diese aber im Detail nur für endlich erzeugte (s.u.) lineare Räume.[†]

Die Grundidee könnte man in geometrischer Sprache so ausdrücken: Zunächst wähle man eine Gerade durch den Ursprung mit einer Skala; ihr füge man eine zweite solche, die nicht in der ersten enthalten ist, hinzu. Beide spannen eine Ebene auf, deren Punkte durch die beiden (von einander unabhängigen!) Skalen mit Zahlenpaaren belegt werden können. Danach wählt man eine dritte Gerade, die nicht in dieser Ebene liegt, und erreicht damit eine Darstellung der Punkte des Raums durch Zahlentripeln.

Zunächst gilt es, die Geraden und die Ebene in abstrakten Vektorräumen wiederzufinden, danach für die Geraden die Eigenschaft der relativen Lage zueinander, die sie befähigt als Koordinatenachsen zu fungieren, herauszuarbeiten. Ersteres führt zum Begriff des Teilvektorraumes und letzteres zu dem der linearen Unabhängigkeit. Danach wird der klassische kartesische Koordinatenbegriff nur mehr auf ein Normierungsproblem zurückgeführt sein; dies verschieben wir auf ein späteres Kapitel. Für viele Fälle reichen nicht-normierte Koordinaten, wie wir sie aus der reellen affinen Geometrie kennen, aus.

2.2.2. Sei X ein reeller Vektorraum, wie er in (2.1.2) beschrieben ist. Nur unter der Verwendung der dort axiomatisch verankerten Begriffe wollen wir

---

[†]Als H. Grassmann Mitte des 19.Jahrhunderts die Lineare Algebra entdeckte, versuchte er eine algebraische Beschreibung für die Geometrie zu finden, in die die reellen Zahlen *natürlich*, d.h. beispielsweise ohne Bezug auf willkürliche Koordinatenachsen, eingebettet sind. Dieser Paragraf wird deutlich machen, dass—und in welchen Sinne—das gelungen ist (vgl. [24]).

neue, abgeleitete Begriffe einführen. Für diese gelten dann neue, aus den axiomatisch gegebenen abgeleitete Regeln und Eigenschaften, die in Form von Lehrsätzen beschrieben werden.

Definition. Eine nichtleere Teilmenge Y aus X heisst ein TEILVEKTOR-RAUM oder ein LINEARER TEILRAUM von X, wenn gilt: Für alle reellen α, β und alle x, y aus Y ist auch $\alpha x + \beta y$ aus Y.

Die Definition drückt formal den Sachverhalt aus, dass die Operationen der Addition und der Skalarmultiplikation—wendet man sie nur auf Elemente der Teilmenge Y an—nicht aus Y hinausführen. Man sagt daher, Y ist bezüglich der Vektorraumverknüpfungen aus X ABGESCHLOSSEN oder auch, unter ihnen STABIL.

Das einfachste Beispiel wäre die nur aus dem Nullelement bestehende Teilmenge. Ein weiteres liefert jeder von Null verschiedene Vektor x aus X durch

$$Y = \mathbb{R}\,x = \{\alpha x\,|\,\alpha \text{ aus } \mathbb{R}\}.$$

Dieser Teilvektorraum ist ein eineindeutiges Abbild der reellen Zahlen: Wir ordnen einem reellen α den Vektor αx zu und folgern die Injektivität dieser Abbildung (vgl. Anhang B) aus (2.1.7) (ii), hiesse doch $\alpha x = \beta x$, dass $(\alpha - \beta)x = o$, also wegen $x \neq o$ auch $\alpha - \beta = 0$ wäre; die Surjektivität folgt aus der Definition von Y. Wir finden auf diese Weise in jedem von Null verschiedenen Vektorraum das Analogon zur Zahlengeraden der Geometrie (vgl. Anhang C) und damit den Keim zu einem Koordinatensystem.

2.2.3. Obwohl das Folgende anscheinend klar ist, müssen wir es im Sinne von (2.1.1) streng beweisen.[†]

Satz. Ein Teilvektorraum Y von X ist bezüglich der von X geerbten Verknüpfungen ein Vektorraum über den reellen Zahlen.

Beweis. Wir definieren die Addition und Skalarmultiplikation auf Y durch EINSCHRÄNKUNG der entsprechenden auf X erklärten Verknüpfungen auf die Teilmenge Y, d.h. dadurch, dass wir sie einfach nur auf Elemente aus Y anwenden. Wir müssen zeigen, dass Y zusammen mit den so erklärten Operationen den Regeln in (2.1.2) genügt. Das ist einfach bis möglicherweise auf die Frage, ob mit x auch $-x$ in Y liegt; das aber folgt aus (2.1.7) (iii), da danach $-x = (-1)x$ ist und letzteres per definitionem ein Element aus Y sein muss. $\qquad\square$

2.2.4. Der nächste Schritt in unserem Programm ist der sukzessive Aufbau des Vektorraums aus seinen Teilvektorräumen. Dazu müssen wir die Be-

---

[†]In Zukunft werden wir allerdings solche direkten Beweise meist dem Leser als Übung überlassen.

ziehungen verschiedener linearer Teilräume zueinander klären. Die
mengentheoretischen Operationen sind dazu nur bedingt geeignet. Zwar ist
der Durchschnitt zweier Teilvektorräume wieder ein Teilvektorraum, doch
für die Vereinigung wäre diese Aussage falsch; der Leser prüfe das nach,
wobei er sich vom Modell der Geometrie leiten lasse. Dort sind zwei
verschiedene durch den Ursprung gehende Gerade sicher nicht eine unter
der Vektoraddition abgeschlossene Teilmenge, aber sie spannen eine Ebene
auf, die ihrerseits ein Teilvektorraum ist. Diese Beobachtung motiviert die
folgende Begriffsbildung.

Aus zwei Teilvektorräumen Y und Z kann man einen neuen bilden, den
man die SUMME von Y und Z nennt und mit $Y + Z$ bezeichnet. Er ist
definiert durch

$$Y + Z = \{y + z \,|\, y \text{ aus } Y, z \text{ aus } Z\}$$

d.h. er besteht aus allen Elementen aus X, die sich als Summe eines
Elements aus Y und eines aus Z schreiben lassen.

Wir prüfen die Teilvektorraumeigenschaft: Seien x, x' aus $Y + Z$ und
α, β aus $\mathbb{R}$, dann gelten

$$\alpha x + \beta x' = \alpha(y + z) + \beta(y' + z') = (\alpha y + \beta y') + (\alpha z + \beta z')$$

und folglich finden wir sie erfüllt, da Y bzw. Z ein Teilraum war, also
$\alpha y + \beta y'$ in Y und $\alpha z + \beta z'$ in Z liegen.

Man nennt $Y + Z$ auch den von Y und Z AUFGESPANNTEN oder
ERZEUGTEN Teilvektorraum.

In der motivierenden Konstruktion in (2.2.1) war es wichtig, dass beispielsweise die dritte Skalengerade die davor gefundene Ebene nur im
Ursprung trifft. Ehe wir diesen Gedanken weiter verfolgen machen wir eine
kleine Digression.

2.2.5. Die obige Konstruktion setzte voraus, dass wir zwei Teilvektorräume
Y und Z eines fest gegebenen Vektorraums X vorliegen haben; damit
konnten wir einen neuen Vektorraum $Y + Z$ bilden. Benutzen wir die dritte
fundamentale mengentheoretische Operation, das kartesische Produkt zweier
Mengen, dann kann man aus zwei beliebig vorgegebenen Vektorräumen
einen neuen konstruieren.

Seien Y und Z irgend zwei Vektorräume über den reellen Zahlen. Dann
sind diese zunächst einmal zwei Mengen und daraus können wir das
mengentheoretische kartesische Produkt

$$Y \times Z = \{(y, z) \,|\, y \text{ aus } Y, z \text{ aus } Z\},$$

d.h. die Menge aller Paare, bilden. Darauf *erklären* wir eine Addition und
eine Skalarmultiplikation unter Bezug auf die Operationen auf Y und Z,
(die miteinander nicht das Geringste zu tun haben!), wie folgt:

$$(y, z) + (y', z') = (y + y', z + z')$$
$$\alpha(y, z) = (\alpha y, \alpha z).$$

Es ist hier zu beachten, dass die Symbole drei verschiedene Bedeutungen haben. Das Pluszeichen links ist neu, das erste auf der rechten Seite war in Y, das zweite in Z bereits erklärt; analog verhält es sich mit dem Skalarprodukt.

Der Leser prüfe nach, dass $Y \times Z$ auf diese Weise zu einem Vektorraum wird, den wir das DIREKTE oder KARTESISCHE PRODUKT der Vektorräume Y und Z nennen. Insbesondere findet man, dass (o, o) das Nullelement und $-(y, z) = (-y, -z)$ ist; das zeigt man am bequemsten mit (2.1.6).

Man kann diese Konstruktion auf n Vektorräume ausdehnen und das Produkt $Y_1 \times Y_2 \times \ldots \times Y_n$ durch Iteration der vorhergehenden Konstruktion bilden. Wir wollen darauf nicht im einzelnen eingehen, sondern nur vermerken, dass die Tripeln $(y_1, (y_2, y_3)), ((y_1, y_2), y_3)$ und (y_1, y_2, y_3) in eineindeutiger Beziehung zueinander stehen und auch die Reihenfolge der Komponenten im Grund keine Rolle spielt. Das bedeutet, dass $Y_1 \times Y_2$ und $Y_2 \times Y_1$ bzw. $(Y_1 \times Y_2) \times Y_3$ und $Y_1 \times (Y_2 \times Y_3)$ mengentheoretisch bijektiv aufeinander abgebildet werden können, wir insbesondere bei den letzten beiden Mengen auf die Klammern ganz verzichten können. Es gilt aber noch mehr: Bei diesen mengentheoretischen Abbildungen gehen die Summe bzw. das α-Fache in die Summe und das α-Fache der Bilder über, was uns auch eine vektorraumtheoretische Identifizierung der Produkträume erlaubt. Wir werden diese Abbildungseigenschaft in Kapitel 3 systematisch untersuchen.

Von besonderer Bedeutung ist der Fall, dass alle Y_i gleich dem Vektorraum $\mathbb{R}$ der reellen Zahlen sind. Dann bestehen die Elemente von $Y_1 \times \ldots \times Y_n$ gerade aus den n-Tupeln reeller Zahlen $(\alpha_1, \ldots, \alpha_n)$ und wir finden unsere Zeilenvektoren wieder. Vom Standpunkt der Koordinatenbeschreibung ist es wichtig, zu beobachten, dass damit der $\mathbb{R}^n$ als direktes Produkt von von n Zahlengeraden aufzufassen ist. Es ist damit natürlich, zu fragen, ob man nicht auch einen beliebigen Vektorraum als direktes Produkt von Zahlengeraden, jetzt im Sinne von (2.2.2) verstanden, interpretieren kann.

2.2.6. In den beiden vorhergehenden Abschnitten haben wir zwei Optionen in Richtung auf unser Programm der Koordinatenbeschreibung gefunden: X als *Summe* oder als *Produkt* von Zahlengeraden darzustellen. Es empfiehlt sich daher, die Beziehung zwischen diesen beiden Begriffen zu beleuchten.

In dem Vektorraum $Y \times Z$ finden wir in natürlicher Weise zwei Teilvektorräume, die, wie die Abbildungstheorie in Kapitel 3 zeigen wird, gerade unseren Ausgangsräumen Y und Z entsprechen. Es handelt sich um den Raum $(Y, o) = \{(y, o) | y \text{ aus } Y\}$ und den analog definierten (o, Z). Die Rechenregeln im kartesischen Produkt zeigen, dass $(y, z) = (y, o) + (o, z)$ ist, was bedeutet, dass die beiden Teilräume das Produkt im Sinne von

Abschnitt (2.2.4) erzeugen:

$$Y \times Z = (Y, o) + (o, Z).$$

Man kann also $Y \times Z$ in recht natürlicher Weise als Summe zweier den Ausgangsräumen eng verwandter Teilräume auffassen. Diese spezielle Summendarstellung hat eine für uns wichtige Besonderheit, die Summendarstellungen im allgemeinen nicht zu haben brauchen. Es gilt nämlich, dass der Durchschnitt der beiden Summanden kleinstmöglich ist; genauer:

$$(Y, o) \cap (o, Z) = \{(o, o)\}$$

Hier finden wir eine Eigenschaft vor, die wir schon intuitiv in (2.2.1) für die Skalengeraden der Geometrie gefordert haben.

2.2.7. Diese Beobachtungen nehmen wir zum Anlass, einen neuen Begriff, dessen Nützlichkeit der nachfolgende Lehrsatz verdeutlichen wird, in die Theorie einzuführen.

Definition. Sind Y und Z zwei Teilvektorräume von X, dann nennt man ihre Summe $Y + Z$ eine DIREKTE SUMME, wenn noch zusätzlich $Y \cap Z = \{o\}$ gilt.

Um diese rein mengentheoretisch gefasste Zusatzbedingung besser verstehen zu können, wollen wir ihre vektorraumtheoretische Bedeutung analysieren.

Satz. Für zwei Teilvektorräume Y und Z von X sind die beiden folgenden Aussagen äquivalent:

    i. $Y \cap Z = \{o\}$
    ii. Jeder Vektor in $Y + Z$ kann auf genau eine Weise in der Form $y + z$, y aus Y, z aus Z, geschrieben werden; d.h. mit x aus $Y + Z$ sind auch bereits seine Summanden aus Y und Z eindeutig mitbestimmt.

Beweis. In dem Satz wird behauptet, dass (i) aus (ii) und (ii) aus (i) gefolgert werden kann. Das also ist es, was wir vorführen müssen.

(i) $\Rightarrow$ (ii): Für zwei Zerlegungen von x aus $Y + Z$ gilt $y_1 + z_1 = y_2 + z_2$ oder $y_1 - y_2 = z_2 - z_1$, wo die y's in Y, die z's in Z liegen. Die linke Seite der letzten Gleichung liegt in Y, die rechte in Z, weil wir es mit Teilräumen zu tun haben, also gehört das dadurch beschriebene Element zu $Y \cap Z$. Dort gibt es aber nur o, also müssen $y_1 - y_2 = o = z_2 - z_1$, d.h. $y_1 = y_2$ und $z_1 = z_2$, sein.

(ii) $\Rightarrow$ (i): Sei x aus $Y \cap Z$, dann gilt $o + x = x + o$, wo abwechselnd o in Y, x in Z und x in Y, o in Z gedacht wird. Es liegen also zwei

Zerlegungen von x vor, die aber nach (ii) gleich sein müssen, also muss $x = o$ sein.   □

Der zweite Teil des Satzes besagt insbesondere, dass x eineindeutig das zu seiner Zerlegung gehörende Paar (y, z) bestimmt, und er erhellt damit den Zusammenhang zwischen Produkt und direkter Summe. Das ergänzt die Beobachtungen in (2.2.6). Grob gesagt entspricht die direkte Summe zweier *Teilräume von X* ihrem kartesischen Produkt. Diese Aussage macht im allgemeinen keinen Sinn, da die beiden Konstruktionen logisch unvergleichbar sind. Der wesentliche Unterschied besteht darin, dass wir für die Summenbildung einen gemeinsamen Oberraum brauchen, was bei der Konstruktion des Produkts nicht nötig ist.

2.2.8.   Die beiden letzten Abschnitte haben gezeigt, dass die eingangs von (2.2.6) erwähnten Optionen nicht wirklich einander ausschliessende Alternativen sind. Sie überlappen sich im Bereich der direkten Summen, die man auch als kartesisches Produkt der Teilräume von X auffassen kann. In diesem Bereich müssen wir für eine Theorie der Koordinaten ansetzen. Wir gehen dazu noch einmal auf unsere motivierende Konstruktion aus der räumlichen Geometrie in Abschnitt (2.2.1) zurück. Ihr Endergebnis war die Darstellung von Raumpunkten durch Zahltripeln, also durch Elemente aus $\mathbb{R}^n$. Aus (2.2.5) wissen wir, dass dafür die geeignetste Sprechweise die des kartesischen Produkts von Zahlengeraden ist.

Nun kommt ein entscheidender Schritt. In der Geometrie kann man das Koordinatensystem wie das Raster eines Millimeterpapiers unter die gezeichneten geometrischen Objekte legen oder man kann die Zahlengeraden als Koordinatenachsen mit individueller Skalierung *zum Bestandteil der Geometrie selbst* machen. Im ersten Fall, der der Auffassung von Descartes entspricht, muss die Addition von Vektoren mithilfe des Rasters, also komponentenweise, und das heisst schliesslich nach den *Regeln des direkten Produkts* erfolgen, im zweiten Fall, der die Einstellung von Grassmann widerspiegelt, kann die Addition mithilfe der Konstruktionslehre, also so, wie sie im Vektorraum der Geometrie eingeführt wurde, und das bedeutet nach den *Regeln der direkten Summe* durchgeführt werden. Die zweite Auffassung, die uns nicht aus dem Vektorraum herausführt, erscheint uns natürlicher, da sie die Koordinatenidee mit der Geometrie als Lehre von konstruierbaren Objekten besser verschmilzt. Vom Standpunkt der Analysis ist die Idee der kartesischen Koordinaten bequemer, so dass wir gehalten sind, ausgehend vom Grassmannschen Ansatz den von Descartes *abzuleiten*. Wir müssen uns also die Koordinaten als Darstellung des Vektorraums als direkte Summe von in ihn eingebetteten Zahlengeraden—vgl. dazu (2.2.6)—vorstellen und dann prüfen, ob diese Auffassung auch zu für die analytische Geometrie brauchbaren Zahlen-Koordinaten führt. Dieses Programm greifen wir im nächsten Abschnitt auf, führen es aber erst im nächsten Kapitel zuende, wo wir den Begriff des linearen Isomorphismus zur Verfügung haben werden.

Vorneweg ist zu sagen, dass unsere bisherige Behandlung auf vorwiegend mengentheoretischen Argumenten beruht und von den algebraischen Gegebenheiten zu wenig Gebrauch macht. Sie ist danach z.B. recht schwerfällig, will man etwa mehrfache dirkete Summen—und diese interessieren uns ja besonders—behandeln. Hinzu kommt, dass die Lineare Algebra heute vorwiegend in nichtgeometrischen Fragestellungen eingesetzt wird und dort nicht Konstruierbarkeit, sondern Berechenbarkeit im Vordergrund des Interesses steht. Die Einzelschritte sollten algorithmisch entscheidbar sein. Die allgemeinen Regeln der Mengenlehre erfüllen diesen Wunsch nicht und es wird nötig sein, die algebraische Vektorraumstruktur mehr in den Vordergrund zu stellen.

Der folgende Zugang geht im wesentlichen auf Grassmann zurück und erfüllt bis heute alle Ansprüche der Praxis. Wir werden nur von den Operationen in X Gebrauch machen, was insbesondere bedeutet, dass wir nur mit endlichen Summen von Vektoren arbeiten und im Hinblick auf die Berechenbarkeit, die wir in Paragraf 2.3 aufgreifen werden, nur endliche Entscheidungsverfahren zulassen dürfen.

2.2.9.   Hier ist der entscheidende Grundbegriff.

Definition. Wir nennen eine *endliche*[†] Summe $\sum \alpha_i x_i$ mit reellen $\alpha_1, \ldots, \alpha_n$ und $x_1, \ldots, x_n$ aus X eine LINEARKOMBINATION der Vektoren[‡] $x_1, \ldots, x_n$. Wir nennen eine Linearkombination NICHTTRIVIAL, wenn in $\sum \alpha_i x_i$ wenigstens ein $\alpha_i \neq 0$ ist.

Den folgenden Satz werden wir im nächsten Abschnitt "geometrisch" interpretieren. Er ist von zentraler Bedeutung für die lineare Algebra und der Leser möge ihn nicht übergehen, auch wenn er zunächst etwas technisch aussieht.

Satz. Seien $x_1, \ldots, x_n$ Vektoren aus X. Dann sind die folgenden Aussagen äquivalent:

    i. Der Nullvektor ist nichttriviale Linearkombination von $x_1, \ldots, x_n$.

    ii. In $x_1, \ldots, x_n$ gibt es einen Vektor x_k für den eine der folgenden Alternativen gilt: Entweder ist $x_k = o$ oder $x_k \neq o$, $k > 1$ und x_k ist nichttriviale Linearkombination der Vektoren $x_1, \ldots, x_{k-1}$. Wir sagen dafür auch kurz: x_k ist von $\langle x_1, \ldots, x_{k-1} \rangle$ LINEAR ABHÄNGIG.

[†]Dieser Sachverhalt muss an dieser Stelle betont werden. In der Tat tauchen in dem ganzen Buch überhaupt nur endliche Summen auf. Für Logik-Puristen sei angemerkt, dass wir auch leere Summen in der Definition erlauben; der Leser soll sich aber über diese Bemerkung nicht unnötig den Kopf zerbrechen, da sie kaum praktische Konsequenzen hat.

[‡]In (1.2.5) haben wir gesehen, dass dieser Begriff beim Gauss'schen Lösungsverfahren linearer Gleichungssysteme eine wichtige Rolle spielt.

Beweis. Sei $o = \Sigma\alpha_i x_i$ und sei α_k der letzte von Null verschiedene Skalar in dieser Darstellung, d.h. $\alpha_l = 0$ für alle $l > k$, falls $n > 1$ ist. Ist $k = 1$, dann muss nach (2.1.7) (ii) $x_1 = o$ sein. Sonst bedeutet unsere Annahme, dass $x_k = \Sigma_{i=1}^{k-1}\alpha_k^{-1}\alpha_i x_i$ ist und für $x_k \neq o$ muss diese Linearkombination nichttrivial sein. Das zeigt, dass (ii) aus (i) folgt.

Gilt (ii) und ist x_k der Nullvektor, dann gilt nach (2.1.7) (i) mit $\alpha_k = 1$ und allen anderen $\alpha_i = 0$, dass o eine nichttriviale Linearkombination der $x_1, \ldots, x_n$ ist. Sonst ist $x_k = \Sigma_{i=1}^{k-1}\alpha_i x_i$ gleichwertig mit $o = \Sigma_{i=1}^{k}\alpha_i x_i$ und $\alpha_k = -1$.   □

Bemerkung. Von besonderer Bedeutung ist der Satz für den Fall, dass $n > 1$ und alle Vektoren $x_1, \ldots, x_n$ von o verschieden sind. In diesem Fall tritt die erste Alternative in (ii) nicht auf.

2.2.10. Um den obigen Satz "geometrisch" deuten zu können, bemerken wir zunächst, dass man den Begriff der Linearkombination benutzen kann, um in X lineare Teilräume zu bilden.

Sei dazu M eine beliebige Teil*menge* aus X. Dann bilden wir daraus den Teil*vektorraum*

$$LinM = \{\Sigma\alpha_i m_i | \alpha_i \text{ reell}, \quad m_i \text{ aus } M\},$$

aller Linearkombinationen von Vektoren aus M. Offenbar ist $LinM$ ein Linearer Teilraum, der M enthält, und jeder M enthaltende Teilraum muss $LinM$ umfassen. Somit ist $LinM$ der *kleinste* M enthaltende Teilraum von X. Man nennt ihn die LINEARE HÜLLE von M, oder auch den VON M ERZEUGTEN Teilvektorraum.

Ist M eine endliche Menge, dann ist $LinM$ nichts anderes als die Summe der Teilräume $\mathbb{R}m$, m aus M. Sind alle $m \neq o$, dann wissen wir aus (2.2.2), dass diese dem geometrischen Begriff der Zahlengeraden entsprechen. Der springende Punkt der obigen Definition ist, dass M unendlich sein darf, dass aber selbst bei unendlichen Mengen jedes Element von $LinM$ in der Summe von geeigneten endlich vielen solcher Zahlengeraden enthalten ist. Diese Beobachtung kann man zum Anlass nehmen, um in die Lineare Algebra auch die "Summe" von unendlich vielen Teilräumen einzuführen. In diesem Buch werden wir uns damit nicht beschäftigen müssen. Das hat seinen Grund darin, dass wir uns für das Folgende eine Beschränkung auferlegen.

Für den Rest des Buches wollen wir nur Vektorräume zulassen, die zusätzlich zu den in (2.1.2) aufgeführten Regeln noch der folgenden Eigenschaft genügen.

Definition. Ein Vektorraum X heisst ENDLICH ERZEUGT, wenn es *endlich viele* Vektoren $x_1, \ldots, x_n$ in X gibt, so dass $X = Lin\{x_1, \ldots, x_n\}$ ist.

Die Vektoren $x_1, \ldots, x_n$ nennen wir ein SYSTEM VON ERZEUGEN-DEN von X.

Die meisten Vektorräume, die wir in Abschnitt (2.1.4) aufgeführt haben, sind aus dieser Klasse; in Beispiel 2 haben wir es explizit geprüft.

Die im Beispiel 5 vorgeführte Konstruktion führt in der Regel auf nicht mehr endlich erzeugte Vektorräume. Wir machen uns das an einem für die Algebra wichtigen Fall klar. Dazu betrachten wir die Menge P der Polynomfunktionen p auf $\mathbb{R}$, d.h. der Funktionen der Form $p = a_r x^r + a_{r-1} x^{r-1} + \cdots + a_0$.

Der Teilvektorraum P_k der Polynomfunktionen höchstens k-ten Grades, d.h. $r \leqslant k$, wird von $\{1, x, x_2, \ldots, x^k\}$ erzeugt und enthält sicher nicht x^{k+1}; man hat also eine echt aufsteigende Kette von Teilräumen $P_0 \subset P_1 \subset \cdots \subset P_k \subset P$. Damit ist noch keineswegs klar, wenn auch plausibel, dass P im Gegensatz zu den genannten Teilrämen nicht endlich erzeugt ist; die folgenden Untersuchungen werden diesen Schluss aber zulassen.

In der Analysis trifft man in der Regel auf nicht mehr endlich erzeugte Vektoräume von Funktionen. Ihr Studium durch S. Banach, D. Hilbert und M. Fréchet in der ersten Hälfte des 20.Jahrhunderts hat wesentlich die Entwicklung der Linearen Algebra beeinflusst. Die im Anschluss daran entwickelten Methoden haben vielfach die an der Matrizenrechnung entwickelten des 19.Jahrhunderts ersetzt.[†] Nach diesen Zwischenbemerkungen wollen wir uns von hier an auf das Studium endlich erzeugter Vektorräume konzentrieren, obwohl oft die verwendeten Begriffe oder Methoden einen grösseren Anwendungsbereich haben.

2.2.11. Nun kommen wir wieder auf unseren heuristischen Ansatz in (2.2.1) zurück. Die dort benutzten Skalengeraden haben die Eigenschaft, dass keine in der von den beiden anderen erzeugten Ebene liegt. Wenn wir nach Paragraf 1.4 uns diese Geraden durch einen Richtungsvektor x_i repräsentiert denken, dann bedeutet das, dass für jede Anordnung i, j, k der Indexzahlen $1, 2, 3$ der Vektor x_i nicht in $Lin\{x_j, x_k\}$ liegt. Nach dem Satz (2.2.9) ist das wiederum gleichbedeutend damit, dass der Nullvektor nur auf triviale Weise als Linearkombination der $\{x_1, x_2, x_3\}$ geschrieben werden kann.

Die erste der genannten Eigenschaften ist gerade die, die die (kartesischen) Koordinaten möglich macht, die zuletzt genannte, logisch gleichwertige, ist vom Standpunkt der axiomatischen Theorie handlicher und natürlicher. Sie lässt sich in jedem Vektorraum formulieren und verdient, da die dadurch beschriebene Eigenschaft des Vektorensystems so wichtig ist, einen eigenen Namen:

Definition. Die Vektoren $x_1, \ldots, x_n$ aus X heissen LINEAR UNABHÄNGIG über $\mathbb{R}$, wenn für alle reellen Skalare $\alpha_1, \ldots, \alpha_n$ aus $\sum_{i=1}^{n} \alpha_i x_i = o$ stets $\alpha_1 = \alpha_2 = \ldots \alpha_n = 0$ folgt.

[†]Besonders deutlich kommt dieser Gesichtspunkt in dem inzwischen zu einem Klassiker gewordenen Lehrbuch von P.R. Halmos [27] zum Ausdruck.

Analog kann man eine beliebige Menge M von Vektoren aus X als linear unabhängig bezeichnen, wenn jede endliche Teilmenge von X linear unabhängig ist. In dieser Allgemeinheit ist der Begriff der Linearen Unabhängigkeit in beliebigen Vektorräumen nützlich; wir werden uns auf den in der Definition gegebenen Fall beschränken.

Der hier eingeführte Begriff ist der wichtigste der elementaren Linearen Algebra. In ihm ist der Grundgedanke, der die Einführung von Koordinaten ermöglicht und die Vektorräume der numerischen Behandlung zugänglich macht, zusammengefasst. Der Leser möge diesen kurzen Abschnitt noch einmal durchdenken, ehe wir den Hauptsatz dieses Paragrafen im Abschnitt (2.2.13) formulieren werden.

Als Übung möge der Leser sich davon überzeugen, dass in einem System linear unabhängiger Vektoren niemals der Nullvektor vorkommen kann. Als Aufgabe mag er den in (2.2.10) eingeführten Vektorraum P_k betrachten und sich überlegen, dass die Monome $\{1, x, x^2, \ldots, x^k\}$ linear unabhängig sind. Schliesslich überzeuge er sich, dass jedes Teilsystem eines linear unabhängigen Systems wieder linear unabhängig ist.

2.2.12. Die lineare Unabhängigkeit ist auch der Angelpunkt, der den von $x_1, \ldots, x_n$ im Sinne von (2.2.10) erzeugten Teilraum mit dem in (2.2.7) untersuchten Konzept der direkten Summe verbindet. Dazu denken wir uns aus $x_1, \ldots, x_n$ zwei disjunkte Teilsysteme $x_{k_1}, \ldots, x_{k_r}$ und $x_{j_1}, \ldots, x_{j_s}$ herausgegriffen; nach der obigen Übungsaufgabe vereinigen sie sich zu einem linear unabhängigen System. Aus (2.2.10) wissen wir, dass $Lin\{x_{k_1}, \ldots, x_{k_r}, x_{j_1}, \ldots, x_{j_s}\}$ die Summe der beiden von den Teilsystemen erzeugten Teilvektorräume ist. Läge nun im Durchschnitt dieser beiden ein von o verschiedener Vektor x, dann gäbe es zwei notwendigerweise nichttriviale Darstellungen von x, $x = \sum_{i=1}^{r} \alpha_i x_{k_i}$ und $\sum_{i=1}^{s} \alpha_i x_{j_i}$, deren Differenz eine nichttriviale Darstellung des Nullvektors wäre; das widerspräche aber der linearen Unabhängigkeit des Systems. Wegen des Kommutativgesetzes für die Vektoraddition spielt in der obigen Überlegung die Anordnung der $x_1, \ldots, x_n$ gar keine Rolle. ausserdem kann man statt zweier auch mehrere disjunkte Teilsysteme herausgreifen und die Aussage gilt dann für jedes Paar der von ihnen erzeugten linearen Teilräume. Damit ist die eine Richtung des folgenden Satzes gezeigt:

Satz. Für ein System von Vektoren $x_1, \ldots, x_n$ aus X sind die folgenden Aussagen äquivalent:

    i. $x_1, \ldots, x_n$ sind linear unabhängig.

    ii. $x_1, \ldots, x_n$ sind alle von Null verschieden und für jedes Paar disjunkter Teilmengen M_1 und M_2 aus $\{x_1, \ldots, x_n\}$ ist die Summe $LinM_1 + LinM_2$ in X direkt.

Dass aus (ii) die lineare Unabhängigkeit folgt, liest man von Satz (2.2.9) ab: Wäre o nichttrivial als Linearkombination der von o verschiedenen

Vektoren $x_1, \ldots, x_n$ dargestellt, dann wäre ein x_k, $k > 1$, nichttriviale Linearkombination von $x_1, \ldots, x_{k-1}$, läge also in $Lin\{x_1, \ldots, x_{k-1}\}$; es kann daher $Lin\{x_k\} + Lin\{x_1, \ldots, x_{k-1}\}$ nicht direkte Summe sein.   □

Der Satz zeigt, dass mithilfe der linearen Unabhängigkeit der in (2.2.8) diskutierte Begriff der mehrfachen direkten Summe in eleganter Weise behandelt wird.

2.2.13. Im allgemeinen kann man in einem Vektorraum verschiedene Koordinatensysteme einführen. Wir werden das im nächsten Kapitel im Rahmen der Transformationstheorie genauer untersuchen. Eine wichtige Aussage, auf die uns der folgende Satz hinführt, ist aber, dass die Anzahl der zur Beschreibung der Vektoren nötigen Koordinaten zu den intrinsischen Eigenschaften des Vektorraums gehört. Sie ist mit der Angabe von X automatisch mitbestimmt und für alle Koordinatensysteme dieselbe.

Satz. Der Vektorraum X sei von den Vektoren $x_1, \ldots, x_n$ erzeugt und enthalte r linear unabhängige Vektoren $y_1, \ldots, y_r$. Dann ist $n \geqslant r$.

Insbesondere gilt, dass alle *linear unabhängigen* Erzeugendensysteme von X dieselbe Anzahl von Vektoren haben.

Beweis. Nach Voraussetzung ist y_1 eine nichttriviale Linearkombination der Vektoren $x_1, \ldots, x_n$ und nach Satz (2.2.9) muss dann in $\langle y_1, x_1, \ldots, x_n \rangle$ ein Vektor x_k zu finden sein, der von $y_1, x_1, \ldots, x_{k-1}$ linear abhängt. Das System $\langle y_1, x_1, \ldots, x_{k-1}, x_{k+1}, \ldots, x_n \rangle$ erzeugt folglich auch X und ihm steht das System $\langle y_2, \ldots, y_r \rangle$ linear unabhängiger Vektoren gegenüber.

Diesen Schritt nennt man auch das AUSTAUSCHPRINZIP, tauscht man doch einen Vektor des ursprünglichen Systems gegen y_1 aus. Dabei ändert sich die Ausgangslage des Satzes nicht und wir können das Verfahren iterieren. Was passiert dabei?

Im r-ten Schritt hängt y_l von $y_{l-1}, \ldots, y_1$ und $n - (l - 1)$ Vektoren des ursprünglichen Systems linear ab und nach Satz (2.2.9) ist einer der rechts von y_l stehenden Vektoren in $\langle y_l, \ldots, y_1, \ldots, x_j, \ldots \rangle$ eine Linearkombination seiner Vorgänger. Da das Teilsystem $y_1, \ldots, y_l$ linear unabhängig ist, kann der in Frage kommende Vektor nur einer der verbliebenen x_j sein; der wird dann gegen y_l ausgetauscht. Dass aber überhaupt noch x_j verblieben ist, folgt daraus, dass das nach dem $(l - 1)$-ten Austauschschritt verbliebene System X erzeugt: Wäre nämlich kein x_j mehr darin, dann erzeugten $y_1, \ldots, y_{l-1}$ ganz X, insbesondere wäre y_l von diesen linear abhängig im Gegensatz zur Annahme. Das Austauschprinzip kann also solange wiederholt werden bis alle y's untergebracht sind. Das beweist den ersten Teil.

Falls sowohl $x_1, \ldots, x_n$ als auch $y_1, \ldots, y_r$ linear unabhängig und Erzeugendensysteme sind, dann wende man obiges Verfahren zweimal an und erhält sowohl $n \geqslant r$ wie $r \geqslant n$, d.h. $r = n$. Das beweist den zweiten Teil der Behauptung.   □

2.2.14. Die zuletzt besprochenen Erzeugendensysteme linear unabhängiger Vektoren beanspruchen unser besonderes Interesse. Wenn solche für einen endlich erzeugten Vektorraum überhaupt existieren — und auf diese Frage kommen wir noch zurück—dann ist die Anzahl ihrer Elemente nach obigem Satz eine Invariante des Vektorraums.

Definition. Ein X erzeugendes System linear unabhängiger Vektoren $e_1, \ldots,$ e_n heisst eine VEKTORRAUMBASIS, AFFINE BASIS oder einfach BASIS von X.

Die Anzahl der Elemente der Basis nennt man die DIMENSION von X und X heisst dann ENDLICHDIMENSIONAL oder präziser n-DIMENSIONAL.

In (2.2.10) haben wir gesehen, dass die Monome eine Basis des Vektorraums P_k der Polynomfunktionen höchstens k-ten Grades bilden. Der Leser überzeuge sich, dass daraus geschlossen werden kann, dass der Raum aller Polynomfunktionen in (2.2.11) keine endliche Dimension haben kann.

Als weiteres wichtiges Beispiel betrachten wir in $\mathbb{R}^n$ die Vektoren $e_i = (o, \ldots, o, 1, o, \ldots, o)$, wo 1 an der i-ten Stelle steht. Der Leser überzeuge sich davon, dass $e_1, \ldots, e_n$ eine Basis ist; man nennt sie die KANONISCHE BASIS. Es gilt für einen beliebigen Vektor

$$x = (\alpha_1, \ldots, \alpha_n) = \Sigma \alpha_1 e_i$$

d.h. jeder Vektor bestimmt eineindeutig Skalare α_i und folglich eine wohlbestimmte Linearkombination der Basisvektoren, die ihn repräsentiert.

Dann finden wir den *Hauptsatz der Vektorrechnung*:

Satz. Sei X ein Vektorraum und $e_1, \ldots, e_n$ eine Basis. Dann lässt sich jedes x aus X auf genau eine Weise als Linearkombination der Basisvektoren schreiben:

$$x = \sum_{i=1}^{n} \alpha_i(x) e_i$$

Die durch die n Skalare $\alpha_i(x)$ bestimmte Zuordnung

$$x \to \begin{pmatrix} \alpha_1(x) \\ \alpha_2(x) \\ \vdots \\ \alpha_n(x) \end{pmatrix}$$

ist eine eineindeutige Abbildung von X auf $\mathbb{R}^n$, die die Addition und die Skalarmultiplikation respektiert.

Beweis. Da die Basis X erzeugt, ist die Existenz der Darstellung gewährleistet. Seien zwei Darstellungen $\Sigma \alpha_i e_i = x = \Sigma \beta_i e_i$ gegeben, dann ist $o = x - x = \Sigma(\alpha_i - \beta_i)e_i$ eine Darstellung der Null und nach Voraussetzung (vgl. (2.2.11)) sind dann alle $\alpha_i - \beta_i = 0$, d.h. $\alpha_i = \beta_i$ für alle $i =$

1,..., n. Das beweist ihre Eindeutigkeit. Es ist klar, dass die Koeffizienten von x abhängen.

Die Zuordnung des Satzes ist somit eine injektive Abbildung. Da zu jedem n-Tupel reeller Zahlen ein Vektor $\Sigma \alpha_i e_i$ in X gehört, ist sie auch surjektiv (vgl. dazu Anhang B).

Die letzte Aussage bedeutet, dass die Summe und das α-Fache bezüglich der Operationen in X auch in die Summe und das α-Fache der Vektorraumoperationen in $\mathbb{R}^n$ übergehen. Das prüft man so:

$$\Sigma \alpha_i(x + y)e_i \quad = x + y \qquad\qquad \text{Definition der } \alpha_i$$
$$= \Sigma \alpha_i(x)e_i + \Sigma \alpha_i(y)e_i \qquad \text{aus demselben Grunde}$$
$$= \Sigma (\alpha_i(x) + \alpha_i(y))e_i \qquad \text{Rechenregeln in } X$$

und die Eindeutigkeit liefert dann die gewünschte Aussage

$$\alpha_i(x + y) = \alpha_i(x) + \alpha_i(y) \quad \text{für alle } i = 1,\ldots, n,$$

da die Addition in $\mathbb{R}^n$ komponentenweise ausgeführt wird. Analog zeigt man: $\beta \alpha_i(x) = \alpha_i(\beta x)$. $\qquad\qquad\qquad\qquad\qquad\qquad\square$

2.2.15. Wir sind damit am Ziel dieses Paragrafen angelangt.

Definition. Sei in X eine Basis $e_i,\ldots, e_n$ gegeben, dann nennt man die in Satz (2.2.14) bestimmten Skalare $\alpha_i(x)$, $i = 1,\ldots, n$, die KOORDINATEN oder auch AFFINE KOORDINATEN von x bezüglich dieser Basis.

Das am Schluss des obigen Beweises errechnete Resultat heben wir in Form eines Satzes heraus.

Satz. Unter der Vorraussetzung des Satzes (2.2.14) gilt für alle $i = 1,\ldots, n$, dass die i-te Koordinate eine Abbildung von X auf $\mathbb{R}$ beschreibt, die den folgenden Regeln genügt:

$$\alpha_i(x + y) = \alpha_i(x) + \alpha_i(y)$$
$$\beta \alpha_i(x) = \alpha_i(\beta x)$$

für alle x, y aus X und alle reellen α, β.

Der Satz spielt nicht nur als nützliche Rechenregel für den Umgang mit Koordinaten eine Rolle. Er weist uns auf die wichtige Klasse der linearen Abbildungen, die uns im nächsten Kapitel beschäftigen werden, hin und er liefert den Ansatz für die später zu entwickelnde Dualitätstheorie linearer Räume.

Dass diese Eigenschaften der Koordinatenabbildungen über die reine Parametrisierung von Punkten hinausgehen, zeigt folgende Betrachtung: Der Leser denke sich in der Ebene zwei nicht zueinander orthogonale Koordinatenachsen. Dann kann man einen beliebigen Punkt durch zwei Zahlen entweder durch Parallelprojektion oder durch Orthogonalprojektion auf die Achsen eindeutig bestimmen. Erstere liefert, wenn man die Addition der Elementargeometrie nach Paragraf 1.4 einführt, Koordinaten mit der Eigenschaft des Satzes; für letztere ist das nicht der Fall.

Unser eingangs dieses Paragrafen gestelltes Programm ist nahezu abgeschlossen. Falls X eine Basis hat, dann gibt es bequeme Koordinaten. Der nächste Paragraf wird die Frage nach der Existenz einer Basis und das nächste Kapitel, die nach der Eindeutigkeit aufgreifen.

Der Gauss-Jordan Algorithmus

2.3.1. Wird ein Vektorraum von *n linear unabhängigen* Vektoren erzeugt, dann entspricht, wie wir im vorhergehenden Paragrafen gezeigt haben, jeder seiner Vektoren genau einer Linearkombination der Erzeugenden. In deren Koeffizienten ist somit jedem Vektor eineindeutig ein n-Tupel reeller Zahlen zugeordnet und diese Zuordnung ist so beschaffen, dass die Vektoroperationen durch die komponentenweise Addition bzw. Skalarmultiplikation in $\mathbb{R}^n$ wiedergegeben werden. Im nächsten Kapitel werden wir uns überlegen, dass wir damit alle in den Axiomen (2.1.2) erfassten Eigenschaften durch die Koordinaten ausdrücken können. Damit wird der abstrakte Vektorraum dem konkreten Rechnen mit Zahlen zugänglich.[†]

Dieser Paragraf wird sich mit solchen Algorithmen befassen. Wir werden dabei unsere Kenntnis des Matrizenkalküls vertiefen; dieser manifestiert sich immer deutlicher als das wesentliche algorithmische Werkzeug der linearen Algebra. Obwohl die axiomatische Theorie zugunsten des konkreten Rechenkalküls vorläufig zurückgestellt wird, werden wir doch ein Ergebnis allgemeiner Natur aufzeigen: Jeder endlich erzeugte Vektorraum hat eine Basis. Zusammen mit dem oben Gesagten haben wir dann unser Versprechen aus (2.1.3) und (2.2.1) eingelöst und aus der in den Axiomen scheinbar recht lockeren Verbindung zu den reellen Zahlen ein wirkungsvolles Recheninstrument entwickelt. Im nächsten Kapitel werden wir in den zugrundeliegenden Mechanismus noch mehr Einsicht gewinnen.

2.3.2. Sei uns ein Vektorraum $X = Lin\langle x_1, \ldots, x_m\rangle$ gegeben. Wir wollen uns überlegen, dass die mehrfache Anwendung des Austauschprinzips in (2.2.13) uns erlaubt, eine Basis in X zu konstruieren. Der Grundgedanke ist im letzten Schritt des Austauschprinzips enthalten, wo wir aus dem Erzeugendensystem einen Vektor, der sich aus den verbleibenden linear kombinieren lässt, eliminieren. Eine Iteration dieser Prozedur führt dann schliesslich zu einem Teilsystem, das immer noch X erzeugt, in dem aber keine weitere Elimination mehr möglich ist; das sollte dann eine Basis sein. Wir wollen diesen Gedanken systematisch verfolgen.

Zunächst können wir alle im Erzeugendensystem auftretenden Wiederholungen eines Vektors entfernen. Das so gewonnene Teilsystem enthält

---

[†] Der Leser vergleiche dazu die Diskussion in Abschnitt (2.1.3).

jeden Vektor aus $\{x_1, \ldots, x_m\}$ genau einmal. Jetzt könnte nur mehr der Nullvektor allein übrig sein; in diesem Fall ist X der TRIVIALE VEKTOR-RAUM, der nur aus der Null besteht, und dieser besitzt natürlich keine Basis. Diesen ohnehin wenig interessanten Vektorraum schliessen wir aus der folgenden Betrachtung aus.

Dann eliminieren wir aus dem Teilsystem o, da $o = 0x_i$ für jedes verbliebene x_i ist. Das neue Teilsystem besteht dann aus paarweise verschiedenen Vektoren $x_i \neq o$. Bis hierher benötigen wir keinen Rechenkalkül und auch im Computer kommen wir vorerst mit einem Sortierverfahren aus.[†] Von der Axiomatik her gesehen, benutzen wir bisher nur, dass der Vektorraum eine Menge mit wohlunterschiedenen Elementen ist, und dass er ein ausgezeichnetes Element—den Nullvektor—enthält.

Dann besorgen wir uns eine Basis durch iteriertes Anwenden eines Tests auf lineare Abhängigkeit. Wir wählen x_1 aus dem noch verbliebenen (und neu durchnumerierten) Erzeugendensystem und prüfen, ob x_2 davon linear abhängt; wenn ja, dann eliminieren wir x_2, sonst fügen wir ihn mit x_1 zu einem Teilsystem $\{x_1, x_2\}$ zusammen. In jedem Fall verbleibt nach dem zweiten Schritt ein Teilsystem E_2—entweder $\{x_1\}$ oder $\{x_1, x_2\}$—aus linear unabhängigen Vektoren, dem noch $m - 2$ Vektoren des ursprünglichen Systems gegenüberstehen.

Das wiederholt man: Sei E_k das nach dem k-ten Schritt gefundene Teilsystem linear unabhängiger Vektoren, dann prüft man x_{k+1} auf seine lineare Abhängigkeit von E_k; E_{k+1} ist dann entweder E_k oder E_k vereinigt mit $\{x_{k+1}\}$. Nach m Schritten ist das Verfahren abgeschlossen und aus dem ursprünglichen Erzeugendensystem von m Vektoren sind so n Vektoren, $n \leqslant m$, $\{x_{i_1}, x_{i_2}, \ldots, x_{i_n}\}$ ausgewählt worden. Dieses erzeugt den Vektorraum, da jedes x nach Voraussetzung eine Linearkombination von $\{x_1, \ldots, x_m\}$ ist und jedes bei dem Verfahren nicht ausgewählte x_k nach Konstruktion des Teilsystems aus den n Vektoren in $\{x_{i_1}, \ldots, x_{i_n}\}$ linear kombiniert werden kann; somit ist auch x durch letztere ausgedrückt. Das neue System ist aber im Gegensatz zum Ausgangssystem linear unabhängig. Das zeigt Satz (2.2.9), da die Konstruktion gerade so eingerichtet war, dass die zweite Aussage dieses Satzes nicht zutrifft, also auch nicht die erste; das bedeutet lineare Unabhängigkeit. Wir haben somit gefunden:

Satz. Jeder endlich erzeugte, nichttriviale Vektorraum besitzt eine Basis.

2.3.3. An dieser Stelle mag eine Warnung angebracht erscheinen.

Bemerkung. Die obige Beweisführung mag beim Leser den Eindruck erweckt haben als hätten wir damit gleichzeitig ein bequemes Rechenverfahren

---

[†] Wir wählen dieses Vorgehen im Interesse der begrifflichen Klarheit. In der Praxis spielt die Rechenzeit eine wichtige Rolle, so dass die Bemerkung, dass das nachfolgende Verfahren bereits mit der Kenntnis eines einzigen vom Nullvektor verschiedenen Vektor in Gang gesetzt werden kann, angebracht erscheint.

gefunden. Hier ist Vorsicht geboten. Der entscheidende Schritt, "zu prüfen, ob x_{k+1} von E_k linear abhängt", ist logische zulässig, weil nach dem Satz "vom ausgeschlossenen Dritten" der aristotelischen Logik eine der beiden Alternativen wahr sein muss und wir damit das Verfahren in endlich vielen, nämlich m, Schritten zuende führen können. Aus der logischen Zulässigkeit des Schlusses folgt aber nicht, dass es auch ein Entscheidungsverfahren, gar nicht zu reden von einem rechnerischen Test, zugunsten einer der gesuchten Alternativen gibt.

Es muss meist im konkreten Modell entschieden werden, ob ein Vektorraum endlichdimensional ist. Tritt er in der Analysis auf, sind es analytische Verfahren, in der Betriebswirtschaft sind es wirtschaftswissenschaftliche Überlegungen und in der Physik können es Experimente sein.[†] Die Lineare Algebra setzt in der Praxis meist erst dann ein, wenn man die Dimension und oft auch schon die Basis des Raums kennt. Trotzdem bleibt danach die Frage, die wir oben angeschnitten haben, interessant.

Der häufigste Fall, dem wir später auch oft begegnen werden, ist der, dass man in einem bekannten, als $\mathbb{R}^n$ dargestellten, Vektorraum einen Teilvektorraum oder ein Teilsystem von Vektoren vorfindet und darin die Maximalanzahl linear unabhängiger Elemente bestimmen möchte. Dieser Aufgabe wollen wir uns nun zuwenden.

2.3.4. Uns interessieren jetzt die Fragen nach der Dimension und nach einer Basis in einem Vektorraum. Dabei ist zunächst der folgende Satz nützlich, da er gelegentlich ohne Rechnung eine Antwort bereitstellt.

Satz. Sei X ein n-dimensionaler Vektorraum. Dann gelten die folgenden Aussagen:

    i. Ist k echt grösser als n, dann ist jedes System von k Vektoren linear abhängig.

    ii. Ist k echt kleiner als n, dann kann kein System von k Vektoren ganz X aufspannen.

    iii. Gilt für ein System von n Vektoren eine der beiden (äquivalenten) Bedingungen:
        a. es erzeugt ganz X, oder
        b. es ist linear unabhängig,
    dann ist es eine Basis von X.

    iv. Jedes linear unabhängige System von k Vektoren kann zu einer Basis von X ergänzt werden.

[†] Häufig sind es Präpariervorgänge bei der Vorbereitung des Experiments, die die unabhängigen Variablen und damit die Dimension bestimmen. Die Unabhängigkeit im Modell aus (1.1.2) zeigen Messungen, indem gleichzeitige oder getrennte Ersetzungen der Spule und des Kondensators keine Änderung am Widerstand des Stromkreises bewirken.

v. Sind Y und Z Teilvektorräume von X, dann gilt die Grassmann'sche
DIMENSIONSFORMEL[†]

$$dim(Y + Z) = dim\, Y + dim\, Z - dim(Y \cap Z).$$

Beweis. (i) und (ii) folgen unmittelbar aus Satz (2.2.13), (iii) aus (i) und
(ii). (iv) ist eine direkte Konsequenz des Austauschprinzips.
    (v) kann man aus (iv) und (2.2.12) folgern; und zwar so: Sei $\langle u_1, \ldots, u_t \rangle$
eine Basis von $Y \cap Z$, dann kann man sie nach (iv) einmal zu einer von Y,
$\langle u_1, \ldots, u_t, y_1, \ldots, y_r \rangle$, und einmal zu einer von Z, $\langle u_1, \ldots, u_t, z_1, \ldots, z_s \rangle$,
ergänzen. Offenbar erzeugen dann $\langle u_1, \ldots, u_t, y_1, \ldots, y_r, z_1, \ldots, z_s \rangle$ den
Raum $Y + Z$. Wir behaupten, dass dieses System linear unabhängig ist.
Beides zusammen liefert dann, dass es eine Basis von $Y + Z$ ist. Damit
haben wir auch $dim(Y + Z) = r + s + t = (r + t) + (s + t) - t$ gezeigt.
Da $dim\, Y = r + t$, $dim\, Z = s + t$ und $dim(Y \cap Z) = t$ waren, ist (v) bewie-
sen. Wir müssen also für $\langle u_1, \ldots, u_t, y_1, \ldots, y_r, z_1, \ldots, z_s \rangle$ die Bedingung in
(2.2.11) prüfen. Sei dazu

$$\left[\sum_{i=1}^{t} \alpha_i u_i + \sum_{i=1}^{r} \beta_i y_i \right] + \left[\sum_{i=1}^{s} \gamma_i z_i \right] = o.$$

Wir beobachten, dass der erste Klammerausdruck in Y liegt, wegen obiger
Gleichung also auch der zweite. Dieser liegt aber sicher in Z und damit in
$Z \cap Y$. Nach (2.2.12) ist das nur möglich, wenn er o ist; dann aber ist auch
der erste Klammerausdruck nach unserer Gleichung o und die lineare
Unabhängigkeit von $\langle u_1, \ldots, u_t, y_1, \ldots, y_r \rangle$ bzw. $\langle z_1, \ldots, z_s \rangle$ zeigt uns, dass
alle Koeffizienten α_i, β_i, γ_i verschwinden müssen.   □

2.3.5. Um sich die Bedeutung dieses Satzes klarzumachen, denke man
zunächst an die Elementargeometrie des Raumes. Die Dimension, hier 3, ist
vorgegeben. Dann besagt (iv) beispielsweise, das man die Koordinaten einer
gegebenen Ebene im Raum zu solchen des ganzen Raums fortsetzen kann;
oder anders gefasst: Dass man das Koordinatensystem an die geometrische
Vorgabe einer Ebene "anpassen" kann. Jeder Naturwissenschaftler macht
davon ständig Gebrauch.
    Die Grassmannsche Dimensionsformel kann man sich am besten merken
und veranschaulichen, wenn man sich beispielsweise vor Augen führt, dass
sie besagt, dass zwei nicht parallele Ebenen genau dann den Raum aufspannen, wenn sie sich in einer Geraden schneiden.
    Die drei anderen Aussagen deuten an, dass man gelegentlich das Nach-
denken durch Abzählen ersetzen kann. Etwa in der Gleichungstheorie ist
durch die Anzahl der Unbekannten die Länge der Zeilen der Koeffizientenmatrix gegeben; diese Zeilen verstehen wir als Vektoren in $\mathbb{R}^n$, d.h. die
Dimension ist wieder gegeben, und davon haben wir m Zeilen zur Verfügung,

---

[†]Diese wichtige Formel wurde von H. Grassmann, dem wir auch den Begriff der
Linearen Unabhängigkeit verdanken, Mitte des 18.Jahrhunderts gefunden.

die einen Teilraum das $\mathbb{R}^n$ aufspannen. Wir werden später die Gleichungstheorie systematisch behandeln und dann erkennen, dass die Dimension r
dieses Teilraums[†] eine entscheidende Grösse zur Beurteilung der Existenz
und Eindeutigkeit von Lösungen ist. Es ist aber—beispielsweise nach (2.3.2)
schon jetzt klar, dass das Herausgreifen von r linear unabhängigen Zeilen es
erlaubt, die restlichen $m - r$ durch diese auszudrücken. In die Sprache der
Gleichungstheorie zurückübersetzt bedeutet das, dass das System überbe-
stimmt war: die zusätzlichen $m - r$ Gleichungen sind entweder automatisch
zusammen mit den ersten r Gleichungen gelöst oder sie sind damit
unverträglich und bewirken somit, dass eine Lösung gar nicht existieren
kann. Diese Andeutungen zeigen, dass (i)–(iii) in präziser Form Aussagen
machen, die dem aus der Schulmathematik geläufigen Verfahren des
"Abzählens" von Gleichungen in n Unbekannten entsprechen. Genaueres
findet der Leser in Kapitel 4. Hier wenden wir uns der Frage zu, aus m
Zeilen*vektoren* einer Matrix eine Basis des von ihnen erzeugten Teilvektor-
raums rechnerisch zu bestimmen.

2.3.6. Der Grundgedanke besteht darin, das Gaussverfahren auf die aus
den m Zeilen*vektoren* des $\mathbb{R}^n$ durch Untereinanderschreiben derselben entstehende m-Matrix M anzuwenden. Das Gaussverfahren ist aber recht
willkürlich, weil man auf verschiedene Weise Variable eliminieren kann (vgl.
dazu (4.2.9)). Wir gehen daher einen Schritt weiter und werden zeigen, dass
es zu einem Verfahren verbessert werden kann, das, wie auch immer man es
anwendet, stets zur selben, eindeutig durch die Matrix M bestimmten
Stufenform führt. Diese kann man wie folgt charakterisieren:

Definition. Eine $m \times n$-Matrix heisst von GAUSS-JORDAN'SCHER
NORMALFORM, wenn sie folgende Gestalt hat:

    i. Das erste von Null verschiedene Element einer Zeile ist Eins und
       alle oberhalb und unterhalb dieser Eins stehenden Spaltenelemente
       sind Null; dies gilt auch für alle Spaltenelemente, die unterhalb der
       dieser Eins vorausgehenden Nullen stehen.
    ii. Die Nullzeilen stehen unterhalb aller von Null verschiedenen Zeilen.

In einer mehr formalen Sprache bedeutet das, dass die Matrix entweder
O ist, in diesem Fall setzen wir $r = 0$, oder dass es ein r, $1 \leqslant r \leqslant m$, gibt, so
dass $\alpha_{ik} = 0$ wird, sofern nur $r < i \leqslant m$ ist. Im zweiten Fall gibt es darüber
hinaus Zahlen $1 \leqslant n_1 < n_2 < \ldots < n_r \leqslant n$, so dass für $1 \leqslant i \leqslant r$ stets
$\alpha_{ik} = 0$ für alle $k = 1, \ldots, (n_i - 1)$ gilt und die n_i-te Spalte gerade der
Vektor e_i, der an der i-ten Stelle eine Eins sonst aber überall Nullen stehen
hat, ist.

[†] Vgl. dazu die Definition in (2.2.13).

2.3.7. Übertragen auf ein Gleichungssystem bedeutet die Gauss-Jordan'sche Normalform beispielsweise das Folgende:

$$x_1 + 3x_2 + 0 + 4x_4 + 0 + 0 = \alpha_1$$
$$x_3 + 5x_4 + 0 + 0 = \alpha_2$$
$$x_5 + 0 = \alpha_3$$
$$x_6 = \alpha_4$$

und man erkennt, dass man die Lösung hier sofort ablesen kann, ohne zusätzliches "Rückwärtsauflösen", wie es beim Gauss'schen Verfahren nötig ist. Das Rückwärtsauflösen ist schon in das Verfahren eingebaut. Die Variablen zu den Spalten ungleich e_i—hier die 2. und 4. Spalte—sind frei wählbare Parameter, etwa σ und τ, und die Lösung lautet dann:

$$x_1 = \alpha_1 - 3\tau - 4\sigma$$
$$x_2 = \tau$$
$$x_3 = \alpha_2 - 5\sigma$$
$$x_4 = \sigma$$
$$x_5 = \alpha_3$$
$$x_6 = \alpha_4$$

Dies ist die Bedeutung der Normalform für die Praxis. Für die mehr theoretischen Untersuchungen der Gleichungstheorie liegt ihre Bedeutung in der weiter unten bewiesenen Eindeutigkeit.

2.3.8. Ehe wir zu diesem Hauptsatz[†] des Gauss-Jordan'schen Algorithmus kommen, wollen wir unseren Matrizenkalkül aus Paragraf 1.3 weiter vertiefen.

Für das numerische Arbeiten, aber auch, wie wir unten sehen werden, für theoretische Überlegungen empfiehlt sich bei grossen Matrizen deren Zerlegung in kleinere "Blöcke". Man denkt sich dabei die Matrix als eine "Matrix aus Matrizen" und spricht dann von einer BLOCKMATRIX. Im Grunde haben wir schon in (1.3.8) soche benutzt; hier geben wir weitere Beispiele für das Arbeiten mit ihnen.

Wir denken uns eine $m \times m$-Matrix A und eine $m \times n$-Matrix B bezüglich einer Zahl $1 \leqslant k \leqslant m$ wie folgt in Blöcke zerlegt:

$$A = \begin{pmatrix} A_1 & A_2 \\ A_3 & A_4 \end{pmatrix} \qquad B = \begin{pmatrix} B_1 & B_2 \\ B_3 & B_4 \end{pmatrix}$$

mit A_1, B_1 aus $M(k, k)$, A_3, B_3 aus $M(m - k, k)$, A_2 aus $M(k, m - k)$, A_4 aus $M(m - k, m - k)$, B_2 aus $M(k, n - k)$ und B_4 aus $M(m - k, n - k)$. Die hier aufgeführten Teilmatrizen entstehen aus der Ausgangsmatrix indem man nach der k-ten Zeile und der k-ten Spalte diese "durchtrennt". Jede andere, auch mehrfache Durchtrennung ist ebenfalls erlaubt, die

[†] Ein praktikables Verfahren dieses Algorithmus beschreiben wir in (2.3.10).

Zerlegung einer Matrix in Zeilen bzw. Spalten wäre dafür ein Beispiel. Für unsere Überlegungen ist der obige Spezialfall ausreichend. Wir geben ihn für die Matrix A nocheinmal im Detail an:

$$
\begin{pmatrix}
\alpha_{11} & \cdots & \alpha_{1k} & \alpha_{1\,k+1} & \cdots & \alpha_{1m} \\
\vdots & & \vdots & \vdots & & \vdots \\
\alpha_{k1} & \cdots & \alpha_{kk} & \alpha_{k\,k+1} & \cdots & \alpha_{km} \\
\hline
\alpha_{k+1\,1} & \cdots & \alpha_{k+1\,k} & \alpha_{k+1\,k+1} & \cdots & \alpha_{k+1\,m} \\
\vdots & & \vdots & \vdots & & \vdots \\
\alpha_{m1} & \cdots & \alpha_{mk} & \alpha_{m\,k+1} & \cdots & \alpha_{mm}
\end{pmatrix}
$$

Dann finden wir folgendes Rezept, um das Produkt AB unserer Matrizen mithilfe der einzelnen Blöcke zu berechnen:

Satz. Sind für $1 \leqslant m$ die $m \times m$-Matrix A und die $m \times n$-Matrix B wie oben beschrieben in Blöcke zerlegt, dann kann man die $m \times n$-Matrix AB analog zerlegen. Ihre Blöcke berechnen sich aus denen von A und B nach folgender Vorschrift:

$$
(AB)_1 = A_1 B_1 + A_2 B_3
$$
$$
(AB)_2 = A_1 B_2 + A_2 B_4
$$
$$
(AB)_3 = A_3 B_1 + A_4 B_3
$$
$$
(AB)_4 = A_3 B_2 + A_4 B_4.
$$

Beweis. Zunächst überzeuge sich der Leser davon, dass alle Matrizen-multiplikationen $A_i B_j$ in den Formeln wirklich ausführbar sind und die $(AB)_i$ zu einer $m \times n$-Matrix gemäss unserem Aufbauprinzip für Block-matrizen zusammengesetzt werden können. Danach indizieren wir die Teilmatrizen so wie es von der Blockzerlegung nahegelegt wird. Das be-deutet beispielsweise, dass die Spaltennummern in A_1 von 1 bis k, die in B_2 aber von $k + 1$ bis n laufen; die Zeilen werden in beiden Fällen von 1 bis k durchgezählt. Dann sind die Formeln nichts anderes als die Matri-zenschreibweise der Aufspaltung

$$
\sum_{r=1}^{n} \alpha_{ir}\beta_{rj} = \sum_{r=1}^{k} \alpha_{ir}\beta_{rj} + \sum_{r=k+1}^{n} \alpha_{ir}\beta_{rj}.
$$

Die Einzelheiten überlassen wir dem Leser zur Überprüfung.   □

Wir werden einen Spezialfall später benötigen und formulieren ihn hier. Seine Richtigkeit liest man an den Formeln oben ab.

Korollar. Sei 1_k die k-te Einheitsmatrix und seien $E_1, \ldots, E_s$ elementare $m \times m$-Matrizen im Sinne von (1.3.9) bis (1.3.11). Dann sind die Block-matrizen

$$
\begin{pmatrix}
1_k & 0 \\
0 & E_i
\end{pmatrix}
$$

für $i = 1, \dots, s$ elementare $(m + k) \times (m + k)$-Matrizen. Es gilt die Produktformel

$$\begin{pmatrix} 1_k & 0 \\ 0 & E_1 \end{pmatrix} \cdots \begin{pmatrix} 1_k & 0 \\ 0 & E_s \end{pmatrix} = \begin{pmatrix} 1_k & 0 \\ 0 & E_1 \dots E_s \end{pmatrix}.$$

2.3.9. Diesen Abschnitt widmen wir dem Hauptsatz des Gauss-Jordan-Verfahrens. Dabei stellen wir ein wichtiges Beweisverfahren, den IN-DUKTIONSBEWEIS vor. Das ist eine Formalisierung der häufigen Überlegung, dass man erst einen einfachen Spezialfall beweist und dann von diesem ausgehend zu komplizierteren Situationen aufsteigt.

Satz. Eine Matrix M kann durch endlich viele elementare Umformungen im Sinne von Paragraf 1.3 in eine durch M *eindeutig bestimmte* Gauss-Jordan'sche Normalform übergeführt werden.

Beweis. Die im Satz behauptete Eindeutigkeit werden wir erst am Ende anpacken. Zunächst fragen wir, ob es überhaupt eine Überführung gibt.

Als einfachen Spezialfall betrachten wir eine $1 \times n$-Matrix M. Ist sie Null, dann hat sie schon Normalform, andernfalls gibt es ein erstes von Null verschiedenes Element α_{1k} mit dessen Hilfe wir die Normalform durch Linksmultiplikation mit $M(1; \alpha_{1k}^{-1})$ erreichen; in diesem Fall ist $r = 1$, $n_1 = k$.

Für den Fortgang des Beweises nehmen wir an, dass der Satz für alle m-zeiligen Matrizen wahr sei, und beweisen dann, dass er dann auch für alle $(m + 1)$-zeiligen Matrizen wahr sein muss. Das ist der INDUKTIONS-SCHRITT (genauer: Induktion nach m), mit dessen Hilfe man die Behauptung, ausgehend von $m = 1$ aufsteigend in endlich vielen Schritten als bewiesen ansehen kann. Der (oben bereits diskutierte) Fall $m = 1$ heisst die INDUKTIONSVERANKERUNG. Sie garantiert, dass die induktive Schlussweise überhaupt in Gang gebracht werden kann und soll für den Rest des Beweises zu den Voraussetzungen des Satzes hinzugenommen werden.

Wir stellen zuerst einen Zusammenhang zwischen $(m + 1) \times n$-Matrizen und $m \times (n - 1)$-Matrizen her, der für das weitere Vorgehen bequem ist.

Ist M eine $(m + 1) \times n$-Matrix, vor der wir voraussetzen wollen, dass $M \neq O$ ist, da ja sonst nichts zu beweisen ist, dann unterscheiden wir zwei Fälle:

Fall 1. Es gibt ein s zwischen 1 und $(m + 1)$ mit $\alpha_{s1} \neq 0$. Dann können wir durch sukzessives Linksmultiplizieren mit elementaren Matrizen $E_1, \dots, E_u$ die Matrix M auf die folgende Blockform bringen:

$$E_u \cdots E_1 M = \begin{pmatrix} 1 & M_1 \\ 0 & M_2 \end{pmatrix}$$

mit M_1 aus $M(1, n - 1)$ und M_2 aus $M(m, n - 1)$. Wir erreichen das, indem wir die s-te Zeile an die erste Stelle bringen, sie dann durch α_{s1} dividieren und anschliessend wie im Gaussverfahren aus Paragraf 1.3 alle anderen Komponenten der ersten Spalte zu Null machen. Wir haben daher M von links zu multiplizieren mit

$$(*) \qquad \prod_{k} \left[M(-\alpha_{k1}^{-1}; 1) A(k; 1+k) M(\alpha_{k1}; 1) \right] M(\alpha_{s1}^{-1}; 1) V(1; s),$$

wobei $\prod_{k}$ abkürzend für das Matrizenprodukt der in eckiger Klammer stehenden Matrizen verwendet wird und k alle natürlichen Zahlen zwischen 1 und $(m+1)$, die von s verschieden sind und für die $\alpha_k \neq 0$ ist, durchläuft.

Fall 2. Es gibt ein $n_1, 1 < n_1 < n$, und ein $s, 1 \leqslant s \leqslant (m+1)$, so dass alle $\alpha_{ik} = 0$ sind, sofern nur $1 \leqslant k < n_1$ und $\alpha_{sn_1} \neq 0$. Und dann bilden wir durch elementare Umformungen gemäss der Formel (*), wo aber jetzt der Index 1 durch n_1 ersetzt werden muss, eine Matrix der Form

$$\begin{pmatrix} 0 & M_1 \\ 0 & M_2 \end{pmatrix}$$

mit M_1 aus $M(1, n-1)$ und M_2 aus $M(m, n-1)$, wo aber die Besonderheit vorliegt, dass das $(n_1 - 1)$. Element von M_1 eine Eins ist, der nur Nullen vorangehen, und die ersten n_1 Spalten von M_2 nur aus Nullen bestehen.

Nach dieser Voranalyse benutzen wir die INDUKTIONSVORAUSSETZUNG, wonach die m-zeilige Matrix M_2 durch ein Produkt elementarer $m \times m$-Matrizen $F_{u+1}, \ldots, F_{u+t}$ in Gauss-Jordan'sche Normalform gebracht werden kann. Mit (2.3.8) bilden wir aus diesen gemäss

$$E_{u+i} = \begin{pmatrix} 1 & 0 \\ 0 & F_{u+i} \end{pmatrix}$$

elementare $(m+1) \times (m+1)$-Matrizen und nach (2.3.8) gilt dann, dass $E_{u+t} \cdots E_{u+1} E_u \cdots E_1 M$ alle Eigenschaften der Gauss-Jordan'schen Normalform hat, ausser, dass die n_i-te Spalte möglicherweise noch in der ersten Zeile ein von Null verschiedenes Element stehen hat, was wir für $i > 1$ nicht wollen. Zu beachten ist auch, dass die im Fall (ii) beschriebene Struktur von M_1 und M_2 für die umgeformte Matrix, wenn wir sie uns als Blockmatrix wie oben denken, nach wie vor gilt.

Ist nun $i > 1$, dann fügen wir an das bisher gewonnene Resultat noch das Produkt der elementaren Matrizen $E_{u+t+1}, \ldots, E_{u+t+v}$ der Form

$$(**) \qquad \prod_{i} \left[M(i; -\alpha_{1n_i}) A(1; i+1) M(i, -\alpha_{1n_i}) \right]$$

hinzu, wo wiederum das Matrizenprodukt der in Klammer stehenden durch i indizierten Matrizen gemeint ist; i durchläuft die Werte $2, \ldots, r$ für die $\alpha_{1n} \neq 0$ ist. $E_{u+t+v} \cdots E_{u+t+1} E_{u+t} \cdots E_{u+1} E_u \cdots E_1 M$ ist nach Konstruktion in Gauss-Jordan'scher Normalform. Zur Vervollständigung bemerken wir noch, dass n_1 schon bei der Fallunterscheidung festgelegt wurde. Ist n_i^o und r^o die in der Definition (2.3.6) beschriebene Zahlenfolge beziehungsweise die Anzahl der von Null verschiedenen Zeilen in der

Gauss-Jordan'schen Normalform von M_2, dann ist $r = r^o$ und $n_i = n^o_{i-1}$ $i \geq 2$.

Die Gauss-Jordan'sche Normalform, die wir eben gefunden haben, ist von der Form $M_{GJ} = PM$, wo P ein Produkt von elementaren Matrizen ist. Da diese nach (1.3.12) ein Inverses besitzen, ist auch P invertierbar, nämlich

$$P^{-1} = E_1^{-1} \cdots E_{u+t+v}^{-1}.$$

Daraus folgt, dass zwei, bei unserem gegenwärtigen Wissensstand möglicherweise verschiedene Normalformen derselben Matrix M durch eine Linksmultiplikation mit einer invertierbaren Matrix auseinanderhervorgehen. Sei nämlich $M^o_{GJ} = P_o M$ eine andere Normalform und ersetzen wir M durch $P^{-1}M_{GJ}$ nach der obigen Überlegung, dann wird

$$M^o_{GJ} = QM_{GJ} \quad \text{mit} \quad P_o P^{-1}$$

und Q hat PP_o^{-1} als Inverses. Da die Linksmultiplikation auf die Spalten einer Matrix wirkt, können wir das Zwischenergebnis so zusammenfassen: Sind s_k und s^o_k die k-ten Spalten der Normalformen M_{GJ} bzw. M^o_{GJ}, dann gibt es eine invertierbare $m \times m$-Matrix Q, so dass für alle k aus $1, \ldots, n$ gelten:

$$(***) \qquad s^o_k = Qs_k \quad \text{oder} \quad s_k = Q^{-1}s^o_k.$$

Diese ergänzende Überlegung zur *Existenz* der Gauss-Jordan'schen Normalform wollen wir benutzen, um ihre *Eindeutigkeit* zu beweisen. Dazu gehen wir auf die in der Definition (2.3.6) beschriebene genaue Struktur der Normalform ein. Im Hinblick auf das Zwischenresultat denken wir uns M_{GJ} als ein Schema von n Spalten, von denen wir zeigen wollen, dass sie für alle Gauss-Jordan'schen Normalformen von M dieselben sind. Nach dem Zwischenresultat ist $M_{GJ} = O$ genau dann, wenn $M = O$ ist; in diesem Fall liegt also Eindeutigkeit vor und wir können uns darauf beschränken, dass M_{GJ} und M^o_{GJ} ungleich O sind.

Dann ist $r \geq 1$ und die Spalten s_k sind für k zwischen 1 und n_1 Nullspalten, also sind auch die s^o_k identisch o, was $n \leq n^o_1$ nach sich zieht. Die Symmetrie in $(***)$ liefert dann analog $n^o \leq n_1$, also $n_1 = n^o_1$ und $s_k = s^o_k$ für $1 \leq k \leq n_1$. Nun ist aber $s_{n_1} = e_1$ in der Bezeichnung von (2.3.6) und wir finden insbesondere $Qe_1 = e_1$.

Damit gehen wir weiter. Da für $n_1 < k < n_2$ die Spalte $s_k = \mu_{1k}e_1$ ist, wo μ_{1k} die Komponenten von M_{GJ} beschreibt, ist

$$s^o_k = Qs_k = \mu_{1k}Qe_1 = \mu_{1k}e_1 = s_k,$$

woraus nicht nur die Übereinstimmung der Spalten, sondern auch $n_2 \leq n^o_2$ folgt. Wieder liefert die Symmetrie in $(***)$ $n_2 = n^o_2$ und $Qe_2 = e_2$ wie vorhin.

Man kann jetzt den letzten Teil gleich zu einem Induktionsbeweis nach dem Subindex s ausweiten, der bei $s = 1$ verankert ist: Die Induktionsvoraussetzung ist: $1 \leqslant i < s < r$ ist $n_1 = n_i^o$, $Qe_i = e_i$ und $s_k = s_k^o$ für $1 \leqslant k \leqslant n_s$. Dann ist für $n_s < k \leqslant n_{s+1}$ $s_k = \alpha_{1k}e_1 + \cdots + \alpha_{sk}e_s$ also $s_k^o = Qs_k = \alpha_{1k}e_1 + \cdots + \alpha_{sk}e_s = s_k$. Mithilfe der Symmetrie bekommen wir wieder $n_{s+1} = n_{s+1}^o$ und $Qe_{s+1} = e_{s+1}$. Erreichen wir so $s + 1 = r$, dann finden wir insbesondere $r \leqslant r^o$ und aus Symmetrie wieder $r = r^o$. Der Eindeutigkeitsbeweis ist erbracht.

Das schliesst den Beweis des Satzes ab. $\qquad\qquad\qquad\qquad\qquad\square$

2.3.10. Wir haben sowohl die Existenz als auch die Eindeutigkeit der Gauss-Jordan'schen Normalform in (2.3.9) über einen Induktionsbeweis gezeigt. Es ging uns auch darum, dieses wichtige Beweisverfahren beispielhaft und in allen Einzelheiten vorzuführen. In der Theorie spielt es eine wichtige Rolle, für den Praktiker ist es weniger hilfreich. Von seiner Warte packt ein solcher Beweis in der Regel das Problem vom "falschen Ende" an, indem er voraussetzt, dass man—um in der Notation von (2.3.9) zu bleiben—bei der Berechnung der Normalform von M schon die von M_2 kennt, für deren Berechnung die einer entsprechenden Teilmatrix von M_2 usw. Hat man es etwa mit einer Matrix von 10^3 Zeilen zu tun, dann ist es offenkundig, dass man auf diesem Weg nicht zu einem schnellen Erfolg kommen kann.

In der Praxis greift man zunächst auf das Gauss-Verfahren aus Paragraf 1.3 zurück, um die Matrix auf Stufenform zu bringen. Das bedeutet, dass man den ersten Reduktionsschritt des obigen Beweise, d.h. die Formel (*) aus (2.3.9), zunächst auf die $m \times n$-Matrix M, die erweiterte Koeffizientenmatrix des Gleichungssystems anwendet und die dort angegebene Blockform erhält. Das wiederholt man für die $(m - 1) \times (n - 1)$-Matrix M_2 wiederum mithilfe von (*) usw. Schliesslich entsteht die Stufenmatrix, die wir an unserem Beispiel in (1.2.3) kennengelernt haben. Diesen Schritt nennen wir das VORWÄRTSAUFLÖSEN. Wir sind sogar etwas weiter als in (1.2.3), insofern als die erste in einer Gleichung noch auftretende Variable den Koeffizienten 1 hat. Danach beginnt man mit dem RÜCK-WÄRTSAUFLÖSEN, das bewirkt, dass oberhalb der führenden Eins einer Zeile lauter Nullen zu stehen kommen. Formelmässig haben wir das für die erste Zeile in (2.3.9) (**) hingeschrieben und können es auch für alle anderen Zeilen wiederholen. Das Ergebnis ist dann offenbar eine, und nach dem Satz (2.3.9) auch die einzige, Gauss-Jordan'sche Normalform von M.

Man nennt dieses Verfahren, dass in der numerischen Mathematik in vielen, den konkreten Problemen angepassten Varianten auftritt, den GAUSS-JORDAN'SCHEN ALGORITHMUS. Der Leser vergleiche dazu Texte wie [13], [51].

2.3.11. Wir wollen nocheinmal auf den Zwischenschritt des Beweises (2.3.9) verweisen.

Zunächst soll der Leser sich bewusst machen, dass die *Links*multiplikation mit einer Matrix Q bewirkt, dass Q *spaltenweise* M in QM überführt, d.h. die Spalte s_k geht in die Spalte Qs_k über. Der Leser überlege sich auch, dass die *Rechts*multiplikation mit Q die *Zeilen* von M in die von MQ überführt, d.h. die k-te Zeile z_k geht in z_kQ über.

Dann machen wir folgende

Bemerkung. Unterscheiden sich zwei Matrizen um eine Linksmultiplikation mit einer invertierbaren $m \times m$-Matrix R, dann haben sie dieselbe Gauss-Jordan'sche Normalform; die Umkehrung dieser Aussage ist offensichtlich auch richtig.

Nach der Überlegung in (2.3.9) ist nämlich $M_{GJ} = PM$ und analog $(RM)_{GJ} = P'(RM)$, wobei P, P' Produkte von elementaren Matrizen, also invertierbar sind. Daraus folgt dann

$$(RM)_{(GJ)} = (P'RP^{-1})M_{(GJ)},$$

d.h. die Normalformen von RM und M sind durch die in Klammer stehende invertierbare Matrix verbunden. Für diese schreiben wie Q und dann liefert der zweite Induktionsbeweis des Satzes in wörtlicher Übertragung die Aussage unserer Bemerkung.

Der Leser überlege sich als Übung, dass wir im Sinne der Begriffsbildung von (1.4.5) eine Äquivalenzrelation auf $M(m, n)$ vor uns haben, wenn wir zwei Matrizen als äquivalent bezeichnen, sofern sie dieselbe Gauss-Jordan'sche Normalform besitzen. Im Vorgriff auf (2.3.15) frage sich der Leser, welches die in diesem Sinne zur Einheitsmatrix äquivalenten Matrizen in $M(n)$ sind.

2.3.12. Nun gehen wir auf unser am Ende von (2.3.3) gestelltes Problem zurück. Es seien im n-dimensionalen Raum m durch Zeilenvektoren $x_i = (\alpha_{i1}, \ldots, \alpha_{in})$ repräsentierte Vektoren gegeben und wir wollen die Dimension des von ihnen aufgespannten Teilraums und für diesen eine Basis finden. Hat man das, dann hilft Satz (2.3.4) zu entscheiden, ob das Ausgangssystem bereits linear unabhängig war.

Dem Vektorensystem ordnen wir dazu zunächst eine Matrix $M = (\alpha_{ik})$, $i = 1, \ldots, m$, $k = 1, \ldots, n$ zu, indem man die Zeilen einfach untereinander schreibt. Dieses Verfahren ist bis auf die Reihenfolge der Zeilen eindeutig. Geht man aber von M auf seine Gauss-Jordan'sche Normalform über, dann spielt nach der Bemerkung (2.3.11) diese Reihenfolge keine Rolle mehr. Somit hat man auf einem nach (2.3.10) auch rechnerisch gangbaren Wege dem Ausgangssystem $x_1, \ldots, x_m$ eindeutig M_{GJ} zugeordnet. Diese Matrix ist genau dann die Nullmatrix, wenn alle $x_i = o$ waren, ein Fall der wenig Interesse beansprucht.

Und hier ist nun das abschliessende Endergebnis, das wir im folgenden genauer begründen wollen:

i. Die von Null verschiedenen Zeilen der Normalform M_{GJ} sind linear unabhängig.

ii. Sie spannen denselben Teilraum wie die Ausgangsvektoren auf, insbesondere ist ihre Anzahl[†] r gerade die Dimension von $Lin\{x_1, \ldots, x_m\}$.

2.3.13. Zunächst zur ersten Aussage

Satz. Ist A eine Matrix in Gauss-Jordan'scher Normalform gemäss (2.3.6), dann bilden die r von Null verschiedene Zeilenvektoren ein linear unabhängiges System.

Zum Beweis betrachten wir an den Stellen $1 \leqslant n_1 < \cdots < n_r \leqslant n$ eine Linearkombination $\sum_{i=1}^{r} \lambda_i z_i$ der Zeilenvektoren und erkennen, dass die n_k-te Komponente gerade λ_k ist; somit folgt aus $\sum \lambda_i z_i = o$, dass $\lambda_i = 0$ für alle $1 \leqslant i \leqslant r$ ist, also die Behauptung.

Nocheinmal das Argument auf die Spalten s_k angewandt, zeigt zunächst, dass die Spalten für $k = n_1, \ldots, n_r$ ein System r linear unabhängiger Spaltenvektoren bilden. Der Beweis in (2.3.9) zeigt, dass alle anderen Spalten von diesen linear abhängen, ein Sachverhalt, der für die Zeilen trivial ist, da ja nur noch Nullzeilen übrig bleiben.

Diese Überlegung veranlassen uns zur folgenden

Definition. Sei A eine $m \times n$-Matrix. Dann nennen wir ZEILENRANG von A die Dimension des von den Zeilen von A aufgespannten Teilraums von $\mathbb{R}^m$, die des von den Spalten erzeugten nennen wir den SPALTEN-RANG von A.

Wir haben dann gezeigt:

Satz. Ist A eine Matrix in Gauss-Jordan'scher Normalform, dann stimmt ihr Zeilenrang mit ihrem Spaltenrang überein und ist gleich r. (Zur Definition von r siehe (2.3.6)).

Wie sieht das bei Matrizen aus, die nicht die spezielle Gestalt der Gauss-Jordan'schen Normalform haben?

[†] Die Grösse r—wie auch die Matrix M_{GJ} selbst—hängt natürlich von $x_1, \ldots, x_m$ ab und müsste als $r(x_1, \ldots, x_m)$ geschrieben werden. Wir unterlassen diese umständliche Schreibweise in der Überzeugung, dass der Leser auch so den Zusammenhang nicht aus den Augen verlieren wird.

2.3.14. Seien A, B zwei $m \times n$-Matrizen, die durch Linksmultiplikation mit einer invertierbaren Matrix P auseinanderhervorgehen, d.h. $A = PB$. Seien z_k^A, z_k^B die Zeilenvektoren und s_k^A, s_k^B die Spaltenvektoren der Matrizen A bzw. B.

Ist $x = \sum_{i=1}^m \lambda_i z_i^A$, dann kann man dies auch in der Matrixschreibweise ausdrücken: $x = LA$; wo L die einzeilige Matrix $(\lambda_1, \ldots, \lambda_m)$ ist. Hieraus folgt $x = (LP)B$, also mit $(\lambda_1', \ldots, \lambda_m') = LP$, dass $x = \sum \lambda_i' z_i^B$. Somit ist $Lin\{z_1^A, \ldots, z_m^A\}$ der ZEILENRAUM von A, in dem von B enthalten. Mit $B = P^{-1}A$ zeigt man auch die Umkehrung. Wir haben also gefunden: *A und B haben denselben Zeilenraum*.

Sei $Lin\{s_1^B, \ldots, s_n^B\}$ der SPALTENRAUM von B der Dimension r^B und sei v_k, $1 \leqslant k \leqslant r^B$ eine Basis davon. Jedes Basiselement ist von der Form $v = \sum \lambda_i s_i^B$ und da nach dem in (2.3.11) Gesagten $s_i^A = Ps_i^B$ ist, ist $Pv = P(\sum \lambda_i s_i^B) = \sum \lambda_i (Ps_i^B) = \sum \lambda_i s_i^A$ im Spaltenraum von A, dessen Dimension r^A ist. Die Vektoren Pv_k $1 \leqslant k \leqslant r^B$ sind linear unabhängig, denn aus $o = \sum \mu_k (Pv_k) = P(\sum \mu_k v_k)$ folgt nach Anwendung von P^{-1}, dass $\sum \mu_k v_k = o$, also wegen der Basiseigenschaft: $\mu_k = 0$ für alle $1 \leqslant k \leqslant r^B$ ist. Nach (2.3.4) (i) gilt also $r^B \leqslant r^A$. Wieder liefert $B = P^{-1}A$ die Umkehrung. Somit haben wir gefunden, dass *A und B denselben Spaltenrang haben*.

Im Beweis war stillschweigend $B \neq O$ angenommen worden. Der Fall $B = O$ ist aber ohnehin klar, da er auch $A = O$ nach sich zieht.

Wir fassen die Ergebnisse zusammen. *Unterscheiden sich zwei Matrizen um eine Linksmultiplikation mit einer invertierbaren Matrix, dann haben sie denselben Zeilen- bzw. Spaltenraum.*

Stellen wir uns speziell B als Gauss-Jordan'sche Normalform A_{GJ} von A vor, dann liefern (2.3.13) und (2.3.9) den wichtigen

Satz. Der Spaltenrang und der Zeilenrang einer Matrix A stimmen überein; man spricht daher einfach von dem RANG einer Matrix, den man mit $Rg(A)$ bezeichnet.

Der Leser überzeuge sich davon, dass damit die Behauptungen in (2.3.12) bewiesen sind. Die Aufgabe dieses Paragrafen ist somit gelöst.

2.3.15. In diesem Paragrafen haben wir mehrfach Gelegenheit gehabt, mit invertierbaren Matrizen zu arbeiten. Sie lassen sich zur Vereinfachung von komplizierten Matrizen benutzen, sie führen linear unabhängige Systeme in ebensolche über, sie lassen sich kürzen u.v.m. Es scheint daher angebracht, zumal das auch mit dem Gauss-Jordan'schen Algorithmus zusammenhängt, jetzt darauf hinzuweisen, wie man zu einer invertierbaren $m \times m$-Matrix A ihr Inverses A^{-1} berechnet, und auch Kriterien für die Invertierbarkeit einer Matrix anzugeben.

Zunächst ist mit A auch A^{-1} invertierbar und hat A als Inverses. Nun gilt aber $1 = A^{-1}A$ und damit haben nach der Bemerkung in (2.3.11) alle invertierbaren $m \times m$-Matrizen dieselbe Gauss-Jordan'sche Normalform wie die m-te Einheitsmatrix. Diese ist aber bereits in Normalform und wir bekommen, wenn wir noch (2.3.9) und (2.3.14) auswerten den

Satz. Sei A eine reelle $m \times m$-Matrix. Dann gelten:

i. Die Gauss-Jordan'sche Normalform A ist genau dann die m-te Einheitsmatrix, wenn A invertierbar ist.

ii. Die Matrix A ist genau dann invertierbar, wenn sie den Rang m hat.

Damit haben wir eine Berechnungsvorschrift für A^{-1}. Nach diesem Satz und nach (2.3.9) ist mit geeigneten elementaren Matrizen $1 = E_s \cdots E_1 A$. Multiplizieren wir diese Gleichung von rechts mit A^{-1}, dann bekommen wir die Formel

$$A^{-1} = E_s \cdots E_1.$$

Das bedeutet, dass wir mit dem Gauss-Jordan'schen Algorithmus auch die Inverse von A berechnen können. Wir brauchen nur alle Rechenschritte, die wir an A ausführen müssen, um sie in die Normalform zu bringen, d.h. die Linksmultiplikation mit $E_s \cdots E_1$, gleichzeitig an der Einheitsmatrix 1 durchzuführen. Wir wollen uns das an einem einfachen Beispiel ansehen. Links schreiben wir die Matrix A, wie sie allmählich in ihre Normalform 1 übergeht. Die für den Übergang von einem Stadium ins darunterstehende nächste nötigen Zwischenschritte geben wir als Produkte elementarer Matrizen in der Mitte an. Wendet man sie auf die rechtsstehenden Matrizen an, dann bekommen wir den schrittweisen Übergang von 1 nach A^{-1}. Am Ende mache der Leser die Probe.

$$
\begin{pmatrix} 1 & 2 & 5 \\ 4 & 2 & 2 \\ 1 & 1 & 1 \end{pmatrix}
\quad
\begin{matrix} M(2; -1) \\ M(1; 1/4)\,A(2; 1+2)\,M(1; 4) \\ M(1; -1)\,A(3; 1+3)\,M(1; -1) \end{matrix}
\quad
\begin{pmatrix} 1 & 0 & 0 \\ 0 & 1 & 0 \\ 0 & 0 & 1 \end{pmatrix}
$$

$$
\begin{pmatrix} 1 & 2 & 5 \\ 0 & 6 & 18 \\ 0 & -1 & -4 \end{pmatrix}
\quad
\begin{matrix} M(2; 1/6) \\ M(3; -1)\,A(3; 2+3) \\ M(2; -1/2)\,A(1; 2+1)\,M(2; -2) \end{matrix}
\quad
\begin{pmatrix} 1 & 0 & 0 \\ 4 & -1 & 0 \\ -1 & 0 & 1 \end{pmatrix}
$$

$$
\begin{pmatrix} 1 & 0 & -1 \\ 0 & 1 & 3 \\ 0 & 0 & 1 \end{pmatrix}
\quad
\begin{matrix} A(1; 3+1) \\ M(3; -1)\,A(2; 3+2)\,M(3; -3) \end{matrix}
\quad
\frac{1}{6}\begin{pmatrix} -2 & 2 & 0 \\ 4 & -1 & 0 \\ 2 & 1 & -1 \end{pmatrix}
$$

$$
\begin{pmatrix} 1 & 0 & 0 \\ 0 & 1 & 0 \\ 0 & 0 & 1 \end{pmatrix}
\quad
\begin{matrix} \textit{Probe} \\ \textit{zeigt} \\ \textit{Gleichheit} \end{matrix}
\quad
\begin{pmatrix} 1 & 2 & 5 \\ 4 & 2 & 2 \\ 1 & 1 & 1 \end{pmatrix}
\times
\frac{1}{6}\begin{pmatrix} 0 & 3 & -6 \\ -2 & -4 & 18 \\ 2 & 1 & -6 \end{pmatrix}
$$

Dieses Berechnungsverfahren ist zusammen mit heute üblichen Varianten durchaus zur Behandlung numerischer Probleme geeignet und auch hinreichend effizient.

3. KAPITEL

Die lineare Abbildung

Die grundlegenden Eigenschaften

3.1.1. Dieses Kapitel beschäftigt sich mit dem wohl wichtigsten Begriff des Buches, der linearen Abbildung. Die Beispiele im Anschluss an die Definition werden verdeutlichen, dass wir diesen Abbildungen schon mehrfach begegnet sind. Im Laufe der nächsten Paragrafen werden wir einsehen, dass das Proportionalitätsgesetz, die Gleichungstheorie, die Koordinaten in der Geometrie, die Matrizenrechnung u.v.m. vom Begriff der linearen Abbildung her verstanden werden können.

Gehen wir an dieser Stelle nochmal kurz auf das Proportionalitätsgesetz aus Paragraf 1.1 ein. Um dieses überhaupt formulieren zu können, mussten wir erst die Eingangs- und Ausgangsgrössen als Elemente eines Vektorraums auffassen. Damit war es möglich von der Summe oder dem Vielfachen in einer mathematisch präzisen Form zu sprechen und darauf aufbauend das Gesetz genau zu fassen. In (1.1.5) findet man das Ergebnis zusammengestellt: Proportionalität bedeutet gerade, dass die Zuordnung zwischen Ein- und Ausgangsgrössen linear ist.

Wir machen diese beiden Schritte in der axiomatischen Theorie nach. In Kapitel 2 haben wir bereits den ersten vollzogen, indem wir den Begriff des Vektorraums eingeführt und mit ihm arbeiten gelernt haben. Insbesondere wissen wir, dass jeder Vektorraum eine Menge ist, wir daher von einer Abbildung im Sinne von Anhang B zwischen den Vektorräumen X, Y sprechen können.[†] Wir haben dabei einfach ignoriert, dass X und Y, jeder auf seine spezielle Weise, auch eine Addition und Skalarmultiplikation zulassen. Wir benutzen diese jetzt, um unter allen möglichen, die für die Lineare Algebra besonders wichtigen linearen Abbildungen auszusondern.

[†] Wegen der abbildungstheoretischen Ausdrücke, die wir im Folgende benutzen werden, verweisen wir den Leser auf Anhang B.

3.1.2. Hier ist die genaue Formulierung:

Definition. Eine Abbildung $\Phi\colon X \to Y$ von einem reellen Vektorraum X in einen anderen, Y, heisst LINEAR, wenn für jedes x, x' aus X und jedes reelle α die Beziehungen

   i. $\Phi(x + x') = \Phi(x) + \Phi(x')$.
   ii. $\Phi(\alpha x) = \alpha\Phi(x)$.

gelten. Man nennt lineare Abbildungen auch oft lineare OPERATOREN.

Da Φ zunächst einmal eine Abbildung ist, ordnet sie jedem x aus X genau ein y aus Y zu. Das könnte in recht irregulärer Form geschehen, insbesondere wird es im allgemeinen nicht gelingen, $\Phi(x)$ formelmässig zu erfassen. Die beiden Regeln (i) und (ii) sondern uns eine Klasse recht übersichtlicher Abbildungen aus. Wir werden sehen, dass es genügen wird, Φ in relativ wenigen, aber sorgfältig gewählten Punkten von X zu kennen, um es für jedes beliebige andere x daraus zu berechnen; die Rechenvorschrift benutzt dazu nur die Vektorraumoperationen auf X und Y.

Bemerkung. Der Leser beachte, dass in den Gleichungen der Definition sich die Addition und Skalarmultiplikation links auf X und rechts auf Y beziehen. Beide haben nichts miteinander zu tun, ein Sachverhalt der unterstrichen werden sollte, da eine der wichtigsten Anwendungen der linearen Abbildungen darin besteht, für unhandliche Vektorräume bequeme Modelle zu finden. Wir verweisen auf Satz (2.2.14) zurück.

3.1.3. Wir haben schon einige Beispiele kennengelernt, die wir hier noch einmal zusammenstellen wollen. Wir führen gleichzeitig einige Fachausdrücke ein.

Das Proportionalitätsgesetz in (1.1.5), das wir oben schon besprochen haben, wiederholen wir nicht nochmal, sondern überlassen es dem Leser, es mit der Definition in Einklang zu bringen.

Beispiel 1. Sei X ein Vektorraum mit Basis $e_1, \ldots, e_n$ und $Y = \mathbb{R}$. In Paragraf 2.2 haben wir jedem x aus X seine i-te Koordinate bezüglich der Basis zugeordnet und in (2.2.15) gezeigt, dass damit eine lineare Abbildung, x geht in $\alpha_i(x)$ über, erklärt ist.

Lineare Abbildungen deren *Bildbereich* der Grundkörper des Vektorraums, hier also der der reellen Zahlen, d.h. $Y = \mathbb{R}$, ist, nennt man LINEARE FUNKTIONALE. Sie werden im Kapitel 6 in den Mittelpunkt unserer Untersuchungen rücken.

Die Spannung U in (1.1.2) ist ein weiteres praktisches Beispiel dafür.

Beispiel 2. Die in Paragraf 2.2 eingeführten Koordinaten eines n-dimensionalen Vektorraums X vermitteln gemäss Satz (2.2.14) eine lineare Abbildung von X in $\mathbb{R}^n$, bei der x aus X in den von $\alpha_1(x), \ldots, \alpha_n(x)$ gebildeten Spaltenvektor übergeht. Der Satz zeigt, dass diese Abbildung bijektiv ist.

Bijektive lineare Abbildungen nennt man LINEARE ISOMORPHISMEN. Man spricht auch oft von einem VEKTORRAUMISOMORPHIS-

MUS. Zwei Vektorräume heissen ISOMORPH, wenn sie durch einen linearen Isomorphismus aufeinander abgebildet werden können. Für einen n-dimensionalen Vektorraum X mit Basis $e_1, \ldots, e_n$ können wir (2.2.14) auch so formulieren. Die Abbildung $\Phi(\alpha_1, \ldots, \alpha_n) = \sum_{i=1}^{n} \alpha_i e_i$ ist ein linearer Isomorphismus von $\mathbb{R}^n$ auf X.

Da ein Vektorraumisomorphismus nicht nur die Mengen, sondern auch die darauf erklärte Vektorraumstruktur in eineindeutige Beziehung setzt, kann man vom Standpunkt der axiomatischen Theorie isomorphe Vektorräume nicht unterscheiden. Man kann daher obigen Satz so interpretieren:

Jede Aussage, die sich mit dem Vokabular der axiomatischen Theorie der linearen Räume formulieren lässt, ist in X genau dann wahr, wenn sie es in $\mathbb{R}^n$ ist.

Als Beispiel verweisen wir auf die lineare Unabhängigkeit von Vektoren oder die Basiseigenschaft eines Vektorsystems. Das wirft ein neues Licht auf die Überlegungen in Paragraf 2.3.

Aufgrund dieser Interpretation nennt man Satz (2.2.14) das ÜBERTRAGUNGSPRINZIP der Linearen Algebra. Ist X der Vektorraum der Ortsvektoren, der der klassischen Euklidischen Geometrie gemäss Paragraf 1.4 zugrundeliegt, dann ist das Übertragungsprinzip die mathematisch präzise Begründung der Analytischen Geometrie.

Beispiel 3. Im Beweis des Hauptsatzes des Gauss-Jordan'schen Algorithmus' haben wir davon Gebrauch gemacht, dass die Multiplikation der Spalten der Länge n von links mit einer festen $n \times n$-Matrix A, d.h. der Übergang s nach As, eine lineare Abbildung des $\mathbb{R}^n$ in sich ist. Diese Aussage folgt unmittelbar aus (1.3.6) und (1.3.7). Hier fallen also Bild- und Urbildraum zusammen.

Mann nennt eine lineare Abbildung von X in sich einen ENDOMORPHISMUS von X. Ist ein Endomorphismus darüber hinaus noch bijektiv, dann spricht man von einem AUTOMORPHISMUS von X. Wir werden sehen, dass die Endomorphismen eines n-dimensionalen Vektorraums eineindeutig den $n \times n$-Matrizen, die Automorphismen dabei gerade den invertierbaren Matrizen, entsprechen.

Beispiel 4. Die in (2.2.5) besprochene Abbildung $(x, (y, z))$ in $((x, y), z)$ ist ein Isomorphismus von $X \times (Y \times Z)$ auf $(X \times Y) \times Z$. Das erklärt die Bedeutung der Bemerkungen am Ende von (2.2.5).

Beispiel 5. Die in Satz (2.2.7) beschriebene Zuordnung, die (y, z) in $y + z$ überführt ist ein linearer Isomorphismus des direkten Produkts $Y \times Z$ auf die direkte Summe $Y + Z$. Das präzisiert die Aussage am Ende von (2.2.7).

3.1.4. Sei nun $\Phi: X \to Y$ eine lineare Abbildung. In den nächsten Abschnitten untersuchen wir, welche Besonderheiten diese im Vergleich mit beliebigen Mengenabbildungen hat. Diese Besonderheiten müssen im

Zusammenhang mit der linearen Struktur auf den Mengen X und Y stehen; wir kämmen einfach Kapitel 2 durch.

Der *Zusammenhang mit dem Teilraumkonzept* zeigt sich in den folgenden Aussagen.

Satz. Ist Φ eine lineare Abbildung, dann gelten:

   i. $\Phi(o) = o$.

  ii. Ist Z ein Teilvektorraum von X, dann ist $\Phi(Z)$ einer von Y.

 iii. Ist Z ein Teilvektorraum von Y, dann ist $\Phi^{-1}(Z)$ einer von X.

Die Aussagen des Satzes folgen unmittelbar aus der Definition (3.1.2). Man setze etwa $x' = -x$, $\alpha = -1$ dort ein und findet (i). Der Leser prüfe die Richtigkeit der Behauptungen selbst nach.

Ein wichtiger Spezialfall von (iii) ist $\Phi^{-1}(\langle o \rangle)$. Diesen Teilvektorraum von X nennt man den KERN von Φ und bezeichnet ihn mit *ker* Φ. Er besteht aus allen x aus X, die von Φ annulliert werden.

3.1.5. Der *Zusammenhang mit der linearen Unabhängigkeit* kommt im folgenden Satz zum Ausdruck.

Satz. Ist Φ eine lineare Abbildung, dann gelten:

   i. Sind $f_1, \ldots, f_r$ linear unabhängig in Y und ist jedes f_i von der Form $\Phi(e_i)$ mit e_i aus X, dann sind $e_1, \ldots, e_r$ linear unabhängig.

  ii. Φ ist eindeutig durch seine Werte auf einer Basis von X bestimmt.

 iii. $dim\, X = dim(ker\, \Phi) + dim\, \Phi(X)$.

Beweis. Ist $\Sigma\alpha_i e_i = o$, dann auch $\Sigma\alpha_i f_i$ aufgrund von (3.1.4) (i). Die lineare Unabhängigkeit der f's impliziert dann, dass alle α_i verschwinden und (i) ist bewiesen.

Die Aussage (ii) ist offensichtlich wahr, da die Definition (3.1.2) für eine Basis $e_1, \ldots, e_n$ von X auf die Formel

$$\Phi\left(\sum_{i=1}^{n} \alpha_i e_i\right) = \sum_{i-1}^{n} \alpha_i \Phi(e_i)$$

führt.

(iii) beweisen wir so: Sei $e_1, \ldots, e_s$ eine Basis von $ker\,\Phi$ und $f_1, \ldots, f_r$ eine von $\Phi(X)$; beide existieren nach (3.1.4) und (2.3.2). Es ist $f_i = \Phi(e_{s+i})$ für geeignete $e_{s+1}, \ldots, e_{s+r}$ aus X. Es genügt nun zu zeigen, dass $e_1, \ldots, e_s, e_{s+1}, \ldots, e_{s+r}$ eine Basis von X ist. Zunächst ist es ein Erzeugendensystem. Ist für x aus X etwa $\Phi(x) = \Sigma\beta_i f_i$, dann ist $x - \Sigma\beta_i e_{s+i}$ in $ker\,\Phi$, also Linearkombination der $e_1, \ldots, e_s$; zusammengenommen beweist das die Zwischenbehauptung. Nun ist noch die lineare Unabhängigkeit zu prüfen: Ist $\Sigma_{i=1}^{r+s}\alpha_i e_i = o$, dann ist nach (3.1.4) auch $\sum_{i=1}^{r} \alpha_{s+i} f_i = o$, also $\alpha_{s+1} = \ldots$

$= \alpha_{s+r} = 0$, weil die f_i eine Basis bildeten. Danach bleibt noch $\sum\limits_{i=1}^{s} \alpha_i e_i = o$, woraus das Verschwinden der restlichen α_i aus der Basiseigenschaft von $e_1, \ldots, e_s$ folgt. $\qquad\square$

3.1.6. Auch die *abbildungstheoretischen Eigenschaften* lassen sich hier leichter als bei beliebigen Abbildungen testen.

Satz. Ist Φ eine lineare Abbildung, dann gelten:

   i. Φ ist genau dann injektiv, wenn $ker\,\Phi = \{o\}$ ist.
  ii. Ist $dim\,X = dim\,Y$ (ein wichtiger Spezialfall ist $X = Y$), dann sind äquivalent;
     a. Φ ist injektiv.
     b. Φ ist surjektiv.
     c. Φ ist bijektiv.
     d. Φ bildet eine Basis auf eine Basis ab.

Beweis. Da $\Phi(x) = \Phi(x')$ gleichwertig mit $\Phi(x - x') = o$, also $x - x'$ aus $ker\,\Phi$ ist, ist (i) mühelos gezeigt.

Um (ii) zu beweisen genügt es folgende Schlusskette vorzuführen: (a) $\Rightarrow$ (b) $\Rightarrow$ (c) $\Rightarrow$ (d) $\Rightarrow$ (a). Das wollen wir tun.

(a) $\Rightarrow$ (b): Nach (i) muss $ker\,\Phi = \{o\}$ sein, also gilt mit (3.1.5) (iii), dass $dim\,\Phi(X) = dim\,X$, also nach Voraussetzung $= dim\,Y$ ist. Aus (2.3.4) (iii) folgt dann $\Phi(X) = Y$, also (b).

(b) $\Rightarrow$ (c): Nach (3.1.5) (iii) folgt aus der Surjektivität von Φ, dass $ker\,\Phi = \{o\}$ ist, nach (i) Φ also auch injektiv ist.

(c) $\Rightarrow$ (d): Ist $e_1, \ldots, e_n$ eine Basis von X und $f_i = \Phi(e_i)$, $i = 1, \ldots, n$. Nach (3.1.5) (ii) erzeugen die f's $\Phi(X)$, was aber nach (c) gleich Y ist. Aus (2.3.4) (iii) folgt, dass $f_1, \ldots, f_n$ eine Basis von Y ist.

(d) $\Rightarrow$ (a): Seien $x = \Sigma\alpha_i e_i$ und $x' = \Sigma\alpha_i' e_i$ zwei Punkte mit $\Phi(x) = \Phi(x')$, also $\Phi(x - x') = o$, dann gilt $\Sigma(\alpha_i - \alpha_i')\Phi(e_i) = o$ und daraus wegen (d) $\alpha_i - \alpha_i' = 0$; das aber bedeutet gerade $x = x'$, d.h. (a) gilt. $\qquad\square$

3.1.7. Im Lichte von (3.1.6) (ii) (d) wollen wir noch einmal den Beweis in (3.1.5) (iii) ansehen. Sei dort $Y = Lin\{e_{s+1}, \ldots, e_{s+r}\}$, dann haben wir, wenn wir (2.2.12) mitberücksichtigen, gezeigt, dass X gleich der direkten Summe $ker\,\Phi + Y$ ist. Nach Konstruktion wird die Basis $e_{s+1}, \ldots, e_{s+r}$ von Y auf die von $\Phi(X)$ abgebildet, also ist nach (3.1.6) (ii) (d) Y isomorph zu $\Phi(X)$ unter der Einschränkung von Φ auf den linearen Teilraum.

Seien Y, Z Teilvektorräume von X, so dass X direkte Summe der beiden ist. Dann nennt man Y einen KOMPLEMENTÄREN TEILRAUM zu Z. In dieser Notation haben wir dann gezeigt:

Ist Φ eine lineare Abbildung, dann *gibt es zu $ker\,\Phi$ einen komplementären Teilraum und dieser ist isomorph zu $\Phi(X)$.*

Bemerkung. Während $ker\Phi$ durch die lineare Abbildung eindeutig beschrieben ist, ist der dazu komplementäre Teilraum von X verhältnismässig willkürlich. Man denke sich in $ker\Phi$ die Vektoren $w_1,\ldots,w_r$ irgendwie ausgewählt und bilde damit $e_i' = e_{s+i} + w_i$, $i = 1,\ldots,r$. Diese spannen dann einen von Y i.a. verschiedenen Komplementärraum zu $ker\Phi$ auf. Einzelheiten überlassen wir dem Leser als Übungsaufgabe.

3.1.8. An (3.1.5) (ii) und (3.1.6) (ii) lesen wir für jede natürliche Zahl n folgende bemerkenswerte Tatsache ab:

Satz. Alle n-dimensionalen reellen Vektorräume sind zueinander isomorph.

Dies ist eine Verallgemeinerung des in Beispiel 2 aus (3.1.3) formulierten Übertragungsprinzips. Man erkennt daraus, dass vom Standpunkt der axiomatischen Theorie die *Dimension die einzige Charakterisierung eines endlich erzeugten Vektorraums ist.*

Was das bedeutet, kann man vielleicht erfühlen, wenn man sich vor Augen hält, dass auf dieser Ebene kein Unterschied zwischen dem Raum $\mathbb{R}^4$, dem Vektorraum der 2×2-Matrizen $M(2)$ oder P_3, dem der reellen Polynomfunktionen höchstens dritten Grades, besteht. Axiomatik bringt Klarheit durch das Konzentrieren auf das jeweils Wesentliche—hier die Vektorraumstruktur—aber gleichzeitig bedeutet sie vom Standpunkt des konkreten Modells oft eine Verarmung der Struktur. Während vom Standpunkt der Algebra $\mathbb{R}^4$ einfach ein 4-dimensionaler Vektorraum ist, interessiert an $M(2)$ gerade die nichtkommutative multiplikative Struktur und an P_3—im Zusammenhang mit der Theorie von Gleichungen höchstens dritten Grades—beispielsweise die Nullstellenbestimmung für seine Elemente.

Das Zusammensetzen linearer Abbildungen

3.2.1. Im ersten Kapitel haben wir erkannt, dass viele Objekte, mit denen der Mathematiker innerhalb und ausserhalb der mathematischen Wissenschaft konfrontiert wird, Mengen bilden, die in "natürlicher" Weise eine Vektorraumstruktur tragen. Das haben wir zum Anlass genommen, um im Kapitel 2 systematisch den Linearen Raum zu studieren. Ausgangspunkt war die Menge, aber nicht die, die in der Praxis auftritt, sondern eine in der Regel viel grössere, umfassendere. Wir haben sie gerade so gross gewählt, dass die Vektorraumoperationen in ihr unbeschränkt ausführbar sind, nicht aus ihr hinausführen. Wir haben diesen Abstraktionsschritt im Beispiel 2 in (2.1.4) erläutert, als wir etwa einem Betrieb erlaubten, mehr Impfstoffe einzukaufen, als jemals auf dieser Welt produziert und gelagert werden könnten. Vom algorithmischen Standpunkt ist es aber ganz wesentlich, dass die Menge unter den Vektorraumoperationen abgeschlossen ist.[†] (vgl. dazu auch (2.2.2)). Das erkannt und bewusst ausgewertet zu haben, ist eine wesentliche Errungenschaft der neuzeitlichen Mathematik. Wir werden jetzt einen ähnlichen Schritt tun, indem wir die linearen Abbildungen als Elemente von strukturierten Mengen auffassen.

Die Angabe einer linearen Abbildung besteht in zwei grundverschiedenen Daten: Einmal ist der Urbild- und Bildraum, X und Y, und zum anderen z.B. gemäss (3.1.5) (ii) eine Vorschrift, wohin eine Basis von X abgebildet werden soll, anzugeben. Im Hinblick auf ersteres empfiehlt es sich, als Ausgangspunkt die Klasse der (endlich erzeugten) reellen Vektorräume zu nehmen.

Ähnlich wie bei der Menge behandeln wir auch hier den logischen Grundbegriff einer Klasse naiv: Unter einer KLASSE verstehen wir eine Zusammenbindung von Objekten, die wir in einer verstehbaren Sprache formulieren können; — hier: alle Vektorräume *gehören* unserer Klasse *an*. Anstatt den Zusammenhang mit dem Mengenbegriff zu erläutern[‡], streichen wir lieber einen wichtigen Unterschied an einem Beispiel heraus: Die Klasse aller Mengen kann keine Menge sein, so sie sich sonst selbst als Element enthielte, was wir den Mengen, nicht aber den Klassen, verboten hatten.

3.2.2. Der springende Punkt ist nun der, dass man jedem Paar reeller Vektorräume X, Y aus dieser Klasse die Menge $Hom(X, Y)$[§] bestehend aus allen linearen Abbildungen von X in Y zuordnen kann. Aus Paragraf 3.1 wissen wir, dass jede Abbildung Φ aus $Hom(X, Y)$ eineindeutig durch $(dim\, X).(dim\, Y)$ reelle Zahlen beschrieben werden kann—der Leser leite das als Übung aus (3.1.5) (ii) her—woraus unmittelbar folgt, dass $Hom(X, Y)$ eine Menge ist. Sie ist nicht leer, da sie mindestens die Nullabbildung, $\Phi(x) = o$ für alle x aus X, enthält. Nach der Methode aus Beispiel 5 in (2.1.4) machen wir diese Menge zu einem reellen Vektorraum und erhalten:

Satz. Erklärt man auf $Hom(X, Y)$ die Addition und die Skalarmultiplikation durch

    i. $(\Phi + \Psi)(x) = \Phi(x) + \Psi(x),$
    ii. $(\alpha\Phi)(x) = \alpha\Phi(x)$

für alle x aus X, dann wird $Hom(X, Y)$ zu einem reellen Vektorraum der Dimension $(dim\, X).(dim\, Y)$.

[†] Beispielsweise konnten wir nur so zu wichtigen Begriffen wie Dimension, Koordinaten u.v.m. vorstossen.

[‡] Die Logiker Bernays, Gödel, von Neumann haben beispielsweise den Mengenbegriff auf dem der Klasse aufgebaut.

[§] Die Bezeichnung Hom rührt daher, dass man in der Algebra strukturverträgliche Abbildungen als Homomorphismen bezeichnet. In der Linearen Algebra sind das gerade die linearen Abbildungen.

Beweis. Dass $\Phi + \Psi$ und $\alpha\Phi$ linear sind, liegt auf der Hand. Zu beweisen bleibt noch die Dimensionsformel. Dazu führen wir auf X bzw. Y die Basen $e_1, \ldots, e_n$ und $f_1, \ldots, f_m$ ein und greifen auf (3.1.5) (ii) zurück. Danach ist durch die Formeln

$$(*) \qquad \Phi_{ki}(e_j) = \delta_{ij} f_k \qquad j = 1, \ldots, n$$

eine lineare Abbildung Φ_{ki} aus $Hom(X, Y)$ festgelegt. In Worten beschrieben ist Φ_{ki} diejenige Abbildung, die e_i auf f_k wirft und alle anderen $e_j, j \neq i$, annulliert. Offenbar sind damit gerade $(dim\, X)(dim\, Y)$ lineare Abbildungen in $Hom(X, Y)$ gefunden.

Sie bilden ein linear unabhängiges System. Wäre nämlich ein Φ_{ki} Linearkombination der anderen, dann hiesse das, wendet man beide Seiten dieser linearen Beziehung auf e_i an, dass f_k Linearkombination der restlichen f's wäre; das steht im Widerspruch zur Basiseigenschaft von $f_1, \ldots, f_m$. Die Abbildungen Φ_{ki} erzeugen aber auch $Hom(X, Y)$: Dazu wählen wir ein Φ, aus $Hom(X, Y)$ beliebig aus und sehen für $j = 1, \ldots, n$:

$$\Phi(e_j) = \sum_{k=1}^{m} \phi_{kj} f_k$$

$$= \sum_{k=1}^{m} \sum_{i=1}^{n} \phi_{ki} \delta_{ij} f_k$$

$$= \sum_{k=1}^{m} \sum_{i=1}^{n} \phi_{ki} \Phi_{ki}(e_j)$$

nach (3.1.5) (ii) bedeutet das aber gerade

$$\Phi = \Sigma_{i,k} \phi_{ki} \Phi_{ki} \qquad \square$$

Wir haben nicht nur den Satz bewiesen, sondern auch *in den Abbildungen* Φ_{ki} *eine Basis von* $Hom(X, Y)$ angegeben. Wir nennen sie die KANONISCHE BASIS von $Hom(X, Y)$ relativ zu den Basen $e_1, \ldots, e_n$ von X und $f_1, \ldots, f_m$ von Y.

Insbesondere haben wir eingesehen, dass wir in $Hom(X, Y)$ wieder einen endlichdimensionalen Vektorraum vor uns haben, unsere Konstruktion also nicht aus der Klasse der endlich erzeugten Vektorräume herausführt. Die Konstruktion dieses Abschnitts spielt in der modernen Mathematik eine wichtige Rolle zumal die neuen Objekte eine reichere Struktur haben; so ist beispielsweise $Hom(X, X)$ sogar eine Algebra. Das wollen wir jetzt untersuchen.

3.2.3. Zunächst interessiert uns die Vektorraumstruktur auf $Hom(X, Y)$ nicht, wohl aber ist es wichtig, dass die Elemente dieser Menge Abbildungen sind. Wir führen dann eine binäre Operation für lineare Abbildungen ein, die wir die KOMPOSITION oder die HINTEREINANDERAUS-FÜHRUNG nennen wollen.

Definition. Ist Φ aus $Hom(X, Y)$ und Ψ aus $Hom(U, Z)$, dann ist die Komposition $\Psi \circ \Phi$ nur dann erklärt, wenn $Y = U$ ist; in diesem Fall ist sie ein Element aus $Hom(X, Z)$ definiert durch

$$\Psi \circ \Phi(x) = \Psi(\Phi(x))$$

für alle x aus X.

Wegen der Voraussetzung $Y = U$ ist die rechte Seite für alle x aus X sinnvoll und damit die linke wohldefiniert. Anschaulich ausgedrückt bedeutet die Bildung, dass man erst Φ und anschliessend Ψ ausführt. Wir sind dieser Situation schon in (1.3.4) begegnet, wo wir auf diesem Weg die Matrizenmultiplikation motivierten; darauf kommen wir später noch einmal zurück.

Löst man auf der rechten Seite die Klammern von innen her auf, dann sieht man schnell, dass $\Psi \circ \Phi$ tatsächlich linear ist, also in $Hom(X, Z)$ liegt.

Die rechte Seite zeigt ohne Rechnung, dass für die Komposition das Assoziativgesetz in folgendem Sinne gilt:

Sind Φ aus $Hom(X, Y)$, Ψ aus $Hom(Y, U)$ und P aus $Hom(U, Z)$, dann sind die Abbildungen $(P \circ \Psi) \circ \Phi$ und $P \circ (\Psi \circ \Phi)$ in $Hom(X, Z)$ und stimmen überein:

(A) $(P \circ \Psi) \circ \Phi = P \circ (\Psi \circ \Phi).$

Die IDENTISCHE Abbildung I_X ist definiert durch

$$I_X(x) = x \qquad \text{für alle } x \text{ aus } X$$

und liegt offenbar in $Hom(X, X)$. Sie verhält sich bezüglich der Komposition so:

(Id)
$$\Psi \circ I_X = \Psi$$
$$I_Y \circ \Phi = \Phi$$

für alle Φ, Ψ aus $Hom(X, Y)$. Der Beweis dieser Aussagen liegt auf der Hand.

Wichtig ist der Spezialfall, wo Φ aus $Hom(X, Y)$ bijektiv ist. Aus der Surjektivität folgt, dass jedes y aus Y von der Form $\Phi(x)$ für ein x aus X ist, und die Injektivität besagt, dass dieses x eindeutig durch das y bestimmt ist. Man hat damit eine Zuordnung, die dem y gerade dieses x zuteilt, und schreibt für die so erklärte Abbildung $x = \Phi^{-1}(y)$. Auf diese Weise ist die zu Φ INVERSE Abbildung Φ^{-1} definiert. Man nennt sie auch die UMKEHRABBILDUNG zu Φ. Sie ist linear wegen

$$\Phi^{-1}(\alpha y_1 + y_2) = \Phi^{-1}(\alpha \Phi(x_1) + \Phi(x_2))$$
$$= \Phi^{-1}(\Phi(\alpha x_1 + x_2))$$
$$= \alpha x_1 + x_2$$
$$= \alpha \Phi^{-1}(y_1) + \Phi^{-1}(y_2)$$

für alle y_1, y_2 aus Y und alle reellen α.[†] Somit ist Φ^{-1} aus $Hom(Y, X)$ und darüberhinaus gelten die Regeln

(Inv)
$$\Phi^{-1} \circ \Phi = I_X$$
$$\Phi \circ \Phi^{-1} = I_Y$$

Damit ist gezeigt, dass die Komposition und die Bildung des Inversen nicht aus den linearen Abbildungen hinausführt.

Gleichzeitig haben wir einige nützliche Formeln vorgeführt.

3.2.4. Die letzten Abschnitte waren recht abstrakt und es empfiehlt sich, sie später nocheinmal zu überlesen, wenn konkrete Anwendungen die Anschauung des Lesers geschärft haben werden. Wir werden im nächsten Paragrafen auf die Koordinatendarstellung linearer Abbildungen eingehen und sie damit dem Rechnen mit Zahlen zugänglich machen. Trotzdem ist die bisher gewählte Formulierung nicht als mathematische Spielerei anzusehen. Es wird in diesem Paragrafen ein Rechenkalkül für Abbildungen dargestellt, der unmittelbar und verhältnismässig mühelos zu wichtigen Einsichten in die Struktur eines Problems geben kann. Der Leser soll den Kalkül lernen und wird auch im Laufe des Buches öfter Gelegenheit bekommen ihn zu üben. Wir wollen in diesem Abschnitt einen wichtigen Satz beweisen, gleichzeitig aber die Gelegenheit nutzen, den neuen Algorithmus zum Lösen einer gestellten Aufgabe zu verwenden.

Satz. Seien Φ aus $Hom(X, Y)$ und Ψ aus $Hom(Y, Z)$ dann gelten:

   i. Sind Φ und Ψ beide injektiv (surjektiv, bijektiv), dann ist es auch $\Psi \circ \Phi$.

   ii. Ist $\Psi \circ \Phi$ bijektiv, dann ist Φ injektiv und Ψ surjektiv.

   iii. Sind Ψ, Ψ' aus $Hom(Y, X)$, dann folgt aus $\Psi \circ \Phi = I_X$ und $\Phi \circ \Psi' = I_Y$, dass Φ bijektiv und $\Psi = \Phi^{-1} = \Psi'$ ist.

Beweis. (i) Seien x, x' aus X und $\Psi \circ \Phi(x) = \Psi \circ \Phi(x')$, dann liefert die Injektivität von Ψ, dass $\Phi(x) = \Phi(x')$ ist, woraus mit der Injektivität von Φ auch $x = x'$ folgt, d.h. $\Psi \circ \Phi$ ist injektiv. Ist Ψ surjektiv, dann gibt es zu z aus Z ein y aus Y mit $\Psi(y) = z$. Aufgrund der Surjektivität von Φ gibt es zu diesem y aus Y ein x aus X mit $\Phi(x) = y$; zusammenfassend also $\Psi \circ \Phi(x) = z$ und $\Psi \circ \Phi$ ist surjektiv. Die Aussage über die Bijektivität von $\Psi \circ \Phi$ folgt dann aus dem bereits Bewiesenen.

(ii) Da $\Psi \circ \Phi$ surjektiv ist, existiert zu z aus Z ein x aus X mit $\Psi \circ \Phi(x) = z$, also ein y aus Y, nämlich $y = \Phi(x)$, mit $\Psi(y) = z$ und Ψ ist surjektiv. Aus der Injektivität von $\Psi \circ \Phi$ folgt aus $\Phi(x) = \Phi(x')$ über $\Psi \circ \Phi(x) = \Psi \circ \Phi(x')$, dass $x = x'$ sein muss; d.h. Φ ist injektiv.

(iii) Der Rest des Satzes folgt dann leicht: Da die identische Abbildung bijektiv ist, schliessen wir aus (ii), das Φ sowohl injektiv, wie surjektiv ist,

---

[†]Der Leser beachte, dass wir hier gleichzeitig beide Gesetze aus (3.1.2) nachgeprüft haben.

also eine Umkehrabbildung Φ^{-1} existiert. Dann benutzen wir die Formel
(Inv), (A) und (Id) aus (3.2.3):

$$\Psi = \Psi \circ I_Y = \Psi \circ (\Phi \circ \Phi^{-1}) = (\Psi \circ \Phi) \circ \Phi^{-1}$$
$$= I_X \circ \Phi^{-1} = \Phi^{-1}$$
$$\Phi^{-1} = \Phi^{-1} \circ I_Y = \Phi^{-1} \circ (\Phi \circ \Psi') = (\Phi^{-1} \circ \Phi) \circ \Psi'$$
$$= I_X \circ \Psi' = \Psi'. \qquad \qquad \square$$

Die in (iii) erklärte Abbildung Ψ nennt man eine LINKSINVERSE zu Φ
und Ψ' eine RECHTSINVERSE. Die Aussage des Satzes ist dann, dass
diese, sofern sie *beide* existieren, übereinstimmen müssen; sie sind dann
gleich der Inversen und diese ist eindeutig durch Φ bestimmt. Es ist aber
durchaus möglich, dass nur eine von beiden existiert und dann auch nicht
einmal mehr eindeutig sein muss.

Wir geben dafür ein Beispiel, indem wir von (3.1.3) ausgehen, wo wir die
$m \times n$-Matrizen als lineare Abbildungen des $\mathbb{R}^n$ in den $\mathbb{R}^m$ aufgefasst
haben. Wir finden mithilfe der Rechenregeln aus (1.3.4):

$$\begin{pmatrix} 1 & -1 & 1 \\ 1 & 1 & 2 \end{pmatrix} \begin{pmatrix} 2 + 3\alpha & 3\beta - 1 \\ \alpha & \beta \\ -1 - 2\alpha & 1 - 2\beta \end{pmatrix} = \begin{pmatrix} 1 & 0 \\ 0 & 1 \end{pmatrix}$$

Wir erkennen daraus, dass es für jedes Paar reeller Parameter α und β eine
Rechtsinverse[†] zu der links stehenden Matrix, die wir als Abbildung von
$X = \mathbb{R}^3$ in $Y = \mathbb{R}^2$ auffassen, gibt. Die Rechtsinverse ist also nicht eindeutig
bestimmt und demnach kann aufgrund von (iii) im obigen Satz eine
Linksinverse nicht existieren.

In der Tat, *beide*—sowohl die Rechts- als auch die Linksinverse—können für eine Matrixabbildung höchstens dann existieren, wenn die Matrixform "quadratisch" ist, d.h. es sich um eine $m \times m$-Matrix handelt. Dies
folgt aus (iii), wonach die Abbildung bijektiv sein muss, und aus der
Dimensionsformel (3.1.5) (iii), die dann $m = n$ liefert.

Der Leser beweise als Übungsaufgabe, dass Φ bijektiv sein muss, wenn es
ein *eindeutig bestimmtes* Rechtsinverses besitzt.

Die Inversen spielen in der Gleichungstheorie eine wichtige Rolle.

3.2.5. Wir wollen die Vektorraumstruktur von $Hom(X, Y)$ aus (3.2.2)
nunmehr mit der Komposition auf der Klasse aller $Hom(\cdot, \cdot)$ verbinden.
Wir finden dann folgende Gesetze vom distributivem Typ:

Satz. Sind Φ, Φ_1, Φ_2, aus $Hom(X, Y)$, Ψ, Ψ_1, Ψ_2 aus $Hom(Y, Z)$ und ist α
eine reelle Zahl, dann gelten:

    i. $\Psi \circ (\Phi_1 + \Phi_2) = \Psi \circ \Phi_1 + \Psi \circ \Phi_2$
    ii. $(\Psi_1 + \Psi_2) \circ \Phi = \Psi_1 \circ \Phi + \Psi_2 \circ \phi$ (D)
    iii. $(\alpha\Psi) \circ \Phi = \alpha(\Psi \circ \Phi) = \Psi \circ (\alpha\Phi)$.

[†]Man nennt eine $n \times m$-Matrix R eine RECHTSINVERSE Matrix zu einer
gegebenen Matrix A, wenn $AR = I_m$ ist. Analog definiert man die LINKSINVERSE
Matrix zu A durch $LA = I_n$.

Der Leser überzeuge sich von der Richtigkeit der Aussagen durch Einsetzen eines beliebigen x aus X und unter Verwendung der Definitionen für die Addition, die Skalarmultiplikation und die Komposition. Wir führen die Details nicht aus, da es sich hier um einen Beweis handelt, den man nur durch eigenes Niederschreiben nicht aber durch Überlesen in sich aufnehmen kann; das Niederschreiben aber ist als Übung für den Leser nützlich.

3.2.6. Wir wenden uns dem wichtigen Spezialfall $X = Y$ zu. Er wird uns am meisten beschäftigen und dient an dieser Stelle dem Zweck, die Überlegungen der letzten Abschnitte in die richtige Perspektive zu bringen.

Zunächst stellen wir fest, dass die in (3.2.2) und (3.2.3) erklärten Operationen nicht aus $Hom(X, X)$ hinausführen. Man kann damit die Komposition als eine Multiplikation auffassen und (3.2.5) zeigt dann in Ergänzung zu Satz (3.2.2):

Satz. $Hom(X, X)$ ist eine Algebra. Ihr Nullelement ist die Nullabbildung und ihr Einselement die identische Abbildung I_X.

3.2.7. Innerhalb dieser Algebra interessieren die bijektiven linearen Abbildungen, also die, die eine Umkehrabbildung besitzen. Nach (3.2.4) ist mit Φ und Ψ auch $\Psi \circ \Phi$ invertierbar. Natürlich ist I_X bijektiv und damit bekommen wir mithilfe von (3.2.3), Formel (Id), den folgenden wichtigen Lehrsatz.

Satz. Benutzt man die Komposition von Abbildungen als Multiplikation, dann bilden die invertierbaren Abbildungen aus $Hom(X, X)$ eine Gruppe mit I_X als Einselement. Sie ist genau dann kommutativ, wenn $dim\ X \leqslant 1$ ist.

Beweis. Wir müssen die letzte Aussage prüfen. Dazu stützen wir uns auf (3.1.5) (ii). Ist X wenigstens zweidimensional, dann haben wir mindestens zwei Basisvektoren e_1 und e_2. Wir wählen die (offenbar invertierbaren) Abbildungen so, dass alle Basisvektoren ausser diesen beiden festgehalten werden, ansonsten aber:

$$\Phi(e_1) = e_2 \qquad \Phi(e_2) = e_1$$
$$\Psi(e_1) = e_1 \qquad \Phi(e_2) = 2e_2$$

gilt. Dann ist $\Psi \circ \Phi(e_1) = 2e_2$, aber $\Phi \circ \Psi(e_1) = e_2$. Ist $dim\ X = 0$, dann ist I_X die einzige invertierbare Abbildung und für $dim X = 1$ ist die Gruppe gerade die multiplikative Gruppe der reellen Zahlen, da zu jedem Φ ein reelles ϕ existiert, so dass $\Phi(e) = \phi e$ ist. ϕ muss von Null verschieden sein, damit Φ ein Inverses haben kann. $\qquad\Box$

Wir haben den Beweis im Detail vorgeführt, nicht zuletzt auch deshalb, um den Leser auf die spezielle Form, die die Gruppe für $dim X \leqslant 1$ annimmt, hinzuweisen.

Die im ersten Satz beschriebene Algebra nennt man den ENDO-
MORPHISMENRING von X und bezeichnet ihn mit $End(X)$ anstatt mit
$Hom(X, X)$. Die im zweiten Satz behandelte Gruppe heisst die AUTO-
MORPHISMENGRUPPE[†] von X; sie bezeichnen wir mit $Aut(X)$.

3.2.8. Die Bedeutung der Komposition kann man an folgender Beobachtung ablesen; Ausgehend von dem Begriff des Vektorraums und eines
"natürlichen" Abbildungsbegriffs der Mengenlehre können wir einem
Vektorraum X auf KANONISCHE Weise, d.h.; aufgrund einer nur auf die
Axiome bezugnehmenden und daher auf alle Vektorräume anwendbaren
Konstruktion, einen neuen Vektorraum $End(X)$ zuordnen, der automatisch
eine reichere Struktur, nämlich die einer Algebra über $\mathbb{R}$, hat. Ähnlich sieht
es mit der ebenfalls kanonischen Zuordnung von $Aut(X)$ zu X aus, wodurch
man ein Objekt bekommt, das keine Vektorraumstruktur, dafür aber Grup-
penstruktur hat.

Somit wird einem *Vektorraum X* durch *End* eine *Algebra End(X)* und
durch *Aut* eine *Gruppe Aut(X)* zugeordnet. Das sind Beispiele für "Abbildungen" zwischen Klassen, die in der heutigen Mathematik eine wichtige
Rolle spielen. Man spricht dann von FUNKTOREN. Die Kategorientheorie
verfolgt diese Ideen systematisch.

In diesem Buch studieren wir Lineare Räume und ihre Anwendungen.
Anhand dieser Studien werden wir erkennen, dass die reicher strukturierten
Mengen $End(X)$ und $Aut(X)$ neue, tiefere Einblicke und viele neue Techniken zur Behandlung konkreter Probleme bringen. Das wird aufgrund
unserer bisherigen Erfahrungen deutlicher, wenn wir feststellen, dass für
$dimX = n \ End(X)$ "nichts anderes" als $M(n)$ (vgl. (1.3.8)) ist. Dies untersuchen wir im nächstem Paragrafen.

Die Matrizenform linearer Abbildungen

3.3.1. Die Untersuchungen dieses Paragrafen laufen parallel zu denen in
2.2. Ist uns ein endlich erzeugter Vektorraum etwa durch ein physikal-
isches, geometrisches oder ökonomisches Modell gegeben, dann haben wir
dort gezeigt, wie wir ihn durch die Einführung von Koordinaten dem
numerischen Rechnen zugänglich machen können. Das Hauptergebnis ist in
den Sätzen (2.2.14) und (2.2.15) zusammengefasst. Besonders betonen wollen wir, dass die Koordinatendarstellung direkt auf die Rechenregeln für
reelle Zahlen zurückgreifende Formeln für die Vektorraumaddition und
-skalarmultiplikation benutzt, die sämtliche in den Axiomen zusammengestellten Vektorraumeigenschaften unseres Modells treu wiedergeben.

Jetzt setzen wir uns als Ziel, auch die linearen Abbildungen durch
geeignete Koordinaten dem Zahlenrechnen zugänglich zu machen. Dazu

---

[†]In der Algebra nennt man sie auch die EINHEITENGRUPPE von $End(X)$.

gehen wir auf den Satz (3.2.2) zurück. Danach ist zunächst $Hom(X, Y)$ ein ($dim\ X.dim\ Y$)-dimensionaler *Vektorraum* und hat reichlich viele Koordinatendarstellungen aufgrund der Überlegungen aus Paragraf 2.3. Solche berücksichtigen aber nur die Vektorraumstruktur und sehen überhaupt nicht, dass die Elemente von $Hom(X, Y)$ ausserdem noch *Abbildungen* von X in Y sind; damit können sie in der Regel auch keine einfache Rechenvorschrift für die Koordinatendarstellung der Komposition zweier Abbildungen liefern. Wollen wir die reichere Struktur von $Hom(X, Y)$ und besonders von $End(X)$ mitberücksichtigen, dann müssen wir die Überlegungen aus 2.2 und 2.3 so ergänzen, dass danach Koordinatensysteme ausgezeichnet werden, die alle im vorigen Paragrafen zusammengestellten Eigenschaften, insbesondere die der Komposition, von $Hom(X, Y)$ reflektieren. Das wird uns von einer ganz neuen Warte aus auf die Matrizenrechnung aus Paragraf 1.3 zurückbringen.

3.3.2. Seien X, Y zwei endlich erzeugte, reelle Vektorräume mit den Basen $e_1, \ldots, e_n$ und $f_1, \ldots, f_m$. Darauf zurückgreifend konnten wir in (3.2.2) eine kononische Basis in $Hom(X, Y)$ erklären mit deren Hilfe sich jede lineare Abbildung Φ so darstellen lässt

$$(\mathbf{KK}) \qquad \Phi = \sum_{i=1}^{n} \sum_{k=1}^{m} \phi_{ki} \Phi_{ki}.$$

Wir nennen die damit festgelegten Koordinaten[†] $(\phi_{11}, \phi_{12}, \ldots, \phi_{mn})^T$ von Φ die KANONISCHEN KOORDINATEN bezüglich der oben vorgegebenen Basen von X und Y.

Wir wollen ihnen anhand des Modells aus (1.1.3) eine anschauliche Bedeutung geben. In (1.1.5) haben wir eingesehen, dass der Betriebsablauf eine lineare Proportionalität zwischen den Eingangs- und Ausgangsgütern vermittelt; wir nennen sie hier Φ. Im Beispiel 2 aus (2.1.4) haben wir uns die Basis $e_1, \ldots, e_n$ als die n Eingangsqualitäten vorgestellt. Ein beliebiger Eingang wird dann durch die Quantitäten α_i, d.h. durch die Angabe, welche Menge von Qualität e_i—etwa Impfstoff—jeweils verwendet wird, präzisiert. Die Koordinatendarstellung in Satz (2.2.14) drückt das aus. Die Abbildung Φ beschreibt den Durchlauf durch den Betrieb und $\Phi(e_i)$ steht für das, was aus dem Impfstoff schliesslich geworden ist. Die Formel in (2.2.14) lautet mit den kanonischen Koordinaten (vgl. (3.2.2)) $\Phi(e_i) = \Sigma \phi_{ki} f_k$. Interpretiert man sie, wie oben für die Eingangsgrössen angedeutet, dann sagen die Zahlen ϕ_{ki}, wie sich der Impfstoff nach dem Durchlauf durch den Betrieb auf die verschiedenen Ausgangsqualitäten prozentual verteilt hat, wieviel Prozent die Kühe, die Schweine oder die Eier abbekommen haben. So aber haben wir in (1.1.3) die Komponenten der Matrix A, die dort den Betriebsablauf repräsentierte, gedeutet.

[†] Die Schreibweise $(\alpha_1, \ldots, \alpha_n)^T$ hat sich eingebürgert, um Spaltenvektoren bequem darzustellen. Das hochgestellte T bedeutet, dass die n Zahlen $\alpha_1, \ldots, \alpha_n$ in dieser Reihenfolge als untereinander geschrieben gedacht werden sollen.

Da dieses Beispiel typisch für das Proportionalitätsgesetz ist, versuchen wir jetzt auch in der axiomatischen Theorie in der Gleichung (**KK**) in (3.3.2) eine Zuordnung von Φ auf eine *Matrix* (ϕ_{ki}) zu sehen. Der springende Punkt ist an sich recht äusserlich: statt die kanonischen Koordinaten von Φ in Spaltenform, wie es der Satz (2.2.14) vorschlägt und es sich für Vektoren aus X auch bewährt hat, anzuordnen, gruppieren wir sie jetzt in einem rechteckigen Schema. Wir wollen zeigen, dass damit zwischen *Hom*(X, Y) und $M(m, n)$, falls *dim* $X = n$ und *dim* $Y = m$ ist, eine eineindeutige Beziehung hergestellt wird, die alle unsere in (3.3.1) geäusserten Wünsche erfüllt.

3.3.3. Zunächst sehen wir uns unter Verwendung von (3.2.2) an, wie man aus den Koordinaten von x aus X die von $\Phi(x)$ errechnen kann. Wir verwenden die Notation von (2.2.14):

$$\sum_{k=1}^{m} \alpha_k(\Phi(x)) f_k = \Phi(x) = \Phi\left(\sum_{i=1}^{n} \alpha_i(x) e_i\right)$$

$$= \sum_{i=1}^{n} \alpha_i(x) \Phi(e_i)$$

$$= \sum_{k=1}^{m} \sum_{i=1}^{n} \phi_{ki} \alpha_i(x) f_k$$

Nachdem die Koordinaten durch den Vektor, hier $\Phi(x)$, eindeutig bestimmt sind, folgt aus dieser Rechnung:

$$\alpha_k(\Phi(x)) = \sum_{i=1}^{n} \phi_{ki} \alpha_i(x) \qquad k = 1, \ldots, m$$

und das ist die gesuchte Formel. Vergleichen wir das mit der Formel für die Matrizenmultiplikation in (1.3.4), dann sehen wir, dass der $\Phi(x)$ in der Basis $f_1, \ldots, f_m$ beschreibende Spaltenvektor aus dem von x, dieser bezogen auf $e_1, \ldots, e_n$, durch Linksmultiplikation mit der Φ zugeordneten Matrix (ϕ_{ki}) gewonnen wird.

3.3.4. Der Satz (2.2.14) auf den uns interessierenden Spezialfall angewandt zeigt zusammen mit (1.3.3) und (1.3.7), dass die Zuordnung einer Matrix (ϕ_{ik}) zu einer linearen Abbildung Φ ein linearer Isomorphismus des Vektorraums *Hom*(X, Y) auf $M(m, n)$ ist. Das bedeutet, dass die Summe bzw. das α-Fache von linearen Abbildungen, wie sie in (3.2.2) definiert waren, in die Summe und das α-Fache der entsprechenden $m \times n$-Matrizen übergehen.

Um die Koordinatendarstellung für die Komposition zu finden, führen wir noch einen Vektorraum Z mit der Basis $g_1, \ldots, g_l$ ein. Ist Ψ aus *Hom*(Y, Z), dann hat es nach obigen Überlegungen eine Matrixdarstellung durch eine $l \times m$-Matrix (ψ_{ij}) bezüglich der Basen $f_1, \ldots, f_m$ und $g_1, \ldots, g_l$. Die zusammengesetzte Abbildung $\Psi \circ \Phi$ aus *Hom*(X, Z) werde bezüglich der Basen $e_1, \ldots, e_n$ und $g_1, \ldots, g_l$ kanonisch durch die $l \times n$-Matrix $([\psi \circ \phi]_{ij})$ dargestellt. So hängt letztere formelmässig mit den Matrizen (ϕ_{ij}) und (ψ_{ij}) zusammen:

$$\sum_{k=1}^{l} [\psi \circ \phi]_{ki} g_k = \Psi \circ \Phi(e_i) = \Psi(\Phi(e_i))$$

$$= \sum_{j=1}^{m} \phi_{ji} \Psi(f_j)$$

$$= \sum_{j=1}^{m} \phi_{ji} \sum_{k=1}^{l} \psi_{kj} g_k$$

und wieder liefert die Eindeutigkeit der Koordinatendarstellung des Vektors $\Psi \circ \Phi(e_i)$ in Z die Gleichheit der Koeffizienten, also die Formel

$$[\psi \circ \phi]_{ki} = \sum_{j=1}^{m} \psi_{kj} \phi_{ji}$$

für $k = 1, \ldots, l$ und $i = 1, \ldots, n$. Ein Vergleich mit (1.3.4) lehrt uns, dass die der Komposition $\Psi \circ \Phi$ zugeordnete Matrix gerade das Matrizenprodukt (in derselben Reihenfolge!) der Ψ und Φ zugeordneten Matrizen ist.

3.3.5. Wir fassen die Überlegungen der letzten Abschnitte in dem *Hauptsatz der Matrizenrechnung* zusammen.

Satz. Seien X, Y und Z reelle Vektorräume mit den Basen $e_1, \ldots, e_n$, $f_1, \ldots,$ f_m und $g_1, \ldots, g_l$. Seien Φ und Ψ lineare Abbildungen aus $Hom(X, Y)$ und $Hom(Y, Z)$. Dann gelten:

   i. Mithilfe der durch die vorgegebenen Basen erklärten kanonischen Basis in $Hom(X, Y)$ wird jeder linearen Abbildung $\Phi: X \to Y$ durch die Formel

$$\Phi = \sum_{i=1}^{n} \sum_{k=1}^{m} \phi_{ki} \Phi_{ki}.$$

eine $m \times n$-Matrix (ϕ_{ki}) zugeordnet.
Diese Zuordnung ist ein linearer Isomorphismus von $Hom(X, Y)$ auf $M(m, n)$.

  ii. Die Φ nach (i) zugeordnete Matrix (ϕ_{ki}) erlaubt, für alle x aus X die Koordinaten von $\Phi(x)$ aus denen von x mithilfe der Formel

$$\alpha_k(\Phi(x)) = \sum_{i=1}^{n} \phi_{ki} \alpha_i(x) \qquad k = 1, \ldots, m$$

zu berechnen.

iii. Die der Kompositionsabbildung $\Psi \circ \Phi$ nach (i) zugeordneten Matrix berechnet sich aus den zu Ψ und Φ gehörenden Matrizen nach

$$[\psi \circ \phi]_{ki} = \sum_{j=1}^{m} \psi_{kj} \phi_{ji}$$

für $k = 1, \ldots, l$ und $i = 1, \ldots, n$.

iv. Die in (i) beschriebene Zuordnung ist ein Algebrenisomorphismus von $End(X)$ auf $M(n)^{\dagger}$.

Es ist zu bemerken, dass wegen der in (i) behaupteten Isomorphie die Aussagen (ii) und (iii) auch rückwärts gelesen werden können: Die Formeln definieren ihrerseits, ausgehend von Matrizen, lineare Abbildungen bzw. die Komposition zweier solcher.

Als Folge dieses Satzes erkennt der Leser, dass die Verknüpfungsregeln aus (3.2.3) und (3.2.5) gleichwertig mit denen für Matrizen aus (1.3.6) sind. Als Übung formuliere er den Satz (3.2.4) für Matrizen unter Benutzung des Rangbegriffs.

3.3.6. In der Praxis benötigt man Verfahren, um von der Abbildungsauffassung, die häufig der Sprechweise der Anwendungen gemässer ist, zur Matrixform einer linearen Abbildung zu gelangen. Obwohl alles im obigen Satz zusammengefasst ist, wollen wir zur Übung einige Gesichtspunkte herausstreichen.

Setzen wir zunächst in (iii) für x den Vektor e_i, also den i-ten Basisvektor von X, ein, dann finden wir für die Koordinaten des Bilds gerade ϕ_{ki}, $k = 1, \ldots, m$; das aber beschreibt den i-ten Spaltenvektor der der Abbildung Φ zugeordneten Matrix. Also können wir aus der Kenntnis von Φ, die nach (3.1.5) (ii) gleichbedeutend mit der aller $\Phi(e_i)$ ist, ohne zusätzlich Rechenaufwand die Matrix bestimmen: Wir schreiben einfach $\Phi(e_1), \ldots,$ $\Phi(e_n)$ nebeneinander und erhalten das gesuchte Rechteckschema ϕ_{ij}. Diese Regel ist auch in der umgekehrten Richtung anwendbar.

Beispiel 1. In (3.2.2) haben wir die Abbildungen Φ_{ki} der kanonischen Basis von $Hom(X, Y)$ dadurch angegeben, dass wir gerade $\Phi_{ki}(e_j)$ vorgeschrieben haben. Für $i \neq j$ ist das der Nullvektor, also die Nullspalte in der zugehörigen Matrix, für $i = j$ finden wir den Basisvektor f_k, dessen Koordinatenform aus lauter Nullen mit Ausnahme der k-ten Stelle besteht; dort steht eine 1. Zusammenfassend liefert das mit obigem Rezept:

Die Abbildung Φ_{ik} aus (3.2.2) wird durch die Matrix E_{ik}, die aus lauter Nullen mit Ausnahme des ik-ten Eingangs besteht, dargestellt; dort finden wir $\phi_{ik} = 1$. Die so gewonnenen Matrizen nennt man auch die MATRIZENEINHEITEN in $M(n)$.

---

†Das ist offenbar ein Spezialfall der vorhergehenden Aussagen. Dabei ist darauf zu achten, dass bei der Konstruktion der zu Φ gehörenden Matrix nicht nur $X = Y$, sondern auch die Übereinstimmung der Basen $e_1, \ldots, e_n$ und $f_1, \ldots, f_n$ zu verlangen ist.

Der Leser stelle zur Übung die Gleichung (*) aus (3.2.2) in Matrizenform dar. Dadurch wird die Basiseigenschaft der Φ_{ik} noch deutlicher zum Ausdruck kommen.

Beispiel 2. Um die umgekehrten Richtung unserer Regel zu üben, sehen wir uns die elementaren Matrizen aus Paragraph 1.3 an. Da es sich um $m \times m$-Matrizen handelt, bilden sie einen m-dimensionalen Raum X auf einen ebensolchen ab. Wegen des Übertragungsprinzips aus (3.1.3) können wir sie als Matrizen von Abbildungen aus $End(X)$ bezüglich einer Basis $e_1, \ldots, e_m$ von X ansehen.

In $M(i; \alpha)$ steht in der k-ten Spalte, $i \neq k$, der Basisvektor e_k, in der i-ten Spalte finden wir αe_i. Also gehört dazu die Abbildung:

$$\Phi(i; \alpha)(e_k) = e_k \qquad \text{falls } i \neq k$$

$$\Phi(i; \alpha)(e_i) = \alpha e_i.$$

In $A(j; i + j)$ sieht das genauso aus, nur dass in der i-ten Spalte diesmal $e_i + e_j$ steht. Die Abbildung ist daher gegeben durch:

$$\Phi(j; i + j)(e_k) = e_k \qquad \text{falls } i \neq k$$

$$\Phi(j; i + j)(e_i) = e_i + e_j.$$

Die Vertauschungsabbildung bekommen wir, indem wir feststellen, dass in der Matrix an der i-ten Stelle e_j und an der j-ten e_i steht. Also

$$\Phi(i; j)(e_k) = e_k \qquad \text{falls } k \neq i, j$$

$$\Phi(i; j)(e_i) = e_j$$

$$\Phi(i; j)(e_j) = e_i.$$

Die Formel (3.3.5) (iv) ergänzt die Regel dahingehend, dass sie zeigt, dass die Linksmultiplikation einer Matrix A mit einer zu Φ gehörenden Matrix F eine Matrix FA liefert, deren Spalten gerade die Bilder derjenigen von A unter Φ sind, d.h. von der Form $\Phi(s)$. Wir haben davon schon in Paragraf 2.3 Gebrauch gemacht. Diese Zusatzbeobachtung macht es leicht, zu überprüfen, dass die gefundenen Abbildungen tatsächlich die elementaren Matrixmanipulationen beschreiben. In der Tat steht jetzt die Formulierung der verbalen in (1.3.1) näher als es die Matrixfassung in Paragraf 1.3 tut. Der Leser überzeuge sich davon, indem er (1.3.1) (i)–(iii) für die Spalten der Matrix A umformuliert; etwa (iii) in: Vertausche für *jeden Spaltenvektor* die i-te mit der j-ten Komponente. Genau das sagt die zuletzt gefundene Formel aus. Es lohnt sich, das mit der in (1.3.11) gestellten Aufgabe zu vergleichen.

Beispiel 3. Wir wollen uns jetzt einem Problem der Analysis zuwenden. Die Aufgabe besteht darin, eine gewöhnliche Differentialgleichung n-ter Ordnung in ein System solcher von erster Ordnung umzuwandeln. Damit bekommt sie aufgrund des engen Zusammenhangs zwischen der Linearen Algebra und der Geometrie, den wir in Kapitel 5 aufgreifen werden, eine geometrische Deutung, die für ihre qualitative Analyse, einem recht aktiven Zweig der modernen Mathematik, bedeutungsvoll ist.

Unter D verstehen wir die Differentiation nach der reellen Variablen τ, entsprechend unter D^k die k-te Ableitung. Gegeben sei mithilfe der reellen Funktionen $\alpha_1, \ldots, \alpha_n$ ein Differentialoperator

$$L = D^n + \alpha_1 D^{n-1} + , \ldots, + \alpha_{n-1} D + \alpha_n$$

sowie eine Funktion f. Gesucht ist, unter Vorgabe geeigneter Anfangsbedingungen, die uns hier nicht interessieren, eine Lösung g der Differentialgleichung

$$Lg = f,$$

d.h. ausgeschrieben:

$$D^n g(\tau) + \alpha_1(\tau) D^{n-1} g(\tau) + , \ldots, + \alpha_{n-1}(\tau) Dg(\tau) + \alpha_n(\tau) = f(\tau).$$

Der Trick besteht nun darin $g(\tau), Dg(\tau), \ldots, D^{n-1} g(\tau)$ als Komponenten ein Spaltenvektors[†] $G(\tau)$ der Länge n aufzufassen. $f(\tau)$ wird entsprechend als die n-te Komponente einer Spalte $F(\tau)$, deren übrige Koordinaten 0 sind, verstanden. Die Komponenten von $G'(\tau)$ seien gerade die Ableitungen derjenigen von $G(\tau)$. In dieser Auffassung, behaupten wir, ist die obige Differentialgleichung äquivalent zur Matrixgleichung:

$$G'(\tau) = M_L(\tau) G(\tau) + F(\tau);$$

diese ist eine Vektordifferentialgleichung erster Ordnung, für die Lösungsverfahren mithilfe der Linearen Algebra erarbeitet worden sind. Wir wollen die $n \times n$-Matrix $M_L(\tau)$ bestimmen.

Dazu ist bei festem τ ein Zusammenhang zwischen G und G' herzustellen. Er lautet für die Koordinaten, wenn wir die Komponenten von G bzw. G' mit γ_i und γ_i' bezeichnen und die definierenden Relationen von oben einsetzen:

$$\gamma_1' = \gamma_2, \quad \gamma_2' = \gamma_3, \cdots, \gamma_n' = \gamma_n$$

$$\gamma_n' = f - \alpha_1 \gamma_n - \ldots - \alpha_n \gamma_1.$$

Letzteres gilt, da γ_n' dem $D_n g = Lg - \alpha_1 D^{n-1} g - \ldots - \alpha_n g$ entspricht. Betrachtet man die rechten Seiten, dann sieht man, dass sie für alle Spaltenvektoren sinnvoll sind. Es tritt also der Aspekt des Differenzierens völlig in den Hintergrund. Wir fassen sie also als Relationen auf $\mathbb{R}^n$ auf. Nehmen wir für den Moment $f = 0$ an, dann sehen wir, dass obige Gleichungen für die Basisvektoren e_i, d.h. wenn man $\gamma_i = 1$ und $\gamma_k = 0$ für $i \neq k$ einsetzt, folgende Abbildung beschreiben:

$$\Phi(e_1) = -\alpha_n e_n$$

$$\Phi(e_2) = e_1 - \alpha_{n-1} e_n$$

$$\cdots\cdots\cdots$$

$$\Phi(e_{n-1}) = e_{n-2} - \alpha_2 e_n$$

$$\Phi(e_n) = e_{n-1} - \alpha_1 e_n.$$

[†] Das Auftreten von parameterabhängigen Vektoren steht am Anfang der für die Physik so wichtigen Vektoranalysis und damit der Differentialgeometrie. Hier haben W. Gibbs und O. Heaviside ihre Beiträge geleistet.

Es handelt sich um eine lineare Abbildung, was eine wesentliche Eigenschaft der betrachteten Differentialoperatoren widerspiegelt. Beachtet man noch, dass $F = f e_n$ war, dann bekommt man für beliebiges f die Gleichung

$$G' = \Phi(G) + F,$$

die offenbar äquivalent zum ersten System ist. Die gesuchte Matrixform entnehmen wir der Beschreibung von Φ unter Verwendung der eingangs gefundenen Regel. Das Ergebnis ist dann:

$$M_L = \begin{pmatrix} 0 & 1 & 0 & \cdots & 0 \\ 0 & 0 & 1 & & \vdots \\ \vdots & \vdots & 0 & & 1 \\ -\alpha_n & -\alpha_{n-1} & -\alpha_{n-2} & \cdots & -\alpha_1 \end{pmatrix}$$

eine Matrix, die in der oberen ersten Nebendiagonale lauter Einsen stehen hat, ansonsten mit Ausnahme der letzten Zeile nur Nullen enthält; die letzte Zeile besteht aus den Koeffizientenfunktionen des Differentialoperators, die in umgekehrter Reihenfolge und mit negativem Vorzeichen eingetragen werden. Man nennt M_L die BEGLEITMATRIX des Differentialoperators L. Sie wird als von τ abhängig gelesen, da die α's Funktionen von τ sind.

3.3.7. Eine besondere Rolle spielen die *invertierbaren* Abbildungen von X in sich. Nach (3.1.6) bilden sie umkehrbar eindeutig eine Basis des Raums in eine andere ab. Man nennt sie demzufolge auch BASISTRANSFORMA-TIONEN von X. Solche Transformationen können nach der Regel des vorhergehenden Abschnitts leicht in Matrixform angegeben werden: Ist $e_1, \ldots, e_n$ die Ausgangsbasis, dann ist bezüglich dieser die Matrix durch die Spalten $\Phi(e_1), \ldots, \Phi(e_n)$ bestimmt.

Die so gewonnene Matrix vermittelt mithilfe von (3.2.2) eine KOOR-DINATENTRANSFORMATION, die in natürlicherweise zu der Basis-transformation assoziiert ist. Ein fester Vektor x aus X kann einmal durch die Ausgangsbasis und zum anderen durch die neue Basis ausgedrückt werden:

$$\sum_{i=1}^{n} \alpha_i(x) e_i = x = \sum_{k=1}^{n} \alpha_k'(x) \Phi(e_k)$$

$$= \sum_{i=1}^{n} \sum_{k=1}^{n} \phi_{ik} \alpha_k'(x) e_i$$

und wir bekommen mithilfe der Eindeutigkeitsaussage in Satz (2.2.14) die Formel[†]

$$\alpha_i(x) = \sum_{k=1}^{n} \phi_{ik} \alpha_k'(x),$$

die für alle x aus X den Übergang zwischen den Koordinatensystemen

[†] Der Leser vergleiche diese Formel mit (3.3.3).

beschreibt. Da Φ ein Inverses besitzt, kann man mithilfe der Umkehrabbildung $\Phi^{-1} = (\phi_{ik}^{-1})$ durch

$$\alpha_i'(x) = \sum_{k=1}^{n} \phi_{ik}^{-1}\alpha_k(x)$$

auch die neuen Koordinaten durch die alten berechnen.

Es lohnt sich diese letzte Formel mit der in Satz (3.2.5) (iii) zu vergleichen. Dort wurde der Vektor $\Phi(x)$ in der Basis $e_1, \ldots, e_n$ dargestellt, während hier x in der Basis $\Phi(e_1), \ldots, \Phi(e_n)$ zum Ausdruck gebracht werden soll.

3.3.8. Nachdem wir gelernt haben wie sich die Koordinaten eines Basisvektors bei einem Koordinatenwechsel verhalten, stellen wir uns die Frage, wie die kanonischen Koordinaten einer linearen Abbildung dadurch beeinflusst werden. Sei dazu Λ aus $Hom(X, Y)$ und seien Φ aus $Aut(X)$ und Ψ aus $Aut(Y)$ fest gewählte Basistransformationen. Nach (3.2.2) ist Λ durch (λ_{ik}) in der kanonischen Basis bezüglich $e_1, \ldots, e_n$ und $f_1, \ldots, f_m$, und durch (λ_{ik}') in der relativ zu $\Phi(e_1), \ldots, \Phi(e_n)$ und $\Psi(f_1), \ldots, \Psi(f_m)$ ausgedrückt. Das heisst:

$$\Lambda(e_i) = \sum_{k=1}^{m} \lambda_{ki} f_k$$

$$\Lambda(\Phi(e_i)) = \sum_{k=1}^{m} \lambda_{ki}' \Psi(f_k)$$

für alle $i = 1, \ldots, n$. Benutzt man die Linearität von Ψ und ihre Invertierbarkeit, dann können wir die zweite Gleichung mithilfe der Komposition von Abbildungen so ausdrücken:

$$(*) \qquad \Psi^{-1} \circ \Lambda \circ \Phi(e_i) = \sum_{k=1}^{m} \lambda_{ki}' f_k.$$

Diese Formel besagt, wie ein Vergleich mit dem allgemeinen Bildungen in (3.2.2) zeigt, dass die Matrix (λ_{ik}') bezogen auf die kanonische Basis *bezüglich $e_1, \ldots, e_n$ und $f_1, \ldots, f_m$* die Abbildung $\Psi^{-1} \circ \Lambda \circ \Phi$ repräsentiert. Aus (3.3.4) wissen wir, dass die Matrixgestalt der Komposition aus der der einzelnen Faktoren durch Matrizenmultiplikation gewonnen wird. Es gilt also:

$$(**) \qquad \sum_{l=1}^{n} \sum_{j=1}^{m} \psi_{kj}^{-1} \lambda_{jl} \phi_{li} = \lambda_{ki}'$$

für alle $k = 1, \ldots, m$ und $i = 1, \ldots, n$. Die Matrizen (ϕ_{ik}) bzw. (ψ_{ik}) beziehen sich auf die kanonische Basis von $End(X)$ und $End(Y)$ relativ zu den Ausgangsbasen in den Räumen X und Y.

Das ist die gesuchte Transformationsformel für $m \times n$-Matrizen.

3.3.9. Die Formel (*) aus (3.3.8) führt zu folgender wichtigen Aussage:

Satz. In der Notation des vorhergehenden Abschnitts gilt:
Die kanonische Matrixdarstellung von Λ bezüglich des Basispaares $\Phi(e_1),\ldots,\Phi(e_n)$ und $\Psi(f_1),\ldots,\Psi(f_m)$ ist gleich der von $\Psi^{-1}\circ\Lambda\circ\Phi$ bezüglich des ursprünglichen Basispaars $e_1,\ldots,e_n$ und $f_1,\ldots,f_m$.

Damit bekommt die Formel (**) in (3.3.8) zwei Interpretationen.

i. Denkt man sich die Ausgangsbasen unverändert, dann ist (λ'_{ik}) die Matrix einer in der Regel von Λ verschiedenen Abbildung $\Psi^{-1}\circ\Lambda\circ\Phi$.

ii. Denkt man sich die Basen mit Φ bzw. Ψ transformiert, dann ist (λ'_{ik}) die Matrix derselben Abbildung Λ, jetzt in den neuen Koordinaten ausgedrückt.

Zur Deutung der ersten Aussage greifen wir auf den Spezialfall $X=Y$ und $\Phi=\Psi^{-1}$ zurück. Dann ist für Λ aus $End(X)$ durch

(IAut) $$\Lambda\to\Phi\circ\Lambda\circ\Phi^{-1}$$

ein *Algebrenisomorphismus von $End(X)$* auf sich gegeben. Der Leser prüfe nach, dass O und I in sich abgebildet werden, ansonsten mit der Bezeichnung $\Phi[\Lambda]=\Phi\circ\Lambda\circ\Phi^{-1}$ die Formeln

(Aut) $$\Phi[\Lambda\circ M]=\Phi[\Lambda]\circ\Phi[M]$$
$$\Phi[\Lambda+M]=\Phi[\Lambda]+\Phi[M]$$

gelten. Das Bild eines Produkts (einer Summe) ist also gerade das Produkt (die Summe) der Bilder. Die Eineindeutigkeit zeigt man am besten, indem man sich vergewissert, dass $\Lambda\to\Phi^{-1}\circ\Lambda\circ\Phi$ obige Abbildung wieder rückgängig macht.

Abbildungen von $End(X)$ in sich, die die identische Abbildung festlassen und die Gleichungen (*Aut*) erfüllen, nennt man AUTOMORPHISMEN, genügen sie noch (*IAut*), dann heissen sie INNERE AUTOMORPHIS-MEN der *Algebra $End(X)$*.

Nach (3.1.5) (ii) und (3.1.6) (iv) entspricht jeder Abbildung Φ aus $Aut(X)$ genau eine Basistransformation in X. Denkt man sich diese an der Basis $e_1,\ldots,e_n$ ausgeführt, dann bedeutet das, dass sie auch genau einer Basis von X entspricht; nämlich $\Phi(e_1),\ldots,\Phi(e_n)$[†].

Obiger Satz bedeutet also in unserem Spezialfall $X=Y$, dass man eine vollständige Kontrolle über alle Koordinatentransformationen von Matrizen behält, wenn *man anstatt zu transformieren ein Koordinatensystem festhält und dann die den Matrizen entsprechenden Abbildungen allen inneren Automorphismen unterzieht.*

[†] Dies beantwortet auch die in Paragraf 2.3 gestellte Frage nach der Eindeutigkeit einer Basis. Es gibt so viele wie es invertierbare Matrizen in $M(n)$ gibt.

Wir überlassen es dem Leser, den Satz dieses Abschnitts für beliebige lineare Abbildungen von X nach Y analog zu dem hier behandelten Spezialfall zu analysieren. Besonders amüsant ist dabei der Fall, dass $X = Y$ aber $\Phi \neq \Psi$ ist; in diesem Fall ist die Matrixdarstellung in den zu $\Phi(e_1), \ldots, \Phi(e_n)$ und $\Psi(e_1), \ldots, \Psi(e_n)$ gehörenden kanonischen Koordinaten kein Algebrenisomorphismus von $End(X)$ auf $M(n)$ mehr. Dies ist eine nützliche Übung, die auch eine tiefere Einsicht in die in der numerischen Mathematik verwendeten Rechentechniken vermittelt.

3.3.10. Im letzten Abschnitt war das Hauptergebnis, dass die Wirkung einer Koordinatentransformation *im Vektorraum X* auf eine $n \times n$-Matrix genausogut durch die Anwendung eines inneren Automorphismus *der Algebra End(X)* auf die zur Matrix gehörende Abbildung beschrieben werden kann. Das zeigt einmal mehr, dass die durch die Komposition von Abbildungen erklärte multiplikative Struktur in $End(X)$ eine sehr natürliche ist und wirft ausserdem ein neues Licht auf die Gruppe $Aut(X)$. Weil die neue Rolle von $Aut(X)$ für die Algebra sehr wichtig ist, wollen wir sie in präziserer und verschärfter Form noch einmal formulieren.

Satz. Sei X ein n-dimensionaler Vektorraum. Dann gelten:

    i. Jeder Automorphismus von $End(X)$ ist ein innerer Automorphismus.

    ii. Die Abbildung, die jedem Φ den in (*IAut*) beschriebenen inneren Automorphismus zuordnet (vgl. (3.3.9)), ist ein Gruppenisomorphismus von $Aut(X)$ auf die Gruppe der Automorphismen von $End(X)$.

In diesen Aussagen kann man überall anstelle von $End(X)$ auch die Matrixalgebra $M(n)$ einsetzen.

Beweis. Aus (3.2.2) wissen wir, dass die dort erklärten Abbildungen Φ_{ik} den Vektorraum $End(X)$ aufspannen, es also genügen wird, die Wirkung eines Automorphismus auf diese kanonische Basis von $End(X)$ zu berechnen; dies folgt aus (3.1.5), weil jeder Automorphismus insbesondere linear ist.

Diese Abbildungen genügen aber der folgenden wichtigen algebraischen Relation:

(*) $$\Phi_{ij} \circ \Phi_{kl} = \delta_{jk} \Phi_{il}$$

für alle i, j, k und l aus $1, \ldots, n$. Das sieht man sofort, wenn man sich klarmacht, dass Φ_{ik} gerade den k-ten Einheitsvektor auf den i-ten wirft, alle anderen aber annulliert; selbstverständlich kann der Leser das auch mit den in (3.2.2) gegebenen Formeln nachprüfen, indem er die Gleichung auf einen beliebig gewählten Basisvektor e_s anwendet. Man bekommt daraus insbesondere die Kompositionsregel

$$\Phi_{ij} = \Phi_{ik} \circ \Phi_{kl} \circ \Phi_{lj},$$

von der wir gleich Gebrauch machen werden.

Um nun (i) zu beweisen, denken wir uns einen Automorphismus gegeben, der die kanonische Basis Φ_{ik} auf die Endomorphismen Ψ_{ik} abbilden möge. Da er die Identität festlässt, ist er von null verschieden und deshalb muss wenigstens ein Ψ_{ik} von null verschieden sein; die oben angegebene Kompositionsregel zeigt dann aber, dass folglich *alle* Ψ_{ik} ungleich null sind. Da ein Automorphismus stets mit dem Produkt vertauscht, gelten auch als Folge von (*) für die Bilder Ψ_{ik} von Φ_{ik} die Gleichungen:

(**) $$\Psi_{ij} \circ \Psi_{kl} = \delta_{jk}\Psi_{ij}.$$

Die Idee besteht nun darin, eine neue Basis zu finden, bezüglich der die Abbildungen Ψ_{ik} eine kanonische Basis von $End(X)$ bilden. Dann soll gezeigt werden, dass der Übergang von der Ausgangsbasis auf diese neue eine Transformation beschreibt, deren zugehöriger innerer Automorphismus gerade der gegebene Automorphismus ist. Der Leser behalte diese Idee im Auge.

Wir wählen einen Vektor f mit der Eigenschaft $\Psi_{11}(f) \neq o$ willkürlich aus: ein solcher existiert, da ja $\Psi_{11} \neq O$ war. Dann bilden wir daraus die Vektoren $\{f_1, \ldots, f_n\}$ nach der Regel:

$$f_k = \Psi_{k1}(f) \qquad k = 1, \ldots, n.$$

Als Folge von (**) finden wir

$$\Psi_{ij}(f_k) = \delta_{jk}f_i,$$

woraus sofort die lineare Unabhängigkeit von $\{f_1, \ldots, f_n\}$ folgt: Hat man nämlich eine Linearkombination vor sich, die den Nullvektor darstellt, dann entsteht nach Multiplikation mit $\Psi_{1i} \circ \Psi_{ij}$ daraus wegen (**) die Beziehung $\lambda_j f_1 = o$, also $\lambda_j = 0$. Weil das für alle j geht, muss die Linaearkombination trivial gewesen sein, also nach (2.3.4) eine Basis vorliegen.

Jetzt definieren wir die wegen (3.1.6) invertierbare Abbildung Λ durch

$$\Lambda(e_k) = f_k$$

für alle $k = 1, \ldots, n$. Dann entsteht über (**)

$$\Lambda \circ \Psi_{ij} \circ \Lambda^{-1}(e_k) = \Lambda \circ \Psi_{ij}(f_k) = \delta_{jk}e_i = \Phi_{ij}(e_k)$$

für alle i, j und k aus $1, \ldots, n$. Das aber wiederum heisst nichts anderes als

$$\Psi_{ik} = \Lambda^{-1} \circ \Phi_{ik} \circ \Lambda$$

und somit ist der betrachtete Automorphismus in der Tat ein innerer und (i) ist gezeigt.

Um den zweiten Teil des Satzes zu prüfen, wollen wir uns erst klar machen, was wir unter einem GRUPPENHOMOMORPHISMUS verstehen. Gemeint ist darunter eine Abbildung zwischen zwei Gruppen, bei der das Einselement auf das Einselement der Bildgruppe geworfen wird, und die ausserdem mit dem Gruppenprodukt vertauschbar ist. Es gelten also formal die Regeln (*Aut*), wenn man *I* als Gruppeneins und das Produkt als Gruppenprodukt liest. Ist die Abbildung bijektiv, dann spricht man von einem GRUPPENISOMORPHISMUS. In diesem Fall kann man von einem axiomatischen Standpunkt die Bild- und die Urbildgruppe nicht voneinander unterscheiden.

Aus (3.2.7) wissen wir, dass $Aut(X)$ eine Gruppe ist und dasselbe prüft man leicht für die Automorphismen von $End(X)$ bezüglich der Komposition als Gruppenmultiplikation nach. Es ist dann nur mehr die Gleichung

$$(\Lambda \circ \Psi)^{-1} \circ \Phi \circ (\Lambda \circ \Psi) = \Psi^{-1} \circ (\Lambda^{-1} \circ \Phi \circ \Lambda) \circ \Psi$$

für alle Λ, Ψ aus $Aut(X)$ und alle Φ aus $End(X)$ zu verifizieren. Das lassen wir dem Leser als Übungsaufgabe.

Dass der Homomorphismus sogar ein Gruppenisomorphismus ist, folgt aus den Überlegungen des letzten Abschnitts.

Die Übertragung der Resultate auf die Matrixalgebra kann mithilfe irgendeiner bequemen Matrixdarstellung vollzogen werden. Man betrachte dazu den Satz (3.3.5).   □

Dieser Satz erlaubt es uns, in koordinatenfreier Form die Auswirkung einer Transformation auf ein Proportionalitätsgesetz zu diskutieren.

3.3.11. Im Zusammenhang mit den Ausführungen des letzten Abschnitts steht der Begriff einer INVARIANTEN GESETZMÄSSIGKEIT der Linearen Algebra. Darunter versteht man ein Gesetz, das in *jeder* Koordinatendarstellung gleich lautet. Wir konzentrieren uns dabei auf Gesetzmässigkeiten, die durch Endomorphismen, also letztlich durch Proportionalitätsgesetze und durch Vektoren in der Sprache der Linearen Algebra ausdrückbar sind.

Die koordinatenbezogene Matrixdarstellung bringt zum Ausdruck, auf welche Weise das Gesetz beobachtet wurde. Koordinaten sind ja vernünftigerweise an die Messapparatur angepasst, da man die Aussagen direkt durch die abgelesenen Messwerte parametrisieren möchte. Eine Aussage, etwa über einen physikalischen Vorgang, sollte aber nicht eine durch *eine* zufällige Versuchsanordnung gemachte Beobachtung, sondern eine mit *allen* zum ursprünglichen proportionalen denkbaren Messgeräten verifizierbare Gesetzmässigkeit aufzeigen. Nehmen wir ein durch Λ ausgedrücktes Proportionalitätsgesetz, mit dem wir, wie in (1.3.4) angedeutet, einen Steuervorgang beschreiben, und denken wir uns die Steuerung über eine Zwischenstation durchgeführt, also $\Lambda = \Pi \circ \Psi$. Dass die Steuervorgänge Π und Ψ hintereinander Λ leisten, ist offenbar eine Aussage im obigen Sinn. Will man mit der Steuerung quantitativ arbeiten, also Skalen ablesen udgl., dann braucht man Koordinaten, d.h. man muss Λ, Π, Ψ in Matrizenform schreiben, um den Effekt beispielsweise vorausberechnen zu können. Es muss dann mit (3.3.5) und (3.3.8) bei jedem Koordinatenwechsel aus

$$\lambda_{ik} = \sum_j \pi_{ij} \psi_{jk}$$

stets

$$\lambda'_{ik} = \sum_j \pi'_{ij} \psi'_{jk}$$

für das Matrizenprodukt folgen. Das ist schwer nachzurechnen. Einfacher ist die äquivalente Feststellung: Aus

$$\Lambda = \Pi \circ \Psi$$

folgt

$$\Phi[\Lambda] = \Phi[\Pi] \circ \Phi[\Psi]$$

für jedes Φ aus $Aut(X)$ mithilfe des Assoziativgesetzes (A) aus (3.2.3) zu prüfen. Dies umsomehr, als die Abbildungen in der Praxis der ausser-mathematischen Interpretation näher stehen, als die zugehörigen Matrizen.

Analoge Überlegungen kann man für die Summe von linearen Gesetzmässigkeiten anstellen.

Allgemein kann man eine lineare Gesetzmässigkeit als INVARIANT bezeichnen, wenn sie mit allen Automorphismen VERTAUSCHBAR ist. Das soll bedeuten, dass ein Gesetz, das auf irgendeine Weise Endomorphismen und Vektoren verknüpft, in jedem Koordinatensystem gleich lautet. Bezogen auf (3.3.10) heisst das, dass im Falle einer Transformation mit einem Automorphismus Φ es gleichgültig ist, ob man erst alle Vektoren mit Φ und alle Endomorphismen mit dem zu Φ gehörenden inneren Auto-morphismus transformiert und dann nach dem in Frage stehenden Gesetz verknüpft, oder ob man in umgekehrter Reihenfolge vorgeht.

Hat man beispielsweise die Verknüpfung in Form einer Gleichung ge-geben, etwa

$$\Psi_{1i} \circ \Psi_{ij}(f_k) = \delta_{kj} f_1,$$

dann bleibt sie nach Ausführung einer Transformation Φ in dieser Form erhalten:

$$\Psi'_{1i} \circ \Psi'_{ij}(f'_k) = \delta_{kj} f'_1.$$

Dabei sind die gestrichenen Grössen von der Form

$$\Psi' = \Phi^{-1} \circ \Psi \circ \Phi$$
$$f' = \Phi^{-1}(f)$$

Wir haben diese Gleichung als ein Beispiel aus all denen in (3.3.10) herausgegriffen; die eben vorgeführte Invarianz gilt auch für alle anderen und besagt, dass der Beweis aus (3.3.10) nicht von der dort ausgewählten Basis abhängt.

3.3.12. Aufgrund der Überlegungen in (3.3.10) spielt die Automorphis-mengruppe $Aut(X)$ eine Doppelrolle in der Transformationstheorie. In dem Beispiel am Ende des vorigen Abschnitts wurde das deutlich. Seine Struktur kann in der folgenden Form zusammengefasst werden:

$$\Phi[\Lambda(x)] = \Phi \circ \Lambda \circ \Phi^{-1}[\Phi(x)],$$

wo einmal Φ als invertierbare Selbstabbildung *des Vektorraums* auf x und $\Lambda(x)$ und einmal als innerer Automorphismus *der Algebra End(X)* auf Λ wirkt. Es handelt sich um eine Invarianzaussage, die die Transformationsregeln aus (3.3.7) und (3.3.8) zusammenbringt.

Sie liegt insbesondere der Methode der Variablensubstitution in der Gleichungstheorie zugrunde. Wir geben ein einfaches Beispiel, behandeln aber das Thema genauer erst im nachfolgenden Kapitel.

Gegeben sei das Gleichungssystem $Ax = y$ in der genaueren Form:

$$7x_1 + 2x_2 = 1$$
$$2x_1 + 4x_2 = 3$$

und wir gehen, um es zu lösen, auf neue Variable, die wir mit u_1, u_2 bezeichnen wollen, über.

$$u_1 = x_1 + - 2x_2$$
$$u_2 = 2x_1 + x_2.$$

Diese schreiben wir in Matrixform $u = T^{-1}x$, indem wir, um Anschluss an die eingangs gezeigte Formel zu behalten, die Koeffizientenmatrix als Inverse von

$$T = \tfrac{1}{5}\begin{pmatrix} 1 & 2 \\ -2 & 1 \end{pmatrix}$$

auffassen. Mithilfe des Assoziativgesetzes lautet dann das System

$$(T^{-1}AT)T^{-1}x = T^{-1}y.$$

Setzen wir die vorgegebenen Matrizen ein, dann entsteht in den neuen Variablen

$$3u_1 = -5$$
$$8u_2 = 5.$$

Das löst man schnell nach u_1, u_2 auf und findet daraus über $x = Tu$ die gewünschten Werte $x_1 = -1/12$ und $x_2 = 19/24$. Der Leser überprüfe das Resultat.

Die Grundidee des Lösungsverfahrens besteht darin, die Invarianzaussage im ersten Absatz heranzuziehen und danach eine Transformation Φ zu suchen, die $\Phi^{-1} \circ \Lambda \circ \Phi$ eine besonders einfache Matrixdarstellung zuweist. Die einfachste Form einer Matrix ist die DIAGONALMATRIX, die ausserhalb der Hauptdiagonale nur Nullen stehen hat.

Wir werden dieses Programm gegen Ende des Buches wieder aufgreifen und vollständig klären; es handelt sich hier um ein besonders tiefliegendes Problem der Linearen Algebra.

3.3.13. Zum Abschluss dieses Paragrafen wollen wir die Deutung von Matrizen als lineare Abbildungen heranziehen, um das Verfahren der Variablensubstitution mit dem von Gauss-Jordan zu vergleichen. Dabei werden wir häufig von der koordinatenabhängigen auf die koordinatenfreie Formulierung übergehen müssen und umgekehrt. Es ist dabei unbequem ständig die Schreibweise wechseln zu müssen. Wir führen deshalb folgende wichtige Konvention ein:

In Zukunft werden Vektoren durch kleine und lineare Abbildungen durch grosse Buchstaben bezeichnet. Die Wirkung der Abbildung auf einen Vektor wird durch Nebeneinanderschreiben in der Form Ax ausgedrückt. Die Hintereinanderausführung von Abbildungen A und B wird einfach durch Nebeneinandersetzen der zugehörigen Grossbuchstaben angezeigt: AB statt $A \circ B$. Diese Notation wird für den Rest des Buches beibehalten.

Diese Bezeichnungsweise ist international üblich und stellt einen Kompromiss zwischen der Matrix- und der Abbildungsauffassung dar. Man kann sich dann unter Ax entweder die Abbildung $A(x)$, die wir bisher mit griechischen Buchstaben formuliert hatten, oder die Multiplikation einer $m \times n$-Matrix A mit einem $n \times 1$-Spaltenvektor x vorstellen. Der Zusammenhang ist in Satz (3.3.5) präzisiert.

Für die folgende Diskussion beschränken wir uns darauf, dass A eine $n \times n$-Matrix ist, es sich also um ein System von n Gleichungen in n Unbekannten handelt.

Aus (2.3.9) wissen wir, dass es eine invertierbare Matrix P gibt, so dass $A_{GJ} = PA$ ist. Damit wird ein Gleichungssystem $Ax = y$ mit dem Gauss-Jordan'schen Verfahren in das System $A_{GJ}x = Py$ übergeführt. Die Unbekannten $x_1, \ldots, x_n$ bleiben also dieselben, eine Variablentransformation findet nicht statt, und das Verfahren kann daher nicht mithilfe der Koordinatentransformation gedeutet werden. Das ist anders für die Methode aus (3.3.12), wo das System durch $(T^{-1}AT)T^{-1}x = T^{-1}y$ ersetzt worden ist.

Im Lichte der Diskussion aus (3.3.11) bedeutet das, dass die im Gleichungssystem etwa ausgedrückte Gesetzmässigkeit beim Übergang nach $A_{GJ}x = Py$ zerstört wird, während sie im anderen Verfahren bestehen bleibt. Vom Standpunkt der Anwendungen in der Geometrie, der Physik und vielen anderen Gebieten ist dies ausschlaggebend und erklärt, warum dort das am Ende des vorigen Abschnitts angesprochene Problem so wichtig ist: Der Witz liegt in der Vereinfachung, möglichst einer Diagonalisierung, der Matrizen durch *innere Automorphismen*, da nur so die inhaltliche (etwa physikalische) Deutung bewahrt wird.

Wir wollen diesen Einwand gegen das Gauss-Jordan'sche Verfahren noch deutlicher machen, indem wir den Leser auffordern, zu zeigen, dass durch Rechtsmultiplikation mit hinreichend vielen elementaren Matrizen, zusammenfassend also mithilfe einer invertierbaren Matrix Q, die Gauss-Jordan'sche Normalform stets auf Diagonalgestalt, in der sogar nur Nullen und Einsen[†] auftreten, gebracht werden kann. Das bedeutet, dass man die Gleichung $(PAQ)Q^{-1}x = Py$ erhält, also das Gauss-Jordan'sche

---

[†] Die Anzahl der Einsen ist gerade der Rang der Matrix.

Verfahren mit einer Variablentransformation, die nur auf den Vektor x wirken soll, gekoppelt hat. Das neue System ist somit trivial geworden und kann also keine interessante Gesetzmässigkeit mehr ausdrücken. Man kann auch sagen, diese ist ganz in der Koordinatentransformation Q versteckt worden, die im Gegensatz zur Abbildung A sich einer landläufigen physikalischen Interpretation entzieht. Das Lösen des Gleichungssystem ist zum stumpfsinnigen Rechnen, das man am besten dem Computer überlässt, geworden.

Der entscheidende Unterschied im Verfahren aus (3.3.12) besteht darin, dass man die Transformation im Vektorraum $x \to T^{-1}x$ mit der in $End(X)$ $A \to T^{-1}AT$ harmonisch zusammengefügt hat.

Vom Standpunkt der axiomatischen Theorie ist das Gauss-Jordan'sche Verfahren ein *Vektorraum*isomorphismus von $End(X)$ in sich, weil nach (3.2.5) die Abbildung $A \to PA$ linear und wegen der Invertierbarkeit von P auch eineindeutig ist. Die Koordinatentransformation dagegen vermittelt einen *Algebren*isomorphismus $A \to T^{-1}AT$ in sich. Das bedeutet, dass man im ersten Fall aus der Normalform von A und B die von $A + B$ durch Addition von A_{GJ} und B_{GJ} erhält, dagegen nichts über die des Produkts weiss. Die zweite Methode liefert hier eine einfache Formel, die in (Aut) in (3.3.11) angegeben ist.

Der Nachteil der Variablensubstitution besteht darin, dass die dazu benötigte Transformation T sehr viel schwerer zu bestimmen ist, als die elementaren Matrizen, die P aufbauen. Auch kann man eine besonders einfache Gestalt, etwa Diagonalform, für manche Matrizen garnicht durch Transformationen gewinnen. Selbst wenn es für A gelingen mag, kann es passieren, dass die Matrix B durch sie nur verschlimmert wird, was das gute Verhalten bezüglich der Produktbildung gelegentlich nutzlos macht.

Man kann vom Standpunkt der Praxis her das Gauss-Jordan'sche als ein sicheres und universell anwendbares Lösungsverfahren betrachten. Für die *Interpretierbarkeit* von Gesetzmässigkeiten ist die Methode der Variablentransformation stets vorzuziehen. Wir werden sehen, dass für gewisse Klassen von Matrizen, etwa für SYMMETRISCHE, d.h. für die $\alpha_{ik} = \alpha_{ki}$ für alle i, k gilt, Methoden gefunden werden können, die sowohl dem Anspruch der Berechenbarkeit wie der Deutbarkeit der Aussagen genügen.

4. KAPITEL

Die linearen Gleichungen

Die Problemstellung

4.1.1. Das Lösen linearer Gleichungssysteme ist sowohl von der praktischen Anwendung wie von der historischen Entwicklung her ein zentrales Anliegen der Linearen Algebra. Wir wollen es daher als einen ersten Test für die Nützlichkeit der in den beiden vorangehenden Kapiteln dargelegten Grundlagen angehen.

Die axiomatische Theorie liefert uns zunächst die Möglichkeit, für die intuitiv leicht fassliche Aufgabe, eine Gleichung zu lösen, eine mathematisch präzise Problemstellung zu erarbeiten. Danach wird es leicht sein, das Lösungsverhalten zu analysieren. Die in Paragraf 1.2 gefundenen praktischen Lösungsverfahren werden neu interpretiert sowie erweitert und durch neue ergänzt werden.

Ausgangspunkt ist das schon in (1.2.1) vorgestellte System

$$(\textbf{LG}) \qquad \sum_{i=1}^{n} \alpha_{ik} x_k = y_i \qquad i = 1, \ldots, m$$

von m Gleichungen in n Unbekannten. Die Koeffizienten α_{ik} denken wir uns als ein für allemal fest vorgegebene reelle Zahlen. Die Aufgabe besteht dann darin, in Abhängigkeit von den rechten Seiten Aussagen über die Lösungen zu machen. Das entspricht unseren Interpretationen aus Paragraf 1.1, wo beispielsweise ein bestimmter Betrieb sich fragen kann, welche Einkäufe er tätigen muss, um marktgerecht zu produzieren. Je nach Marktlage werden die y_i variieren, der Betriebsablauf aber, den die α_{ik} beschreiben, unterliegt diesen Variationen nicht.

Wir fragen uns jetzt, wie wir diese Aufgabe im Rahmen des mathematischen Modells der Linearen Algebra formulieren und lösen können. Auf diese Frage werden wir drei unterschiedliche Antworten geben.

4.1.2. Beziehen wir uns auf Paragraf 1.1, dann steht in der oben gewählten Formulierung unsere Aufgabenstellung dem Proportionalitätsgesetz nahe. Aus Kapitel 2 wissen wir, dass dieses in der Linearen Algebra durch eine lineare Abbildung ausgedrückt werden muss. Letztere kann nach (3.3.5) auch durch eine Matrix gegeben sein.

Dieser Gedankengang führt zur *abbildungstheoretischen Auffassung* des Gleichungsystems (*LG*).

In der Tat lässt sich (*LG*) formal auch als Matrizengleichung niederschreiben:

$$\begin{pmatrix} y_1 \\ y_2 \\ \cdot \\ y_m \end{pmatrix} = \begin{pmatrix} \alpha_{11} & \alpha_{12} & \cdots & \alpha_{1n} \\ \alpha_{21} & \alpha_{22} & \cdots & \alpha_{2n} \\ \cdots & \cdots & \cdots & \cdots \\ \alpha_{m1} & \alpha_{m2} & \cdots & \alpha_{mn} \end{pmatrix} \begin{pmatrix} x_1 \\ x_2 \\ \cdot \\ x_n \end{pmatrix}$$

Wollen wir diese als Abbildung auffassen, dann müssen wir einen Bild- und einen Urbildraum, beide mit einer Basis versehen, auffinden. Als Hilfestellung denken wir uns das Gleichungssystem schon gelöst. Dann bedeuten $x_1, \ldots, x_n$ einfach untereinandergeschriebene reelle Zahlen, was für die Vorgabedaten $y_1, \ldots, y_m$ ohnehin zutrifft; es sind also Spaltenvektoren in $\mathbb{R}^n$ bzw. $\mathbb{R}^m$, bezogen auf die KANONISCHE BASIS, deren i-ter Vektor aus lauter Nullen mit Ausnahme der i-ten Stelle, wo eine Eins sitzt, besteht. Hat man so den Bild- und Urbildraum erraten, dann liefern die Überlegungen aus Paragraf 3.3, dass man den Ansatz machen soll, (*LG*) als eine in Matrixform gegebene Abbildung A von $\mathbb{R}^n$ in $\mathbb{R}^m$ zu verstehen. Die Lösungsfrage muss man danach in der Sprache der linearen Abbildungen diskutieren.

Nehmen wir das ernst, dann stellen wir fest, dass in unserem Vokabular der Begriff der Unbekannten nicht mehr vorkommt. Ein Gedanke mehr und wir finden, dass das vielleicht gar nicht so schlimm ist, sind wir doch nicht an diesem, sondern recht eigentlich an der Lösung interessiert. Dieser Begriff aber passt in das Modell der Linearen Abbildungen.

Ist y aus $\mathbb{R}^m$ gegeben, dann ist damit sein Urbild unter der Abbildung A mitbestimmt. Es besteht aus allen x aus $\mathbb{R}^n$, die $Ax = y$, also (*LG*) genügen. Es löst die Gleichungen und somit nennen wir jedes x aus dem Urbild von y eine LÖSUNG und das Urbild selbst die LÖSUNGSMENGE von $Ax = y$. Die beiden Grundfragen nach der Existenz und Eindeutigkeit der Lösung übersetzen sich danach in:

  i. Ist das Urbild von y unter A nichtleer?
  ii. Besteht das Urbild von y unter A aus genau einem Vektor?

Mit dieser Auffassung der gegebenen Gleichungen schliessen wir unmittelbar an den Proportionalitätsgedanken an und sie ist daher von der Anwendung her besonders naheliegend. Das auch deshalb, weil das Problem koordinatenfrei formuliert ist, man also direkter Zugang zur jeweiligen aussermathematischen Deutung der Lösung bekommt. Das ist in (3.3.13)

schon diskutiert worden. Darin liegt auch das Revolutionäre in unserem
Vorgehen: Die in den Gleichungen auftretenden Zahlen selbst treten in den
Hintergrund und können relativ dramatisch verändert werden, etwa durch
Variablensubstitution, ohne die Lösung selbst zu beeinflussen. Das haben
wir in (3.3.13) gerade demonstriert.

Abschliessend wollen wir noch auf den Umstand aufmerksam machen,
dass die Gleichungen in der abbildungstheoretischen Auffassung als ganzes
System, das Koeffizientenschema also als ganze Matrix, gesehen wird.

4.1.3. Das ist anders bei der *vektorraumtheoretischen Deutung* des
Gleichungssystems. Hier fassen wir das Koeffizientenschema als n nebeneinanderstehende Spaltenvektoren der Länge m auf. Diese verstehen wir wieder
als Koordinatenform von Vektoren in $\mathbb{R}^m$ bezüglich der kanonischen Basis.

Zunächst gehen wir wieder davon aus, dass wir eine Lösung gefunden
haben, also $x_1, \ldots, x_n$ reelle Zahlen sind. Jede von diesen können wir aber
auch als 1×1-Matrix deuten und dann können wir (LG) als Summe von
Matrizenprodukten schreiben:

$$\begin{pmatrix} \alpha_{11} \\ \vdots \\ \alpha_{m1} \end{pmatrix} x_1 + \begin{pmatrix} \alpha_{12} \\ \vdots \\ \alpha_{m2} \end{pmatrix} x_2 + \cdots + \begin{pmatrix} \alpha_{1n} \\ \vdots \\ \alpha_{mn} \end{pmatrix} x_n = \begin{pmatrix} y_1 \\ \vdots \\ y_m \end{pmatrix}$$

Die $m \times 1$-Matrizen verstehen wir wieder als Koordinatendarstellung von
Vektoren aus $\mathbb{R}^m$ bezüglich der kanonischen Basis und die Multiplikation
mit der 1×1-Matrix von rechts ist nach (1.3.7) nichts anderes als die
Skalarmultiplikation. Bezeichnen wir den k-ten Spaltenvektor der Koeffizientenmatrix mit s_k, dann finden wir schliesslich für (LG) die Form

$$x_1 s_1 + x_2 s_2 + \cdots + x_n s_n = y.$$

In dieser Gestalt besagt das Gleichungssystem nichts anderes, als dass y eine
Linearkombination der Spaltenvektoren $s_1, \ldots, s_n$ der Koeffizientenmatrix
ist (vgl. (2.2.9)). Ihre Koeffizienten sind die intuitiv als Unbekannte empfundenen Zahlen $x_1, \ldots, x_n$.

All das ist in der in Kapitel 2 entwickelten Vektorraumtheorie formulierbar und wieder muss anstelle der Unbekannten die Lösung erfragt
werden. In dieser Auffassung ist eine LÖSUNG ein n-Tupel von reellen
Zahlen, die als Koeffizienten einer y darstellenden Linearkombination der
Spaltenvektoren der Koeffizientenmatrix auftreten können. Aus Paragraf
2.2 wissen wir, dass dies unter Umständen für sehr viele n-Tupeln zutreffen
kann, es sei denn $s_1, \ldots, s_k$ sind linear unabhängig in $\mathbb{R}^m$.

Wir können die Grundfragen der Gleichungstheorie in der Sprache der
Linearen Räume so fassen:

i. Ist y aus $Lin\{s_1, \ldots, s_n\}$?
ii. Sind $s_1, \ldots, s_n$ linear unabhängig?

4.1.4. Die dritte Auffassung des Gleichungssystems wollen wir die *geometrische* nennen. Sie wird erst in Kapitel 6 genauer behandelt werden, wo dann auch der Zusammenhang der Gleichungstheorie mit der affinen Geometrie deutlich hervortreten und die hier gewählte Bezeichnungsweise rechtfertigen wird.

Der Ansatz besteht darin, jede der m Gleichungen in (LG) für sich zu sehen. Denken wir uns wieder die $x_1, \ldots, x_n$ als reelle Zahlen, dann kann man die k-te Gleichung in Matrizenform so schreiben:

$$(\alpha_{k1}, \alpha_{k2}, \ldots, \alpha_{kn}) \begin{pmatrix} x_1 \\ x_2 \\ \cdot \\ \vdots \\ x_n \end{pmatrix} = y_k$$

Vom Standpunkt des Koeffizientenschemas liegt also eine Zerlegung in *Zeilen* vor.

Verstehen wir die Spalte wieder als einen Vektor in $\mathbb{R}^n$, dann können wir bezüglich der kanonischen Basis die $1 \times n$-Matrix $(\alpha_{k1}, \ldots, \alpha_{kn})$ als eine lineare Abbildung von $\mathbb{R}^n$ in $\mathbb{R}$, also als lineares Funktional auf $\mathbb{R}^n$ auffassen. Ähnlich wie in (4.1.2) stossen wir auch hier auf eine koordinatenfreie Formulierung des Gleichungsproblems, die im Rahmen der Linearen Algebra einen präzisen mathematischen Sinn hat. Wir bezeichnen[†] dieses lineare Funktional mit a_k^*.

Diesmal verstehen wir unter einer LÖSUNG jeden Vektor aus $\mathbb{R}^n$, der im Urbild von y für *jedes* lineare Funktional a_k^*, $k = 1, \ldots, m$, liegt. Die Menge aller Lösungen nennt man hier die LÖSUNGSMANNIGFALTIGKEIT zu y; diese Ausdrucksweise deutet auf den geometrischen Hintergrund des Lösungsproblems hin. Die Grundfragen lauten dann:

    i. Ist der Durchschnitt der Urbilder von y bezüglich der Funktionale a_k^* nichtleer?
    ii. Besteht er aus genau einem Vektor?

4.1.5. Man kann, und tut es in der numerischen Mathematik auch, die drei Auffassungen allein mithilfe der Matrizen erklären. Seien dazu wieder s_i, $i = 1, \ldots, n$, die n-Spalten und z_k, $k = 1, \ldots, m$, die m Zeilen der Matrix A. Daraus bilden wir die Matrizen S_i, die aus lauter Nullen bestehen mit Ausnahme der i-ten Spalte, wo s_i eingesetzt ist, und Z_k, in denen nur die k-ten Zeile, wo z_k auftritt, von Null verschieden ist. Damit hat man offenbar

---

[†]Diese Bezeichnung weicht von der Regel aus (3.3.13) ab, was durch die in Kapitel 6 behandelte Dualitätstheorie gerechtfertigt ist.

die beiden Zerlegungen:

$$A = \sum_{i=1}^{n} S_i \quad \text{und} \quad A = \sum_{k=1}^{m} Z_k.$$

Die erste Zerlegung entspricht genau der vektortheoretischen und die zweite der geometrischen Auffassung.

Bemerkung. Die zweite ist besonders bemerkenswert, wenn wir sie auf die Gauss-Jordan'sche Normalform einer Matrix vom Rang $r > 0$ anwenden. Dann erhalten wir nämlich für die Ausgangsmatrix:

$$A = QA_{GJ} = Q \sum_{k=1}^{r} Z_k = \sum_{k=1}^{r} QZ_k,$$

weil die restlichen $(m - r)$ Zeilen von A_{GJ} Null sind. Die r rechts stehenden Matrizen haben offenbar den Matrizenrang 1. *Also ist jede Matrix vom Rang r als Summe von r Matrizen vom Rang 1 darstellbar.*

4.1.6. Mit den in den letzten drei Abschnitten vorgestellten Auffassungen des linearen Gleichungssystems (LG) haben wir drei Modelle zu seiner Behandlung im Rahmen der axiomatisch begründeten Linearen Algebra gefunden.

Eine vierte Auffassung, die wir die *algebraische* nennen könnten, lassen wir in diesem Buch ausser acht. Sie entwickelt erst einen Rechenkalkül für Unbestimmte, der mithilfe eines Einsetzungsprinzip auf die letztlich interessierenden Zahlenlösungen zurückgeführt wird. Er ist wesentlich für das Studium von Gleichungen höheren Grades und bildet die Grundlage für die (nichtlineare) Algebra. Für lineare Gleichungen stellt er einen überflüssigen Umweg dar. Der interessierte Leser sei dazu auf das Buch von H. Hasse [30] hingewiesen.

Wir werden im weiteren Verlauf alle drei vorgestellten Modelle analysieren und feststellen, dass sie alle in dem Sinne äquivalent sind, als sie bei gegebenem Koeffizientenschema und gegebener rechten Seite dieselben Zahlentupeln $x_1, \dots, x_n$ als Lösung liefern und auch in ihrer Aussage über die mögliche Unlösbarkeit von (LG) übereinstimmen. Jedes Modell hat besondere, ihm gemässe Lösungstechniken, die sich im Numerischen auf das Auswerten von Matrizen reduzieren. Für eine anschauliche qualitative Analyse von Gleichungssystemen kann man die Geometrie zuhilfe nehmen; das wird mit der Auffassung (4.1.4) begründet. Im Kapitel 6 werden wir darauf genauer eingehen.

In allen drei Modellen kommt der Koeffizientenmatrix die tragende Rolle zu. Sie wird einmal als Matrix, einmal als Konglomerat ihrer n Spalten und einmal als in m Zeilen zerfällt gedacht. Zum anderen wird die Lösung von der rechten Seite $y_1, \dots, y_m$ bestimmt. Dabei unterscheidet man HOMOGENE, für die alle $y_i = 0$ sind, und INHOMOGENE Systeme, wo wenigstens ein $y_i \neq 0$ ausfällt. Im Folgenden werden wir die Fragen nach der Existenz und Eindeutigkeit von Lösungen behandeln und auch auf ihre Berechenbarkeit eingehen.

Das Lösen linearer Gleichungssysteme

4.2.1. Wir sind in diesem Buch schon mehrfach Lösungsverfahren begegnet: Zunächst in Form eines stumpfsinnigen Rechenrezepts in Paragrafen 1.2, dann in (2.3.9), wo uns der inzwischen zur Verfügung gestellte Matrizenkalkül schärfere Aussagen geliefert hat, und schliesslich im dritten Kapitel, in dem die Theorie der linearen Abbildungen zur weiteren Vertiefung unseres Verständnisses herangezogen werden konnte. Jetzt gehen wir das Problem systematisch an, wobei wir die Modellvorstellungen aus Paragraf 4.1, die uns die streng axiomatischen Methoden begründen halfen, benutzen wollen. Wir stützen uns in diesem Kapitel nur auf (4.1.2) und (4.1.3); der geometrischen Auffassung wenden wir uns erst zu, nachdem wir im nachfolgenden Kapitel die affine Geometrie verstehen gelernt haben werden.

Es mag an dieser Stelle angebracht sein, den Leser auf die reichhaltige Literatur zur Linearen Algebra und der Matrizenrechnung hinzuweisen. Vor allem die numerischen Problemen gewidmeten Bücher sollten dem Interessierten helfen, sein Verständnis der hier behandelten Fragen an den vielen Varianten einzelner Berechnungsverfahren zu schärfen. Ein einzelnes Buch, vor allem, wenn es wie dieses nur einführenden Charakter hat, kann die Lösungstheorie nur in groben Strichen zeichnen. In diesem Paragrafen zahlt es sich aus, immer wieder nach Zahlenbeispielen Ausschau zu halten und diese im Detail durchzurechnen.

4.2.2. Bevor wir uns mit den Gleichungssystemen beschäftigen, müssen wir zwei an sich schon bekannte Begriffe genauer ansehen.

Ist Φ eine lineare Abbildung von X nach Y, dann kann man das Urbild eines Vektors y relativ einfach beschreiben. Durch die Abbildung ist ihr Kern $ker\,\Phi$, den wir in (3.1.4) eingeführt haben, bestimmt. Er ist das Urbild von $y = o$ und bestimmt auch das von $y \neq o$ weitgehendst. Für $y \neq o$ kann es entweder leer sein oder es enthält wenigstens einen Vektor x_0 aus X. In diesem Fall gilt die Formel:

$$\Phi^{-1}(\langle y \rangle) = x_0 + ker\,\Phi.$$

Offenbar wird die rechte Seite auf y abgebildet und umgekehrt wird $x - x_0$ für jedes x aus der linken Seite von Φ annulliert. Der Beweis ist also leicht.

Wesentlich an der Formel ist ihre Aussage, die wir in der Sprache der Gleichungstheorie formulieren wollen. Dort nennt man x_0 eine PARTIKULÄRE LÖSUNG des durch $y \neq o$ bestimmten inhomogenen Systems.

Dann bedeutet die Formel in Worten ausgedrückt: *Jede Lösung des inhomogenen Gleichungssystems Ax = y bekommt man aus einer partikulären, indem man zu dieser eine Lösung des homogenen Systems Ax = o hinzuaddiert.* In der Tat entsprechen sich, wie obiger Beweis zeigt, auf diese Weise die Lösungen der homogenen und der inhomogenen Gleichungen auf eineindeutige Weise.

Von hier aus ist es dann gerechtfertigt, bei der Diskussion von Lösungsverfahren das Hauptaugenmerk auf die homogenen Systeme zu richten. Das wiederum unterstreicht die tragende Rolle der Koeffizientenmatrix, die ja nach dieser Reduktion als einziges Datum übrigbleibt.

4.2.3. Die abbildungstheoretische Auffassung bringt den Kern einer Abbildung ins Spiel und klärt damit die Rolle des homogenen Systems. Ein entsprechend bedeutender Beitrag kommt von der vektortheoretischen Interpretation; sie stellt den Begriff des Rangs zur Verfügung. Ehe wir dessen Rolle für die Gleichungstheorie besprechen, wollen wir zeigen, dass es sich hier um einen koordinatenunabhängigen Begriff handelt.

In (2.3.14) war der Rang einer Matrix als die Dimension ihres Spaltenraums eingeführt worden. Nun wissen wir aus Paragraf 3.3, dass die Spalten der Matrix, führen wir in X und Y eine Basis ein, gerade den Bildern der Basisvektoren von X unter der der Matrix entsprechenden linearen Abbildung A von X nach Y entsprechen. Diese Bilder bestimmen nach (3.1.5) (ii) das Bild von X unter A. Damit finden wir die Formel:

$$Rg(A) = dim(Im(A)),$$

wenn $Im(A)$ das Bild unter A, d.h. die Menge $\{Ax \mid x \text{ aus } X\}$ bezeichnet.

Die Formel ist so zu lesen, dass links A in Koordinatenform als Matrix auftritt, rechts dagegen als lineare Abbildung koordinatenfrei dargestellt wird. Darin liegt auch der Witz der Aussage. Beispielsweise wird die rechte Seite nicht betroffen, wenn man in X und Y eine beliebige Koordinatentransformation ausführt. Diese werden im Ausgangssystem durch die invertierbaren Matrizen P und Q dargestellt. Die Formel sagt dann

$$Rg(A) = dim(Im(A)) = Rg(Q^{-1}AP)$$

oder in Worten: *Der Rang einer Matrix ändert sich nicht, wenn man sie von rechts oder links mit einer invertierbaren Matrix multipliziert.* Der Leser vergleiche das mit den Überlegungen in (2.3.14) und kann daran ermessen, welche Erleichterung die Abbildungstheorie für den Beweis von Sätzen über Matrizen bringen kann.

4.2.4. Als erstes gehen wir das Existenzproblem an. Ein Augenblick der Reflexion zeigt, dass es sich dabei eigentlich um zwei Teilprobleme unterschiedlicher Qualität handelt. Dies ist nicht nur vom logischen Standpunkt aus so, sondern wird durch praktische Beispiele untermauert, die sich

der Leser bald selbst leicht wird verschaffen können. Wir haben nämlich vor
uns

   i. Das LOKALE EXISTENZPROBLEM: Ist für gegebenes y aus $\mathbb{R}^m$
      sein Urbild unter A nichtleer?
  ii. Das GLOBALE EXISTENZPROBLEM: Ist für jedes y aus $\mathbb{R}^m$
      sein Urbild unter A nichtleer?

   Seine Lösung fassen wir in folgender Aussage zusammen:

Satz. (EXISTENZKRITERIEN) Sei A aus $Hom(\mathbb{R}^n, \mathbb{R}^m)$ in irgendwelchen
Koordinaten dargestellt als $m \times n$-Matrix mit den Spaltenvektoren $s_1, \ldots, s_n$.
Sei weiterhin y aus $\mathbb{R}^m$ und bezeichne $[A, y]$ die um die Spalte y erweiterte
Matrix A.

   i. Dann sind folgende Aussagen äquivalent:
      a. Für y ist das lokale Existenzproblem lösbar.
      b. y liegt in $Im(A)$.
      c. y liegt in $Lin\{s_1, \ldots, s_n\}$.
      d. $Rg\, A = Rg[A, y]$.
  ii. Es sind auch folgende Feststellungen gleichwertig:
      a. Das globale Existenzproblem ist lösbar.
      b. Die Abbildung A ist surjektiv.
      c. $Rg\, A = m$.

Die Aussagen (b) sind koordinatenfrei formuliert, während die nachfolgenden jeweils auf die Matrixgestalt Bezug nehmen. Erstere helfen uns beim
Verstehen des Problems, während letztere der numerischen Berechnung
nahestehen. Gleichzeitig löst der Satz das Versprechen, die Bedeutung des
Rangs für lineare Gleichungssysteme zu klären, ein.
   Zum Beweis des Satzes braucht der Leser nur auf den in Paragraf 3.3
ausführlich behandelten Zusammenhang zwischen einer Abbildung und
ihrer Matrixdarstellung zurückzugreifen. Dort wurde gezeigt, dass die Spalten s_k nichts anderes als die Bilder Ae_k der Basisvektoren e_k in $\mathbb{R}^n$ sind.
Diese aber spannen nach (3.1.5) (ii) das Bild von X unter A auf; d.h.
$Im\, A = Lin\{s_1, \ldots, s_n\}$. Ist aber y aus $Lin\{s_1, \ldots, s_n\}$, dann ist die Dimension
dieses Raums gleich der von $Lin\{s_1, \ldots, s_n, y\}$, und umgekehrt folgt aus Satz
(2.3.4), dass die Gleichheit der Dimensionen die lineare Abhängigkeit des
Vektors y vor $s_1, \ldots, s_n$ impliziert. Nun ist aber dim $Lin\{s_1, \ldots, s_n, y\} =$
$Rg[A, y]$.
   Mit diesen Bemerkungen kann der Leser sich schnell von der Richtigkeit
des Satzes überzeugen.   □
   Die Äquivalenz der Aussagen (b) und (c) in beiden Teilen des Satzes
zeigt darüberhinaus, dass das Existenzproblem in der abbildungstheoretischen und in der vektorraumtheoretischen Auffassung diesselbe Antwort
hat.

Die Aussage (i)(d) verweist auf ein rechnerisches Entscheidungsverfahren. Wir haben in Paragraf 2.3 gelernt, dass man den Rang einer Matrix am besten an ihrer Gauss-Jordan'schen Normalform ablesen kann. Die zu testende Aussage drückt sich dann so aus: *Hat* $[A, y]_{GJ}$ *eine führende Eins* (d.h. eine, vor der in ihrer Zeile nur Nullen stehen) *in der letzten Spalte, dann ist das lokale Existenzproblem nicht lösbar; andernfalls finden wir eine Lösung.* Mit dieser Beobachtung kann der Leser sich leicht unlösbare Gleichungssysteme beschaffen.

Die Aussage (ii) (c) lautet dann so: *Das gegebene Gleichungssystem ist genau dann global lösbar, wenn* A_{GJ} *keine Nullzeilen enthält.*

Die beiden zuletzt formulierten Kriterien benutzen wesentlich, dass der Zeilenrang einer Matrix gleich ihrem Spaltenrang, den wir im Satz selbst vor Augen hatten, ist (vgl. (2.3.14) und (6.1.14)).

4.2.5. Hat man die Frage nach der Existenz beantwortet, dann stellt sich die nach der Eindeutigkeit der Lösung. Diese analysiert man mithilfe des folgenden Theorems:

Satz. (EINDEUTIGKEITSKRITERIEN) Gelten die Voraussetzungen des Satzes (4.2.4) und ist für y das lokale Existenzproblem lösbar, dann sind äquivalent:

  i. Das Gleichungssystem $Ax = y$ hat genau eine Lösung.
 ii. Die homogene Gleichung $Ax = o$ hat nur die triviale Lösung $x = o$.
iii. $Rg\, A = n$.

Der Beweis beruht wesentlich auf Satz (3.1.6) und der Beschreibung der Lösungen des inhomogenen Systems durch die des homogenen, die wir in (4.2.2) vorweggenommen haben. Sie besagt, dass (i) äquivalent zu $ker\, A = \{o\}$ ist, was aber gerade (ii) ausdrückt. (3.1.6) (i) zusammen mit der in (4.2.3) erläuterten Aussage liefert die Äquivalenz von (ii) und (iii).   □

Die letzte Bedingung ist wieder die, die der rechnerischen Entscheidung zugrunde liegt und kann wie oben mithilfe des Gauss-Jordan'schen Verfahrens beispielsweise angegangen werden. Wir wollen herausstreichen, dass sie $m \geqslant n$ beinhaltet. Das wiederum drückt aus, dass Eindeutigkeit nur dann erhofft werden kann, wenn die Anzahl der Gleichungen wenigstens gleich der der Unbestimmten ist. Dies ist eine aus der Schule bekannte Faustregel, deren Umkehrung falsch ist; Anfänger übersehen das häufig.

4.2.6. Die letzte Aussage des obigen Satzes bringt noch eine überraschende Wendung für den Fall, dass die Anzahl der Gleichungen und die der Unbekannten übereinstimmen.

Satz. Gelten wieder die Voraussetzungen aus Satz (4.2.4) und ist zusätzlich $m = n$. Dann sind folgende Aussagen äquivalent:

    i. Das Gleichungssystem ist für ein y aus $\mathbb{R}^n$ eindeutig lösbar.
    ii. Das Gleichungssystem ist global lösbar.
    iii. Das homogene System ist nur trivial lösbar.
    iv. $Rg(A) = n$.
    v. A ist invertierbar.

Beweis. Nach (4.2.5) ist (i) äquivalent zu (iv) und das bedeutet für $m = n$ gerade die Surjektivität von A, also (ii). Da nach (3.1.6) (ii) die Surjektivität in diesem Fall dasselbe wie die Injektivität ist, gilt auch die Umkehrung des letzten Schlusses. Insgesamt wissen wir nun, dass A bijektiv ist, was nach Paragraf 3.3 gerade die Invertierbarkeit der sie repräsentierenden Matrix ausdrückt. Das Kriterium (iii) ist schon in (4.2.5) behandelt worden.   □

Der Satz verdeutlicht die Bemerkung am Ende des letzten Abschnitts.

Allein aus der Übereinstimmung der Anzahl der Unbekannten mit der der Gleichungen, folgt noch nichts über die Lösbarkeit. Es ist aber bemerkenswert, dass man nur ein y, also beispielsweise den Fall $y = o$, d.h. das homogene System, studieren muss, um eventuell schon globale Aussagen zu gewinnen. Hier sehen wir in der Praxis wie stark die schon in Paragraf 3.1 axiomatisch behandelte Linearitätsbedingung (3.1.2) ist.

Man kann aus dem obigen Satz eine nützliche Folgerung ziehen.

Korollar. (FREDHOLM'SCHE ALTERNATIVE) Entweder ist das globale Existenzproblem für ein System von m Gleichungen in m Unbekannten eindeutig lösbar oder das zugehörige homogene System besitzt eine nichttriviale Lösung.

4.2.7. Den Rest des Paragrafen wollen wir den praktischen Berechnungsverfahren widmen. Es ist dabei keinesfalls eine Einführung in die Numerische Lineare Algebra beabsichtigt. Diese findet der Leser besonders gut in [51] dargestellt; hier soll nur das in den letzten Abschnitten gewonnene theoretische Wissen abgerundet und dem Leser der Anschluss an obige Literatur erleichtert werden.

Zum letzten Mal[†] kommen wir auf das Gauss-Jordan'sche Verfahren zurück, um es abschliessend sauber im Rahmen der axiomatischen Theorie einzuordnen. Wir gehen von (2.3.9) aus, wonach eine invertierbare Matrix Q existiert, so dass $A_{GJ} = QA$ ist.

Ist A invertierbar, dann ist $Q = A^{-1}$ und aus (2.3.15) wissen wir, dass wir letztere Matrix bestimmen können, indem wir alle Reduktionsschritte, die A in A_{GJ} überführen, auch auf die Einheitsmatrix I_m anwenden. *Genau dieses Verfahren zur Bestimmung von Q klappt auch, wenn A beliebig ist.*

[†]Nicht ganz! In Kapitel 6 werden wir es nocheinmal aufgreifen, um es geometrisch zu deuten.

Hat man Q gewonnen, dann kann man leicht Qy berechnen und das Auffinden der Lösungen ist auf eines mit einer Koeffizientenmatrix in Gauss-Jordan'scher Normalform reduziert. Es gilt ja, wie schon am Ende von Paragraf 3.3 angemerkt worden war, dass $x_1, \ldots, x_n$ genau dann $Ax = y$ löst, wenn es $A_{GJ}x = Qy$ befriedigt.

Dass diese beiden Systeme auch gleiches Lösbarkeitsverhalten haben, erkennt man daran, dass alle in den vorausgehenden Abschnitten aufgeführten Kriterien unverändert bleiben, wenn man A durch QA und y durch Qy ersetzt, solange Q invertierbar ist: Es interessiert dort entweder der Kern von A, der durch eine nachfolgende Bijektion nicht verändert wird, oder der Bildraum ImA, der in $Q(ImA)$ verdreht wird; letzteres lässt seine Dimension fest und die Beziehung (4.2.4) (ii) wird gerettet, weil gleichzeitig y in Qy übergeführt wurde.

Damit kann man das ganze Lösungsproblem an einem Gleichungssystem, dessen Koeffizientenmatrix in Gauss-Jordan'scher Normalform vorliegt, diskutieren, ohne dabei an Allgemeinheit zu verlieren.

Ist $A = O$, dann existiert eine Lösung genau dann, wenn $y = o$ ist. In diesem Fall löst jedes x aus $\mathbb{R}^n$.

Interessant ist also nur $A \neq O$. Nach (2.3.6) findet man r von o verschiedene Zeilen, $1 \leqslant r \leqslant m$, gefolgt von $(m - r)$ Nullzeilen in A vor. Nach (4.2.4) weiss man, dass das globale Existenzproblem genau dann lösbar ist, wenn $r = m$ ist. Für $m > r$ hat das lokale Existenzproblem genau dann eine Lösung, wenn die letzten $(m - r)$ Komponenten von y verschwinden.

Hat man das Existenzproblem geklärt, dann fragt man nach der Vieldeutigkeit der Lösung. Nach (4.2.5) ist das Eindeutigkeitsproblem lösbar, wenn $r = n$ ist. In diesem Fall ist $m \geqslant n$ und A ist die n-te Einheitsmatrix, unter die noch $(m - n)$ Nullzeilen gesetzt sind. Die Lösung ist unmittelbar abzulesen: $x_1 = y_1, x_2 = y_2, \ldots, x_n = y_n$.

Ist $r < n$, dann ist nach (4.2.2) zunächst eine partikuläre Lösung und dann der Kern von A zu bestimmen. Dazu erinnern wir uns, dass in der Gauss-Jordan'schen Normalform durch $n_1 < n_2 < \cdots < n_r$ indizierte Spalten existieren, in denen gerade die n_k-te Einheitsvektoren aus $\mathbb{R}^m$ stehen. Diese liefern uns ohne Rechnung die partikuläre Lösung: $x_{n_1} = y_1, \cdots, x_{n_r} = y_r$ und alle $x_k = 0$ für die von den n_i verschiedenen $(n - r)$ restlichen Indizes.

Um den Kern von A zu bestimmen, d.h. um die Lösungen des homogenen Systems zu finden, geht man so vor. Seien (α_{ik}) die Koeffizienten der Matrix A. Dann wählt man Zahlen τ_j, für alle j, $1 \leqslant j \leqslant n$ und j verschieden von den ausgezeichneten Indizes $n_1, \ldots, n_r$, willkürlich aus. Dann ist

$$x_j = \tau_j, \qquad x_{n_k} = -\Sigma_{s > n_k} \alpha_{ks} \tau_s,$$

eine Lösung der homogenen Gleichung und das sind auch alle. k durchläuft dabei $1, \ldots, r$, j und s wandern durch die von $n_1, \ldots, n_r$ verschiedenen Indizes. Hier finden wir die Parameter aus (2.3.7) wieder.

Damit ist das Verfahren in die rechte Perspektive gerückt und axiomatisch begründet. Wir haben gesehen, dass lineare Gleichungssysteme prin-

zipiell restlos aufgeklärt werden können. Es ist rechnerisch entscheidbar, ob
eine Lösung existiert und, wenn ja, wie sie aussehen muss. Der Leser
vergleiche diese Untersuchung mit den Beispielen aus den Paragrafen 1.2
und 2.3.

Bemerkung. Hat man es mit mehreren Systemen mit demselben Koeffizientenschema aber verschiedenen rechten Seiten zu tun, dann kann man
die s vorkommenden y's zu einer $m \times s$-Matrix Y aneinanderfügen. Da die
Linksmultiplikation mit Q spaltenweise wirkt, ist QY die aus den Qy's
gebildete Matrix. Man kann also simultan für alle Systeme die Reduktion
vornehmen, indem man alle Reduktionsschritte, die A in A_{GJ} überführen,
auch an Y ausführt. Danach setzt obige Diskussion, die weitgehendst ein
reines Ablesen der Endtabelle ist, spaltenweise ein. Das Verfahren spart
Rechenaufwand.

4.2.8. Findet man ein Gleichungssystem, von n Unbestimmten, dessen
Koeffizientenmatrix ein UNTERE DREIECKSMATRIX mit Einsen in der
Diagonale, d.h. von der Form $U = (\lambda_{ik})$ mit $\lambda_{ii} = 1$ und $\lambda_{ik} = 0$ für $i < k$,
ist, vor, dann kann man es mit einem Iterationsverfahren lösen: Das System
lautet in diesem Fall

$$\sum_{i > k} \lambda_{ik} x_k + x_i = y_i$$

für $i = 1, \ldots, n$ und hat dann als Lösung:

$$x_i = y_i - \sum_{i > k} \lambda_{ik} x_k,$$

die man beginnend mit $x_1 = y_1$ sukzessive für alle weiteren $x_2, \ldots, x_n$
explizit berechnen kann. Da das Verfahren formelmässig einfach erfassbar
ist, kann man es gut bei Rechenmaschinen, die ja gerade iterative Rechenschritte besonders gut ausführen, mit Vorteil verwenden.

Analoge Aussagen bekommt man für OBERE DREIECKSMATRIZEN
mit Einsen in der Diagonale, d.h. für solche der Form $O = (\nu_{ik})$, wobei
$\nu_{ii} = 1$, $\nu_{ik} = 0$ für $i > k$, und für DIAGONALMATRIZEN $D = (\mu_{ik})$ mit
$\mu_{ik} = 0$ für $i \neq k$. Für obere Dreiecksmatrizen ist obiges Iterationsverfahren
gerade der Schritt des Rückwärtsauflösens, den wir in Paragraf 1.2
angesprochen haben.

Im Folgenden nehmen wir an, dass U, D und O invertierbar sind.

Hat man nun eine Matrix als Produkt $A = UDO$ von Matrizen des oben
besprochenen Typs dargestellt, dann kann man das Assoziativgesetz für die
Komposition von Abbildungen benutzen und

$$UDOx = y$$

durch die drei Systeme

$$Ux_U = y \qquad Dx_D = x_U \qquad Ox = x_D$$

ersetzen. Die Zwischenlösungen x_U, x_D kann man im Computer überschreiben und somit fallenlassen, die Endlösung x ist genau die Lösung des

ersten Systems. Sind nicht alle Matrizen U, D und O invertierbar, dann ist die Lage komplizierter; der Leser überzeuge sich aber, dass die Lösungen des ersten Systems immer noch eineindeutig den Endlösungen der drei zuletzt genannten Gleichungssysteme entsprechen.

Aufgrund dieser Vormerkungen ist der folgende Satz die Grundlage eines Rechenverfahrens, das aus einer Reihe von einfachen Iterationsmethoden zusammengesetzt ist.

Satz. Sei $A = (\alpha_{ij})$ eine $(n \times n)$-Matrix und bezeichne für $k = 1, \ldots, n$ A_k die $(k \times k)$-Teilmatrix (α_{ij}) mit $1 \leqslant i, j \leqslant k$.

Ist nun $Rg(A_k) = k$ für alle $k = 1, \ldots, n$, dann lässt sich A eindeutig als Produkt UDO darstellen. U ist eine untere und O eine obere Dreiecksmatrix mit Einsen in der Diagonale und D ist eine Diagonalmatrix; alle haben sie den Rang n.

Man nennt die hier beschriebene Aufspaltung die UDO-ZERLEGUNG[†] oder auch die BRUHATZERLEGUNG einer Matrix. Am Ende des Abschnitts werden wir erkennen, dass es sie nicht für jede Matrix zu geben braucht, der Satz also insbesondere als Existenzaussage zu lesen ist.

Beweis. Wir beginnen mit der einfach zu prüfenden Feststellung, dass die oberen invertierbaren Dreiecksmatrizen bezüglich der Matrizenmultiplikation eine Gruppe bilden, d.h. insbesondere, dass mit O auch O^{-1} eine obere Dreiecksmatrix ist. Man spricht dann von einer UNTERGRUPPE von $Aut(X)$. Desgleichen bilden die oberen Dreiecksmatrizen mit Einsen in der Diagonale eine Untergruppe. Diese Aussagen gelten genauso für die unteren Dreiecksmatrizen und die Diagonalmatrizen. Wir überlassen all das dem Leser als Übungsaufgabe.

Den Beweis des Satzes führen wir in zwei Schritten durch. Zunächst zerlegen wir A in UO_1, wo O_1 eine obere Dreiecksmatrix ist, und dann O_1 in DO, wo jetzt O, wie im Satz versprochen, noch zusätzlich eine nur mit Einsen besetzte Diagonale hat.

Wir zeigen zunächst die Eindeutigkeit der Zerlegung: Aus $A = UO_1$ und $A = U'O_1'$ folgt $U^{-1}U' = O_1(O_1')^{-1}$, wo links nach der Vorbemerkung eine untere und rechts eine obere Dreiecksmatrix steht. Daher kann Gleichheit nur bestehen, wenn $U^{-1}U'$ eine Diagonalmatrix ist. Nun haben aber U und U' nur Einsen in der Diagonale, also auch $U^{-1}U'$ und folglich ist $U^{-1}U' = I$, also $U = U'$ und $O_1 = O_1'$. Wenden wir auf die Zerlegung des zweiten Schritts $O_1 = DO$ dasselbe Argument an, dann sehen wir, dass auch D und O eindeutig durch O_1 bestimmt sind.

Den Existensnachweis führen wir mit einem Induktionsbeweis nach n, den wir in $n = 1$ verankern. In diesem Fall ist $U = O = 1$ und $D = \alpha_{11}$. Die Induktionsvoraussetzung ist, dass die Zerlegung für $(n-1) \times (n-1)$-Matrizen möglich ist, und daraus wollen wir sie für $n \times n$-Matrizen folgern.

Wir beginnen mit dem ersten Schritt der Zerlegung $A = UO_1$ und schreiben zu diesem Zweck die beteiligten Matrizen als GERÄNDERTE

[†] In der meist englischsprachigen Literatur zur numerischen Mathematik nennt man das die LDU-decomposition.

Matrizen, d.h. als Blockmatrizen der Form

$$A = \begin{pmatrix} A' & s \\ z & \alpha_{nn} \end{pmatrix} \quad U = \begin{pmatrix} U' & 0 \\ u & 1 \end{pmatrix} \quad O_1 = \begin{pmatrix} O_1' & d \\ 0 & \omega_{nn} \end{pmatrix}$$

mit A', U' und O' aus $M(n - 1, n - 1)$, s, d aus $M(n - 1, 1)$ und z, u aus $M(1, n - 1)$, α_{nn} und ω_{nn} sind reelle Zahlen. Bilden wir nach den Regeln für das Rechnen mit Blockmatrizen aus (2.3.8) das Produkt, dann bekommen wir aus $A = UO_1$ die Gleichungen:

$$A' = U'O' \qquad s = U'd \qquad z = uO' \qquad \alpha_{nn} = ud + \omega_{nn}.$$

Unsere Aufgabe für A eine Zerlegung, also U, O_1 zu finden, ist gleichwertig damit, aus den gegebenen Daten A', s, z und α_{nn} die noch unbekannten U', O', d, u und ω_{nn} zu ermitteln. Nun ist $A' = A_{n-1}$ in der Notation des Satzes und hat somit alle dort genannten Eigenschaften, also nach der Induktionsvoraussetzung eine eindeutige Zerlegung $U'O'$ in invertierbare Dreiecksmatrizen. Damit sind also U' und O' bekannt und mit $d = (U')^{-1}s$ und $u = z(O')^{-1}$ dann auch d und u. Daraus berechnet man sofort $\omega_{nn} = \alpha_{nn} - ud$. Wählen wir wieder die kanonische Basis $e_1, \ldots, e_n$ in $\mathbb{R}^n$, dann gilt offenbar, dass die ersten $(i - 1)$ Komponenten von Ue_i verschwinden, die i-te gerade 1 ist, also nach dem eingangs von (2.3.13) gegebenen Argument $Ue_1, \ldots, Ue_n$ linear unabhängig sind. Nach (3.1.6) ist U deshalb invertierbar, also auch U^{-1} und folglich auch $O_1 = U^{-1}A$, wegen der vorausgesetzten Invertierbarkeit von A. Ausserdem muss $\omega_{nn} \neq 0$ sein. Wäre dem nicht so, dann wäre $O_1e_n = o$, $\langle O_1e_i | i = 1, \ldots, n \rangle$ also keine Basis nach (2.3.4) was nach (3.1.6) der Eineindeutigkeit von O_1 widerspräche.

Der zweite Schritt ist nun die Zerlegung von O_1 in DO. Das ist einfach und wir geben die Lösung direkt an. Der Leser verifiziere, dass sie auch das Verlangte leistet. Sei $O_1 = (\omega_{ik})$ und seien $D = (\mu_{ik})$, $O = (\nu_{ik})$ die Koeffizientenformen der gesuchten Matrizen. Dann setzen wir:

$$\mu_{ii} = \omega_{ii} \quad \text{und} \quad \mu_{ik} = 0 \quad \text{für} \quad i \neq k$$

beziehungsweise

$$\nu_{ii} = 1, \quad \nu_{ik} = 0 \quad \text{für} \quad i > k \quad \text{und} \quad \nu_{ik} = \omega_{ii}^{-1}\omega_{ik} \quad \text{für} \quad i < k.$$

Damit ist der Satz bewiesen. $\square$

Bemerkung. Im Beweis des Satzes ist der zweite Schritt formelmässig erfasst worden. Man kann das auch für den ersten erreichen, indem man die Gleichung $A = UO_1$ spaltenweise behandelt. Dann bekommt man n Gleichungen für jedes $k = 1, \ldots, n$:

$$\alpha_{1k} = \omega_{1k}$$
$$\alpha_{2k} = \lambda_{21}\omega_{1k} + \omega_{2k}$$
$$\cdots \cdots \cdots \cdots \cdots \cdots$$
$$\alpha_{ik} = \sum_{j<i} \lambda_{ij}\omega_{jk} + \omega_{ik}$$
$$\cdots \cdots \cdots \cdots \cdots \cdots$$

mit den Unbekannten λ_{ij} für $i < j$ und ω_{ik} für $i \geqslant k$ bei gegebenen α_{ik}.

Beginnen wir diese für $k = 1$ aufzulösen, dann sehen wir, dass das System zu $\alpha_i = \lambda_{i1}\omega_{11}$ für $i = 1, \ldots, n$ entartet, woraus wir für $i = 1$ den Wert von ω_{11} und von hier aus für $i \geq 2$ wegen $\omega_{11} \neq 0$ die erste Spalte von U erhalten. Danach sind für $k = 2$ die ersten Summanden der rechten Seiten von der Form $\lambda_{i1}\omega_{12}$, die zweiten von der Form $\lambda_{i2}\omega_{22}$ mit $\omega_{22} \neq 0$ und alle weiteren verschwinden wieder da $\omega_{ik} = 0$ für $i > k$ ist. Das liefert für $i = 1$ den Wert von ω_{12} und für $i = 2$ den von ω_{22}. Die restlichen $i = 3, \ldots, n$ geben

$$\lambda_{i2} = \omega_{22}^{-1}(\alpha_{i2} - \lambda_{i1}\omega_{12}),$$

also die zweite Spalte von U. So werden also nach und nach O_1 und U spaltenweise aufgebaut. Der Leser gebe als Übung den dritten und allgemein den m-ten Schritt dieses rekursiven Kalküls an.

Bemerkung. Es ist der Hinweis angebracht, dass der Satz nicht mehr wahr ist, wenn eine seiner Voraussetzungen fallengelassen wird. So erlaubt

$$\begin{pmatrix} 0 & 1 \\ 1 & 0 \end{pmatrix}$$

trotz Rang 2 keine UDO-Zerlegung. Auf der anderen Seite findet man, dass für $\alpha \neq 0$ die folgende Matrix vom Rang 1 die Zerlegung

$$\begin{pmatrix} \alpha & 1 \\ 0 & 0 \end{pmatrix} = \begin{pmatrix} 1 & 0 \\ 0 & 1 \end{pmatrix} \begin{pmatrix} a & 0 \\ 0 & 0 \end{pmatrix} \begin{pmatrix} 1 & \alpha^{-1} \\ 0 & 1 \end{pmatrix}$$

in eine obere und untere Dreiecksmatrix und eine, jetzt allerdings nicht mehr invertierbare, Diagonalmatrix erlaubt.

4.2.9. Die letzten Abschnitte haben Verfahren aufgezeigt, die durch das Zurückführen des Systems auf eines mit dreieckiger Koeffizientenmatrix die gestellte Aufgabe zu lösen erlauben. Alle sind sie verhältnismässig leicht programmierbar und so mag der Eindruck entstehen, dass man das eingangs dieses Kapitels gestellte Problem ein für allemal aus der Welt geschafft hat. Leider ist das nicht so. Die angegebenen Algorithmen sind recht empfindlich gegenüber in der Praxis unvermeidbaren Schwankungen der Zahlenwerte für die Koeffizienten. Eine typische Quelle solcher Ungenauigkeiten ist der Rundungsvorgang beim Abbrechen von langen Dezimalausdrücken udgl.

Wir geben zwei Beispiele. Wenn wir in der folgenden Rechnung

$$\begin{pmatrix} 1.02 & 2.04 & 2.96 \\ 3.03 & 1.05 & 1.95 \\ -1.02 & 2.95 & 4.05 \end{pmatrix} \begin{pmatrix} 2 \\ 6 \\ -5 \end{pmatrix} = \begin{pmatrix} -0.52 \\ 2.61 \\ -4.59 \end{pmatrix}$$

in der Matrix jede Zahl durch die ihr zunächst liegende ganze Zahl ersetzen, wobei wir höchstens 5 Prozent falsch liegen, dann ist das Ergebnis der Matrizenmultiplikation der Spaltenvektor $(-1, 2, -4)^T$, der von dem obigen in der ersten Komponente um nahezu 50 Prozent abweicht!

Kleine Schwankungen in den Vorgabedaten der Koeffizientenmatrix, wie sie beispielsweise als Ergebnis einer Reihe von Experimenten unvermeidlich sind, können also grosse Wirkung zeigen. Das wirft ein Licht auf die *praktische* Vorhersagbarkeit von Aussagen: Hat man die Matrix, also das physikalische oder ökonomische Proportionalitätsgesetz, an einigen Fällen experimentell bestimmt, dann kann seine Anwendung auf eine neue Ausgangssituation zu grossen Fehlern in der Aussage führen.

Als zweite Aufgabe wollen wir das System

$$x_1 - x_2 = 0$$

$$10^{-2}x_1 - x_2 = 1$$

lösen. Wir können mithilfe elementarer Matrizen die erweiterte Koeffizientenmatrix auf Gauss-Jordan'sche Normalform bringen. In der Notation von Paragraf 1.3 gelingt das beispielsweise durch Linksmultiplikation mit einem der beiden Matrizenprodukte:

$$A(1; 1 + 2)M(2; [1.01]^{-1})M(1; 10^2)A(2; 2 + 1)M(1; -10^{-2})$$

oder

$$M(2; -1)M(1, 10^2)A(1; 1 + 2)M(2; 101^{-1})M(1; -10^{-2}) \times$$

$$\times A(2; 2 + 1)M(1; -10^2)V(1; 2)$$

und führt zu der Lösung

$$\begin{pmatrix} 1 & 0 & [1.01]^{-1} \\ 0 & 1 & [1.01]^{-1} \end{pmatrix}.$$

Dieser Gauss-Jordan'schen Normalform sieht man dann an, dass $x_1 = x_2 = [1.01]^{-1} = 0.990$ ist. Das ist das exakte Vorgehen.

Nun denken wir uns aber überall durch Abrunden um nur ein Prozent 1.01 durch 1 ersetzt. Weiterhin erinnern wir uns, dass das Gauss'sche Verfahren ein abgebrochenes Gauss-Jordan'sches ist, abgebrochen frühestens dann wenn die Koeffizientenmatrix obere Dreiecksform erreicht hat. Dies tritt im ersten Fall nach zwei, im zweiten Fall nach drei Linksmultiplikationen ein; die daran anschliessenden in obigen Ausdrücken ändern nur mehr die Zahlenwerte, nicht aber die obere Dreiecksform. Brechen wir also beispielsweise nach vier Schritten ab. Dann passiert Folgendes: Wir erhalten mit der vereinbarten Abrundung für die erweiterten Koeffizientenmatrizen

$$\begin{pmatrix} 1 & -1 & 0 \\ 0 & 1 & 1 \end{pmatrix} \text{ beziehungsweise, } \begin{pmatrix} 10^{-2} & 1 & 1 \\ 0 & -10^2 & -10^2 \end{pmatrix}$$

aus denen wir jeweils die Lösungen

$$\begin{matrix} x_1 = 1 \\ x_2 = 1 \end{matrix} \text{ und } \begin{matrix} x_1 = 0 \\ x_2 = 1 \end{matrix}$$

erhalten. Erstere stimmt bis auf ein Prozent mit der exakten Lösung überein, während die zweite völlig daneben liegt. Der Leser prüfe nach, dass das erste Verfahren stets nahe an der genauen Lösung liegt, während das zweite mal nahe mal ganz weit weg davon ausfällt, je nachdem, wann man das Gauss-Jordan'sche Verfahren unterbricht. Der Grund ist empirisch der, dass man durch die Vertauschung $V(1; 2)$ die kleinste Zahl der ersten Spalte nach oben geschafft hat und diese dann benutzt, um die darunter stehenden zu Null zu machen. Eine Faustregel ist nun, hier stets die grösste zu nehmen.

Beide Beispiele zeigen, dass kleine Abweichungen durch Rundung zu grossen im Endergebnis führen können. Das zweite zeigt noch, dass das Gauss-Jordan'sche Verfahren Etappen durchläuft, wo ein direkter Lösungsversuch grobe Abweichungen von der wahren Lösung nach sich zieht. Man kann das aber gelegentlich mit etwas Fingerspitzengefühl durch einen anderen Lösungsweg, etwa obige erste Methode, vermeiden. Es bleibt aber die Einsicht, dass man mit den Abweichungen, die sich sogar im Laufe der Rechnung aufschaukeln können, wenn die Rechenanlage mehrfach runden muss, zu rechnen hat und in diesem Sinn ist das Verfahren nicht stabil.

Später werden wir gelegentlich auf stabilere Verfahren hinweisen. Sie sind meist auf eine Variablentransformation gegründet, wie wir sie beispielsweise in (3.3.12) vorgeführt haben. Dazu wollen wir uns aber erst etwas mehr Verständnis für die geometrische Betrachtungsweise von Problemen der Linearen Algebra aneignen.

Einzelheiten zur numerischen Behandlung der hier angesprochenen Lösungsmethoden findet der Leser beispielsweise in [37], [13], oder [51].

Die Determinante

4.3.1. In diesem Abschnitt wollen wir ein von den bisherigen ganz verschiedenes Lösungsverfahren vorführen. Es ist viel zu kompliziert, um bei einem allgemeinen linearen System mit Vorteil eingesetzt zu werden. In vielen in der Praxis vorkommenden Spezialfällen oder in Kombination mit beispielsweise dem Gauss'schen Algorithmus ist es aber nützlich. Seine Bedeutung für die Lineare Algebra liegt vor allem in der begrifflichen Eleganz und Einfachheit der Formeln, aber auch darin, dass es den Begriff der DETERMINANTE der Koeffizientenmatrix einführt, der sich besonders bei theoretischen Untersuchungen, auch ausserhalb der Gleichungstheorie, als wertvoll erweist.

Es handelt sich um ein Eliminationsverfahren, das die Gleichungen des Systems ENTKOPPELT. Zum Unterschied vom Gauss'schen Verfahren ist es aber nicht kumulativ. Jeder Schritt reduziert die Anzahl der Gleichungen und der Unbekannten um eins bis im günstigsten Fall eine einzige eindeutig lösbare Gleichung in einer Unbekannten übrigbleibt. Die Information über die anderen Variablen ist verloren gegangen und so muss für jede dieser der ganze Weg neu durchlaufen werden. Die Methode wird für ein System von n Gleichungen in n Unbestimmten verwendet.

Wir beginnen mit dem Fall $n = 1$. Hier handelt es sich um eine Gleichung $\alpha_{11} x_1 = y_1$, die für $\alpha_{11} = 0$ nur dann eine Lösung hat, wenn auch $y_1 = o$ ist; dann löst jedes reelle τ mit $x_1 = \tau$ und Eindeutigkeit liegt nicht vor. Ist $\alpha_{11} \neq 0$, dann finden wir für jedes y_1, genau eine Lösung $x_1 = \alpha_{11}^{-1}\alpha$ und das System erlaubt eine eindeutige globale Lösung. Die Fredholm'sche Alternative aus (4.2.6) drückt sich so aus: Entweder $\alpha_{11} \neq 0$ oder $\alpha_{11} = 0$! Dabei entspricht dieses dem Fall, dass das homogene System eine nichttriviale Lösung besitzt, jenes dem, dass unbeschränkte und eindeutige Lösbarkeit vorliegt.

Interessanter wird der Fall $n = 2$. Hier entkoppeln wir das System:

$$\alpha_{11} x_1 + \alpha_{12} x_2 = y_1$$
$$\alpha_{21} x_1 + \alpha_{22} x_2 = y_2$$

indem wir die erste Gleichung mit α_{22}, die zweite mit α_{12} multiplizieren und dann subtrahieren; das eliminiert x_2. Macht man dasselbe mit den Zahlen α_{21} und α_{11}, dann fällt die Unbestimmte x_1 heraus. Beide Schritte führen zu dem neuen Gleichungspaar:

$$(\alpha_{11}\alpha_{22} - \alpha_{12}\alpha_{21})x_1 = \alpha_{22} y_1 - \alpha_{12} y_2$$
$$(\alpha_{11}\alpha_{22} - \alpha_{12}\alpha_{21})x_2 = \alpha_{11} y_2 - \alpha_{21} y_1.$$

Hier sind die Unbestimmten entkoppelt und die Lösung lässt sich schnell diskutieren. Zunächst stellen wir fest, dass der links in Klammer stehende Faktor

$$\Delta = \alpha_{11}\alpha_{22} - \alpha_{12}\alpha_{21}$$

bei beiden Gleichungen derselbe ist. Die rechten Seiten nennen wir $\Delta(1)$ bzw. $\Delta(2)$. Zum Unterschied von Δ hängen sie von y ab.

Ist nun $\Delta \neq 0$, dann finden wir für jedes $y = (y_1, y_2)^T$ und für alle $i = 1, 2$ die Lösung

$$x_i = \Delta^{-1}\Delta(i),$$

das globale Existenzproblem ist also eindeutig lösbar. Ist $\Delta = 0$, dann hat das homogene System, was durch Fallunterscheidungen nachprüfbar ist, nichttriviale Lösungen. Verschwindet nämlich ein α_{ik}, dann tut das auch wegen $\Delta = 0$ entweder die zugehörige Zeile oder Spalte, sind dagegen alle α_{ik} von Null verschieden, dann wird

$$\alpha_{11}\alpha_{12}^{-1} = \alpha_{21}\alpha_{22}^{-1}.$$

Nach Division der ersten Gleichung durch α_{12} und der zweiten durch α_{22} stellt man als Folge davon fest, dass beide Gleichungen identisch sind. Danach ist es in allen Fällen ein Leichtes eine von o verschiedene Lösung des homogenen Systems zu finden.

Die kritische Grösse Δ ist durch die Koeffizientenmatrix allein wohlbestimmt und heisst ihre DETERMINANTE. Wieder entspricht die Alternative $\Delta \neq 0$ oder $\Delta = 0$ der Fredholm'schen aus (4.2.6).

4.3.2. Der Fall $n = 3$ wird gleich ein ganzes Stück komplizierter. Wir skizzieren ihn in einer Kurzfassung und überlassen die Einzelheiten der (umständlichen) Rechnung dem Leser. Das System ist jetzt

(I) $\qquad\qquad \alpha_{11}x_1 + \alpha_{12}x_2 + \alpha_{13}x_3 = y_1$

(II) $\qquad\qquad \alpha_{21}x_1 + \alpha_{22}x_2 + \alpha_{23}x_3 = y_2$

(III) $\qquad\qquad \alpha_{31}x_1 + \alpha_{32}x_2 + \alpha_{33}x_3 = y_3$

Streicht man in der Koeffizientenmatrix die zum Element α_{ij} gehörende i-te Zeile und j-te Spalte, dann entsteht eine 2×2-Matrix, deren Determinante im obigen Sinne mit Δ_{ij} bezeichnet werden soll. Beispielsweise:

$$\Delta_{21} = \alpha_{12}\alpha_{33} - \alpha_{13}\alpha_{32}.$$

Kürzen wir im Folgenden das Rezept: "Multipliziere (I) mit dem Koeffizienten von x_2 aus (II), (II) mit dem von x_2 aus (I) und subtrahiere danach letzteres Ergebnis von ersterem" mit $[I, II; x_2]$ ab, dann liefern die Rezepte der Reihe nach:

$[I, II; x_2]$:	(a)	$\Delta_{33}x_1 - \Delta_{31}x_3 = \alpha_{22}y_1 - \alpha_{12}y_2$
$[I, III; x_2]$:	(b)	$\Delta_{23}x_1 - \Delta_{21}x_3 = \alpha_{32}y_1 - \alpha_{12}y_3$
$[II, III; x_2]$:	(c)	$\Delta_{13}x_1 - \Delta_{11}x_1 = \alpha_{32}y_2 - \alpha_{22}y_3$
$[I, II; x_1]$:	(d)	$\Delta_{33}x_2 + \Delta_{32}x_3 = \alpha_{11}y_2 - \alpha_{21}y_1$
$[I, III; x_1]$:	(e)	$\Delta_{23}x_2 + \Delta_{22}x_3 = \alpha_{11}y_3 - \alpha_{31}y_1$
$[II, III; x_1]$:	(f)	$\Delta_{13}x_2 + \Delta_{12}x_3 = \alpha_{21}y_3 - \alpha_{31}y_2$
$[I, II; x_3]$:	(g)	$\Delta_{32}x_1 + \Delta_{31}x_2 = \alpha_{23}y_1 - \alpha_{13}y_2$
$[I, III; x_3]$:	(h)	$\Delta_{22}x_1 + \Delta_{21}x_2 = \alpha_{33}y_1 - \alpha_{13}y_3$
$[II, III; x_3]$:	(i)	$\Delta_{12}x_1 + \Delta_{11}x_2 = \alpha_{33}y_2 - \alpha_{23}y_3.$

Es wurde also in der ersten Dreiergruppe x_2, in der zweiten x_1 und in der dritten x_3 eliminiert. Nimmt man zu dem so gewonnnen System noch das Ausgangssystem hinzu, dann bekommt man beispielsweise aus $[I, i; x_2]$, zu dessen Ergebnis

$$(\alpha_{11}\Delta_{11} - \alpha_{12}\Delta_{12})x_1 + \alpha_{13}\Delta_{11}x_3 = \Delta_{11}y_1 - \alpha_{12}\alpha_{33}y_2 + \alpha_{12}\alpha_{23}y_3$$

man das α_{13}-Fache von (c) addiert, die Gleichung:

$$\left(\sum_{k=1}^{3}(-1)^{k+1}\alpha_{1k}\Delta_{1k}\right)x_1 = \sum_{k=1}^{3}(-1)^{k+1}\Delta_{k1}y_k.$$

Wir haben bei diesem Verfahren zur Gleichung I eine der drei Gleichungen des Systems (a)–(i), in der Δ_{ik} mit $i = 1$ auftritt, hinzugenommen und darauf dann die erste und zweite Unbekannte entkoppelt. Der zweite Schritt war die Hinzunahme einer weiteren Gleichung, in der Δ_{ik} mit $i = 1$

vorkommt, und dann die Entkopplung der ersten von der dritten Unbestimmten. Analog liefern [II, h; x_1] mit dem α_{23}-Fachen von (e) und
[III, a; x_1] mit dem α_{32}-Fachen von (d) die Formeln:

$$\left(\sum_{k=1}^{3}(-1)^{k+2}\alpha_{2k}\Delta_{2k}\right)x_2 = \sum_{k=1}^{3}(-1)^{k+2}\Delta_{k2}y_k$$

$$\left(\sum_{k=1}^{3}(-1)^{k+3}\alpha_{3k}\Delta_{3k}\right)x_3 = \sum_{k=1}^{3}(-1)^{k+3}\Delta_{k3}y_k.$$

Rechnet man in den letzten drei Gleichungen die links stehenden
Klammerausdrücke explizit aus, dann stellt man fest, dass sie alle übereinstimmen. Wir nennen sie wieder die DETERMINANTE der Koeffizientenmatrix und bezeichnen sie mit Δ. Die zu der Gleichung für x_i gehörende
rechte Seite sei wieder $\Delta(i)$ genannt. Ist nun $\Delta \neq 0$, dann finden wir zu
jedem y und jedem i aus $1, 2, 3$ eine Lösung:

$$x_i = \Delta^{-1}\Delta(i).$$

Wieder könnte man herausfinden, dass für $\Delta = 0$ das homogene System
nichttriviale Lösungen besitzt, die Fredholm'sche Alternative also durch Δ
einfach erfasst werden kann.

4.3.3. Zunächst zeigt uns das Verfahren, dass die einzige Lösung des
globalen Problems, sofern sie existiert, durch eine elegante Formel
ausgedrückt werden kann. Man nennt diese die CRAMER'sche REGEL.
Sie hat heute eine zurückgehende praktische Bedeutung, da die Berechnung
der Determinante ein dem Lösen mithilfe des Gauss-Jordan'schen Algorithmus vergleichbarer Rechenaufwand ist. Dasselbe gilt für die Bestimmung der $\Delta(i)$. Treten in einem Koeffizientenschema aber viele Nullen auf,
dann befindet man sich unter Umständen bei dieser Methode in einer
günstigen Lage. Wir zeigen solche Fälle später auf.

Wichtiger als das Lösungsverfahren ist für uns der dabei entdeckte
Begriff der Determinante. Wir werden ihn für beliebige $n \times n$-Matrizen
axiomatisch erarbeiten. Immerhin haben wir schon einiges am Beispiel der
3×3-Matrizen sehen können:

i. Sehen wir die Fredholm'sche Alternative im Lichte des Satzes
(4.2.6), dann ist die Koeffizientenmatrix genau dann invertierbar,
wenn ihre Determinante nicht verschwindet.

ii. Die Determinante lässt sich aus denen geeigneter 2×2-
Teilmatrizen berechnen. In den in (4.3.2) gefundenen Formeln
sieht man, dass man sich bei dieser Rechnung auf irgendeine Zeile
i konzentrieren kann; deren Elemente bestimmen Δ_{ik} und damit
die benötigten Produkte $\alpha_{ik}\Delta_{ik}$, $k = 1, 2, 3$. Man nennt das die
LAPLACE'sche ENTWICKLUNG der Determinante nach einer
Zeile.

iii. Man bekommt weiterhin die Identitäten:

$$\sum_{k=1}^{3} (-1)^k \alpha_{jk} \Delta_{ik} = 0 \qquad \text{für} \qquad j \neq i.$$

für $j = 3$ ergibt sich das, wenn man $[a, g; x_1]$ durchführt und zu dem Ergebnis das Δ_{31}-Fache von (d) addiert; das führt zu einer Identität in y_1, y_2, aus der die Formel erschlossen werden kann.

iv. Ersetzt der Leser die i-te Spalte der Koeffizientenmatrix durch die Spalte $(y_1, y_2, y_3)^T$ der Vorgabedaten des Gleichungssystems, dann zeigt ein Formelvergleich, dass $\Delta(i)$ gerade die Determinante der so veränderten Matrix ist. Die Cramer'sche Formel ist somit nur ein Quotient von Determinanten, auf deren Berechnung das Lösungs-problem für invertierbare Koeffizientenmatrizen zurückgeführt werden kann.

Wir haben den Leser mit stumpfsinnigen Rechnungen bis an den Fall der 3×3-Matrizen geführt, weil man erst dort wichtige Beobachtungen machen kann, die zu einer axiomatischen Behandlung beitragen können. Bereits bei 4×4-Matrizen geht die Übersicht gänzlich verloren.

Die nachfolgenden Untersuchungen werden zeigen, dass für jedes n die Systeme von n Gleichungen in n Unbekannten sich formelmässig genau wie die "kleinen" Systeme verhalten. Dass man das beweisen kann, ohne dafür sehr viel mehr Platz als für den Fall $n = 3$, den wir hier ja nur skizzenhaft vorgeführt haben, zu benötigen, ist ein überzeugender Beweis dafür, dass der "richtige" theoretische Ansatz und ein axiomatisches Vorgehen sich auch für die numerische Praxis lohnen kann. Das folgerichtige Schliessen ist auch beim Auffinden von Formeln dem rechnerischen Vorgehen oft überlegen und verhilft darüberhinaus zu einem tieferen Verständnis, das die Determinantentheorie vordem, trotz des Bienenfleisses ihrer Verfechter, nicht erreichen konnte. Der Leser werfe einen Blick in das Buch von Sir Thomas Muir [45], wo die Geschichte und der Wissensstand der Determinantentheorie bis zum Anfang unseres Jahrhunderts dargestellt ist.

4.3.4. Der Determinantenbegriff kommt in die Lösungstechniken über die vektortheoretische Auffassung (4.1.3) des Gleichungssystems. Dort fassen wir die Koeffizientenmatrix als n nebeneinanderstehende Spaltenvektoren auf, durch die wir die Determinante ausdrücken wollen.

Wählen wir die Formel aus (4.3.1) für $n = 2$ als motivierendes Beispiel:

Die Matrixkoeffizienten α_{ik} sind gerade die i-ten Komponenten des Spaltenvektors s_k in der kanonischen Basis des $\mathbb{R}^n$. Also lautet die Formel unter Verwendung der Komponentenschreibweise (2.2.14):

$$\Delta(s_1, s_2) = \alpha_1(s_1)\alpha_2(s_2) - \alpha_2(s_1)\alpha_1(s_2).$$

Links haben wir die Abhängigkeit von den Spaltenvektoren explizit gemacht.

Wir begegnen wieder dem in der modernen Mathematik so wichtigen Gedanken, *einen Rechenausdruck als Abbildung aufzufassen*. Anschliessend wird diese dann mit der linearen Struktur in Verbindung gebracht und daraus werden nützliche Rechengesetze innerhalb der axiomatischen Gegebenheiten abgeleitet. Unsere Determinante gehört für den Spezialfall $X = \mathbb{R}^2$ offenbar zur folgenden Klasse:

Definition. Sei X ein n-dimensionaler Vektorraum, dann heisst eine Funktion δ vom n-fachen kartesischen Produkt $X \times X \times \cdots \times X$ (vgl. (2.2.5)) in $\mathbb{R}$ eine ALTERNIERENDE n-FORM oder eine DETERMINANTEN-FUNKTION auf X, wenn sie folgende Eigenschaften hat:

i. δ ist für jedes k aus $1, \ldots, n$ im k-ten Argument linear, d.h.

$$\delta(x_1, \ldots, \alpha x_k + \beta y_k, \ldots, x_n) =$$
$$= \alpha\delta(x_1, \ldots, x_k, \ldots, x_n) + \beta\delta(x_1, \ldots, y_k, \ldots, x_n)$$

für alle $x_1, \ldots, x_k, y_k, \ldots, x_n$ aus X und alle reellen α, β.

ii. Sind $x_1, \ldots, x_n$ linear abhängig in X, dann ist

$$\delta(x_1, \ldots, x_n) = 0$$

4.3.5. Um diese Definition besser mit dem Beispiel der Determinante einer 2×2-Matrix vergleichen zu können, formulieren wir die zweite Eigenschaft in der Definition genauer:

Satz. Die Bedingung (ii) in der Definition (4.3.4) ist äquivalent zu jeder der folgenden:

i. Vertauscht man zwei Argumente, dann wechselt δ das Vorzeichen, d.h.

$$\delta(x_1, \ldots, x_i, \ldots, x_k, \ldots, x_n) = -\delta(x_1, \ldots, x_k, \ldots, x_i, \ldots, x_n)$$

für alle $x_1, \ldots, x_n$ aus X und alle $i \neq k$ aus $1, \ldots, n$.

ii. Stimmen mindestens zwei Vektoren in $x_1, \ldots, x_n$ überein, dann ist $\delta(x_1, \ldots, x_n) = 0$.

iii. $\delta(x_1, \ldots, x_i + x_k, \ldots, x_k, \ldots, x_n) = \delta(x_1, \ldots, x_i, \ldots, x_k, \ldots, x_n)$
für alle $x_1, \ldots, x_n$ aus X und alle $i \neq k$ aus $1, \ldots, n$.

Man nennt die Eigenschaft (i) kurz: δ ist TOTAL SCHIEFSYMMETRISCH und die für die Geometrie wichtige Eigenschaft (iii) nennt man die SCHERUNGSINVARIANZ von δ. Die Rolle, die die Determinantenfunktion in der Geometrie spielt, behandeln wir im Kapitel 5.

Wir beweisen den Satz mithilfe der Schlusskette: (4.3.4)(ii) $\Rightarrow$ (i) $\Rightarrow$ (ii) $\Rightarrow$ (iii) $\Rightarrow$ (4.3.4)(ii).

Für die erste Implikation beachten wir, dass aus der linearen Abhängigkeit von $x_1, \ldots, x_i + x_k, \ldots, x_k + x_i, \ldots, x_n$ das Verschwinden der Determinantenfunktion auf diesem n-Tupel folgt. Benutzt man die Linearität von δ im i-ten und k-ten Argument, dann bedeutet das:

$$0 = \delta(x_1, \ldots, x_i, \ldots, x_k, \ldots, x_n) + \delta(x_1, \ldots, x_k, \ldots, x_i, \ldots, x_n),$$

da die restlichen beiden Summanden die Variablen $x_1, \ldots, x_i, \ldots, x_i, \ldots, x_n$ bzw. $x_1, \ldots, x_k, \ldots, x_k, \ldots, x_n$, zwei linear abhängige Systeme, haben, also verschwinden. Damit haben wir (i) gefunden. Daraus folgt (ii) unmittelbar. (ii) und die Linearität von δ resultieren direkt in der Aussage (iii). Um den letzten Schritt zu tun, gehen wir auf Satz (2.2.9) zurück. Ist $x_1, \ldots, x_n$ linear abhängig, dann ist entweder ein $x_i = o$ und δ verschwindet wegen der Linearität auf diesem n-Tupel. Andernfalls liefert der eben zitierte Satz ein x_i, das aus seinen Vorgängern linear kombiniert werden kann; wir finden also Vektoren $x_{k_1}, \ldots, x_{k_r}$ und r von Null verschiedene reelle Zahlen $\lambda_{k_1} \cdots \lambda_{k_r}$, wobei $1 \leqslant k_1 < , \cdots, < k_r \leqslant (i-1)$ sein soll, so dass

$$x_i = \sum_{s=1}^{r} \lambda_{k_s} x_{k_s}$$

gilt. Dann liefert die Linearität von δ:

$$\prod_s \lambda_{k_s} \delta(x_1, \ldots, x_n) = \delta(x_1, \ldots, \lambda_{k_1} x_{k_1}, \ldots, \lambda_{k_r} x_{k_r}, \ldots, x_i, \ldots, x_n),$$

wobei das links stehende Produkt wegen der Annahmen über unsere r reellen Zahlen von Null verschieden ist. Die rechte Seite ist aber wieder wegen der Linearität, die die Vorzeichen kontrolliert, und der Bedingung (iii) des Satzes gleich:

$$(-1)^r \delta\left(x_1, \ldots, -\lambda_{k_1} x_{k_1}, \ldots, -\lambda_{k_r} x_{k_r}, \ldots, x_i - \sum_s \lambda_{k_s} x_{k_s}, \ldots, x_n\right).$$

Hier steht aber, wie wir eingangs gesehen haben, an der i-ten Stelle der Nullvektor o und die Linearität zeigt uns, dass daher der Ausdruck null ist. Dividieren wir durch $\prod_s \lambda_{k_s} \neq 0$, dann finden wir $\delta(x_1, \ldots, x_n) = 0$ wie behauptet. $\qquad\square$

Damit haben wir alle wichtigen Rechengesetze für die Determinantenfunktionen, aus denen wir in der Folge ihre Eigenschaften ableiten können, gefunden. Diese Funktionen wurden erstmals von H.Grassmann behandelt und wir werden zeigen, wie sie mit dem auf Leibniz und Cramer zurückgehenden Begriff der Determinante einer Matrix zusammenhängen.

Es lohnt sich aber, auf dieser Stelle darauf hinzuweisen, dass die alternierenden n-Formen ohne Bezug auf spezielle Koordinatensysteme eingeführt werden konnten.

4.3.6. Bis auf Wiederruf führen wir jetzt eine feste Basis $e_1, \ldots, e_n$ in X ein. Das Ziel ist es, aus den definierenden Eigenschaften eine Berechnungsvorschrift für die Determinantenfunktionen zu erschliessen. Jeder Vektor aus $x_1, \ldots, x_n$ hat die Darstellung

$$x_i = \sum_{k=1}^{n} \alpha_k(x_i) e_k$$

nach (2.2.14) und die Linearität von δ in der i-ten Komponente liefert schrittweise:

$$\delta(x_1, \ldots, x_n) = \sum_{k_1} \alpha_{k_1}(x_1) \delta(e_{k_1}, x_2, \ldots, x_n)$$

$$= \ldots$$

$$= \sum_{k_1} \ldots \sum_{k_n} \alpha_{k_1}(x_1), \ldots, \alpha_{k_n}(x_n) \delta(e_{k_1}, \ldots, e_{k_n}),$$

wobei die Summation stets über $1, \ldots, n$ läuft. Nach (4.3.5)(ii) treten in der Summe nur diejenigen Ausdrücke wirklich auf, für die $e_{k_1}, \ldots, e_{k_n}$ paarweise verschieden sind. Das bedeutet, dass $k_1, \ldots, k_n$ nur eine *Umordnung* der Zahlen $1, \ldots, n$ ist. Alle solchen Umordnungen treten auch wirklich im allgemeinsten Fall auf. Wir müssen uns also mit diesen auseinandersetzen, wollen wir in die eben gefundene Formel eine tiefere Einsicht gewinnen. Dazu schieben wir den folgenden Abschnitt ein.

4.3.7. Unsere Zahlen stellen wir uns als Menge $M = \{1, \ldots, n\}$ von n unterschiedlichen Objekten vor und die Umordnung als bijektive Abbildung σ von M in sich. Anschaulich besagt $\sigma(k)$ beispielsweise, welche der Zahlen $1, \ldots, n$ an die k-te Stelle, also anstelle der Zahl k, in der neuen Anordnung treten soll. Dementsprechend hat man in der Kombinatorik dafür auch eine von der üblichen Abbildungsbezeichnung abweichende suggestive Schreibweise eingeführt:

$$\begin{pmatrix} 1 & 2 & . & . & k & . & . & n \\ \sigma(1) & \sigma(2) & . & . & \sigma(k) & . & . & \sigma(n) \end{pmatrix} .$$

Um den Zusammenhang zum Abschnitt (4.3.6) herzustellen, setzen wir $\sigma(r) = k_r$, $r = 1, \ldots, n$, im dortigen Umordnungsproblem ein.

Eine so definierte Abbildung σ nennt man eine PERMUTATION von n Elementen. Ist n mindestens gleich 2 — und nur dieser Fall ist interessant — dann nennt man eine Permutation, die genau $(n - 2)$ Elemente festlässt, eine TRANSPOSITION.

Wählt man als Verknüpfung zweier Permutationen die Komposition von Abbildungen (vgl. Anhang B), dann bilden die Permutationen eine Gruppe, die wir mit $S(n)$ bezeichnen wollen; sie heisst die SYMMETRISCHE GRUPPE von n Elementen. Dass die in Anhang A geforderten Gruppeneigenschaften zutreffen, sieht man leicht: Die identische Abbildung ι ist eine Permutation und jedes σ ist per definitionen bijektiv, also invertierbar. Die Gruppengesetze folgen unmittelbar aus den Rechenregeln für die Zusammensetzungen von Abbildungen; insbesondere gilt das Assoziativgesetz. Der

Leser besorge sich zur Übung ein Beispiel, das ihm zeigt, dass *für n > 2 die symmetrische Gruppe nicht kommutativ* ist.

Hält man ein Element fest und erlaubt alle denkbaren Permutationen der restlichen unter sich, dann sieht man, da man n Möglichkeiten des Festhaltens hat, dass die Anzahl der Elemente in $S(n)$ gerade n-mal die Anzahl der Elemente von $S(n-1)$ ist. Iteriert man diese Überlegung und beachtet man, dass $S(1)$ nur aus der identischen Permutation allein besteht, dann findet man, *dass $S(n)$ gerade n! Elemente hat.*

Weiterhin *kann man jedes Element der Symmetrischen Gruppe als Produkt von Transpositionen darstellen.* Das kann in der Regel auf viele verschiedene Weisen geschehen. Wir geben zwei Beispiele, und zwar im Hinblick auf unser Problem, die Determinantenfunktionen zu analysieren, für σ^{-1} anstatt σ selbst.

Das erste: Suche unter den $\sigma(k)$'s die Eins und vertausche dann mit $\sigma(1)$, so dass die Eins an erster Stelle zu stehen kommt, falls nicht ohnehin schon $\sigma(1) = 1$ war. Danach bringe man der Reihe nach auf die selbe Weise $2, 3, \ldots, n$ auf den 2-ten, $\ldots$, n-ten Platz zurück. Offenbar ist damit σ^{-1} durch Hintereinanderausführung von höchstens $(n-1)$ Transpositionen ersetzt.

Das zweite Beispiel wäre, etwa die Eins unter den $\sigma(k)$'s zu suchen und, wenn nötig sie *der Reihe nach* mit ihren Vorgängern zu vertauschen, bis sie auf dem ersten Platz angelangt ist. Dies wiederholt man für die restlichen Zahlen bis jedes k an der k-ten Stelle gelandet ist. Die hier benutzten Transpositionen, bei denen jeweils benachbarte Elemente vertauscht werden, nennt man INVERSIONEN. Die zweite Methode benötigt bis zu

$$\sum_{k=1}^{n-1} (n-k) = \frac{n(n-1)}{2}$$

Schritte, kann also wesentlich länger als die erste sein, ist aber systematischer, also einfacher programmierbar. Sie besteht darin, dass man der Reihe nach die Paare in der INVERSIONENMENGE

$$\{(\sigma(i), \sigma(j)) | i < j \quad \text{und} \quad \sigma(i) > \sigma(j)\}$$

auflöst, d.h. gerade $I(\sigma)$ Inversionen ausführt, wenn $I(\sigma)$ die Mächtigkeit der Inversionenmenge beschreibt.

4.3.8. Gehen wir wieder zu unseren Determinantenfunktionen aus (4.3.6) zurück. Das eben beschriebene Auflösen von $\sigma(1), \ldots, \sigma(n)$ in die natürliche Ordnung bedeutet, dass man schrittweise $\delta(e_{k_1}, \ldots, e_{k_n})$ durch Umordnen der Argumente in $\pm\delta(e_1, \ldots, e_n)$ verwandelt. Weil jede Transposition eines Argumentpaars nach (4.3.5)(i) die Determinantenfunktion mit einem Vorzeichen versieht, finden wir am Ende der Prozedur $\delta(e_1, \ldots, e_n)$ oder sein Negatives vor. Da wir nach der Überlegung in (4.3.7) mehrere Möglichkeiten des Umordnens haben, tritt die Frage auf, ob das Vorzeichen überhaupt unabhängig von der Wahl der Methode ausfällt; nur dann bekommen wir vernünftige Formeln am Ende heraus. Das studieren wir jetzt.

Zunächst weisen wir darauf hin, dass aufgrund der Formel in (4.3.6) und der eben gefundenen Proportionalität von $\delta(e_{k_1}, \ldots, e_{k_n})$ zu $\delta(e_1, \ldots, e_n)$ die Determinantenfunktion δ genau dann identisch null ist, wenn $\delta(e_1, \ldots, e_n) = 0$ ausfällt. Dieser Fall ist uninteressant und wir wenden uns dem Fall $\delta(e_1, \ldots, e_n) \neq 0$ zu, weisen aber darauf hin, dass wir *noch nicht wissen, ob es überhaupt nichttriviale alternierende n-Formen gibt*; das werden wir später positiv beantworten.

Das noch unbestimmte Vorzeichen ist dann, wenn wir anstelle von k_n die Permutationsschreibweise $\sigma(n)$ benutzen:

$$\frac{\delta\big(e_{\sigma(1)}, \ldots, e_{\sigma(n)}\big)}{\delta(e_1, \ldots, e_n)}$$

und wird SIGNUM der Permutation σ genannt; wir bezeichnen es mit $Sgn(\sigma)$. In der angegebenen Form scheint es von der Abbildung σ und von der speziellen Basis, die wir in X gewählt haben, abzuhängen; letzteres würde uns stören, ist aber glücklicherweise nur eine scheinbare Abhängigkeit. Das sehen wir, indem wir eine Formel entwickeln, in der die Basis nicht mehr auftritt.

Sei dazu $\sigma = \tau_1 \circ \cdots \circ \tau_r = \nu_1 \circ \cdots \circ \nu_s$ auf zwei Weisen durch Transpositionen zusammengesetzt, dann zeigt (4.3.5)(i), dass für jede Determinantenfunktion δ und jedes Vektorsystem $x_1, \ldots, x_n$ zunächst gilt:

$$\delta\big(x_{\sigma(1)}, \ldots, x_{\sigma(n)}\big) = (-1)^r \delta(x_1, \ldots, x_n).$$

Daraus folgt dann sofort durch nochmalige Anwendung auf die andere Zerlegung:

$$Sgn(\sigma) = (-1)^r = (-1)^s.$$

Das bedeutet zweierlei: Die linke Gleichung zeigt, dass $Sgn(\sigma)$ *nicht von der Basiswahl abhängt* und die rechte, dass es aus den Transpositionen, in die wir σ zerlegt haben, leicht berechnet werden kann und die Rechnung für *jede Wahl der Zerlegung zum selben Ergebnis führt*. Im Hinblick auf die Systematik der Berechnung greifen wir auf die im letzten Abschnitt eingeführte Inversionenmenge zurück und erhalten die gesuchte Formel:

$$Sgn(\sigma) = (-1)^{I(\sigma)},$$

in der nur mehr die Permutation σ auf der rechten Seite auftritt.

Bemerkung. Bezeichnen wir eine Permutation als GERADE, wenn ihr Signum 1 ist und als UNGERADE, wenn es -1 ist, dann zeigt die Überlegung auch, dass *jede Aufspaltung einer geraden (ungeraden) Permutation stets eine gerade (ungerade) Anzahl von Transpositionen benötigt*.

4.3.9. Fassen wir all das in den letzten beiden Abschnitten Gesagte zusammen, dann finden wir für die Determinantenfunktionen die Formel:

$$\delta(x_1, \ldots, x_n) = \left[\sum_\sigma Sgn(\sigma)\alpha_{\sigma(1)}(x_1) \ldots \alpha_{\sigma(n)}(x_n) \right] \delta(e_1, \ldots, e_n),$$

wobei die Summation über alle σ aus $S(n)$, also über $n!$ Summanden, läuft. Diese Formel gilt für jede Wahl einer Basis in X. Wir haben sie für $\delta \neq 0$ bewiesen, aber nach der Beobachtung im letzten Abschnitt bleibt sie auch für $\delta = 0$ richtig.

Nun kommen wir zum Hauptsatz der Determinantentheorie. Dazu führen wir den Begriff der bezüglich der Basis $e_1, \ldots, e_n$ NORMIERTEN Determinantenfunktion ein: Darunter verstehen wir eine, für die $\delta(e_1, \ldots, e_n) = 1$ ist.

Hier ist ein erfreuliches Resultat:

Satz. Sei X ein reeller Vektorraum endlicher Dimension.

    i. Auf X gibt es für jede Wahl einer Basis $e_1, \ldots, e_n$ genau eine eine bezüglich dieser Basis normierte Determinantenfunktion δ_o.

    ii. Jede Determinantenfunktion δ auf X ist zur normierten proportional, d.h. zu δ gibt es eine reelle Zahl $\lambda(\delta)$, so dass $\delta = \lambda(\delta)\delta_o$ gilt

Beweis. Die eingangs dieses Abschnitts gegebene Formel zeigt, dass δ durch ihren Wert auf dem Basis-n-Tupel und einen von δ unabhängigen, oben in eckige Klammern gesetzten Faktor bestimmt ist. Daraus folgt sofort die Eindeutigkeit der normierten Determinantenfunktion und auch die Aussage (ii): Die reelle Zahl $\lambda(\delta)$ ist gerade $\delta(e_1, \ldots, e_n)$.

Die wirklich tiefe Aussage des Satzes ist die, dass eine nichttriviale Determinantenfunktion überhaupt existiert. Das beweisen wir durch Induktion nach der Dimension von X.

Ist *dim* $X = 1$, dann ist δ_o nichts anderes als ein lineares Funktional mit $\delta_o(e_1) = 1$, das nach (3.1.5) existiert und die Induktion verankert.

Derselbe Satz zeigt, dass durch

$$\phi_o(e_1) = 1 \quad \text{und} \quad \phi_o(e_i) = 0 \quad \text{für} \quad i = 2, \ldots, n$$

eine Linearform auf X bestimmt ist. Nach (3.1.5)(iii) ist ihr Kern X_o ein $(n-1)$-dimensionaler Teilvektorraum, der nach Konstruktion $e_2, \ldots, e_n$ enthält; letztere bilden nach (2.3.4) eine Basis von X_o. Nach (2.2.12) ist X direkte Summe von $\mathbb{R}e_1$ und X_o, jeder Vektor hat also eine eindeutige Zerlegung $x = \alpha_1(x)e_1 + Px$, wobei Px in X_o liegt. Die dadurch erklärte Abbildung P ist linear und surjektiv von X auf X_o. Die Vektoren aus X_o werden unter P festgehalten. Da *dim* $X_o = n - 1$ ist, gibt es nach Induktionsvoraussetzung auf X_o eine bezüglich der Basis $e_2, \ldots, e_n$ normierte

Determinantenfunktion γ_o mit deren Hilfe wir auf X die Abbildung

$$\delta_o(x_1,\ldots,x_n) = \sum_{i=1}^{n} (-1)^{i+1}\phi_o(x_i)\gamma_o(Px_1,\ldots,Px_{i-1},Px_{i+1},\ldots,Px_n)$$

für alle $x_1,\ldots,x_n$ aus X erklären. Der Leser beachte, dass im Argument von γ_o tatsächlich nur $(n-1)$ Vektoren, alle aus X_o, auftreten. Dies ist die gesuchte Determinantenfunktion auf X.

Da die Abbildungen P, ϕ_o und γ_o in jedem einzelnen ihrer Argumente linear sind, trifft das auch für δ_o zu. Können wir für δ_o die Eigenschaft (4.3.5)(ii) beweisen, dann ist sie also eine alternierende n-Form. Setzt man danach die Basisvektoren ein, dann bleibt wegen der speziellen Wahl von ϕ_o rechts nur $\phi_o(e_1)\gamma_o(e_2,\ldots,e_n)$ stehen, was aber 1 ergibt; δ_o ist also normiert.

Sei also für irgendwelche $i \neq k$ $x_i = x_k$, dann bleiben in der Formel für δ_o, wendet man (4.3.5)(ii) auf γ_o an, rechts nur

$$(-1)^{i+1}\phi_o(x_i)\gamma_o(Px_1,\ldots,Px_{i-1},Px_{i+1},\ldots,Px_k,\ldots,Px_n)$$
$$+ (-1)^{k+1}\phi_o(x_k)\gamma_o(Px_1,\ldots,Px_i,\ldots,Px_{k-1},Px_{k+1},\ldots,Px_n)$$

über. Verwenden wir die Gleichheit $x_i = x_k$, also $Px_i = Px_k$, und wenden wir (4.3.5)(i) auf γ_o an, dann sehen wir durch Anwenden von $(k-i-1)$ Transpositionen, dass der zweite Summand $(-1)^{(k-i-1)}$ als Faktor aufnimmt, also schliesslich unter Beachtung der schon vorhandenen Vorzeichen, dass er entgegengesetzt gleich dem ersten ist. Das bedeutet aber gerade, dass δ_o auf den Vektoren $x_1,\ldots,x_n$ mit $x_i = x_k$ verschwindet. Das war gerade zu zeigen.   □

Es soll hervorgehoben werden, dass wir für den Existenzbeweis nur die Eigenschaften aus (4.3.4) und (4.3.5), nicht aber die Formel am Anfang dieses Abschnitts verwendet haben.

Diese Formel erhält eine für die normierte Determinantenfunktion besonders wichtige Gestalt. Wir bekommen:

Korollar. Die normierte Determinantenfunktion lässt sich für jede Basis von X durch die zugehörigen Koordinatenfunktionale wie folgt ausdrücken:

$$\delta_o(x_1,\ldots,x_n) = \sum_{\sigma} Sgn(\sigma)\alpha_{\sigma(1)}(x_1) \cdots \alpha_{\sigma(n)}(x_n)$$

für alle $x_1,\ldots,x_n$ aus X.

Das ist die KOORDINATENDARSTELLUNG der normierten Determinantenfunktion. Sie ist zusammen mit der in (4.3.8) gegebenen Formel für das Signum die Grundlage für die rechnerische Behandlung der Determinanten.

Mit dieser Bemerkung kommen wir wieder auf unser Ausgangsproblem zurück. Wir wollten die Determinante einer *Matrix* suchen und sind bisher nur bei einer alternierenden n-Form auf dem *Vektorraum X* gelandet. Der nächste Schritt muss im Lichte unserer Axiomatik darin bestehen, die

Determinantenfunktion mit den *Endomorphismen* von X in Verbindung zu bringen. Dem wenden wir uns jetzt zu.

4.3.10. Das Rezept ist wieder ein häufig benutztes in der neuzeitlichen Mathematik. Sein Kern liegt in der Beobachtung, dass eine "Bewegung im Grundraum eine Wirkung auf den darüber errichteten Funktionen nach sich zieht." In günstigen Umständen ist diese Idee scharf formulierbar und führt zu tiefen Einsichten. Hier liegt ein solcher Umstand vor.

Sei A ein Endomorphismus von X und δ eine nichttriviale Determinantenfunktion. Dann können wir damit für $x_1, \ldots, x_n$ aus X die folgende Funktion δ_A bilden:

$$\delta_A(x_1, \ldots, x_n) = \delta(Ax_1, \ldots, Ax_n)$$

Es liegt auf der Hand, da A linear ist, dass δ_A auch eine Determinantenfunktion ist. Aufgrund des Satzes (4.3.9)(ii) sind alle Determinantenfunktionen einander proportional, also gibt es eine reelle Zahl $\lambda(\delta_A)$ mit

$$(*) \qquad\qquad\qquad \delta_A = \lambda(\delta_A)\delta.$$

Die Zahl ist für nichttriviales δ wohlbestimmt. Nun ist offenbar für jede reelle Zahl α die Regel $(\alpha\delta)_A = \alpha\delta_A$ wahr. Ist speziell δ nichttrivial und $\alpha \neq 0$, dann folgt aus ihr, dass

$$\lambda(\alpha\delta_A) = \alpha\lambda(\delta_A)$$

ist. Nach Satz (4.3.9)(ii) durchläuft $\alpha\delta$ mit α alle nichttrivialen Determinantenfunktionen und die eben gefundene Gleichung bedeutet, dass $\lambda(\delta_A)$ in Wirklichkeit gar nicht von δ abhängt. Da die Konstruktion keine Basiswahl voraussetzte, ist die so gefundene Zahl auch koordinatenunabhängig definiert. Für sie gilt die Formel (*) auch für $\delta = 0$, wenn wir $\lambda(\delta_A) = 0$ setzen.

Wir nennen diese nur von A bestimmte Zahl die DETERMINANTE des *Endomorphismus A*. Wir bezeichnen sie mit *det A*.

Mithilfe der Formel in (4.3.10) kann man sie leicht berechnen. Wir wählen eine Basis $e_1, \ldots, e_n$ und die zugehörige normierte Determinantenfunktion δ_o auf X und bekommen mithilfe der Definition:

$$det\, A = \delta_o(Ae_1, \ldots, Ae_n).$$

Die Formel für die Koordinatendarstellung bekommt hier eine spezielle Deutung. Die Koordinatendarstellung von Ae_i ist gerade der i-te Spaltenvektor der Matrixdarstellung von A und so bedeutet die Formel, dass wir *det A* aus *der Matrix* von A berechnen können. Es ergibt sich, wenn α_{ik} die Matrixkoeffizienten sind:

$$det\, A = \sum_{\sigma} Sgn(\sigma)\alpha_{\sigma(1)1} \ldots \alpha_{\sigma(n)n}.$$

In dieser Form nennt man *det A* die DETERMINANTE der *Matrix A*. Ein Vergleich der Formel mit den Determinantenausdrücken in (4.3.1) und (4.3.2) zeigt, dass wir so in der axiomatischen Theorie den von Leibniz Ende des 17.Jahrhunderts und von Cramer etwa 1750 entdeckten Determinantenbegriff der Gleichungstheorie wiederfinden konnten. Aufgrund unseres Eindeutigkeitssatzes (4.3.9)(ii) mussten alle seitdem unabhängig voneinander von verschiedenen Mathematikern entdeckten Determinanten bis auf einen Faktor übereinstimmen. Sie waren aber, sofern sie von der Gleichungstheorie kamen, stets identisch. Das zeigt, dass die Normierung "natürlich" ist. Für das System, dessen Koeffizientenmatrix I ist, kann einem nämlich schlechterdings nur ein Lösungsmodell in den Kopf kommen.

Die abschliessend gefundene Formel sieht elegant aus, ist aber kaum zu verwenden, hat sie doch, wie wir in (4.3.7) gefunden haben, $n!$ Summanden, was schon bei $n = 10$ die Millionengrenze überschreitet. Nur für recht spezielle Matrizen, beispielsweise die Dreiecksmatrizen oder die in (3.3.6) betrachtete Begleitmatrix eines Differentialoperators, wird sie handlich. Nun kann man, wie wir etwa in Satz (4.2.8) gesehen haben, gelegentlich eine Matrix als Produkt einfacherer darstellen. Das kann man sich bei der Determinantenberechnung zunutze machen, sofern diese sich gegenüber der Matrizenmultiplikation anständig verhält. Das untersuchen wir jetzt.

4.3.11. Liegen zwei Endomorphismen A und B auf X vor, dann zeigen uns die Überlegungen des letzten Abschnitts:

$$det\ AB = \delta_o(ABe_1, \ldots, ABe_n)$$
(P)
$$= det\ A\delta_o(Be_1, \ldots, Be_n)$$
$$= det\ A\ det\ B.$$

Dieses Ergebnis zu finden war ein Kinderspiel. Der Leser versuche es, wie es noch vor wenigen Jahrzehnten üblich gewesen war, aus der Koordinatendarstellung der Determinante abzuleiten.[†] Cauchy hat es als erster 1812 geschafft, aber noch nicht verstanden (vgl. Einleitung).

Die so gefundene PRODUKTREGEL für die Determinante kann man entweder als eine für Endomorphismen oder eine für Matrizen lesen. Sie hat eine Reihe von Konsequenzen.

Die erste ist die schon an den niederdimensionalen Beispielen beobachtete Rolle der Determinante für die Fredholm'schen Alternative. Wir formulieren das so:

Satz. Ein Endomorphismus A auf X (bzw. eine $n \times n$-Matrix A) ist genau dann invertierbar, wenn $det\ A \neq 0$ ist.

Beweis. Ist A invertierbar, dann gilt $AA^{-1} = I$ also $det\ A\ det(A^{-1}) = 1$. Das bedeutet nicht nur $det\ A \neq 0$, sondern liefert noch die nützliche Formel

$$det(A^{-1}) = (det\ A)^{-1}$$

für alle Automorphismen A auf X.

[†] Es soll aber nicht unerwähnt bleiben, dass 1911 Sir Muir unseren auf Grassmann zurückgehenden Weg als "a curious way of reasoning" bezeichnete, dagegen den Versuch Cauchys die n-Formen umgekehrt mit der kombinatorischen Determinantentheorie von Matrizen anzugehen, "fresh and more reasonable" nannte.

Ist A dagegen nicht bijektiv, dann wissen wir aus (3.1.6), dass $Ae_1, \ldots, Ae_n$ nicht linear unabhängig sind. Daher verschwindet δ_A auf diesem n-Tupel von Vektoren nach der Eigenschaft (4.3.4)(ii), d.h. $det\ A = 0$. $\square$

Hier ist eine vektorraumtheoretische Variante dieses Satzes:

Korollar. Sei δ eine nichttriviale Determinantenfunktion auf X.

Dann sind die Vektoren $x_1, \ldots, x_n$ genau dann linear unabhängig, wenn $\delta(x_1, \ldots, x_n) \neq 0$ ist.

Diese Aussage führt man auf den vorangestellten Satz zurück, indem man feststellt, dass für ein linear unabhängiges System die Abbildung $Ae_i = x_i$, $i = 1, \ldots, n$, nach (3.1.6) bijektiv ist, und darüberhinaus

$$\delta(x_1, \ldots, x_n) = \lambda(\delta)\delta_o(Ae_1, \ldots, Ae_n) = \lambda(\delta) det\ A$$

gilt. Der Leser führe danach den Beweis des Korollars als Übung aus.

Die Bedeutung des Korollars für die Geometrie behandeln wir im nächsten Kapitel.

Die zuletzt gefundene Formel ist an sich bemerkenswert. Im Zusammenhang mit dem Korollar gibt sie uns einen neuen *Test für die lineare Unabhängigkeit*: Man schreibe die gegebenen Vektoren $x_1, \ldots, x_n$ spaltenweise nebeneinander und berechne die Determinante der so entstandenen Matrix. Lineare Unabhängigkeit liegt genau dann vor, wenn diese nicht null ist.

Für das Berechnen der Determinante benötigten wir das Signum einer Permutation. Dieses kann man als Determinante auffassen und so bekommt man ein weiteres nützliches

Korollar. Seien σ und τ Permutationen in $S(n)$. Dann gilt

$$Sgn(\sigma \circ \tau) = Sgn(\sigma)Sgn(\tau).$$

Insbesondere ist $Sgn(\iota) = 1$ *und* $Sgn(\sigma^{-1}) = Sgn(\sigma)$.

Hier stellt folgende Beobachtung den Zusammenhang zu unserem Satz her: Durch $A_\sigma e_i = e_{\sigma(i)}$, $i = 1, \ldots, n$, wird ein Automorphismus von X erklärt, den man in seiner Koordinatenform eine PERMUTATIONSMA-TRIX nennt. Es gilt dann:

$$det\ A_\sigma = \delta_o(e_{\sigma(1)}, \ldots, e_{\sigma(n)}) = Sgn(\sigma),$$

woraus das Korollar folgt, wenn man noch beachtet, dass $Sgn(\sigma)$ nur die Werte ± 1 annehmen kann.

Als letzte, aber vielleicht wichtigste Konsequenz der Produktregel, stellen wir fest, dass die *Determinante invariant gegenüber inneren Automorphismen ist* (vgl. dazu (3.3.11)). Das drückt sich so aus:

$$det(PAP^{-1}) = det\ A$$

für alle P aus $Aut(X)$ und alle Endomorphismen A von X.

4.3.12. Wir haben nun genügend Grundlagen, um die Anwendung der Determinantentheorie auf lineare Gleichungen zu streifen. Dazu gehen wir auf die vektortheoretische Auffassung in (4.1.3) zurück, behandeln aber nur Systeme von n Gleichungen in n Unbestimmten. Danach suchen wir n Zahlen x_k, so dass

$$\sum_{k=1}^{n} x_k s_k = y$$

gilt; die Vektoren $s_1, \ldots, s_n, y$ sind vorgegeben, erstere als die Spalten der Koeffizientenmatrix A des Gleichungssystems.

Sei δ eine nichttriviale Determinantenfunktion auf $\mathbb{R}^n$. Dann gilt nach (4.3.5), wenn wir y durch die Summe aus dem Gleichungssystem ersetzen, für jedes $k = 1, \ldots, n$

$$\delta(s_1, \ldots, s_{k-1}, y, s_{k+1}, \ldots, s_n) = x_k \delta(s_1, \ldots, s_{k-1}, s_k, s_{k+1}, \ldots, s_n).$$

Ist nun $\delta(s_1, \ldots, s_n) \neq 0$, dann wissen wir aus dem ersten Korollar in (4.1.11) und aus (4.2.6)(iv), dass das System global eindeutig lösbar ist und wir erhalten darüberhinaus die GRASSMANN'sche Lösungsformel

$$x_k = \frac{\delta(s_1, \ldots, s_{k-1}, y, s_{k+1}, \ldots, s_n)}{\delta(s_1, \ldots, s_n)}$$

für $k = 1, \ldots, n$.

Wählen wir für δ gerade die normierte Determinantenfunktion δ_o zur kanonischen Basis in $\mathbb{R}^n$, dann wird

$$\delta_o(s_1, \ldots, s_n) = det\ A$$

$$\delta_o(s_1, \ldots, s_{k-1}, y, s_{k+1}, \ldots, s_n) = det\ A_k[y],$$

wobei A die Koeffizientenmatrix des Gleichungssystems und $A_k[y]$ diejenige Matrix, die aus A entsteht, wenn man die k-te Spalte durch y ersetzt, sein soll. In diesem Fall begegnen wir für $det\ A \neq 0$ der CRAMER'schen Regel

$$x_k = \frac{det\ A_k[y]}{det\ A}$$

für $k = 1, \ldots, n$. Ein Vergleich mit (4.3.2) macht deutlich, wie nützlich für das Auffinden einer Formel die richtige Begriffsbildung im Rahmen einer gut begründeten Axiomatik ist. Der rechnerische Beweis wäre wesentlich aufwendiger und kaum ohne Rechenfehler auf Anhieb zu finden gewesen.

Man beachte, dass zur Anwendung der Formel $n + 1$ verschiedene Determinanten aufzufinden sind. Das macht sie in vielen Fällen wertlos für die Praxis. Es motiviert uns aber, noch einmal auf die Determinantenberechnung einzugehen.

4.3.13. Ehe wir das tun, geben wir ein interessantes Korollar zur Cramer'schen Regel an:

Korollar. *Sei* $A = (\alpha_{ij})$ *eine invertierbare* $n \times n$-*Matrix mit Inverser* $A^{-1} = ([\alpha^{-1}]_{ij})$ *und sei* $e_1, \ldots, e_n$ die kanonische Basis von $\mathbb{R}^n$. Dann gilt,

$$[\alpha^{-1}]_{ij} = \frac{det\, A_i[e_j]}{det\, A}$$

für alle i, j aus $1, \ldots, n$.

Das ist eine neue Berechnungsvorschrift für A^{-1}, die man so beweist: Man halte j fest. Dann hat man in der A^{-1} definierenden Gleichung

$$\sum_{i=1}^{n} \alpha_{ki}[\alpha^{-1}]_{ij} = \delta_{kj}$$

ein lineares System, wo $[\alpha^{-1}]_{ij}$ die Rolle von x_i und $(\delta_{1j}, \ldots, \delta_{nj})^T = e_j$ die von y spielt. Darauf wende man die Cramer'sche Regel an. $\qquad\square$

Wir werden der Formel in etwas anderer, mehr auf die Koordinaten bezogener Gestalt in (4.3.16) wieder begegnen.

4.3.14 Wir geben jetzt ein kombinatorisches Argument, um eine neue Berechnungsvorschrift für die Determinante zu finden. Dazu gruppieren wir für festes k die Terme in der Determinantenformel aus (4.3.10) so um, dass man jeweils die Summanden mit gleichem α_{ik}-Faktor zusammenfasst. Also:

$$det\, A = \sum_{i=1}^{n} \alpha_{ik} \sum_{\sigma,\, \sigma(k)=i} Sgn(\sigma)\alpha_{\sigma(1)1} \cdots \hat{\alpha}_{\sigma(k)k} \cdots \alpha_{\sigma(n)n},$$

wobei $\displaystyle\sum_{\sigma,\, \sigma(k)=i}$ andeuten soll, dass nur über die Permutationen mit $\sigma(k) = i$ summiert wird. Das Symbol $\hat{\alpha}_{\sigma(k)k}$ besagt, dass $\alpha_{\sigma(k)k}$, also α_{ik}, in dem Produkt nicht mehr vorkommt; wir haben es ja vorgezogen. Gleichzeitig erkennen wir, dass unter den $\sigma(j), j \neq k$, der Index i nicht mehr auftritt, wir also die i-te Zeile der Matrix für die zweite Summe ignorieren können. Dasselbe gilt für die k-te Spalte. Nennen wir A_{ik} die Matrix, die durch Streichen dieser Zeile und Spalte aus A entsteht, dann lautet die gefundene Formel so:

$$det\, A = \sum_{i=1}^{n} \alpha_{ik}(-1)^{k+1} det\, A_{ik}.$$

Das Vorzeichen erklärt sich wie folgt: Eine Permutation σ mit $\sigma(k) = i$ entsteht, indem man erst durch $(k - i)$ Inversionen i an die k-te Stelle bringt und anschliessend mit einer Permutation τ $(1, \ldots, k - 1, k + 1, \ldots, n)$ umordnet. Nach dem zweiten Korollar in (4.3.11) ist $Sgn(\sigma) = (-1)^{k+i}Sgn(\tau)$. τ durchläuft dabei ganz $S(n - 1)$, wenn σ $S(n)$ durchläuft und $\sigma(k) = i$ erfüllt; so kommt $det\, A_{ik}$ in die Formel.

Damit haben wir *die LAPLACE'sche ENTWICKLUNG der Determinante nach der k-ten Spalte* gefunden.

4.3.15. Einen weiteren Satz von Formeln bekommt man, indem man die Betrachtungsweise der in (4.3.10) gefundenen Vorschrift ändert. Man kann sie umschreiben, indem man $\alpha_{\sigma(1)1} \cdots \alpha_{\sigma(n)n}$ so umgruppiert, dass in den ersten Indizes die natürliche Folge entsteht, also im zweiten Index die Folge $\sigma^{-1}(1), \ldots, \sigma^{-1}(n)$ auftritt. Da wir über alle σ aus $S(n)$ summieren, können wir wieder σ als Summationsindex schreiben und es entsteht die Formel:

$$det\, A = \sum_{\sigma} Sgn(\sigma)\alpha_{1\sigma(1)} \cdots \alpha_{n\sigma(n)}$$

Das bedeutet insbesondere, wenn man sie mit (4.3.9) vergleicht, dass die an der Hauptdiagonale gespiegelte Matrix A^T, die TRANSPONIERTE von A, dieselbe Determinante wie A hat.[†] Die transponierte Matrix wird uns noch begegnen und dann auch begrifflich gedeutet werden.

Bemerkung. Das Resultat hat auch eine wichtige praktische Konsequenz. Da die Spalten der transponierten Matrix gerade die Zeilen der ursprünglichen sind, übertragen sich die Determinantenregeln (4.3.5) auf die Zeilen: Vertauschen von Zeilen von A entspricht dem der entsprechenden Spalten von A^T, ändert also $det\, A^T$, d.h. nach obigem Resultat $det\, A$, um ein Vorzeichen. Addition einer Zeile zur anderen ändert $det\, A$ nicht, die Multiplikation einer Zeile mit einer Zahl α führt zu $\alpha^n det\, A$. Damit ist gesagt, wie die elementaren Operationen aus Paragraf 1.3 sich auf die Determinante der Koeffizientenmatrix auswirken.

Benutzt man diese neue Darstellung der Determinanten, dann entsteht daraus mit den zu (4.3.13) analogen Überlegungen *die LAPLACE'sche ENTWICKLUNG der Determinante nach der k-ten Zeile*:

$$det\, A = \sum_{i=1}^{n} \alpha_{ki}(-1)^{k+1} det\, A_{ki}.$$

Diese Formel haben wir in (4.3.2) zur Definition der Determinante einer 3×3-Matrix mithilfe der einer 2×2-Matrix benutzt. Man nennt so ein Vorgehen eine REKURSIVEN Definition der Determinante; sie kommt in der Literatur oft vor. In veränderter Gestalt haben wir sie beim Induktionsbeweis für die Existenz nichttrivialer Determinantenfunktionen in (4.3.9) verwendet. A. Cayley hat das rekursive Verfahren 1841 in die Determinantenrechnung eingeführt.

[†]Insbesondere ist $det\, A^2 = det\, A\, det\, A^T$, eine Formel, die von Vandermonde stammt und die die erste Produktformel, die für Determinanten gefunden wurde, darstellt.

4.3.15. Den Laplace'schen Entwicklungssatz kann man besonders vorteilhaft verwenden, wenn man es mit Matrizen zu tun hat, deren Teilmatrizen nach dem Streichen einer Zeile und einer Spalte eine der Ausgangsmatrix vergleichbare Struktur haben. Das führt zu einfachen rekursiven Besrechrechnungsformeln, für die wir ein instruktives und für die Praxis wichtiges Beispiel geben.

Wir suchen eine reelle Funktion u auf $[0, 1]$ zu bestimmen, die in einer Umgebung dieses Intervalls der Differentialgleichung $D^2 u = -f$ für gegebenes stetiges f genügt. Will man die Aufgabe numerisch lösen, dann denkt man sich das Intervall in $n + 1$ gleiche Teile zerlegt. Sei f_k der Wert der Funktion f im Teilpunkt $\tau_k = k(n + 1)^{-1}$; analog bedeute $u_k = u(\tau_k)$. k durchlaufe dabei $1, \ldots, n$.

Ersetzt man die Ableitung durch den symmetrischen Differentialquotienten

$$(2h)^{-1}\big(u(\tau + h) - u(\tau - h)\big),$$

dann bekommt man nach nochmaliger Anwendung dieser Regel für hinreichend kleine h die für viele praktische Probleme ausreichende Näherung:

$$D^2 u(\tau) = (2h)^{-2}\big[u(\tau + 2h) - 2u(\tau) + u(\tau - 2h)\big].$$

Gehen wir auf unsere Intervalleinteilung zurück und setzen wir $h = [2(n + 1)]^{-1}$, dann wird mit der oben eingeführten Bezeichnung diese Formel, wendet man sie der Reihe nach auf $\tau_1, \ldots, \tau_n$ in $[0, 1]$ an, zu:

$$(n + 1)^{-2} f_k = 2u_k - u_{k+1} - u_{k-1}$$

für $k = 1, \ldots, n$. Das ist ein System von n Gleichungen in den n Unbestimmten $u_1, \ldots, u_n$, d.h. durch das hier skizzierte DIFFERENZENVERFAHREN wird die Differentialgleichung in guter Näherung durch ein lineares Gleichungssystem gelöst. Die Nährung wird für glatte Vorgabefunktionen f mit wachsendem n immer besser. Schwanken die Lösungen stark und ist man an recht genauen Approximationen interessiert, dann sind dies die Probleme wo $n = 10^3$ ausfallen kann. Dies ist wirklich das stärkste Argument, eine Lineare Algebra für beliebig hohe Dimensionen n zu entwickeln.

Die Koeffizientenmatrix des Systems ist eine sogenannte TRIDIAGONALMATRIX oder JACOBI'sche MATRIX, d.h. von der Form:

$$
\begin{pmatrix}
\alpha & \beta & . & . & . & 0 \\
\beta & \alpha & \beta & & & . \\
. & . & . & . & & . \\
. & & & . & . & \beta \\
0 & . & . & . & \beta & \alpha
\end{pmatrix},
$$

in der nur die Haupt- und die beiden anliegenden Nebendiagonalen von Null verschieden sind; deren Eingänge sind alle gleich—in unserem Beispiel $\alpha = 2$ und $\beta = -1$.

Setzen wir J_n für die $n \times n$-Jacobimatrix und J_o für die 1×1-Matrix 1, dann liefert die Laplace'sche Entwicklung nach der ersten Spalte für $n \geqslant 2$:

$$\det J_n = \alpha \det J_{n-1} - \beta^2 \det J_{n-2},$$

eine Rekursionsformel, aus der man leicht die Determinante ausgehend von $\det J_1 = \alpha$, $\det J_o = 1$ bestimmen kann.

4.3.16 In (4.3.2) haben wir noch andere Beziehungen gefunden, die die Laplace'schen Regeln ergänzen. Dies sieht allgemein so aus.

Wir definieren B als die Matrix, die aus A entsteht, wenn man die j-te Spalte durch die k-te ersetzt. Ist $k \neq j$, dann tritt diese also zweimal auf und folglich ist nach (4.3.5)(ii) $\det B = 0$. Es gilt darüberhinaus, dass B_{ik} mit A_{ij} bis auf die Reihenfolge der Spalten übereinstimmt; genauer gilt $\det B_{ik} = (-1)^{k+j} \det A_{ij}$. Über die Entwicklungsformel in (4.3.13) erhält man so:

$$\det B = \sum_{i-1}^{n} \alpha_{ik}(-1)^{k+1} \det B_{ik}$$

$$= \sum_{i-1}^{n} \alpha_{ik}(-1)^{k+i}(-1)^{k+j} \det A_{ij}$$

Fassen wir das mit dem Ergebnis aus (4.3.13) zusammen:

$$\sum_{i-1}^{n} \alpha_{ik}(-1)^{i+j} \det A_{ij} = \delta_{kj} \det A.$$

Dieselben Überlegungen auf (4.3.14) gegründet ergeben:

$$\sum_{i=1}^{n} \alpha_{ki}(-1)^{i+j} \det A_{ji} = \delta_{kj} \det A.$$

Fassen wir $(-1)^{i+j} \det A_{ji}$ als ij-ten Koeffizienten einer Matrix A* auf (man beachte die Umstellung der Reihenfolge der Indizes!), dann kann man die linke Seite als Matrixprodukt lesen und findet die Matrixgleichung

$$AA^* = \det A \cdot I,$$

die für $\det A \neq 0$ die Aussage $A^{-1} = (\det A)^{-1} A^*$ bedeutet. Wir haben also die Berechnungsformel für die Inverse:

$$[\alpha^{-1}]_{ij} = (\det A)^{-1}(-1)^{i+j} \det A_{ji},$$

die der aus (4.3.13) entspricht. Die hier verwendete Matrix A* nennt man in der Literatur gelegentlich die zu A ADJUNGIERTE. $(-1)^{i+j} \det A_{ji}$ nennt man den KOFAKTOR von α_{ji}.

4.3.17. Zum Abschluss dieses Paragrafen machen wir einige Bemerkungen zur Determinantenberechnung häufig auftretender Matrizen.

Zunächst zeigt die Grundformel in (4.3.10) und die Feststellung, dass $S(n)$ $n!$ Elemente besitzt, dass wir $n!$ mal ein Produkt von n Grössen bilden müssen, wir also zur Auflösung der Formel $n!(n-1)$ Multiplikationen und $(n! - 1)$ Additionen benötigen. Das erreicht bei $n = 10$ schon eine Grössenordnung von 10^7 Operationen, die selbst bei Verwendung von elektronischen Rechnern den Wunsch nach besseren Verfahren aufkommen lassen.

Wir betrachten erst einmal einfachere Matrizen. Beispielsweise eine $n \times n$ Blockmatrix

$$A = \begin{pmatrix} B & 0 \\ 0 & 1 \end{pmatrix}$$

mit B aus $M(n-1, n-1)$ Der Laplace'sche Entwicklungssatz (4.3.15) angewandt auf die n-te Zeile liefert dann $det\ A = det\ B$. Iteriert man das Argument, dann stimmt das Ergebnis auch für den Fall, dass B aus $M(l, l)$, l aus $1,\ldots, n$, stammt, also nicht mehr unbedingt gerade $(n-1)$ ist.

Nimmt man eine Blockmatrix der Form

$$A = \begin{pmatrix} 1 & C \\ 0 & 1 \end{pmatrix}$$

mit C aus $M(1, n-1)$, dann zeigt der Entwicklungssatz (4.3.14) angewandt auf die erste Spalte, dass $det\ A = 1$ gilt. Auch hier kann man durch Iteration das Ergebnis auf die Fälle, dass C aus $M(l, n-l)$, l aus $1,\ldots,n$, stammt, erweitern.

Nimmt man die Produktregel (4.3.11) hinzu, *dann findet man für Blockmatrizen* (vgl. Satz (2.3.8))

$$A = \begin{pmatrix} B & C \\ 0 & D \end{pmatrix} = \begin{pmatrix} B & 0 \\ 0 & 1 \end{pmatrix}\begin{pmatrix} 1 & C \\ 0 & 1 \end{pmatrix}\begin{pmatrix} 1 & 0 \\ 0 & D \end{pmatrix}$$

die Determinantenformel $det\ A = det\ B\ det\ D$. Sie gilt für alle denkbaren "dreieckigen" Blockzerlegungen mit quadratischen Matrizen B und D.

Denkt man sich dann im Anschluss an diese Notation eine obere Dreiecksmatrix mit Diagonalgliedern $\alpha_1, \alpha_2, \ldots, \alpha_n$ als Blockmatrix mit $B = \alpha_1$, dann ist D wieder eine obere Dreiecksmatrix mit Diagonale $\alpha_2, \ldots,$ α_n. Man kann die Zerlegung also iterieren und erhält: $det\ A = \alpha_1 \alpha_2 \ldots \alpha_n$. Transponiert man die obere Dreiecksmatrix, dann erhält man eine untere und die Formel bleibt nach (4.3.15) richtig. *Also ist die Determinante jeder Dreiecksmatrix, insbesondere einer Diagonalmatrix, gerade das Produkt ihrer n Diagonalelemente.*

Die Determinanten der elementaren Matrizen sind:

$$det\ M(i;\ \alpha) = \alpha$$

$$det\ A(j;\ i+j) = 1$$

$$det\ V(i;\ j) = -1$$

was im ersten Fall aus der Diagonalgestalt von $M(i;\ \alpha)$ folgt, im zweiten sich aus der Regel (4.3.5)(iii) wegen

$$det\ A(j;\ i+j) = \delta_o\big(e_1, \ldots, e_{i-1}, e_i + e_j, e_{i+1}, \ldots, e_j, \ldots, e_n\big)$$

ergibt und schliesslich im letzten Fall aus (4.3.5)(ii) erschlossen werden kann, da $V(i; j)$ aus der Einheitsmatrix durch Vertauschen der i-ten und j-ten Spalte entsteht.

Nimmt man die Resultate der obigen beiden Absätze zusammen, dann sieht man, dass Verfahren vom Gauss'schen Typ zur Determinanten-berechnung herangezogen werden können. Sie beruhen alle darauf, A in der Form PD mit oberer Dreiecksmatrix D und einem Produkt P elementarer Matrizen darzustellen.

Im Gauss-Jordan'schen Verfahren stehen in der Hauptdiagonale von D nur Nullen oder Einsen, $det\ A$ wird also, wenn sie nicht null ist, durch $det\ P$ gegeben.

Im einfachen Gauss'schen Kalkül aus (1.2.3) werden nur Vielfache von Zeilen zu anderen addiert, was nach (4.3.15) die Determinante nicht beein-flusst; hier ergibt sich dann $det\ A = det\ D$.

Diese beiden Varianten mögen als Beispiel genügen. In der Tat sind sie rechnerisch wesentlich schneller als der Einsatz der Formel (4.3.10). Das zuletzt genannte Rezept benötigt beispielsweise[†] nur $1/6(2n^3 - 3n^2 + n)$ Additionen und $1/3(n^3 + 2n - 1)$ Multiplikationen. Für $n = 10$ liegt das in der Grössenordnung von nur 10^2 Operationen, ist also hunderttau-sendmal schneller zu erledigen als der eingangs dieses Abschnitts erwähnte Weg. Ausserdem kann man gelegentlich, wenn man nur an dem Wert der Determinante interessiert ist, das Verfahren vorzeitig abbrechen. Tritt nämlich bei einem Triangulierungsschritt eine führende Null auf, dann weiss man bereits, dass die Determinante verschwindet, weil $det\ D = 0$ werden muss. Allerdings wird gerade dann das Gauss-Verfahren gegenüber dem Cramer'schen als Lösungsmethode für das Gleichungssystem interessant, da es die nichttrivialen Lösungen des homogenen Systems, die bei $det\ A = 0$ auftreten, zu bestimmen erlaubt.

Der Leser überlege sich als weitere Anwendung der Produktregel und obiger Spezialfälle, wie man mithilfe der UDO-Zerlegung aus (4.2.8) De-terminanten bestimmen kann.

Damit schliessen wir das Kapitel über lineare Gleichungssysteme. Im nächsten behandeln wir kurz die geometrische Auffassung, die zusätzliche Einsicht bringen wird.

[†]Abschätzungen dieser Art findet der Leser Büchern zur numerischen Linearen Algebra beispielsweise [51].

5. KAPITEL

Die affine Geometrie

Die affine Mannigfaltigkeit

5.1.1. In Paragraf 1.4 haben wir die Vektorrechnung aus der Elementargeometrie entwickelt. Dabei konnten wir auf alle mit dem Längenbegriff verbundenen Aussagen, also letztlich auf alle Kongruenzaxiome (vgl. Anhang C), verzichten. Die anderen haben wir teils im Interesse, eine Vektoralgebra, teils aus dem Wunsch heraus, die reelle Analytische Geometrie zu begründen, wirklich benutzt. Das findet der Leser in 1.4. Wir haben dort aber nicht genug über den Raumbegriff gesagt. Dazu jetzt ein paar Worte.

Die Konstruktionslehre und damit auch die klassische Geometrie Euklids beschäftigen sich mit endlich ausgedehnten Objekten. Solche sind beispielsweise Strecken, Tetraeder, Quadriken oder Dreiecke. Mit ihrer Hilfe wird der Raum erfasst, insbesondere der unendlich ausgedehnte durch die Möglichkeit, einer Versammlung von aneinandergelegten Tetraedern stets ein weiteres hinzufügen zu können. In der Ebene leisten das die Dreiecke, in der eindimensionalen Geometrie die Strecken.

Da man sonst die algebraischen Operationen nicht uneingeschränkt ausführen könnte, ein Umstand, auf dessen Bedeutung wir schon in (3.2.1) aufmerksam gemacht haben, war es wichtig, der Vektorrechnung das Modell einer Geometrie mit unendlich ausgedehntem Raum zugrundezulegen. Es musste die traditionelle Geometrie so ergänzt werden, dass sie als eine Lehre vom unbegrenzten Raum erscheint.

In diesem Kapitel werden wir umgekehrt vorgehen. Hier sei die Vektorrechnung in Form der in (2.1.2) axiomatisch verankerten Linearen Algebra als gegeben vorausgesetzt.

Insbesondere ist dann der Begriff des Raums festgelegt: Es ist die dem *Vektorraum X* zugrundeliegende *Menge X*. Die Frage, die sich jetzt stellt, ist die, ob man über die in der Theorie der reellen Vektorräume zusammengefassten Sätze die Gegenstände der klassischen Geometrie samt ihren besonderen Eigenschaften wiederfinden kann. Insbesondere wird es interessant, zu sehen, wie die Menge X zum eingangs angesprochenen Raumbegriff der Anschauung steht, vor allem wie die Eigenschaft des unendlich Ausgedehnten ins Spiel kommt.

Die Fragestellung ist recht verwandt zu der im Kapitel 4, aber in der Durchführung subtiler. Während die Gleichungstheorie aufgrund des Übertragungsprinzips aus (3.1.3) als ein direktes Abbild der Linearen Algebra erscheint, bekommt man in der Geometrie einerseits mehr als die anschauliche Konstruktionslehre Euklids bietet, eben auch nicht-euklidische Geometrien, andererseits weniger, indem wir alle metrischen Eigenschaften ausklammern müssen. Das liegt natürlich daran, dass wir, wie in Paragraf 1.4 ausgeführt, nur einen Teil der Axiomatik der Euklidischen Geometrie erfassen. Wir werden also "Dreieck", "Schnittpunkt von Geraden" udgl. verstehen können, nicht aber "Winkel", "Höhe" usw. Damit wird der Satz über den Schnittpunkt der Schwerelinien beweisbar, der Höhensatz ist dagegen nicht einmal formulierbar.

Die metrischen Fragen werden wir in Kapitel 7 aufgreifen.

Bemerkung. Die Physik hat einen ganz anderen Zugang zum Raumbegriff. Sie benutzt als Raumdetektoren Dinge wie Licht- und Schallsignale, erfährt also den Raum experimentell. Versucht man dort, ihn ins Unendliche auszudehnen, denn geschieht das dadurch, dass man die Signale immer weiter hinausschickt, den Raum aber stets von "einer Stelle aus", nämlich vom Ort des Senders her, betrachtet.

Dabei stellt man bald fest, dass die Geometrie unserer Umwelt nicht die von Euklid gesehene ist. Der Grund liegt darin, dass die Signale, mit denen wir die fernen Lagen ausmessen, als physikalische Objekte zwangsläufig dem Einfluss von in der Welt vorhandenen Kräften, elektrischen, gravischen usw. unterliegen. A.Einstein hat dann den grossen erkenntnistheoretischen Schritt getan und sich auf den Standpunkt gestellt, dass es keinen Sinn hat, nach dem Raum (oder der Geometrie) frei von Kräften zu suchen. Für die Physik und für die in ihren Gesetzen gefangene Welt ist die Geometrie, wie sie sich beispielsweise den Lichtstrahlen oder Partikeln bei ihrer Reise durch das mit unterschiedlichen Kraftfeldern vorgestopfte All zeigt, die entscheidende. Das Ergebnis ist eine nicht-Euklidische Geometrie, die aber immer noch über die Lineare Algebra beschreibbar ist.

Wir werden einen Zugang zur Affinen Geometrie wählen, der den Weg für diese "physikalischen" Geometrien, deren richtiger mathematischer Rahmen die sogenannte Differentialgeometrie ist, ebnen helfen soll.

Die in dieser Bemerkung angesprochenen Fragen findet der Leser meisterhaft in [59] behandelt.

5.1.2. Gegeben sei uns ein reeller, endlichdimensionaler Vektorraum X, wie wir ihn ausführlich im Rahmen einer Axiomatik in Kapitel 2 behandelt haben. Nehmen wir die Untersuchungen aus (1.4.2) und (1.4.5) als Leitfaden, dann sehen wir, dass wir zwei Auffassungen vom Vektor haben: Einmal als Ortsvektor und zum anderen als die Äquivalenzklasse aller aus dem Ortsvektor, den wir auch als gerichtete Strecke auffassen können, durch Parallelverschiebung entstehenden Strecken mit orientierten (Anfangs- und) Endpunkten.

Wir wenden uns zunächst der ersten zu, gerade weil sie für den Physiker nach der in (5.1.1) gemachten Bemerkung die richtige, für uns alle deshalb die intuitiv am leichtesten zu fassende ist; im Paragrafen 5.2 werden wir die Abbildungstheorie aus Kapitel 3 in die Betrachtung einbeziehen, was uns dann erlauben wird, die zweite Auffassung in besonders eleganter Weise zu behandeln.

Betrachten wir etwa für die aus den Vektorraumaxiomen zu entwickelnde Geometrie die Vektoren aus X als die Ortsvektoren im ausgezeichneten Punkt o, dann kann man die *Punkte* des geometrischen Raums durch die *Vektoren x* aus X in vernünftiger Weise definieren. Dieser Weg hat jedoch den Nachteil, dass er einen Punkt, den Nullpunkt, vor allen anderen auszeichnet. Das ist der Geometrie, wie wir sie landläufig verstehen, fremd. Auf der anderen Seite ist der Raum mit der *Menge X* identifiziert, was wir gerne sehen. Da die Auszeichnung des Nullvektors nicht in der *Mengen*struktur, sondern in der *Vektorraum*struktur, von X passiert, wollen wir sie beide für die Begründung der Geometrie streng auseinanderhalten.

5.1.3. Das ist der Hintergrund der folgenden Definition.

Definition. Unter einem AFFINEN RAUM oder einer AFFINEN MAN-NIGFALTIGKEIT verstehen wir ein Tripel $(M, \{P + \}, X)$, wo M eine Menge und X ein reeller Vektorraum sind; $\{P + \}$ ist ein Familie von bijektiven Abbildungen $X \to M$, zu jedem Punkt P aus M genau eine, mit den Eigenschaften:

   i. $P + o = P$
   ii. $(P + x) + y = P + (x + y)$ für alle x, y aus x.

Wir nennen X den Vektorraum der FREIEN VEKTOREN. M spielt die Rolle des geometrischen Raums und $P + $, die der Anheftung eines freien Vektors an den Punkt P.

Man kann sich das veranschaulichen, indem man sich in P einen Beobachter denkt, der den Raum studiert, indem er ihn in eine gewisse Richtung über eine gewisse Distanz hinweg betrachtet; diese Richtung und Distanz wird als Versuchsanordnung durch den freien Vektor ausgedrückt. Wechselt der Beobachter den Sitz von P nach P', dann nimmt er die Beobachtungsmethode, also den freien Vektor, mit, muss aber seine Versuchsgeräte an einem neuen Ort aufstellen, womit die Raumbetrachtung eben aufgrund einer neuen Abbildung, nämlich $P' + $ vor sich geht. Da die im Vektor enthaltene Vorschrift mitgenommen wird, hat man in der Physik den Ausdruck "freier Vektor" gewählt. Man kann als Physiker die Schreibweise $P + $ als Messung oder Bewegung *von P ausgehend* interpretieren.

Mit dieser Deutung im Hintergrund wollen wir jetzt die Axiome der affinen Mannigfaltigkeiten analysieren: Zunächst ist die Abbildung $P +$ bijektiv, womit M und X als *Mengen* identifiziert werden können. In diesem Sinne ist also die Mengenstruktur von der Vektorraumstruktur von X abgetrennt. Die Bedingung (i) zeigt, dass X so angeheftet wird, dass der Nullvektor gerade mit der Position des Beobachters, also mit P, zusammenfällt.

Die zweite, (ii), verknüpft verschiedene Beobachter untereinander. Wenn der in $P' = P + x$ sitzende Physiker die Beobachtung y macht, sieht er gerade den Raumpunkt, den der Beobachter in P antrifft, wenn er $x + y$ zur Messung verwendet. Hier kommt die Vektorraumstruktur von X ins Spiel; sie dient dazu, die Messung von Raumpunkten konsistent zu machen und enthält einen Richtungsbegriff: Denken wir an die Parallelogrammkonstruktion aus 1.4 zurück, dann finden wir sie in neuer Form hier wieder: Um von P aus den Punkt $P + (x + y)$ zu finden, kann man genausogut erst $P + x$ aufsuchen und von dort aus anschliessend mit y weitergehen.

In der Praxis kann M durchaus "verschieden" von X aussehen. Stellen wir uns X als Euklidische Ebene, die wie in Paragraf 1.4 durch Ortsvektoren beschrieben ist, vor. Zeichnerisch malen wir diese als von P ausgehende Pfeile auf eine Plastikfolie. Dann sauge man diese beispielsweise mit einem Vakuum nach unten, so dass sie straff über eine rauhe, bergige Fläche gespannt ist. Die "geraden" Pfeile werden dabei gedehnt und verzerrt, bilden aber nach wie vor eine Zuordnung von Punkten dieser welligen Fläche zu dem festen Punkt P; diese nennen wir $P +$, die wellige Fläche M. Macht man die Zeichnung für alle P, dann ist $(M, \{P + \}, X)$ ein affiner Raum. Der Leser prüfe das nach. Aber während wir die ebene Plastikhaut noch als Euklidische Ebene zu denken bereit sind, empfinden wir die reliefartig verformte nicht mehr als solche. In der Physik kann man sich die Berge und Täler als wechselnde Felder, die den Lichtstrahl zu krummen Bahnen zwingen, vorstellen; der Lichtstrahl auf der ebenen Haut dagegen ist eine Gerade im Sinne der gewohnten Anschauung.

5.1.4. Jetzt sehen wir uns von der axiomatischen Seite her die Wahl des festen Aufpunkts O in der Konstruktion von Paragraf 1.4 an. Wir haben oben angedeutet, dass in der Praxis M durchaus verschieden von X in Erscheinung treten kann, für die uns interessierende mathematische Struktur können wir aber stets X selbst als *Modell* für M nehmen.

Dazu wählen wir einen festen Punkt O in M aus; nach (5.1.3) existiert zu P aus M genau ein p aus X mit $O + p = P$, wodurch die Umkehrabbildung $\Phi_O : M \to X$, nämlich $\Phi_O(P) = p$, zu $O +$ gegeben wird.

Zu jedem Q aus M können wir eine Abbildung $\Phi_O \circ (Q +)$ von X in sich finden. Es handelt sich dabei gerade um die TRANSLATION um den Vektor $\Phi_O(Q)$, genauer:

$$\Phi_O \circ (Q +)(x) = x + \Phi_O(Q).$$

Das sieht man so ein:

Benutzt man zweimal die Definition von Φ_O, dann erhält man: $O + \Phi_O(Q + x) = Q + x$; das zweite Axiom für affine Mannigfaltigkeiten zeigt ja, dass der letzte Ausdruck $O + (\Phi_O(Q) + x)$ ist. Die Behauptung folgt, wenn man auf die gefundene Gleichung Φ_O anwendet.

Die Translation um den Vektor x ist im Vektorraum durch $y \rightarrow x + y$ erklärt. Bezeichnen wir diese Abbildung von X nach X mit $x +$, dann prüft man leicht nach, dass das Tripel $(X, \{x + \}, X)$ einen affinen Raum ausmacht; der Grundraum ist hier die Menge X, die links steht, während rechts der Vektorraum X gemeint ist. Man hat also wieder einen funktoriellen Übergang, diesmal von der Klasse der reellen Vektorräume zu der der reellen affinen Mannigfaltigkeiten vollzogen (vgl. (3.2.8)). Man nennt die so erhaltenen affine Struktur die NATÜRLICHE AFFINE STRUKTUR und spricht dann von X als von einem AFFINEN VEKTORRAUM.

5.1.5. Wir werden nun zeigen, dass der so gefundene affine Vektorraum von Standpunkt der Axiome in (5.1.3) nicht von unserem Ausgangsraum zu unterscheiden ist. Dazu führen wir den folgenden Begriff ein:

Definition. Wir nennen zwei über den Vektorräumen X bzw. X' modellierte affine Räume M und M' zueinander AFFIN ISOMORPH, wenn es eine Bijektion Γ von M auf M' und einen linearen Isomorphismus Φ von X auf X' gibt, so dass für alle P aus M und x aus X gilt: $\Gamma(P + x) = \Gamma(P) + \Phi(x)$.

Dann können wir die folgende Aussage formulieren:

Satz. Ein affiner Raum $(M, \{P + \}, X)$ ist stets affin isomorph zum affinen Vektorraum $(X, \{x + \}, X)$.

Zum Beweis brauchen wir nur einen Punkt O in M auszuzeichnen. Die eingangs dieses Abschnitts erklärte Abbildung Φ_O nehmen wir als Γ, die M mit der *Menge X* identifiziert. Für Φ wählen wir die identische Abbildung I in $End(X)$. Da für jedes P aus M gilt: $P = O + \Phi_O(P)$ erhält man:

$$\Phi_O(P + x) = \Phi_O\big([O + \Phi_O(P)] + x\big)$$
$$= \Phi_O\big(O + [\Phi_O(P) + x]\big) = \Phi_O(P) + x$$

und daher die Behauptung. □

5.1.6. Wir wollen jetzt überlegen, dass ein affiner Raum jedem darin lebenden Beobachter als Vektorraum erscheint. Dazu benutzen wir wieder das wichtige Prinzip der Strukturübertragung. Hat man eine bijektive Abbildung Φ von X auf eine Menge M, dann kann man damit die Vektorraumverknüpfungen von X auf M übertragen. Man addiert (multipliziert mit einem Skalar) die Punkte von M, indem man sie erst mit Φ^{-1} nach X zurückholt, dort addiert (mit einem Skalar multipliziert) und das Ergebnis dann wieder mit Φ nach M zurücktransportiert. In Formeln sieht das so aus:

$$P +_\Phi Q = \Phi\left[\Phi^{-1}(P) + \Phi^{-1}(Q)\right]$$

$$\alpha \cdot_\Phi P = \Phi\left[\alpha\Phi^{-1}(P)\right]$$

für alle P, Q aus M und alle reellen α. Dabei ist rechts die Operation in X und links die neu auf M eingeführte gemeint. Letztere hängt noch von der Wahl von Φ ab, was wir durch den Index am Verknüpfungssymbol angedeutet haben.

Speziell können wir einen Punkt O aus M auswählen und für Φ die Abbildung $O +$ aus (5.1.4) einsetzen; Φ^{-1} ist dann gerade Φ_O. Die Menge M wird damit zu einem Vektorraum M_O, den man den TANGENTENRAUM in O nennt.

Anschaulich ist der Tangentenraum in O gerade der Vektorraum als der einem in O sitzenden Beobachter der Raum M erscheint. Der in Paragraf 1.4 eingeführte Raum der Ortsvektoren ist gerade der Tangentenraum der Euklidischen Ebene. In dem am Ende von Abschnitt (5.1.3) angegebenen Beispiel wären die Vektoren in M_O die aus O über die "Berge" laufenden kurvigen Wege zu den Punkten P.

Im affinen Vektorraum X kann man ihn durch die Vektorraumstruktur von X beschreiben: Sei q aus X, dann sind die Elemente des Tangentenraums, den wir mit X_q bezeichnen wollen, durch $x_q = \{x + q | x$ aus $X\}$ gegeben. Es gilt gemäss obiger Vorschrift

$$x_q +_q y_q = (x + y) + q$$

$$\alpha \cdot_q x_q = \alpha x + q,$$

was bei der geometrischen Deutung der Translation als Parallelverschiebung nichts anderes bedeutet, als dass man die Vektoren sich als anstatt in o eben in q angeheftet denken muss. Die Operationen in X_q haben wir mit dem Index q gekennzeichnet.

Bemerkung. Wesentlich an den gefundenen Formeln ist, dass man die Tangentenräume eines affinen Vektorraums in der durch die Axiomatik (2.1.2) gegebenen Sprache des Vektorraums einfach ausdrücken kann.

5.1.7. Als erstes geometrisches Konzept wollen wir das eines Teilraums, einer Geraden oder einer Ebene im Raum beispielsweise, einführen.

Definition. Die m-dimensionalen Teilräume des Tangentenraums M_O nennt man m-dimensionale AFFINE TEILRÄUME oder auch AFFINE TEILMANNIGFALTIGKEITEN von M durch O.

Es handelt sich hier um Teilmengen N von M, die, da nach Konstruktion des Tangentenraums $O +$ ein Vektorraumisomorphismus von X auf M_O ist, bezüglich $O +$ als Bild eines wohlbestimmten Teilraums Y_N aus X erscheinen.

Wir wollen uns klarmachen, dass Y_N allein durch N bestimmt ist und nicht von dem in N willkürlich gewählten Aufpunkt O abhängt.

Sei dazu Q ein anderer Punkt in N, dann gilt nach der oben gegebenen Bedeutung von N als Bild von Y_N unter $O +$ die Beziehung $Q = O + q$ mit q aus Y_N. Jetzt berechnen wir

$$Q + Y_N = (O + q) + Y_N = O + (q + Y_N) = O + Y_N = N,$$

d.h. N ist auch gleich dem Bild von Y_N unter der Abbildung $Q +$.

Der folgende Satz ist jetzt schnell zu zeigen. Der Leser beweise ihn als Übungsaufgabe.

Satz. Sei $(M, \langle P + \rangle, X)$ eine affine Mannigfaltigkeit, dann gelten für jedes O aus M und jedes m aus $1, \ldots, \dim X$:

  i. Durch $Y \to O + Y$ wird eine eineindeutige Zuordnung zwischen den m-dimensionalen Teilvektorräumen von X und den durch O gehenden m-dimensionalen affinen Teilmannigfaltigkeiten von M hergestellt.

  ii. Bezeichnen wir $O + Y$ mit N_Y, dann ist $(N_Y, \langle P + \rangle, Y)$ ein affiner Raum.

Man nennt den zu einer Teilmannigfaltigkeit $N = O + Y_N$ gehörenden Teilvektorraum Y_N den RICHTUNGSRAUM von N. Die Vorbemerkungen zu dem Satz zeigen, dass der Richtungsraum unabhängig von der Wahl des Punktes O in N, also eindeutig durch N bestimmt ist. Im affinen Vektorraum $(X, \langle x + \rangle, X)$ sind die affinen Teilmannigfaltigkeiten die Teilmengen der Form $q + Y$, wo q aus X und Y ein Teilraum von X ist. Man nennt sie auch LINEARMANNIGFALTIGKEITEN von X.

5.1.8. Wir wollen den Satz des vorigen Abschnitts in seiner Rolle für die Geometrie genauer beleuchten. Dazu nehmen wir an, dass $\dim X = n$ ist. Wir definieren dann Grundobjekte der affinen Geometrie. Die Punkte sind einfach die Elemente der Menge M. Das haben wir bisher ja auch so verstanden. Die höherdimensionalen Analoga sind:

Definition. Ist ein Punkt P aus M gegeben, dann nennen wir die P enthaltenden 1-, 2-,$\ldots$, m-,$\ldots$,$(n-1)$-dimensionalen Teilmannigfaltigkeiten von M GERADE, EBENEN,$\ldots$, m-FLACHS,$\ldots$, HYPEREBENEN durch den Punkt P.

Die folgende Überlegung wirft ein neues Licht auf den Begriff der linearen Unabhängigkeit. Wir stellen uns innerhalb unseres axiomatischen Modells einer auf den Vektorraumbegriff aufgebauten affinen Geometrie die Frage, welche m-Flachs durch die Vorgabe einer bestimmten Anzahl von Punkten bestimmt sind.

Haben wir Punkte $P_0, P_1, \ldots, P_m$ aus M vor uns, dann gibt es m Vektoren in X, so dass $P_i = P_0 + x_i$ für $i = 1, \ldots, m$ gilt. Sei $Y = Lin\{x_1, \ldots, x_m\}$, dann ist das nach (2.2.10) der kleinste lineare Teilraum von X, der diese Vektoren enthält und somit $P_0 + Y = N_Y$ der kleinste affine Teilraum, der die gegebenen Punkte umfasst. Nach (5.1.6) *ist er eindeutig bestimmt.* Man nennt ihn den von $P_0, \ldots, P_m$ ERZEUGTEN AFFINEN TEILRAUM.

Wichtig ist nun die Beobachtung, dass *m die Dimension von N_Y ist, wenn $x_1, \ldots, x_m$ linear unabhängig in X sind.* Das ist die geometrische Bedeutung der linearen Unabhängigkeit.

Wir nennen deshalb die Punkte $P_0, P_1, \ldots, P_m$ AFFIN UNABHÄNGIG, wenn sie ein m-Flach aufspannen. Diese Aussage ist offenbar von der Numerierung der Punkte unabhängig, wogegen in der oben gegebenen Betrachtung der Punkt P_0 gegenüber den anderen ausgezeichnet erscheint. Der Leser kann sich als Übung direkt überlegen, dass die Verbindungsvektoren bezüglich des neuen Punkts P_0', der nach Umnumerierung den Index 0 erhält, genau dann linear unabhängig sind, wenn das für die oben gegebenen x_i, $i = 1, \ldots, m$ gilt.

Wir geben zwei Beispiele:

m = 1: x_1 ist genau dann linear unabhängig, wenn $x_1 \neq o$ ist und wegen der Bijektivität von $P_0 +$ bedeutet das gerade $P_0 \neq P_1$. Unsere Aussage ist dann gerade: *Durch zwei verschiedene Punkte geht eine und nur eine Gerade.*

m = 2: x_1 und x_2 sind gerade dann linear abhängig, wenn $x_1 = \alpha x_2$ für ein reelles α ist, was gleichbedeutend damit ist, dass P_0, P_1, P_2 alle auf einer Geraden liegen; man sagt dafür auch: KOLLINEAR sind. Unsere Aussage bedeutet jetzt: *Sind die drei Punkte P_0, P_1, P_2 nicht kollinear, dann gibt es genau eine Ebene, die sie alle enthält.*

Es ist aufgrund der Definition klar, dass jede Gerade mindestens zwei, jede Ebene wenigstens drei und jedes m-Flach sicherlich $(m + 1)$ Punkte enthält. Der Satz (2.3.4)(ii) bedeutet geometrisch, dass es in einem n-dimensionalen affinen Raum ausserhalb eines m-Flachs mindestens noch einen Punkt geben muss, solange m echt kleiner als n ist.

Der Leser vergleiche diese Überlegungen mit der Axiomengruppe **V** in Anhang C und überzeuge sich, dass die Geometrie der affinen Mannigfaltigkeiten den dortigen Postulaten, wenn man sie sinngemäss auf höhere Dimensionen überträgt, genügt.

5.1.9. Ein weiterer wichtiger Begriff der klassischen Geometrie ist der der Parallelverschiebung. Ihm wollen wir uns jetzt zuwenden.

Definition. Gegeben sei eine Affine Mannigfaltigkeit $(M, \{P + \}, X)$. Dann definieren wir:

i. Der affine Teilraum N liegt PARALLEL zur Teilmannigfaltigkeit N', wenn für die zugehörigen Richtungsräume Y und Z aus X gilt, dass Y in Z enthalten ist.

ii. Ist q aus X, dann nennt man die Abbildung des affinen Raums in sich, die jedem P aus M den Punkt $P + q$ zuordnet, eine PARALLELVERSCHIEBUNG um q.

Diese beiden Begriffe hängen eng miteinander zusammen, gilt doch der

Satz. N liegt genau dann parallel zu N', wenn es durch Parallelverschiebung in eine Teilmannigfaltigkeit von N' übergeführt werden kann.

Wählen wir zwei Punkte P bzw. Q in N' und N willkürlich aus und denken wir uns $P = Q + q$ für ein geeignetes q aus X. Dann folgt der Satz aus folgender Ungleichung:

$$N' = P + Z = (Q + q) + Z \supset (Q + q) + Y = (Q + Y) + q = N + q.$$

Im affinen Vektorraum ist die Parallelverschiebung um q gerade die Translation um q, die in (5.1.4) behandelt wurde. Es ist eine wichtige Beobachtung, dass man sich aufgrund der eben vorgeführten Rechnung die an N durchgeführte Parallelverschiebung auch als Translation an Y mit anschliessender Abbildung $Q +$ nach M vorstellen kann, gilt doch $(Q + Y) + q = Q + (Y + q)$.

Weiter stellen wir fest: Sei O ein fester Punkt und P beliebig in M. Für eine durch P laufende Teilmannigfaltigkeit gilt

$$N_Y^P = P + Y = (O + p) + Y = O + (Y + p) = (O + Y) + p = N_Y^O + p$$

d.h. Alle affinen Teilräume in M lassen sich aus denen, die durch O laufen durch Parallelverschiebung gewinnen. Die Bezeichnung N_Y^P deutet an, dass es sich um eine durch P laufende affine Teilmannigfaltigkeit mit Richtungsraum Y handelt.

Im affinen Vektorraum ist o eine natürlicher Kandidat für den festzuhaltenden Punkt und so kann man aus den letzten beiden Ergebnissen und (5.1.4) folgern:

Bemerkung. Das Studium der affinen Teilmannigfaltigkeiten in M kann mithilfe der Nullpunktsfestsetzung Φ_O auf das Studium der Translationen und der Teilvektorräume von X reduziert werden.

Wir werden diese Beobachtung später noch vertiefen.
Eine weitere Folge der obigen Aussagen ist die

Bemerkung. Zu einem gegebenen m-Flach durch P und einen nicht darin enthaltenen Punkt Q gibt es genau ein dazu paralleles durch Q gehendes m-Flach. Insbesondere gilt in der affinen Ebene das Parallelenaxiom **P** aus Anhang C.

Dazu muss man sich nur vor Augen führen, dass Teilmannigfaltigkeiten gleicher Dimension genau dann zueinander parallel sind, wenn ihre Richtungsräume zusammenfallen; dann ist die Parallelität auch eine symmetrische Relation. Den Rest liefert die Feststellung, dass für $Q = P + q$ die Mannigfaltigkeit $N_Y^P + q$ zu der durch P laufenden N_Y^P parallel ist. Der Leser prüfe die Einzelheiten selbst.

5.1.10. Um den Vorteil, den die Analytische Geometrie in der klassischen Behandlung geometrischer Probleme bietet, ausnutzen zu können, müssen wir in unser Modell Koordinaten einbauen. Das geschieht einfach dadurch, dass man auf die Beschreibung des Raums als Tangentenraum in einem festen Aufpunkt O zurückgreift und ausnützt, dass der als Vektorraum Koordinaten im Sinne von (2.2.14) hat. Genauer sieht das so aus.

Definition. Unter eine AFFINEN BASIS einer affinen Mannigfaltigkeit $(M, \langle P + \rangle, X)$ versteht man einen Punkt O aus M zusammen mit einer Basis $e_1, \ldots, e_n$ von X. Unter den AFFINEN KOORDINATEN eines Punktes P von M bezüglich der gewählten affinen Basis versteht man die Koordinaten von $\Phi_O(P)$ bezüglich dieser Basis $e_1, \ldots, e_n$ im Sinne von Satz (2.2.14).

Im Grunde steckt da wieder das Prinzip der Strukturübertragung dahinter. Wir haben in (5.1.6) mit $O +$ die Vektorraumstruktur von X auf den Tangentenraum M_O übertragen und holen jetzt noch die Basis nach. Die Mannigfaltigkeit wird auf diese Weise über den Tangentenraum in O parametrisiert. Gehen wir wieder auf das Beispiel in (5.1.3) zurück, dann sehen wir, wie hier der Grassmann'sche in den Descartes'schen Koordinaten-begriff übergeht.

Hat man nun ein durch O laufendes m-Flach N in M gegeben, dann entspricht das einem m-dimensionalen Teilraum in M_O, also über Φ_O einem m-dimensionalen Teilraum Y in X. Nach (2.3.4)(iv) kann man in X eine Basis $e_1, \ldots, e_m, \ldots, e_n$ so finden, dass ihre ersten m Vektoren den Richtungsraum Y des gegebenen m-Flachs aufspannen. Jeder Punkt aus N ist dann von der Form

$$P = O + \sum_{i=1}^{m} \alpha_i^*(P) e_i$$

mit gewissen durch P eindeutig bestimmten reellen Zahlen $\alpha_i^*(P)$; diese sind gerade die i-ten Koordinaten von $\Phi_O(P)$ in X.

Läuft das m-Flach N nicht mehr durch O, wohl aber durch einen beliebig in M festgehaltenen Punkt Q, dann finden wir eine analoge Darstellung. Ist $Q = O + q$, dann wissen wir aus (5.1.10), dass $N - q$ ein durch O gelegtes m-Flach mit demselben Richtungsraum wie N ist. Darauf wenden wir die Formel des letzten Absatzes an und wir erhalten die KOORDINATEN-DARSTELLUNG eines m-Flachs in allgemeiner Lage:

$$P = O + \left(\sum_{i=1}^{m} \alpha_i^*(P - q) e_i + q \right).$$

für alle P aus N. Nun ist $\Phi_O(P - q) = \Phi_O(P) - q$ nach (5.1.10) und die Koordinatenfunktionale in X sind nach (2.2.15) linear. Daraus folgt $\alpha_i^*(P - q) = \alpha_i^*(P) - \alpha_i(q)$ und weiter auf N:

$$P = O + \sum_{i=1}^{m} \alpha_i^*(P) e_i + \left[q - \sum_{i=1}^{m} \alpha_i(q) e_i \right].$$

Bezüglich der affinen Basis $(O, e_1, \ldots, e_n)$ sind die affinen Koordinaten von P dann $(\alpha_1^*(P), \ldots, \alpha_m^*(P), \alpha_{m+1}^*(Q), \ldots, \alpha_n^*(Q))$.

Diese scheinen noch von Q abzuhängen. In Wahrheit aber stimmen die letzten $n - m$ Zahlen für alle Punkte $Q' = O + q'$ aus N überein, da $Q' - q$ aus N, also nach Anwendung von Φ_O der Vektor $q' - q$ in Y liegt. Daher gilt $\alpha_i(q' - q) = 0$ für $i = m + 1, \ldots, n$ nach Wahl der Basis.

Eine andere, der affinen Geometrie besser angepasste Darstellung eines m-Flachs wollen wir jetzt geben. In ihr tritt die Basiswahl ganz in den Hintergrund. Die Parmetrisierung stützt sich auf die das m-Flach aufspannenden Punkte.

5.1.11. Bezeichnet man mit P_i die Punkte $O + (e_i + q) = O + p_i$, $i = 1, \ldots, m$, dann liegen diese auf N. Mit $\langle e_1, \ldots, e_m \rangle$ ist auch $\langle p_1, \ldots, p_m \rangle$ ein linear unabhängiges System und somit sind $Q, P_1, \ldots, P_m$ affin unabhängig (vgl. (5.1.8)). Die Formel besagt, dass sie das m-Flach N aufspannen.

Hat man umgekehrt solche Punkte vorgegeben, dann kann man daraus eine Beschreibung des aufgespannten m-Flachs finden, die für viele Zwecke bequemer ist, als die obige mit affinen Koordinaten. Dazu wählt man $\langle p_1 - q, \ldots, p_m - q \rangle$ als Basis des Richtungsraumes des erzeugten m-Flachs N. Das bedeutet, dass jeder Punkt von $N - q$ die Gestalt

$$O + \sum_{i=1}^{m} \lambda_i (p_i - q)$$

für geeignete reelle Zahlen λ_i hat. Ein solcher Punkt entsteht aber durch Parallelverschiebung aus einem von N und folglich sind die Zahlen λ_i eindeutig durch den betrachteten Punkt des m-Flachs N festgelegt. Schiebt man $N - q$ wieder nach N zurück und formt die Gleichung etwas um, findet man für alle P aus N:

$$P = O + \sum_{i=1}^{m} \lambda_i(P) p_i + \left(1 - \sum_{i=1}^{m} \lambda_i(P)\right) q.$$

Man nennt dies die PARAMETERDARSTELLUNG des von den affin unabhängigen Punkten $Q, P_1, \ldots, P_m$ aufgespannten m-Flachs.

Die affine Abbildungsgeometrie

5.2.1. Im letzten Paragrafen haben wir die Untersuchungen aus Kapitel 2 auf die affine Geometrie übertragen und dabei auch eine geometrische Einsicht in die Vektorraumtheorie gewinnen können. Jetzt wenden wir uns den in Kapitel 3 studierten Abbildungen zu und versuchen sie in die Geometrie einzubauen. Dabei wird sich auch ein neuer Zugang zur reellen affinen Geometrie herausschälen.

Unser Ansatzpunkt ist die Parameterdarstellung (5.1.11), die speziell für eine Gerade durch die voneinander verschiedenen Punkte Q und P lautet

$$P(\lambda) = O + \lambda p + (1 - \lambda)q.$$

Offenbar ist das eine Anheftung einer affinen Geraden im affinen Vektorraum $x(\lambda) = \lambda p + (1 - \lambda)q$ an den Punkt O in M. Für das Folgende betrachten wir nur diese.

Ist $x(\lambda) \neq p$, dann muss $\lambda \neq 1$ sein und in diesem Fall kann man die Punkte auch durch den neuen Parameter $\tau = (1 - \lambda)^{-1}\lambda$ beschreiben. Dieser hat in der klassischen Geometrie, wie man am Strahlensatz ablesen kann, die Bedeutung des Streckenverhältnisses $QP(\lambda) : P(\lambda)P$ und demzufolge nennt man τ auch das TEILVERHÄLTNIS der Punkte Q, P, $P(\lambda)$ und schreibt dafür auch $(QPP(\lambda))$ in der Geometrie. Mit dieser Grösse wird die Gerade unter Ausschluss des Punktes P dargestellt durch:

$$x(\tau) = \left(1 + \tau^{-1}(q + \tau p)\right).$$

Mit $P(\tau) = O + x(\tau)$ kann man sie sofort auf M übertragen.

Dieses Teilverhältnis spielt in der affinen Geometrie eine fundamentale Rolle. Es bleibt beispielsweise bei Parallelverschiebungen erhalten. Es stellt sich nun heraus, dass die der affinen Struktur angemessenen Abbildungen gerade diejenigen sind, die das Teilverhältnis respektieren. Wir nehmen diese Erfahrung zum Ansatzpunkt der Einführung solcher Abbildungen.

Seine $(M, \{P + \}, X)$ und $(M', \{P' + \}, X')$ zwei affine Räume. Wir nehmen, indem wir den trivialen Fall zur Seite lassen, an, dass $dim\, M \geq 1$ ist. Dann legen wir fest:

Definition. Eine Mengenabbildung Φ von M in M' heisst AFFIN, wenn sie folgende Eigenschaft hat:

(Aff) Sind R, P, Q paarweise verschiedene kollineare Punkte in M, dann sind $\Phi(R)$, $\Phi(P)$, $\Phi(Q)$ kollineare Punkte, die entweder alle zusammenfallen oder paarweise verschieden sind; im zweiten Fall ist ihr Teilverhältnis gleich dem der drei Ausgangspunkte, d.h.

$$(R\, P\, Q) = \left(\Phi(R)\,\Phi(P)\,\Phi(Q)\right).$$

Ist Φ bijektiv, dann spricht man von einem AFFINEN ISOMORPHISMUS von M auf M'.

Für den oben ausgeklammerten Fall, dass $dim\, M = 0$ ist, ist (Aff) leer und Φ ist einfach eine Mengenabbildung.

5.2.2. Der folgende Satz wird diese Definition mit dem in (5.1.5) eingeführten Begriff der affinen Isomorphie in Zusammenhang bringen. Das Ergebnis aus (5.1.5) besagt dann in präziser geometrisch deutbarer Sprache, dass jeder affine Raum affin isomorph zu einem affinen Vektorraum der gleichen Dimension ist. Das ist das ÜBERTRAGUNGSPRINZIP der affinen Geometrie.

Satz. Mit der Bezeichnung von oben gilt:

i. Ist Φ eine affine Abbildung im Sinne von (5.2.1), dann gibt es eine durch Φ eindeutig bestimmte lineare Abbildung $\Lambda: X \to X'$, so dass für alle P aus M und x aus X gilt. $\Phi(P + x) = \Phi(P) + \Lambda(x)$.

ii. Ist Λ eine lineare Abbildung aus $Hom(X, X')$ und sind O aus M, O' aus M' zwei festgewählte Punkte, dann ist die Abbildung $\Phi(O + x) = O' + \Lambda(x)$ eine affine Abbildung von M nach M'. Λ ist dann die gemäss (i) durch Φ bestimmte lineare Abbildung.

Ist eine der beiden aufgrund obiger Aussagen einander entsprechenden Abbildungen Φ und Λ ein Isomorphismus, dann ist es auch die andere.

Beweis. Wir beweisen (i). Nach (5.1.4) gibt es einen eindeutig durch P und x aus X bestimmten Vektor x_P in X', so dass

$$\Phi(P + x) = \phi(P) + x_P$$

gilt. Wir zeigen, dass x_P in Wahrheit nicht von P abhängt. Das geht so:

$$\Phi(Q) + x_Q = \Phi(Q + x) = \Phi(P + q + x) = \Phi(P) + (q + x)_P$$
$$= \Phi(P) + q_P + x_P = \Phi(P + q) + x_P$$
$$= \Phi(Q) + x_P.$$

Wir haben in der zweiten Zeile von der Linearität der Zuordnung $x \mapsto x_P$ Gebrauch gemacht. Diese wollen wir jetzt nachträglich beweisen. Ist das geschehen, dann fügen sich unsere Beweisschritte dahingehend zusammen, dass $\Lambda(x) = x_P$ für ein irgendwie aus M herausgegriffenes P eine lineare Abbildung definiert, die (i) beantwortet.

Nun also zur Linearität. Da der Satz im trivialen Fall sicher wahr ist, man wähle $\Lambda = 0$, nehmen wir *dim M* $\geq$ 1 *an*.

Sei x aus X ungleich o und λ eine von 0 und 1 verschiedene reelle Zahl. Dann sind P, $P + x$ und $P + \lambda x$ paarweise verschiedene kollineare Punkte. Nach (Aff) ist dann entweder $\Phi(P) = \Phi(P + x) = \Phi(P + \lambda x)$, d.h. $o = x_P = (\lambda x)_P$, oder die drei Bildpunkte sind paarweise verschieden und liegen auf einer Geraden. Es muss dann $x_P \neq o$ sein und darüberhinaus für ein reelles μ ungleich 0 und 1 gelten:

$$\Phi(P) + (\lambda x)_P = \Phi(P) + \mu x_P,$$

wie uns (5.2.1) lehrt. Wir können λ durch das Teilverhältnis τ mit $\lambda = (\tau + 1)^{-1}\tau$ und analog μ durch das der Bildpunkte als $\mu = (\sigma + 1)^{-1}\sigma$ ausdrücken. Da nach der Definition affiner Abbildungen $\sigma = \tau$ sein muss, ist damit auch $\lambda = \mu$. Also folgt stets $(\lambda x)_P = \lambda x_P$ in den betrachteten Fällen. Für $x = o$ oder λ gleich 1 oder 0 ist dieses Resultat trivialerweise wahr.

Damit ist die Hälfte unserer Aussage geprüft. Wir müssen uns noch der Additivität $(x + y)_P = x_P + y_P$ zuwenden.

Seien x, y aus X und $\tau = 1$ gewählt. Dann sind die Punkte $P + x$, $P + y$ und $P + z$ mit $z = 1/2(x + y)$ nach (5.2.1) kollinear und paarweise verschieden. Stimmen ihre Bilder überein, dann ist $x_P = y_P = z_P$, also nach dem vorigen Absatz: $(x + y)_P = 2z_P = x_P + y_P$. Andernfalls sind die Bilder paarweise verschieden, kollinear und haben dasselbe Teilverhältnis wie die Urbilder. Das bedeutet, dass wenigstens einer der Vektoren x_P oder y_P von Null verschieden ist; sei $y_P \neq o$. Weiter ist dann $z_P = (\tau + 1)^{-1}(x_P + \tau y_P)$ und wegen der Übereinstimmung der Teilverhältnisse $\tau = 1$. Also $1/2(x_P + y_P) = z_P = 1/2x_P + 1/2y_P$.

Die Aussage (ii) folgt so: Drei paarweise verschiedene kollineare Punkte sind von der Form $O + p, O + q, O + (\tau + 1)^{-1}(p + \tau q)$ mit $q \neq o, \tau$ ungleich 0 oder -1. Es ist dann $\Phi(N + (\tau + 1)^{-1}(p + \tau q)) = N' + (\tau + 1)^{-1}(\Lambda(p) + \tau\Lambda(q))$. Entweder ist dann $\Lambda(p) = \Lambda(q) = o$ und die Bildpunkte fallen zusammen. Andernfalls können wir $\Lambda(q) \neq o$ annehmen (sonst vertausche p und q) und die Bildpunkte sind paarweise verschieden, kollinear und haben dasselbe Teilverhältnis. Ausserdem ist

$$\Phi(P + x) = \Phi(O + p + x) = O' + \Lambda(p + x) = O' + \Lambda(p) + \Lambda(x)$$
$$= \Phi(P) + \Lambda(x)$$

für alle P aus M, x aus X.

Es ist leicht, die letzte Aussage des Satzes zu prüfen. Wir überlassen es dem Leser. $\qquad\qquad\square$

5.2.3.

5.2.3. Wir wollen jetzt dem Begriff der affinen Abbildung anhand von Beispielen etwas genauer nachgehen.

Beispiel 1. Der Anssatz war die Parallelverschiebung. Sie ist durch einen Vektor q gegeben und ordnet jedem Punkt P aus M den Punkt $P + q$ zu. Insbesondere gilt dann

$$\Phi(P + x) = (P + x) + q = (P + q) + x = \Phi(P) + x$$

für alle x aus X. Damit gehört zu der Parallelverschiebung die identische Abbildung $\Lambda(x) = x$ auf X.

Bemerkung. In dieser Aussage manifestiert sich die besondere Rolle der Parallelverschiebung. Wenn wir nocheinmal den Beweis ansehen, dann finden wir, dass der erste Teil des Satzes jeder affinen Abbildung Φ von M in sich eindeutig die lineare Abbildung Λ zuordnet. Im zweiten Teil mussten wir mehr tun: Es musste Λ und das Bild eines einzigen, ganz beliebig in M gewählten Punktes festgelegt werden. Die Freiheit der zweiten Wahl sieht so aus, dass die beiden Bildpunkte O_1', O_2' durch den Vektor q' verbunden sind, also

$$\Phi_2(P) = \Phi_2(O + x) = O_2' + \Lambda(x) = O_1' + \Lambda(x) + q' = \Phi_1(P) + q'$$

gilt. Das zeigt, dass *zwei affine Transformationen genau dann dieselbe lineare Transformation gemäss Satz (5.2.2) (i) bestimmen, wenn sie sich durch eine Parallelverschiebung unterscheiden, d.h. wenn eine q′ aus X′ existiert mit* $\Phi_2(P) = \Phi_1(P) + q'$ *für alle P aus M.*

Beispiel 2. Sei auf $(M, \{P + \}, X)$ eine affine Basis $(O; e_1, \ldots, e_n)$ im Sinne von (5.1.10) gegeben und sei Φ eine affine Abbildung von M in sich, von der wir voraussetzen wollen, dass sie bijektiv ist. Dann ist es auch die nach dem Satz ihr zugeordnete lineare Abbildung und folglich ist aufgrund von (3.1.6) $\Lambda(e)_1, \ldots, \Lambda(e_n)$ eine Basis in X, also auch $(\Phi(O); \Lambda(e_1), \ldots, \Lambda(e_n))$ eine affine Basis in M.

Ist umgekehrt eine affine Basis $(O'; f_1, \ldots, f_n)$ in M gegeben, dann gehört dazu nach (3.1.6) eine bijektive lineare Abbildung, nämlich $\Lambda'(e_i) = f_i$ für $i = 1, \ldots, n$.

Offensichtlich ist jetzt

$$\Phi(P) = \Phi(O + p) = O' + \Lambda'(p)$$

eine bijektive affine Abbildung nach (5.2.2) (ii).

Die Ergebnisse der letzten beiden Absätze rechtfertigen es, von den affinen Isomorphismen auf M als von AFFINEN BASISTRANSFORMATIONEN zu sprechen. Dies steht in strikter Analogie zur Redeweise im Kapitel 2, wo wir die linearen Abbildungen untersucht haben.

Beispiel 3. Zum Schluss gehen wir noch das Übertragungsprinzip der affinen Geometrie an. In (5.1.4) wurde die Abbildung Φ_O von M nach X durch die Gleichung $P = O + \Phi_O(P)$ erklärt. Daraus folgt dann $P + x = O + (\Phi_O(P) + x)$ aufgrund des zweiten Postulats für den affinen Raum, also $\Phi_O(P + x) = \Phi_O(P) + x$ für jedes P aus M und x aus X. Wenn wir eine Gerade $P(\lambda) = P + \lambda q$, die durch P und $Q = P + q$ läuft, damit abbilden, geht sie in

$$\Phi_O(P(\lambda)) = \Phi_O(P) + \lambda q$$

über. Man liest jetzt ab, dass Φ_O Gerade in Gerade unter Beibehaltung des Teilverhältnisses abbildet, also affin ist.

5.2.4. In den bisherigen Untersuchungen wurde immer wieder deutlich, dass die eigentliche Rechnung im affinen Vektorraum geführt und anschliessend das Ergebnis mit der Anheftungsabbildung $O +$ für ein fest gewähltes O aus M nach M transportiert wird. In der Tat ist das charakteristisch für die Aussagen der affinen Geometrie: *Sie vertauschen mit affinen Abbildungen.*

Beispielsweise ist die Aussage, dass ein Punkt R auf der Geraden durch P, Q liegt, für das Bild unter einer affinen Abbildung wahr, wenn sie es für das Urbild war. Ist die Abbildung bijektiv, dann kann man den Schluss umkehren.

Aus dieser Beobachtung kann man zwei für die neuzeitliche Geometrie folgenreiche Konsequenzen ziehen:

i. Es genügt, wenn man affine Geometrie im affinen *Vektorraum* betreibt.

ii. Da der affine Vektorraum $(X, \langle x + \rangle, X)$ aber durch den Vektorraum X eineindeutig festgelegt ist, muss es möglich sein, *affine Geometrie im linearen Raum X darzustellen.*

Während der erste Punkt nur das Übertragungsprinzip auswertet, ist der zweite ein kühner Schritt darüber hinaus; ihm wenden wir uns im Folgenden zu.

5.2.5. Die folgenden Betrachtungen sind 1872 erstmals von F. Klein in seinem ERLANGER PROGRAMM [39] als eine übergreifende Methode der geometrischen Forschung formuliert worden. Das darin ausgesprochene Prinzip, geometrische als gegenüber einer bestimmten Transformationsgruppe invariante Eigenschaften zu verstehen, hat später vor allem infolge der Untersuchungen von A. Einstein und H. Weyl [59] ein Analogon in der Physik gefunden. In der Tat ist es dort heute das beherrschende Prinzip zur Formulierung von Naturgesetzen.

Als Ausgangspunkt nehmen wir eine affine Mannigfaltigkeit $(M, \langle P + \rangle, X)$ und konzentrieren uns auf die affinen Selbstabbildungen von M in sich. Dann zeigt Satz (5.2.2), wenn wir noch einen Punkt O ein für allemal fest in M auswählen, dass für eine affine Abbildung Φ gilt:

$$\Phi(O + x) = O + (\Lambda(x) + q),$$

wo q die Translation von O nach $\Phi(O)$ und Λ ein Endomorphismus von X ist. Diese Formel besagt, dass die affine Abbildung vollständig durch Λ, q und $O +$ ausgedrückt werden kann und zwar so, dass dabei Λ und q nur in X allein wirken; $O +$ wirft das Ergebnis dieser Wirkung bijektiv auf M und zwar nach (5.2.4). In der anschaulichen Deutung von (5.1.6) ist $x \rightarrow \Lambda(x) + q$ gerade die Form, in der einem in O sitzenden Beobachter die Abbildung Φ erscheint.

Ist Φ bijektiv, dann ist es auch die neue Abbildung nach Satz (5.2.2). Vom axiomatischen Standpunkt kann aber der affine Raum nicht mehr von seinem Bild unter einem afffinen Isomorphismus unterschieden werden, so dass insbesondere alle Aussagen der affinen Geometrie, also alle mithilfe der im affinen Raum $(M, \langle P + \rangle, X)$ zusammengefassten Regeln formulierbaren, mit Φ vertauschen. Der erste Schritt im Programm von F. Klein ist die Umkehrung davon: *Eine Eigenschaft gehört genau dann der affinen Geometrie an, wenn sie durch affine Isomorphismen nicht geändert wird.*

Überträgt man das in die Sprache des in O sitzenden Beobachters, dann heisst das, dass für ihn *Aussagen der affinen Geometrie daran erkannt werden können, dass sie mit bijektiven Abbildungen der Form* $x \rightarrow \Lambda(x) + q$ *vertauschen.* Das gehen wir unter Berufung auf die Vektorraumaxiomatik systematisch an.

5.2.6. Zunächst behandeln wir die oben gefundenen Abbildungen von X in sich. Wir formulieren sie allgemeiner

Definition. Eine Abbildung Φ von einem Vektorraum X auf einen anderen X' heisst AFFIN LINEAR, wenn $\Phi = T \circ \Lambda$, also eine Komposition einer linearen Abbildung Λ aus $Hom(X, X')$ und einer Translation T in X' ist.

Stimmen X und X' überein, dann spricht man von einer AFFINEN TRANSFORMATION des Vektorraums X.

Gehen wir auf unsere Konvention, lineare Abbildungen mit Matrix-symbolen zu schreiben, und auf die Beschreibung von Translationen aus (5.1.9) zurück, dann ist die Wirkung einer affinen Transformation von der Form $Lx + q$ für x aus X. Man kann sie also durch ein Paar (L, q), wo L aus $Aut(X)$ und q aus X ist, darstellen. Es gilt nun der folgende Struktur-satz:

Satz. In einem Vektorraum X gelten

   i. Durch die affine Transformation ist das Paar (L, q), L aus $Aut(X)$ und q aus X eineindeutig bestimmt.
   ii. Die affinen Transformationen von X bilden eine Gruppe, die mit $GA(X)$ bezeichnet werden soll.

Beweis. Sei Φ die affine Transformation, dann ist offenbar $\Phi(o) = q$ und $Lx = \Phi(x) - q$, womit (i) bewiesen ist. Hat man zwei affine Transfor-mationen (K, p) und (L, q), dann liefert ihre Hintereinanderausführung:

$$(K, p)(L, q)(x) = K(Lx + q) + p = (KL, Kq + p)(x).$$

Mit K und L ist auch KL aus $Aut(X)$ nach (3.2.8) und somit ist die Komposition wieder eine affine Transformation. Der Leser prüfe die folgenden Formeln:

$$(K, p)(L, q) = (KL, Kq + p)$$

$$(L, q)^{-1} = (L^{-1}, -L^{-1}q),$$

nachdem er festgestellt hat, dass (I, o) die Identität von $GA(X)$ ist. $\square$

In der Sprache des Erlanger Programms formulieren wir dann:

Unter einem reellen AFFINEN VEKTORRAUM verstehen wir das Paar $(X, GA(X))$, wo X eine reeller Vektorraum und $GA(X)$ die darauf erklärte Gruppe der affinen Transformationen ist. Unter der AFFINEN GEOME-TRIE meinen wir das Studium aller im Vektorraum X formulierbaren Aussagen, die bei affinen Transformationen nicht verändert werden. Man sagt dafür auch: Das Studium der INVARIANTEN[†] von $GA(X)$. Die Bedeutung dieser Formulierung wird dem Leser durch den Umgang mit den Begriffen im weiteren Fortgang des Texts klar werden. Er kann aber einen Eindruck davon gewinnen, wenn er auf die Kapitel 2 und 3 zurückgeht und diese im Lichte der folgenden Bildung nocheinmal überliest:

Wir nennnen LINEARE GEOMETRIE das Studium der Invarianten von $Aut(X)$ auf X.

Das ist nichts anderes als das Studium der Eigenschaften, die sich mithilfe der Axiome (2.1.2) zusammensetzen lassen; es ist also gerade die Lineare Algebra selbst. Wörtlicher genommen bedeutet es, da $Aut(X)$ gerade die Basistransformationen beschreibt, dass wir die Eigenschaften der Linearen Algebra, die sich koordinatenfrei formulieren lassen, studieren; das sind genau die axiomatischen.

5.2.7. Da die Gruppe der affinen Transformationen nunmehr die zentrale Rolle einnimmt, wollen wir sie genauer untersuchen.

Zunächst führen wir einige Bezeichnungen aus der Gruppentheorie der Bequemlichkeit halber ein (vgl. auch (3.3.10)): Unter einem HOMO-MORPHISMUS (bzw. ISOMORPHISMUS) einer Gruppe G in eine andere G' versteht man eine Abbildung (bzw. Bijektion) Φ, die

$$\Phi(ab) = \Phi(a)\Phi(b) \qquad \text{und} \qquad \Phi(e) = e'$$

für alle a, b aus G erfüllt; e, e' sind die Einselemente der beteiligten Gruppen. Eine unter der Gruppenmultiplikation abgeschlossene Teilmenge H in G nennen wir eine UNTERGRUPPE von G. Spezielle Untergruppen sind der KERN eines Homomorphismus, d.h. die Menge aller Elemente von G, die auf das Einselement von G' abbildet werden. Man nennt diese Untergruppen in der Gruppentheorie auch NORMALTEILER, d.h. H ist Normalteiler von G genau dann, wenn es einen Gruppenhomomorphismus Φ auf eine andere Gruppe G' gibt, so dass $H = ker\,\Phi$ ist.

Die erste Feststellung, die wir im Zusammenhang mit unseren Untersuchungen machen wollen, ist die folgende:

Satz. Mit den Bezeichnungen aus (5.2.6) gelten:

   i. Die Translationen bilden einen Normalteiler von $GA(X)$, den wir mit $T(X)$ bezeichnen wollen.
   ii. Die affinen Transformationen von X, deren Translationsanteil null ist, bilden eine Untergruppe von $GA(X)$, die wir mit $GL(X)$ bezeichnen wollen und die man die Gruppe der LINEAREN TRANSFORMATIONEN oder auch die LINEARE GRUPPE von X nennt.
   iii. $GL(X)$ und $T(X)$ haben nur das Einselement von $GA(X)$ gemein.

[†] Dies ist ein sehr weit gefasster Invariantenbegriff. Die heutige Mathematik kennt viele Präzisierungen davon. In Paragraf 7.3 werden wir eine sehr enge Klasse kennenlernen, indem wir einer Quadrik Zahlentupeln zuordnen, sie in der jeweils betrachteten Geometrie koordinatenunabhängig kennzeichnen.

Beweis. Die Gruppenmultiplikation in $GA(X)$ ist in (5.2.6) gegeben und die Translationen haben in der dortigen Schreibweise die Gestalt (I, q), q aus X, die linearen Transformationen dagegen sind von der Form (L, o) mit L aus $Aut(X)$. Es ist nun leicht, durch Einsetzen in die Produktdefinition zu zeigen, dass die Untergruppeneigenschaft in (i) und (ii) wahr ist. Der Leser führe das aus.

Die Abbildung $\Phi[(L, q)] = (L, o)$ ist offenbar ein Homomorphismus von $GA(X)$ auf $GL(X)$, denn

$$\Phi\big[(K, p)(L, q)\big] = \Phi\big[(KL, Kq + p)\big] = (KL, o) = (K, o)(L, o)$$

und hat als Kern gerade die Elemente der Form (I, q), also $T(X)$. Letztere ist also Normalteiler.

Die spezielle Darstellung von $GL(X)$ und $T(X)$ legt (iii) offen.   □

Wir haben gleichzeitig feststellen können, dass der Übergang von L nach (L, o) einen Gruppenisomorphismus von $Aut(X)$ auf $GL(X)$ vermittelt. Wertet man die Gruppenmultiplikation in $T(X)$ aus, dann stellt man ebenfalls fest, dass die Abbildung $q \to (I, q)$ von X auf $T(X)$ bijektiv ist. Fasst man X bezüglich der Vektorraumaddition als Gruppe auf, dann besteht somit auch ein Gruppenisomorphismus von X auf $T(X)$.[†] Insgesamt finden wir also in $T(X)$ und $GL(X)$, wenn wir sie in diesem Sinne mit X und $Aut(X)$ identifizieren zwei alte Bekannte wieder. In der Sprache des Erlanger Programmes, wo die Gruppentheorie eine zentrale Rolle einnimmt, kann man also die Beziehung von linearer Geometrie und affiner Geometrie, d.h. die Hinzunahme der Nullpunktsverschiebung zur Vektorraumstruktur, so formulieren: *Die affine Geometrie entsteht aus der linearen Geometrie durch Erweiterung der linearen Gruppe um die Gruppe der Translationen.*

Bemerkung. Ist $dim X > 1$, dann kann $GL(X)$ *kein Normalteiler von $GA(X)$* sein. Wäre nämlich $GL(X) = ker\,\Phi$ für einen geeigneten Gruppenhomomorphismus Φ von $GL(X)$ in eine andere Gruppe H mit Einselement e_H, dann hätten wir für jedes $q \neq o$ und jedes L aus $Aut(X)$:

$$\Phi\big(T_q^{-1} L T_q\big) = \Phi^{-1}(T_q)\Phi(L)\Phi(T_q) = e_H,$$

weil $\Phi(L) = e_H$ vorausgesetzt war. Also muss auch $T_q^{-1} L T_q$ in $GL(X)$ liegen wegen der Kerneigenschaft. Aber $T_q^{-1} L T_q = (L, Lq - q)$ zeigt, dass das nicht für jedes L sein kann: Der Leser wähle beispielsweise $L = \alpha I$ mit $\alpha \neq 1$.

Mit dieser Wahl haben wir eine wichtige Klasse von affinen Transformationen angesprochen: Die HOMOTHETIEN von X. Darunter verstehen wir die Endomorphismen αI mit reellem, von Null verschiedenem α. Sie bilden offenbar eine Untergruppe von $GL(X)$, die nach der voranstehenden Bemerkung in der Regel kein Normalteiler in $GA(X)$ ist. Wir bezeichnen sie mit $H(X)$. Sie bettet die von Null verschiedenen reellen Zahlen, also den

---

[†]Aufgrund dieser Feststellungen schreiben wir im Folgenden stets L für (L, o) und T_q für (I, q).

Skalarkörper des Vektorraums X in $GA(X)$ ein. Damit haben wir alle wichtigen Bausteine der axiomatischen Theorie des Vektorraums in der HAUPTGRUPPE der affinen Geometrie[†] wiedergefunden.

Abschliessend wollen wir zur multiplikativen Struktur noch eine Beobachtung anfügen. Wir wissen schon aus (3.2.8), dass $GL(X)$, also folglich auch $GA(X)$ für $dimX \geqslant 2$ nicht kommutativ ist. Es gilt aber noch mehr: $T_qLT_q^{-1} = T_{q-Lq}L$ zeigt uns, dass $T_qL = LT_q$ genau dann erfüllt ist, wenn $Lq = q$ ist. Zur Veranschaulichung stelle sich der Leser L als Drehung im Raum vor: Nur die Verschiebungen entlang der Drehachse vertauschen mit der Drehung L.

Die Formel zeigt ausserdem, dass eine affine Transformation genau dann mit *allen* Translationen vertauscht, wenn sie selbst schon eine Translation war.

Man nennt die Untergruppe bestehend aus den Elementen, die mit allen anderen Gruppenelementen vertauschen das ZENTRUM der Gruppe. Eben haben wir eingesehen, dass für $dimX > 2$ $\mathbb{R} \cdot I$ *das Zentrum von GA(X)* ist.

Man sieht jetzt, dass die Gruppe $GA(X)$ mehr als nur eine Zusammenfügung von $GL(X)$ und $T(X)$ ist. Beispielsweise ist für $q \neq o$ die Gruppe $H_q(X)$, die aus den affinen Translationen der Form $T_qLT_q^{-1}$ mit L aus $H(X)$ besteht und die man die Gruppe der AFFINEN HOMOTHETIEN MIT ZENTRUM q nennt, weder in $GL(X)$ noch in $T(X)$ enthalten. Der Leser benutze (3.3.9), um zu zeigen, dass $H_q(X)$ eine Untergruppe von $GA(X)$ ist. In der Tat haben wir eine Analogie zu den inneren Automorphismen in $End(X)$. Die Abbildung $L \rightarrow T_qLT_q^{-1}$ nennt man einen von dem Gruppenelement T_q aus $GA(X)$ induzierten INNEREN AUTOMORPHISMUS der Gruppe $GA(X)$. Man spricht in diesem Fall auch von einer KONJUGATION. Konjugationen führen Untergruppen wieder in solche über und deshalb nennt man speziell $H_q(X)$ eine zu $H(X)$ KONJUGIERTE Untergruppe.

5.2.8. Nach diesem Ausflug in die Gruppentheorie wollen wir uns einige Begriffe der affinen Geometrie von der Warte der Klein'schen Abbildungsgeometrie ansehen.

Seien p, q zwei Vektoren, die wir im Zusammenhang mit der Bedeutung von X als dem Grundraum der Geometrie jetzt auch einfach Punkte nennen können, dann ist nach (5.1.11) die durch sie gehende Gerade mithilfe eines reellen Parameters durch $x(\lambda) = \lambda p + (1 - \lambda)q$ beschrieben. Angeleitet von der Interpretation der Elementargeometrie nennen wir die darauf liegenden Punkte mit $0 \leqslant \lambda \leqslant 1$ die STRECKE von q nach p.

Nehmen wir drei nichtkollineare Punkte p, q und r aus X, dann können wir die von r ausgehenden Strecken nach p bzw. q betrachten. Wählen wir

---

[†] Diesen Ausdruck benutzte F. Klein in seinem Erlanger Programm für die die Geometrie bestimmende Transformationsgruppe.

auf diesen jeweils einen Punkt $\lambda p + (1 - \lambda)r$ bzw. $\mu q + (1 - \mu)r$ mit $0 \leqslant \lambda, \mu \leqslant 1$, dann ist die Verbindungsstrecke zwischen diesen beiden genau dann zu pq parallel, wenn $\lambda = \mu$ ist, wie wir aus (1.4.7) wissen. Rufen wir wieder unsere elementargeometrische Anschauung zuhilfe, dann können wir uns die Vereinigung aller dieser parallelen Strecken als die Fläche des Dreiecks p, q, r vorstellen. Diese bilden die Punktmenge

$$\{\mu(\lambda p + (1 - \lambda)r) + (1 - \mu)(\lambda q + (1 - \lambda)r)|0 \leqslant \lambda, \mu \leqslant 1\},$$

die nach Auflösen der Klammern so aussieht:

$$\{\lambda\mu p + (1 - \mu)\lambda q + (1 - \lambda)r|0 \leqslant \lambda, \mu \leqslant 1\}.$$

Bemerkenswert ist dabei, dass die Summe der auftretenden Skalare

$$\lambda\mu + (1 - \mu)\lambda + (1 - \lambda) = 1$$

ist. Umgekehrt entspricht einem Ausdruck $\alpha p + \beta q + \gamma r$ mit $0 \leqslant \alpha, \beta$, $\gamma \leqslant 1, \alpha + \beta + \gamma = 1$ genau einer aus unserer Punktmenge: Der Leser setze $\lambda = 1 - \gamma$, $\mu = \lambda^{-1}\alpha$ für $\gamma \neq 1$; für $\gamma = 1$ ist gerade der Eckpunkt r beschrieben worden. Wir nennen diese Punktmenge das von p, q, r aufgespannte DREIECK.

Fassen wir diese Beobachtungen zusammen, dann wird die Strecke und das Dreieck ein Spezialfall der folgenden Begriffsbildung:

Definition. Seien $p_0, p_1, \ldots, p_m$ affin unabhängige Punkte in X, dann nennt man die Menge

$$\left\{ \sum_{i=0}^{m} \lambda_i p_i \Big| \sum_{i=0}^{m} \lambda_i = 1, 0 \leqslant \lambda_0, \ldots, \lambda_m \leqslant 1 \right\}$$

das von diesen Punkten aufgespannte m-SIMPLEX.

Wir haben oben eine geometrische Deutung des Begriffs als Strecke, Dreieck, Tetraeder,... gegeben. In den Anwendungen wird das oft anders gesehen. Da stellt man sich beispielsweise in der Mechanik die Massen $\lambda_0, \lambda_1, \ldots, \lambda_m$ als Bruchteile einer Gesamtmasse auf die Orte $p_0, p_1, \ldots, p_m$ verteilt vor und deutet dann $\Sigma\lambda_i p_i$ als den SCHWERPUNKT dieser Konfiguration, in der Chemie stellen $p_0, p_1, \ldots, p_m$ Substanzen dar, aus denen die Bruchteile $\lambda_0 p_0, \lambda_1 p_1, \ldots, \lambda_m p_m$ herausgegriffen und zum neuen Produkt $\Sigma\lambda_i p_i$ VERMISCHT worden sind. Das m-Simplex ist dann der Ort aller möglichen Schwerpunkte bzw. das Konglomerat aller möglichen Mischungen.

Die Punkte mit $0 < \lambda_0, \ldots, \lambda_m < 1$ nennt man die INNEREN Punkte und die Mengen

$$S_k = \{\Sigma\lambda_i p_i|0 < \lambda_0, \ldots, \lambda_m < 1, \lambda_k = 0\}$$

für $k = 0, 1, \ldots, m$ die k-te aus den $(m + 1)$ SEITEN des m-Simplex. Sie sind offenbar $(m - 1)$-Simplices. Genauer: S_k ist das von $p_0, p_1, \ldots, p_m$ unter Weglassung von p_k aufgespannte Simplex. Man sagt daher auch: die p_k GEGENÜBERLIEGENDE SEITE.

Das Simplex ist eine Spezialfall der KONVEXEN Mengen. Darunter verstehen wir Punktmengen, die mit je zwei Punkten auch deren Verbindungsstrecke beinhalten: Aus p, q aus K folgt auch $\lambda p + (1 - \lambda)q$ aus K für alle $0 \leqslant \lambda \leqslant 1$.

5.2.9. Das Prinzip der Abbildungsgeometrie, wie wir es in (5.2.6) dargelegt haben, besagt, dass geometrische Aussagen daran erkennbar sind, dass sie durch die Abbildungen der Hauptgruppe, also hier der affinen Gruppe, nicht geändert werden. Das wollen wir an Beispielen verdeutlichen.

Wir beginnen mit den axiomatischen Begriffen aus Paragraf 5.1 und greifen dort den zentralen der Parallelität heraus. In diesem Fall ist uns eine durch reelle Zahlen λ parametrisierte Gerade

$$x(\lambda) = \lambda p + (1 - \lambda)q$$

durch die Punkte p und q und ein in der Regel nicht darauf liegender Punkt r gegeben. Die zu der Geraden durch r gehende Parallele ist nach (5.1.9) beschrieben durch die Parameterdarstellung $y(\lambda) = x(\lambda) + r$. Unterwerfen wir diese Situation einer affinen Transformation (L, s), L aus $End(X)$ und s aus X, dann gehen die beiden zueinander parallelen Geraden über in

$$x'(\lambda) = \lambda Lp + (1 - \lambda)Lq + s,$$

und

$$y'(\lambda) = \lambda Lp + (1 - \lambda)Lq + Lr + s,$$

woraus wir ablesen $y'(\lambda) = x'(\lambda) + Lr$. Die transformierten Geraden sind wieder parallel zueinander. *Die Eigenschaft, parallel zu sein, bleibt dem Geradenpaar unter affinen Transformationen erhalten.*

Ein weiterer zentraler Begriff ist die affine Unabhängigkeit. Die Punkte $p_0, p_1, \ldots, p_m$ gehen in $Lp_0 + s$, $Lp_1 + s, \ldots$, $Lp_m + s$ über, also die Differenzvektoren $p_i - p_0$ in $Lp_i - Lp_0 = L(p_i - p_0)$. Da L nach Satz (5.2.2) bijektiv ist, sind die neuen Differenzvektoren genau dann linear unabhängig, wenn die alten es waren. Das aber bedeutet die affine Unabhängigkeit der Bildpunkte unter der durch (L, s) beschriebenen affinen Transformation. *Deshalb ist "affin unabhängig" eine Invariante von $GA(X)$.*

Als Folge davon erkennen wir auch, dass die Eigenschaft, ein m-Flach oder ein m-Simplex zu bilden, eine invariante Aussage in der affinen Geometrie ist. Im letzteren Fall müssen wir nur noch die Summendarstellung prüfen. Wir finden folgendes Resultat:

$$\Sigma \lambda_i (Lp_i + s) = \Sigma \lambda_i Lp_i + (\Sigma \lambda_i)s = L(\Sigma \lambda_i p_i) + s,$$

weil die Summe der Koeffizienten 1 ist. Das verschobene Simplex ist also wieder eines. Wir finden aber im Hinblick auf die Anwendungen noch darüberhinaus: *Der um (L, s) verschobene Schwerpunkt ist der der transformierten Konfiguration $\lambda_0(Lp_0 + s), \ldots, \lambda_m(Lp_m + s)$.*

Diese Beispiele zeigen, wie man Aussagen als solche der affinen Geometrie erkennen kann. Beispiele für Lehrsätze dieser Art sind der Strahlensatz, der Schwerpunktsatz, Sätze über die Dimension des Durchschnittsgebildes zweier m-Flachs, alles Sätze, die mit den eben vorgestellten Begriffen formulierbar sind.

5.2.10. In der Praxis hat die Invarianz einer affin-geometrischen Aussage unter den Transformationen von $GA(X)$ zwei Auswirkungen:

i. Da $GA(X)$ gerade die affinen Koordinatentransformationen beschreibt, kann man die Invarianzaussage auch so deuten: *Eine Aussage der affinen Geometrie ist unabhängig von dem Koordinatensystem, in dem sie formuliert wurde.*

ii. Die zweite ist nicht so gut als Lehrsatz, sondern mehr als empirisches Prinzip fassbar: *Affine Aussagen bleiben bei Gestaltsverformungen, die durch $GA(X)$ bewirkt werden, ungeändert.*

Die erste Aussage benutzt man, um die für einen Beweis benötigten Daten, etwa die Nullpunktfestsetzung der Geometrie anzupassen. Denken wir uns etwa ein Dreieck pqr gegeben und darauf zwei von den Eckpunkten verschiedene Punkte: a auf der Strecke pr und b auf qr. Wir nehmen an, dass die Verbindungsgerade von a und b die Gerade durch p und q in c schneidet. (Der Leser mache eine Skizze.) Dann haben wir die mithilfe der Teilverhältnisse nach (5.1.1) ausgedrückten Beziehungen

$$a = (\tau_1 + 1)^{-1}(p + \tau_1 r)$$

$$b = (\tau_2 + 1)^{-1}(r + \tau_2 q)$$

$$c = (\tau_3 + 1)^{-1}(q + \tau_3 p).$$

Der Satz von Menelaos sagt dann aus, dass $\tau_1 \tau_2 \tau_3 = -1$ ist. Der Beweis wird besonders bequem, wenn man den Nullpunkt als $b = o$ festsetzt. Da a, b, c auf einer Geraden liegen, folgt daraus $a = \alpha c$ für ein geeignetes $\alpha \neq 0$ und aus der zweiten Gleichung noch $r = -\tau_2 q$. Setzt man das alles ein und bringt die p- bzw. q-Terme auf jeweils eine Seite, dann entsteht mühelos:

$$[-\tau_1 \tau_2 (\tau_3 + 1) - \alpha(\tau_1 + 1)] q = [\alpha \tau_3 (\tau_1 + 1) - (\tau_3 + 1)] p.$$

Wegen der linearen Unabhängigkeit von q und p, die man mit der gewählten Nullpunktfestsetzung leicht nachprüft, müssen die eckigen Klammern verschwinden, was zwei Ausdrücke für α liefert. Setzt man diese gleich, steht die Behauptung da.

Dieses Beispiel zeigt auch, wie man die Vektorraumtheorie vorteilhaft zum Lösen geometrischer Probleme einsetzen kann.

Das zweite Beispiel skizzieren wir nur, da es eigentlich aus der reinen affinen Geometrie herausführt. Wir beginnen mit der Aussage, dass jedes

Dreieck auf ein fest gewähltes mithilfe einer affinen Transformation abgebildet werden kann. Der Leser beweise das als Übung unter Verwendung von (3.1.5). Wählen wir für das feste ein gleichseitiges (ein Begriff der metrischen Geometrie!), dann ist dafür der Schwerpunktsatz leicht zu sehen; eine affine Transformation spielt ihn dann auf jedes andere Dreieck zurück.

5.2.11. Zum Schluss noch eine Beobachtung, die, wie in (4.3.5) versprochen, dem Determinantenbegriff eine geometrische Deutung unterlegt.

Wir wählen Punkte p_0, $p_1, \ldots, p_m$ und bezeichnen die Menge

$$\left\{ p_0 + \sum_{i=1}^{m} \lambda_i (p_i - p_0) \,|\, 0 \leqslant \lambda_i \leqslant 1 \right\}$$

als das von ihnen erzeugte PARALLELLEPIPED oder SPAT. Wir sprechen von einen m-Parallelepiped, wenn es von $(m+1)$ affin unabhängigen Punkten erzeugt wird. Ist speziell $m = n$ und sind die Punkte affin unabhängig, dann finden wir eine Basis $e_1, \ldots, e_n$, so dass das Parallelepiped durch Parallelverschiebung aus

$$\left\{ \sum_{i=1}^{n} \lambda_i e_i \,|\, 0 \leqslant \lambda_i \leqslant 1 \right\}$$

hervorgeht; letzteres nennt man den von der Basis $e_1, \ldots, e_n$ erzeugten AFFINEN EINHEITSWÜRFEL.

Wir wollen jetzt einem n-Parallelepiped ein Volumen zuordnen. Vom Standpunkt der modernen Mathematik bedeutet das, dass wir jedem dieser geometrischen Körper eine Zahl zuweisen, was wir auch so ausdrücken können, dass wir nach einer reellen Funktion auf den $n + 1$-Tupeln von Vektoren aus X, nämlich den das Parallelepiped aufspannenden Punkten, suchen. Diese Funktion soll dabei die elementaren Eigenschaften des anschaulichen Volumbegriffs widerspiegeln. H. Grassmann, der als erster einen derartigen Versuch gemacht hat, hat schon festgestellt, dass das nicht vollständig durchführbar ist, will man die gesuchte Funktion in den Rahmen der Linearen Algebra in natürlicher Weise einbetten. Es zeigt sich, dass man das nur kann, wenn man auch negative Zahlen erlaubt, was der geometrischen Intuition fremd ist. Daher spricht man hier von einem ALGEBRAISCHEN VOLUMBEGRIFF; das GEOMETRISCHE VOLUMEN ist dann einfach der Absolutbetrag des algebraischen Volumens. Wir führen das im Einzelnen aus.

Zunächst stellen wir fest, dass das Volumen eines Körpers nicht von seiner Lage im Raum abhängt, d.h.

$$v(p_o, p_1, \ldots, p_n) = v(o, p_1 - p_o, \ldots, p_n - p_o).$$

Wir können also die besagte Funktion als eine auf den n-Tupeln $e_1, \ldots, e_n$ betrachten, d.h. als eine auf den dazu gehörenden affinen Einheitswürfeln. Welche Eigenschaften verlangt man dann von dieser Funktion?

(*) Fällt einer der Vektoren $e_1, \ldots, e_n$ in den von den restlichen aufgespannten Teilraum, d.h. ist er von den restlichen linear abhängig, dann entartet der Spat zu einem Gebilde niederer Dimension und dafür setzen wir das Volumen gleich 0.

Nun kommt der entscheidende Schritt, die Volumfunktion mit der dem Raum unterlegten linearen Struktur zu verknüpfen. Ist $\alpha \geqslant 0$ und strecken wir eine Kante um den Faktor α, dann nimmt offenbar das Volumen auch diesen Faktor auf, d.h.

$$v(e_1, \ldots, \alpha e_k, \ldots, e_n) = \alpha v(e_1, \ldots, e_k, \ldots, e_n)$$

für alle $k = 1, \ldots, n$. Wollen wir diese Relation für alle Skalare α beibehalten, dann muss v auch negative Werte zugewiesen bekommen. Negatives α bedeutet anschaulich, dass der Vektor e_k beim Übergang zu αe_k auf *die andere Seite* der von $e_1, \ldots, e_{k-1}, e_{k+1}, \ldots, e_n$ erzeugten Hyperebene gewandert ist.

Dass das vernünftig ist, sieht man an der Additionsregel. Addiert man zu e_k den Vektor f_k, dann entsteht aus dem Ausgangsparallelepiped ein neuer Spat, dessen Volumen wir mit

$$v(e_1, \ldots, e_k + f_k, \ldots, e_n) = v(e_1, \ldots, e_k, \ldots, e_n) + v(e_1, \ldots, f_k, \ldots, e_n)$$

ansetzen. Macht sich der Leser einige Skizzen, dann wird er feststellen, dass der neue Körper sowohl grösseres wie kleineres Volumen haben kann. Extreme Beispiele sind $f_k = e_k$ und $f_k = -e_k$. Eine Verkleinerung findet genau dann statt, wenn f_k und e_k auf entgegengesetzten Seiten der oben genannten Hyperebene liegen. Dann muss etwas vom Volumen abgezogen, oder eben ein *negatives Volumen addiert* werden. Das aber ist konsistent mit dem oben eingeführten Begriff des negativen Volumens.

Diese heuristischen Betrachtungen führen zu der Forderung:

(**) Für alle reelen α und alle f_k aus X soll gelten

$$v(e_1, \ldots, \alpha e_k + f_k, \ldots, e_n) =$$
$$= \alpha v(e_1, \ldots, e_k, \ldots, e_n) + v(e_1, \ldots, f_k, \ldots, e_n)$$

qua $k = 1, \ldots, n$. Das bedeutet, dass v in jeder einzelnen Variablen linear sein soll.

Schliesslich müssen wir noch das Volumen irgendwie ausmessen. Da wir keinen Masstab in der affinen Geometrie kennen, tun wir das durch Ausloten mit einem fest gewählten Einheitswürfel. Das bedeutet, dass wir für eine fest gehaltene Basis $e_1^o, \ldots, e_n^o$ setzen

(***) $$v(e_1^o, \ldots, e_n^o) = 1.$$

Die Forderungen (*) — (***) zeigen uns unter Berufung auf (4.3.4), dass v eine bezüglich der fest gewählten Basis normierte Determinantenfunktion ist. Aus (4.3.10) entnehmen wir, wie sich diese unter linearen Abbildungen verhält.

Jetzt gibt es aber zu jedem n-Tupel eine lineare Abbildung L, die $e_1^o, \dots, e_n^o$ auf dieses abbildet. Die Determinantenformel sagt dann:

$$v(e_1, \dots, e_n) = v(Le_1^o, \dots, Le_n^o) = det\ L.$$

Das liefert die *geometrische Deutung der Determinante*:$|det\ L|$ *ist das geometrische Volumen des von $Le_1^o, \dots, Le_n^o$ erzeugten Spats ausgedrückt als Vielfaches des Volumens des von $e_1^o, \dots, e_n^o$ erzeugten Einheitswürfels*.

Damit haben wir im RELATIVEN VOLUMEN einen Begriff der affinen Geometrie gefunden, insofern als die Determinante invariant unter den Automorphismen von *End(X)*, also invariant gegen lineare Basistransformationen ist. Da das Volumen translationsinvariant eingeführt wurde, ist es auch invariant unter allen affinen Transformationen.

Das gilt aber nur für den Volumbegriff, wie er oben beschrieben wurde, nämlich für das *Verhältnis* des Volumens des Parallelepipeds zu dem eines Einheitswürfels, der vorweg festgelegt worden war. Unter affinen Transformationen werden beide gewissermassen gleichartig verformt. Es bedeutet nicht, dass das durch v beschriebene Volumen eines fest gewählten Körpers ungeändert bleibt, wenn der Körper selbst durch eine affine Transformation verzerrt wird. Beispielsweise kann ein Quadrat durch eine Homothetie aufgeblasen werden und hat danach im Vergleich zur Ausgangsfigur ein unter Umständen sehr viel grösseres Volumen.

Mathematische bedeutet dieser zweite Aspekt, dass man $v(e_1, \dots, e_n)$ mit $v(Le_1, \dots, Le_n)$ für L aus $G(X)$ vergleicht. Dabei tritt keine Volumänderung auf dann und nur dann, wenn $det\ L = 1$ ist. Ein Beispiel dafür ist $L = A(k; i + k)$ aus (1.3.10), vgl. (4.3.18); diese Transformation nennt man eine SCHERUNG und die Aussage bedeutet dann, dass das Volumen scherungsinvariant ist (vgl. (4.3.5)).

Nun bilden diejenigen Transformationen aus *GL(X)* mit $det\ L = 1$ wegen (4.3.11) eine Untergruppe, die man die SPEZIELLE LINEARE GRUPPE nennt und mit *SL(X)* bezeichnet. Fügt man ihr noch die Translationen hinzu, dann wird sie zu einer Untergruppe von *GA(X)*, der Gruppe der VOLUMTREUEN affinen Transformationen *SA(X)*.

Im Sinne des Klein'schen Programms könnte man eine *volumtreue affine Geometrie* betreiben, wenn man die gegenüber volumtreuen Transformationen invarianten Aussagen in X studiert. Es handelt sich um das Paar $(X, SA(X))$.

5.2.12. Als weitere Bemerkung kommen wir nocheinmal darauf zurück, dass *detL* durchaus negativ ausfallen kann. Ein negatives Vielfaches des Einheitsinhalts ist aber ein der Geometrie und ihren Anwendungen fremder Begriff.

Man deutet das mithilfe einer ORIENTIERUNG des Raums X. Darunter versteht man die Wahl der Basisvektoren $e_1, \dots, e_n$ *einschliesslich der angegebenen Reihenfolge*. Alle Basen die daraus durch einen Automorphismus von X mit *positiver* Determinante hervorgehen nennt man GLEICH-

ORIENTIERT, die anderen ENTGEGENGESETZT ORIENTIERT. In diesem Sinne kann man unter einer Orientierung auch einfach eine Einteilung aller möglichen Basen in zwei Klassen verstehen; eine davon nennen wir dann positiv. Sie sind wie oben beschrieben verknüpft.

Negatives Volumen bedeutet dann, dass der aus dem Einheitswürfel entstandene Spat umorientiert ist und das $|\det L|$-Vielfache von dessen Volumen als geometrischen Rauminhalt hat.

6. KAPITEL

Die linearen Funktionale

Die Dualitätstheorie

6.1.1. Im Abschnitt (3.1.3) haben wir eine spezielle Klasse von linearen Abbildungen, die linearen Funktionale, vorgestellt. Ihr gehören nach Satz (2.2.15) die KOORDINATENFUNKTIONALE bezüglich einer festen Basis $e_1, \ldots, e_n$ eines reellen Vektorraums X an. Diese sind die Abbildungen, die jedem x aus X seine i-te Koordinate $\alpha_i(x)$ für $i = 1, \ldots, n$ zuordnen. Allein diese Bemerkung zeigt, dass es sich um eine wichtige Klasse linearer Abbildungen handelt, haben wir doch schon mehrfach auf die grosse Bedeutung der Koordinaten für die Berechenbarkeit und damit für die praktische Entscheidbarkeit von Aussagen der Linearen Algebra hingewiesen. Die für die moderne Mathematik so charakteristische Auffassung von Koordinaten als Abbildungen hat sich im Übertragungsprinzip aus (3.1.3) niedergeschlagen. Vom Standpunkt der Theorie haben· sie aber einen Schönheitsfehler: Sie hängen von der Wahl einer Basis ab.

Wenn wir in diesem Paragrafen die sogenannte Dualitätstheorie entwickeln, dann kann man als eine Motivation dafür ansehen, sich der Vorteile der Koordinatentechnik auch in einer basisfreien Linearen Algebra zu versichern. Abstrahiert man von der Basis, dann bleibt aber von den Koordinaten nur mehr die Eigenschaft, dass sie lineare Abbildungen von X in $\mathbb{R}$ sind, über. Als solche aber sind sie kanonisch mit X vorgegeben, da $\mathbb{R}$ als der Grundkörper der Skalare mit X axiomatisch mitgegeben ist. Wir begegnen damit wieder einem Funktor, der jedem Vektorraum X den Vektorraum $Hom(X, \mathbb{R})$ zuordnet; dieser ist wieder n-dimensional, wenn X es war. All das findet der Leser im Paragraf 3.2, insbesondere in Satz (3.2.2) ausgeführt.

Es hat sich eingebürgert für $Hom(X, \mathbb{R})$ kurz X^* zu schreiben. Man nennt X^* den zu X DUALEN Vektorraum oder auch den DUALRAUM zu X. Seine Elemente bezeichnen wir mit x^* und aus Gründen, die erst später zutage treten werden, schreiben wir für den Wert dieses linearen Funktionals in x aus X nicht $x^*(x)$, sondern $(x^* | x)$.

Die DUALITÄTSTHEORIE, d.h. das Studium der Beziehung zwischen dem Vektorraum X und seinem dualen X^*, erhält ihre Bedeutung für die Lineare Algebra daraus, dass sie eine Brücke zwischen der im voranstehenden Kapitel behandelten affinen Geometrie und der Gleichungstheorie schlägt. Der grösste Teil dieses Kapitels wird sich damit befassen, das zu verdeutlichen. Zunächst aber wenden wir uns wieder dem axiomatischen Aufbau zu.

6.1.2. Da X und X^*, wie oben vermerkt, dieselbe Dimension haben, sind sie nach (3.3.5) vom Standpunkt der axiomatischen Theorie ununterscheidbar und das Studium von X^* bringt also keine interessanten Aspekte. Es ist die Beziehung zwischen diesen beiden Räumen, die die Theorie bereichert.

Dazu geben wir einen speziellen Isomorphismus, den KANONISCHEN ISOMORPHISMUS, von X^* auf X bezüglich der Basis $e_1, \ldots, e_n$ von X an. Wir ordnen jedem x^* den Vektor

$$\sum_{i=1}^{n} (x^* | e_i) e_i$$

in X zu. Die Abbildung ist injektiv. Ist das Bild nämlich o, dann muss aufgrund der Basiseigenschaft $(x^* | e_i)$ für alle $i = 1, \ldots, n$ null sein. Nun ist aber x^* als lineare Abbildung auf der Basis nach Satz (3.1.5) vollständig bestimmt, also muss x^* selbst der Nullvektor, d.h. die Abbildung, die jedes x aus X annulliert, sein. Die Surjektivität folgt ebenfalls aus (3.1.5) und der Basiseigenschaft: Jedes x ist von der Gestalt $\Sigma \alpha_i e_i$ und durch $(x^* | e_i) = \alpha_i$ für alle $i = 1, \ldots, n$ ist ein lineares Funktional x^*, dessen kanonisches Bild gerade x ist, wohlbestimmt.

Das Urbild eines Vektors $\Sigma \alpha_i e_i$ ist damit angegeben. Speziell kann man die Urbilder der Basisvektoren e_k suchen. Es sind das offenbar gerade die Funktionale e_k^*, die durch die Relation

$$(e_k^* | e_i) = \delta_{ki} \qquad i = 1, \ldots, n$$

für alle $k = 1, \ldots, n$ bestimmt sind. Nach dem Satz in (3.1.6) bilden sie eine Basis von X^*, die wir die KANONISCHE DUALBASIS zu $e_1, \ldots, e_n$ nennen wollen.

Ist dann x^* in dieser Basis durch $\Sigma \alpha_i e_i^*$ gegeben, dann geht es unter der kanonischen Abbildung über in:

$$\Sigma_k \left(\Sigma_j \alpha_j e_j^* | e_k \right) e_k = \Sigma_k \Sigma_j \alpha_j \left(e_j^* | e_k \right) e_k = \Sigma_k \alpha_k e_k,$$

was bedeutet, dass *der Bildvektor x in der Basis $e_1, \ldots, e_n$ dieselben Koordinaten zugewiesen bekommt, wie sie der Urbildvektor x^* in der Basis $e_1^*, \ldots, e_n^*$ hat.*

Um diese beiden Vektoren in der rechnerischen Praxis auseinanderhalten zu können, müssen wir (3.3.5) heranziehen. Danach ist jedes lineare Funktional durch eine $1 \times n$-Matrix in seiner Koordinatenform relativ zu den Basen $e_1, \ldots, e_n$ in X und 1 in $\mathbb{R}$ gegeben. Die Matrix lautet für ein x^* aus X^* explizit.

$$((x^*|e_1), (x^*|e_2), \ldots, (x^*|e_n)).$$

Die kanonische Dualbasis entspricht genau den Matrizeneinheiten in $M(1, n)$ aus (3.3.6). Eine beliebige Linearform x^* ist darin durch einen *Zeilen*vektor $(\alpha_1, \ldots, \alpha_n)$ dargestellt, ihr kanonisches Bild ist der *Spalten*vektor $(\alpha_1, \ldots, \alpha_n)^T$. Damit hat die in (3.3.2) nur aus Bequemlichkeit eingeführte Schreibweise $(\cdots)^T$ für Spalten plötzlich auch einen echten mathematischen Inhalt bekommen. Sie drückt in der Koordinatenschreibweise den kanonischen Isomorphismus aus.

Die Zuordnung einer Zeile der Länge n zu einem x^* aus X^* ist das Übertragungsprinzip für den Dualraum. Die Werte eines Funktionals sind durch die Regeln der Matrizenrechnung zu bekommen:

$$(x^*|y) = \Sigma_j \alpha_j \Sigma_k \beta_k (e_k^*|e_j) = \sum_{j=i}^{n} \alpha_j \beta_j,$$

d.h. $(x^*|y)$ ist das Produkt der x^* darstellenden Zeilenmatrix $(\alpha_1, \ldots, \alpha_n)$ mit der y repräsentierenden Spaltenmatrix $(\beta_1, \ldots, \beta_n)^T$.

Bemerkung. In Büchern zur numerischen Linearen Algebra wird der Begriff der Linearform nicht immer klar herausgearbeitet. Meist versteht man dort unter x einen Spaltenvektor im $\mathbb{R}^n$ und unter x^t einen Zeilenvektor der Länge n. Der Index t beschreibt also die Umkehrabbildung zu unserer durch den Index T bezeichneten Abbildung. Will man die Resultate mit der Dualitätstheorie vergleichen, muss man sich anstelle von x^t stets x^* denken. Der Wert eines linearen Funktionals x^t im Vektor y schreibt sich dann in den angesprochenen Büchern als Matrixprodukt $x^t y$.

6.1.3. In diesem Abschnitt kommen wir zur Begründung der merkwürdigen Schreibweise für die Werte der linearen Funktionale. Das geht zurück auf eine gewisse Symmetrie zwischen X und X^*, die in der Notation zum Ausdruck gebracht werden soll. Diese nimmt ihren Ausgang in einem wiederum für die moderne Mathematik typischen Wechsel des Standpunkts. Versucht man nämlich parametrisierte Zahlenwerte als Abbildungen aufzufassen, dann führt das bei Anwendung auf den "Parameter" x^* in $(x^*|x)$ zu der Beobachtung, dass der Übergang von x^* zu $(x^*|x)$ bei festgehaltenem x aus X ein lineares Funktional auf X^* beschreibt.

Jedem x aus X wird somit ein Element aus $(X^*)^*$, nämlich die Abbildung $x^* \mapsto (x^*|x)$ zugeordnet. Der Leser beachte, dass der *-Funktor auch auf X^*, das ja selbst zur Klasse der endlichdimensionalen Vektorräume gehört, angewendet werden darf. Man nennt $(X^*)^*$ den BIDUALRAUM von X.'

Diese Zuordnung ist linear, da für alle x, y aus X und alle reellen α gilt:

$$(x^*|\alpha x + y) = (x^*|\alpha x) + (x^*|y) = \alpha(x^*|x) + (x^*|y)$$

qua x^* aus X^*. Die Gleichungskette folgt aus der zweimaligen Anwendung der Linearität des Funktionals x^* auf X. Liest man diese Formel so, dass x als lineare Abbildung auf X^* aufgefasst ist, dann drückt sie gerade die für Abbildungen erklärten Linearitätsregeln aus. Der Leser gehe diese Argumente sorgfältig der Reihe nach durch, da es für den Anfänger nicht ganz einfach ist, über die vielen Vektorräume X, X^* und $(X^*)^*$ den Überblick zu behalten.

Setzen wir für x die speziellen Vektoren $e_1, \ldots, e_n$ aus der Basis von X ein, dann sehen wir, dass e_k der Dualbasis die Werte $(e_i^* | e_k) = \delta_{ik}$ zuordnet. Das aber ist gerade die definierende Eigenschaft für die kanonische Dualbasis zu $e_1^*, \ldots, e_n^*$ in $(X^*)^*$. Somit *bildet unsere Zuordnung die Basis von X auf eine Basis von $(X^*)^*$ ab.* Da $dim(X^*)^* = dimX^* = dimX$ gilt, liefern uns die Ergebnisse der beiden letzten Absätze mithilfe von Satz (3.1.6), dass die Zuordnung eine lineare Bijektion von X auf $(X^*)^*$ ist.

Diese Aussage hat eine für die Anwendung sehr wichtige Konsequenz

Satz. Ist $(x^* | x) = (x^* | y)$ für alle x^* aus X^*, dann muss $x = y$ sein.

Beweis. Aus der Linearität von x^* schliessen wir, dass die Voraussetzung gerade $(x^* | x - y) = 0$ für alle x^* aus X^* bedeutet. Also ist dem Vektor $x - y$ das Nullfunktional auf X^* zugeordnet. Die Injektivität der oben diskutierten Abbildung von X in seine Bidualraum zieht dann $x - y = o$ d.h. $x = y$, nach sich. □

6.1.4. Wir fassen die bisher gefundenen Erkenntnisse zum *Hauptsatz der Dualitätstheorie* zusammen.

Satz. Sei X ein endlichdimensionaler reeller Vektorraum. Dann gelten:

i. Der Dualraum X^* ist isomorph zu X. Jede Wahl einer Basis $e_1, \ldots, e_n$ in X bestimmt einen bezüglich dieser Basis kanonischen Isomorphismus, bei dem e_k^* auf e_k abgebildet wird; e_k^* ist dabei durch die Gleichung

$$\left(e^*{}_k | e_j\right) = \delta_{kj} \qquad j = 1, \ldots, n$$

wohldefiniert. Man nennt das Paar $e_1, \ldots, e_n$ und $e_1^*, \ldots, e_n^*$ DUALES BASISPAAR.

ii. Die Abbildung, die jedem x aus X das lineare Funktional

$$x^* \mapsto (x^* | x)$$

auf X^* zuordnet, ist ein kanonischer Vektorraumisomorphismus von X auf seinen Bidualraum $(X^*)^*$.
Dabei entspricht die zu $e_1^*, \ldots, e_n^*$ duale Basis in $(X^*)^*$ genau der Ausgangsbasis $e_1, \ldots, e_n$ in X.

Für das Rechnen in der Dualitätstheorie führen wir noch zwei wichtige Formeln an. Sie folgen sofort, wenn man im ersten Fall beide Seiten der Gleichung auf e_k, und im zweiten auf e_k^*, $k = 1, \ldots, n$, wirken lässt. Im zweiten Fall muss man noch von Satz (6.1.3) Gebrauch machen. Hier sind sie:

Korollar. Gelten die Voraussetzungen des Satzes und sei $e_1, \ldots, e_n$ und $e_1^*, \ldots, e_n^*$ ein duales Basispaar. Dann gelten für alle x aus X und x^* aus X^* die Formeln

$$x^* = \sum_{k=1}^{n} \left(x^* | e_k \right) e_k^*$$

$$x = \sum_{k=1}^{n} \left(e_k^* | x \right) e_k.$$

6.1.5. Der Leser sei darauf hingewiesen, dass die Dualitätsaussagen Bestandteil der Vektorraumtheorie sind und auch von dort her am besten interpretiert werden können. Geht man auf die Bedeutung der Grössen genauer ein, dann stellt man fest, dass der in (6.1.2) gegebene kanonische Isomorphismus einer (linearen) *Funktion* einen *Vektor* und die kanonische Identifizierung von X mit seinem Bidualraum *einem Vektor* sogar *eine Funktion, deren Variable wieder Funktionen sind*, zuordnet. Behielte man diese Facetten alle im Auge, dann erschiene alles nur unnötig kompliziert. Der Leser soll hier lernen, den Standpunkt der Betrachtung zu wechseln und das für die jeweils gemachte Aussage wichtige zu extrahieren, den Rest zurückzudrängen.

Wir wollen diesen Aspekt und auch die im Dualitätssatz angesprochene Symmetrie deutlich machen, indem wir das Herzstück der Dualitätstheorie, von dem sie auch ihren Namen ableitet, axiomatisch fassen. Das wird uns auch später im Kapitel 7 nützen.

Definition. Seine X', X zwei reelle endlichdimensionale Vektorräume. Diese nennt man ein DUALES PAAR, wenn es eine reelle Funktion

$$(x', x) \rightarrow \langle x' | x \rangle$$

auf $X' \times X$ gibt, die man als die PAARUNG bezeichnet, und die den folgenden Regeln genügt:

    i. $\langle x' | x \rangle$ ist sowohl in x' wie in x bei festgehaltener anderer Variablen eine lineare Abbildung.

    ii. $\langle x' | x \rangle = 0$ für alle x aus X impliziert $x' = o'$.
       $\langle x' | x \rangle = 0$ für alle x' aus X' impliziert $x = o$.

Beispiele für solche dualen Paare sind X^*, X mit $\langle x^* | x \rangle = (x^* | x)$, und X, X^* mit $\langle x | x^* \rangle = (x^* | x)$. Dabei ist durch die runde Klammer, die wir ja aus den vergangenen Abschnitten kennen, die eckige jeweils definiert. Die vorigen Abschnitte zeigen, dass es sich um duale Paare handelt und die Definition derselben macht umgekehrt deutlich, dass in der Dualitätstheorie eine perfekte Symmetrie vorliegt. Der Hauptsatz aus (6.1.4)(ii) kann aus (6.1.4)(i) aufgrund folgender Beobachtung erschlossen werden:

Satz. Sei X', X ein duales Paar mit Paarung $\langle \cdot \mid \cdot \rangle$.

   i. Es gibt einen eindeutig bestimmten Isomorphismus Φ von X' auf X^* mit $\langle x' \mid x \rangle = (\Phi(x') \mid x)$ für alle x aus X und x' aus X'.

   ii. Insbesondere gibt es zu jedem x^* aus X^* genau einen Vektor x' in X' mit $\langle x' \mid x \rangle = (x^* \mid x)$ für alle x aus X.

Beweis. Es ist klar, dass die zweite Aussage, von der wir später gelegentlich Gebrauch machen werden, aus der ersten folgt. Die erste ergibt sich so: Zunächst ist für x' aus X' durch $x \mapsto \langle x' \mid x \rangle$ eine Linearform auf X erklärt, die wir $\Phi(x')$ nennen wollen. Für sie gilt dann die behauptete Formel per definitionem. Aus der Definition (i) folgt die Linearität der Abbildung Φ von X' in X^*; aus (ii) folgt ihre Injektivität, also nach (3.1.5) und (3.1.6) $dim\, X' \leqslant dim\, X^*$. Benutzen wir die Symmetrie, die in der Paarbildung steckt, dann können wir X mit X' im Ergebnis vertauschen und finden $dim\, X \leqslant dim(X')^*$. Dann ergibt (6.1.4)(i) $dim\, X' = dim\, X^*$ und (3.1.6) beendet den Beweis. $\square$

6.1.6 Kehren wir wieder zur Dualitätstheorie zurück und sehen wir uns dort ihren zentralen Begriff, dessen Bedeutung im nächsten Abschnitt schon herauskommen wird, an.

Definition. Ist Y eine Teilmenge in X, dann nennt man die Menge Y^o, die aus allen x^* aus X^*, die auf Y verschwinden, besteht, den ANNULLATOR von Y in X^*.

Umgekehrt ist für eine Teilmenge Y^* aus X^* durch

$$(Y^*)^o = \{x \mid x \text{ aus } X \text{ und } (x^* \mid x) = 0 \text{ für alle } x^* \text{ aus } Y^*\}$$

der Annullator von Y^* in X erklärt.

Offenbar sind die Annullatoren lineare Teilräume. Der für das Arbeiten mit ihnen zentrale Satz ist:

Satz. Sei Y eine linearer Teilraum von X. Dann gelten:

   i. $Y^{oo} = Y$.

   ii. $dim\, Y + dim\, Y^o = dim\, X$.

Beweis. Sei $e_1, \ldots, e_n$ eine Basis, deren erste m Vektoren gerade Y aufspannen (vgl. (2.3.4)). Da x^* genau dann in Y^o ist, wenn $(x^* \mid e_i) = 0$ für alle $i = 1, \ldots, m$ ist, wird Y^o von $e_{m+1}^*, \ldots, e_n^*$ aufgespannt; aus Symmetriegründen dann Y^{oo} durch $e_1, \ldots, e_m$. Dabei machen wir vom Satz (6.1.4) Gebrauch.

Aus diesen Feststellungen folgt der Satz unmittelbar.   □

Bemerkung. Ausserdem sehen wir noch, dass beim kanonischen Isomorphismus von X^* auf X bezüglich der gewählten Basis Y^o gerade auf $Lin\langle e_{m+1}, \ldots, e_n\rangle$ übergeht. Vergleicht man das mit der Bemerkung (3.1.7), dann wird deutlich, dass Y^o eine koordinatenunabhängige Bildung ist, die auf Wunsch, d.h. wenn man ihn durch den Isomorphismus abruft, die Rolle des Komplementärraums übernehmen kann. Y^o ist ausserdem eindeutig und kanonisch beschrieben und fächert durch die vielen Isomorphismen, zu jeder Basis obigen Typs einen, in die vielen möglichen Komplementärräume zu Y in X auf.

6.1.7. Als ersten Hinweis auf die Bedeutung dieser Konstruktion beweisen wir einen Satz, der eine Brücke zwischen affiner Geometrie und der Theorie linearer Gleichungssysteme schlägt.

Zunächst führen wir eine heutzutage übliche Bezeichnung ein. Ist x^* aus X^* und α eine reelle Zahl, dann wollen wir unter $[x^* = \alpha]$ die Menge aller x aus X verstehen, für die $(x^*|x) = \alpha$ ausfällt.

Satz. In einem reellen Vektorraum gelten:

    i. Sei $x^* \neq o$ aus X^* und α reell, dann ist $[x^* = \alpha]$ eine Hyperebene in X.

    ii. Zu jeder Hyperebene H in X gibt es ein $x^* \neq o$ aus X^* und ein reelles α, so dass $H = [x^* = \alpha]$ ist.

    iii. Zwei Hyperebenen $[x^* = \alpha]$ und $[y^* = \beta]$ stimmen genau dann überein, wenn es ein von Null verschiedenes reelles λ gibt, so dass $y^* = \lambda x^*$ und $\beta = \lambda\alpha$ ist.

    iv. Es ist $[x^* = \alpha] = a + \langle x^*\rangle^o$. Der Vektor a aus X ist durch $(x^*|a) = \alpha$ modulo $\langle x^*\rangle^o$ eindeutig bestimmt. Insbesondere sind alle Hyperebenen $[x^* = \alpha]$, wenn α in $\mathbb{R}$ variiert, zueinander parallel.

Beweis. Ist $x^* \neq o$, dann existiert ein Vektor b in X mit $(x^*|b) \neq 0$ und somit ist durch $a = \alpha(x^*|b)^{-1}b$ ein Vektor a mit $(x^*|a) = \alpha$ erklärt. Es gilt dann: $(x^*|x) = \alpha$ ist gleichbedeutend mit $(x^*|x - a) = 0$, d.h. damit, dass $x - a$ in $\langle x^*\rangle^o$ liegt. Das bedeutet, dass $[x^* = \alpha] = a + \langle x^*\rangle^o$ ist. Nach (6.1.6) ist $dim\langle x^*\rangle^o = n - 1$ und daher ist diese Menge tatsächlich eine Hyperebene im Sinne von (5.1.8). Also gilt (i).

Jede Hyperebene ist von der Form $H = a + Y$ mit einem geeigneten $(n - 1)$-dimensionalen Teilvektorraum Y aus X. Nach (6.1.6)(ii) enthält dann Y^o ein von null verschiedenes x^*. Damit und mit $\alpha = (x^*|a)$ ergibt sich $H = [x^* = \alpha]$ unmittelbar. Das liefert (ii).

Ist und $[x^* = \alpha] = [y^* = \beta] = a + Y$, dann ist $Y = \langle x^* \rangle^o = \langle y^* \rangle^o$ aufgrund des bisher Bewiesenen. Nach (6.1.6)(i) liegen also x^* und y^* in Y^o und nach (6.1.6)(ii) gilt folglich $y^* = \lambda x^*$ mit einem notwendig von Null verschiedenen reellen λ ($\lambda = 0$ widerspräche $y^* \neq o$). Die Gleichungskette

$$\beta = (y^* | a) = \lambda (x^* | a) = \lambda \alpha$$

beweist dann (iii).

Wir haben schon eingangs die Gleichung $[x^* = \alpha] = a + \langle x^* \rangle^o$ bewiesen und stellen fest, dass der Richtungsraum $\langle x^* \rangle^o$ nicht von α abhängt, also die Parallelitätsaussage in (iv) gilt. Ist auch $[x^* = \alpha] = a' + \langle x^* \rangle^o$, dann ist $(x^* | a - a') = 0$, d.h. $a - a'$ liegt in $\langle x^* \rangle^o$. Das ist es gerade, was wir unter dem Ausdruck "modulo $\langle x^* \rangle^o$ eindeutig" verstehen wollen. Damit ist der Satz bewiesen.   □

6.1.8. Eine weitere Folge der bisherigen Überlegungen ist die geometrische Aussage:

Satz. Jede affine Teilmannigfaltigkeit von X der Dimension m ist Durchschnitt von $(n - m)$ Hyperebenen.

Beweis. Die Teilmannigfaltigkeit ist von der Form $a + Z$, wo Z ein m-dimensionaler Teilraum von X ist. Nach (6.1.6)(ii) können wir in Z^o eine Basis $e_1^*, \ldots, e_{n-m}^*$ wählen, so dass nach (6.1.6)(i) dann Z gerade die Menge aller x aus X mit $(e_i^* | x) = 0$ für alle $i = 1, \ldots, n - m$ ist. Mit $(e_i^* | a) = \alpha_i$ finden wir somit, dass die Teilmannigfaltigkeit gerade der Durchschnitt der $(n - m)$ Hyperebenen $[e_i^* = \alpha_i]$ ist.   □

Der Satz ist allein auf der Vektorraumaxiomatik aufgebaut. Er liefert keine Berechnungsvorschrift für die linear unabhängigen e_i^*. Das leistet die Gleichungstheorie. Wir wollen jetzt den Zusammenhang zwischen dieser und der affinen Geometrie herstellen.

6.1.9. Wir gehen auf die geometrische Deutung[†] des linearen Gleichungssystems aus (4.1.4) zurück. Dort ist jede Zeile der Koeffizientenmatrix als Linearform a_k^* auf X aufgefasst worden und die Aufgabe besteht darin, bei gegebenen reellen Zahlen $y_1, \ldots, y_m$ diejenigen x aus X zu finden, die $(a_k^* | x) = y_k$ für $k = 1, \ldots, m$ erfüllen. Im Lichte des Satzes (6.1.8) bedeutet das, dass die Lösungsmannigfaltigkeit des Gleichungsystem gerade der Durchschnitt der Hyperebenen $[a_k^* = y_k]$ ist. Das ist die geometrische Deutung eines linearen Gleichungssystems.

A priori sind die a_k^* nicht notwendig linear unabhängig und damit besteht durchaus die Möglichkeit, dass wir es mit einer Parallelschar von Hyperebenen zu tun haben, was ein Beispiel dafür lieferte, dass deren Durchschnitt durchaus leer sein könnte. Das wirft ein Licht auf das Exi-

---

[†] Die Wahl dieser Bezeichnung wird durch das Folgende erhellt.

stenzproblem. Die Eindeutigkeitsfrage reduziert sich geometrisch darauf, ob die Lösungsmannigfaltigkeit zu einem Punkt im affinen Vektorraum schrumpft.

Ehe wir auf die Diskussion der Lösungen eingehen, bemerken wir, dass die geometrische Auffassung dual zu der vektorraumtheoretischen eines Gleichungssystems ist. Das ergibt sich aus der Bemerkung in (6.1.2), fassen wir doch einmal die Koeffizientenmatrix als in Zeilen, also in Gebilde der Form $\Sigma \alpha_{kj} e_j^*$, und einmal als in Spalten, also der Form $\Sigma \alpha_{kj} e_k$, zerlegt auf.

Zur Lösung beschränken wir uns zunächst auf den Fall, dass $a_1^*, \ldots, a_m^*$ linear unabhängig sind. Wir können diese dann nach (2.3.4) zu einer Basis von X^* ergänzen. Nach dem Dualitätssatz (6.1.4)(ii) gibt es dazu eine Basis $e_1, \ldots, e_n$ in X, die insbesondere $(a_k^*|e_i) = \delta_{ki}$ erfüllt. Folglich ist der Vektor $a = \sum_{i=1}^m y_i e_i$ eine Lösung des Gleichungssystems. Ist b eine andere Lösung, dann muss $(a_k^*|a - b)$ für alle $k = 1, \ldots, m$ verschwinden, also liegt $a - b$ im Annullator von $Lin\{a_1^*, \ldots, a_m^*\}$, i.e. in $Lin\{e_{m+1}, \ldots, e_n\}$, nach (6.1.6). Davon gilt auch die Umkehrung.

Wir haben damit bewiesen:

Satz. Sind $a_1^*, \ldots, a_m^*$ linear unabhängige Linearformen und $y_1, \ldots, y_m$ reelle Zahlen, dann hat das Gleichungssystem $(a_k^*|x) = y_k$, $k = 1, \ldots, m$ stets eine Lösung.

Jede Lösung ist von der Form $a + x_o$, wo x_o eine des homogenen Systems $(a_k^*|x_o) = 0$ für alle $k = 1, \ldots, m$ ist. Das homogene System hat $(n - m)$ linear unabhängige Lösungen.

Wählt man in $\mathbb{R}^n$ eine Basis $e_1, \ldots, e_n$ mit $(a_k^*|e_i) = \delta_{ki}$ aus, dann erhält man als Lösungsmenge die n-Tupeln X der Form

$$\sum_{i=1}^n \tau_i e_i \quad \text{mit} \quad \tau_k = y_k \text{ für } k = 1, \ldots, m.$$

Dies ist die PARAMETERDARSTELLUNG der Lösungsmannigfaltigkeit.

Wir haben in (2.3.7) eine solche Parameterdarstellung an einem Zahlenbeispiel vorgeführt. Die dortigen Überlegungen erinnern uns an die Bedeutung des Gauss-Jordan'schen Verfahrens für die Gleichungstheorie. Es erlaubt uns, wie wir in Paragraf 2.3 gesehen haben, auch über die in dem Satz vorausgesetzte lineare Unabhängigkeit zu entscheiden. Um ihn geometrisch besser zu verstehen, müssen wir uns die geometrische Bedeutung des Gauss-Jordan'schen Algorithmus ansehen.

6.1.10. Diese Aufgabe ist relativ einfach. In (3.1.3) haben wir gesehen, dass es Zeilenoperationen sind, die an der Wurzel des Verfahrens stehen. Zeilen sind aber nach unserer jetzigen Auffassung Linearformen und wir müssen uns somit auf folgende drei Operationen konzentrieren:

i. $a_k^* \to \lambda a_k^*$, λ reell und ungleich null.
ii. $a_k^* \to a_k^* + a_j^*$, $k \neq j$.
iii. Vertauschung von a_k^* mit a_j^*, $k \neq j$.

Es handelt sich also im wesentlichen um die fundamentalen Vektor-raumoperationen in X^*. Das haben wir schon am Beispiel in (1.2.5) beob-achtet und bekommt jetzt eine tiefere Bedeutung.

Da die Lösungsmenge als Durchschnitt der Mengen $[a_k^* = y_k]$ von deren Reihenfolge nicht abhängt, zeigt (iii) keine Wirkung, solange man gleich-wertig

(iii)′   Vertausche y_k mit y_j

ausführt.

Aus Satz (6.1.7)(iii) wissen wir, dass $[a_k^* = y_k] = [\lambda a_k^* = \lambda y_k]$ ist, so dass auch (i) keine Wirkung zeigt, wenn man nur parallel dazu

(i)′ $y_k \to \lambda y_k$, λ reell und ungleich null

ausführt.

Komplizierter ist (ii) zu behandeln. Dazu überlegen wir uns, dass für ein i aus $1, \ldots, m$ folgendes gilt: Der Durchschnitt *aller* $[a_k^* = y_k]$ ist gleich dem Durchschnitt der $[a_k^* = y_k]$ für $k \neq i$ durchschnitten mit $[a_k^* + a_i^* = y_k + y_i]$. Ist nämlich x in der ersten Menge enthalten, dann gilt natürlich $(a_k^*|x) = y_k$ für alle $k \neq i$, aber auch

$$\left(a_k^* + a_i^*|x\right) = \left(a_k^*|x\right) + \left(a_i^*|x\right) = y_k + y_i$$

und es liegt folglich in der zweiten Menge. Ist es der zweiten entnommen, dann haben wir $(a_k^*|x) = y_k$ für $k \neq i$ und folglich auch $(a_i^*|x) = (a_k^* + a_i^*|x) - (a_k^*|x) = y_i$ für den verbleibenden Index. Die Mengen sind in der Tat dieselben. Das bedeutet, dass auch (ii) keine Wirkung zeigt, wenn man gleichzeitig

(ii)′ $y_k \to y_k + y_i$, $k \neq i$

ersetzt.

Zusammenfassend haben wir gezeigt:

Lemma. Sind durch die Operationen (i)–(iii) neue Linearformen $b_1^*, \ldots, b_m^*$ und durch (i)′–(iii)′, *parallel dazu ausgeführt*, neue Zahlen $z_1, \ldots, z_m$ aus den gegebenen Daten entstanden, dann beschreibt der Durchschnitt von $[b_k^* = z_k]$, $k = 1, \ldots, m$ dieselbe affine Teilmannigfaltigkeit, wie der der Hyperebenen $[a_k^* = y_k]$.

Das gleichzeitige Ausführen der Operationen für Linearformen und Zahlen entspricht in der Matrizenrechnung dem Arbeiten an der *erweiterten* Koeffizientenmatrix.

Mithilfe dieser Einsicht können wir dem Rang der Koeffizientenmatrix eine geometrische Bedeutung geben. Wir wenden auf die Ausgangsformen das Gauss-Jordan'sche Verfahren im Sinne von Paragraf 2.3 an und erhalten die neuen Formen $b_1^*, \ldots, b_r^*, b_{r+1}^*, \ldots, b_m^*$ von denen die letzten $(m - r)$ identisch null sind. Sind die zugehörigen $z_{r+1}, \ldots, z_m$ nicht auch null, dann existiert keine Lösung. Andernfalls aber ist $[b_j^* = 0]$ für $j = r + 1, \ldots, m$ der ganze Raum, liefert also keinen Beitrag bei der Durchschnittsbildung. Das bedeutet, dass die Lösungsmannigfaltigkeit gerade der Durchschnitt der Hyperebenen $[b_k^* = z_k]$, $k = 1, \ldots, r$ ist. Das führt den allgemeinen Fall auf den in Satz (6.1.9) behandelten zurück.

Ausserdem haben wir folgende Alternative bewiesen, die wir geometrisch formulieren wollen.

Satz. Seien $a_1^*, \ldots, a_m^*$ vorgegebene Linearformen und $\alpha_1, \ldots, \alpha_m$ reelle Zahlen. Dann gelten:

Entweder ist der Durchschnitt der Hyperebenen $[a_k^* = \alpha_k]$, $k = 1, \ldots, m$, leer oder er bildet eine $(n - r)$-dimensionale affine Teilmannigfaltigkeit.

Die Zahl r berechnet sich als der Rang der Matrix, die durch die Linearformen auf folgende Weise bestimmt wird: Man wähle irgendeine Basis $e_1^*, \ldots, e_n^*$ in X^* und stelle darin die Linearformen als m Zeilen-n-Tupeln dar; diese untereinandergeschrieben ergeben die gesuchte Matrix.

Die ersten r Zeilen der Gauss-Jordan'schen Normalform liefern über Satz (6.1.9) eine Parameterdarstellung der affinen Teilmannigfaltigkeit.

Die Aussage dieses Satzes besteht in einer Vorschrift, wie man mithilfe der Algorithmen der Gleichungstheorie, die wir uns ja alle über den Matrizenkalkül erarbeitet haben, ein geometrisches Problem lösen kann.

Damit wird Geometrie der Berechnung zugänglich gemacht. Die voranstehende Diskussion diente dem umgekehrten Zweck: Sie wollte das Verständnis der Gleichungstheorie erweitern, indem sie ihr eine geometrische Interpretation unterlegte. Die Dualitätstheorie schlägt die Brücke. Sie erlaubt es in diesem Sinne Gleichungstheorie koordinatenfrei zu betreiben, da geometrische Aussagen auf solche keinen Bezug zu nehmen brauchen. Damit übernimmt sie eine ähnliche Rolle wie die Abbildungstheorie, die wir in Kapitel 4 auf Gleichungen angewandt haben und die uns dort auf eine andere Weise geholfen hat, sie koordinatenfrei zu verstehen.

Wir wollen beides verweben, indem wir uns fragen, was die Dualitätstheorie zu den alten Lösungsverfahren beitragen kann.

6.1.11. Als Beispiel bringen wir eine Verallgemeinerung der Fredholm'schen Alternative aus (4.2.6), indem wir die vektorraumtheoretische Auffassung des Gleichungssystems zugrundelegen.

Die Zerlegung der Koeffizientenmatrix beschert uns dort n Vektoren $a_1, \ldots, a_n$ im $\mathbb{R}^m$. Ist y aus diesen linear kombinierbar, dann gilt für jedes x^* aus $\langle a_1, \ldots, a_n \rangle^o$ auch $(x^* | y) = 0$. Andernfalls zeigt die Dimensionsformel in (6.1.6)(ii), das wir ein x^* aus $\langle a_1, \ldots, a_n \rangle^o$ mit $(x^* | y) = 1$ finden können;

die Wahl der 1 ist willkürlich, wesentlich ist, dass der Wert von Null verschieden ist.

Diese Alternative formulieren wir jetzt unter Bezug auf ein irgendwie gewähltes Paar dualer Basen in $\mathbb{R}^m$ und seinem Dualraum.

Satz. Entweder hat das Gleichungssystem

$$\sum_{j=i}^{n} \alpha_{ij} x_j = y_i \qquad i = 1, \ldots, m$$

in den Unbestimmten $x_1, \ldots, x_n$ eine Lösung, oder wir finden eine für das System

$$\sum_{i=1}^{m} x_i^* \alpha_{ij} = 0 \qquad j = 1, \ldots, n$$

$$\sum_{i=1}^{m} x_i^* y_i = 1$$

in den m Unbestimmten $x_1^*, \ldots, x_m^*$. Beides gleichzeitig kann nicht vorkommen.

Dieser Satz wird ebenfalls häufig als FREDHOLM'SCHE ALTERNATIVE bezeichnet. Er ist allgemeiner als (4.2.6), da er für beliebige Wahl von m und n wahr ist. Man nennt das zweite das zu dem ersten DUALE GLEICHUNGSSYSTEM. Manchmal ist es einfacher zu behandeln. Beispielsweise sieht man ihm sofort an, dass es für identisch verschwindende y_i niemals lösbar sein kann. Die Alternative liefert daher sofort, dass *jedes homogen Gleichungssystem stets lösbar ist*.

Wir bemerken noch, dass in der üblichen Schreibweise, in der die Variablen nach den Koeffizienten stehen, das duale System die Koeffizientenmatrix

$$\alpha_{ji}^* = \alpha_{ij}$$

$$\alpha_{n+1i}^* = y_i$$

für $j = 1, \ldots, n$ und $i = 1, \ldots, m$ hat. Es ist also eine $n + 1 \times m$-Matrix, die aus der erweiterten Koeffizientenmatrix des Ausgangssystems dadurch hervorgeht, dass man diese an der Hauptdiagonale, der von der linken oberen Ecke ausgehenden Diagonale, spiegelt. Für den Fall $m = n$ ist uns diese Bildung schon in (4.3.15) begegnet. Wir nennen auch in diesem allgemeineren Fall die neue Matrix (α_{ki}^*) die TRANSPONIERTE der erweiterten Koeffizientenmatrix. Das duale System ist dann

$$\sum_{i=1}^{m} \alpha_{ki}^* x_i^* = \delta_{kn+1} \qquad k = 1, \ldots, n + 1.$$

Im nächsten Abschnitt werden wir die transponierte Matrix begrifflich deuten lernen.

6.1.12. Um die Rolle der Dualitätstheorie für die abbildungstheoretische Auffassung von Gleichungen zu sehen, müssen wir die Abbildungen in die Dualität einbeziehen. Das läuft analog zu (4.3.10) ab.

Ist A aus $Hom(X, Y)$ und y^* aus Y^*, dann ist offenbar $y^* \circ A$ ein lineares Funktional auf X. Für festes A ist damit wegen (3.2.3) und (3.2.5) eine lineare Abbildung von Y^* in X^* erklärt. Wir nennen sie die zu A TRANSPONIERTE und bezeichnen sie mit A^T. Die Beziehung

$$\left(A^T y^* \,|\, x \right) = \left(y^* \,|\, Ax \right)$$

für alle x aus X und y^* aus Y^* kennzeichnet sie und stellt gleichzeitig eine der nützlichsten Formeln der Dualitätstheorie dar.

Das Transponieren ist wieder ein Funktor. Er bildet $Hom(X, Y)$ nach $Hom(Y^*, X^*)$ ab.

Wir lesen von (3.2.5) ab, dass die Abbildung $y^* \circ A$ bei festgehaltenem y^* linear in A ist. Das zieht nach sich, dass

$$\left(A + \alpha B \right)^T = A^T + \alpha B^T$$

für alle A, B aus $Hom(X, Y)$ und alle reellen α gilt. Aus der oben zur Kennzeichnung benutzten Formel könnten wir das auch ablesen; wir wollen es mit der zweiten wichtigen Relation

$$\left(AB \right)^T = B^T A^T$$

tun, die aus

$$\left(y^* \,|\, ABx \right) = \left(A^T y^* \,|\, BX \right) = \left(B^T A^T y^* \,|\, x \right)$$

für alle y^* aus Y^* und x aus X folgt. Diesen zweiten Weg findet man oft in der Literatur, obwohl die Formeln in Wahrheit Spezialfälle von aus (3.2.5) längst bekannten sind.

Um die Matrixdarstellung von A^T zu bekommen, muss man zunächst die enge Beziehung von X bzw. Y zu ihren Dualräumen ausnutzen. Das tun wir indem wir uns A aus $Hom(X, Y)$ bezüglich der Basen $e_1, \ldots, e_n$ in X und $f_1, \ldots, f_m$ in Y dargestellt denken und die Koordinatendarstellung von A^T bezüglich der zugehörigen Dualbasen aufsuchen wollen. Sei $A = (\alpha_{ik})$ und $A^T = (\alpha_{ik}^T)$.

Aus den Gleichungsketten

$$\left(A^T f_i^* \,|\, e_k \right) = \left(\sum_{j=1}^{n} \alpha_{ji}^T e_j^* \,|\, e_k \right) = \alpha_{ki}^T$$

$$\left(A^T f_i^* \,|\, e_k \right) = \left(f_i^* \,|\, \sum_{j=1}^{m} \alpha_{jk} f_j \right) = \alpha_{ik}$$

folgt, dass $\alpha_{ki}^T = \alpha_{ik}$ für $i = 1, \ldots, m$, $k = 1, \ldots, n$ gilt. So finden wir also unsere transponierte Matrix wieder.

6.1.13. Wir sammeln unsere Einsichten in dem folgenden Lehrsatz und ergänzen sie noch etwas dabei.

Satz. Seien X, Y reelle endlichdimensionale Vektorräume, A, B aus $Hom(X, Y)$ und α eine reelle Zahl.

Dann finden wir für die oben erklärte Transponierte folgende Aussagen erfüllt:

i. Für alle y^* und x aus X gilt die Gleichung
$$(A^T y^* | x) = (y^* | Ax).$$

ii. Es gelten die Beziehungen
$$(A + \alpha B)^T = A^T + \alpha B^T.$$
$$(AB)^T = B^T A^T.$$

iii. Seien in X bzw. Y zwei Basen beliebig gewählt, in denen die Abbildung A die Matrixform (α_{ik}) annimmt, dann ist bezüglich der Dualbasen in Y^* und X^* die Abbildung A^T durch die zu (α_{ik}) transponierte Matrix (α_{ki}) gegeben.

iv. Insbesondere gilt als Folge von (2.3.14), dass $Rg\, A^T = Rg\, A$ ist.

v. Es ist $(A^T)^T = A$.

Zu beweisen bleibt nur noch die letzte Aussage, die auch etwas genauer erklärt werden muss. Zunächst ist ja $(A^T)^T$ in $Hom(X^{**}, Y^{**})$, also eine Abbildung zwischen den Bidualräumen von X und Y. Mithilfe der in (6.1.4) beschriebenen Isomorphismen F_X und F_Y von X bzw. Y auf die Bidualräume X^{**} und Y^{**} kann $(A^T)^T$ in $Hom(X, Y)$ transportiert werden. Genauer formuliert heisst (v) also

(*)
$$F_Y^{-1}(A^T)^T F_X = A.$$

Das aber ist leicht zu prüfen. Um das Rechnen in der Dualitätstheorie zu üben, führen wir es im Detail vor:

Als Vorbemerkung verweisen wir darauf, dass für eine Basis $e_1, \ldots, e_n$ von X die zugehörige Dualbasis von den Vektoren $e_k^* = F_X e_k$, $k = 1, \ldots, n$, gebildet wird. Ebenso gilt mit der für Linearformen eingeführten symmetrischen Schreibweise, wo rechts stets die Variable, links die Form steht, die Gleichung

$$(F_X x | x^*) = (x^* | x)$$

für alle x aus X und x^* aus X^*. Als zweite Feststellung wollen wir voraussstellen, dass es aufgrund der Linearität genügt, die Formel (*) für Basisvektoren zu prüfen. Sei also noch $f_1, \ldots, f_m$ eine Basis von Y, dann finden wir

$$\big((A^T)^T F_X e_k | f_j^*\big) = \big(F_X e_k | A^T f_j^*\big) = \big(A^T f_j^* | e_k\big)$$
$$= \big(f_j^* | A e_k\big)$$
$$= \big(F_Y A e_k | f_j^*\big)$$

für alle $k = 1, \ldots, n$ und $j = 1, \ldots, m$. Diese Relation kann man umschreiben zu

$$\left(f_j^* \mid F_Y^{-1} (A^T)^T F_X e_k \right) = \left(f_j^* \mid A e_k \right).$$

Nun kommt ein wichtiger Schluss. Da die Gleichung für die Basis $f_1^*, \ldots, f_m^*$ von Y^* gilt, muss sie aus Linearitätsgründen für alle y^* gelten. Verwenden wir die Linearität von y^*, dann haben wir schliesslich

$$\left(y^* \mid \left[F_Y^{-1} (A^T)^T F_X - A \right] e_k \right) = 0$$

für alle y^* aus Y^*. Nach (6.1.3) ist dann

$$\left[F_Y^{-1} (A^T)^T F_X - A \right] e_k = o$$

für alle $k = 1, \ldots, n$. Nach (3.1.5) ist aber eine lineare Abbildung vollständig auf der Basis bestimmt und somit haben wir (*) bewiesen. □

Wir heben den letzten Schluss heraus: *Gilt $(f_j^* \mid A e_k) = (f_j^* \mid B e_k)$ für alle k und j, dann ist $A = B$.*[†]

In Zukunft werden wir solche Überlegungen nicht mehr so genau ausführen. Der Leser kann zu diesem Abschnitt zurückblättern, um die Einzelheiten selbst nachzutragen.

6.1.14. Für die transponierte Abbildungen gelten zwei ganz wichtige Relationen

Satz. Für jedes a aus $Hom(X, Y)$ gelten:

    i. $(Im\ A)^o = ker\ A^T$.
   ii. $(Ker\ A)^o = Im\ A^T$.

Beweis. Ist y^* aus $(Im\ A)^o$, dann gilt

$$0 = (y^* \mid Ax) = (A^T y^* \mid x)$$

für alle x aus X und daraus nach dem Schluss des letzten Abschnitts $A^T y^* = o$; also liegt y^* in $ker\ A^T$. Vertauscht man in der Gleichungskette den rechten mit dem mittleren Term, dann folgt die Umkehrung und (i) ist bewiesen.

Mit (6.1.13)(v) und (6.1.6)(ii) folgt sofort (ii) aus (i). Das ist ein anderer typischer Schluss der Dualitätstheorie. □

Bemerkung. Als wichtige Anwendung dieses Satzes können wir jetzt einen koordinatenfreien Beweis von (6.1.13)(iv) angeben.

Aus (3.1.5)(iii), (6.1.6)(ii) und obigem Satz (ii) folgt:

$$dim(Im\ A) = dim\ X - dim(ker\ A) = dim(ker\ A)^o = dim(Im\ A^T)$$

und das bedeutet nach (4.2.3) gerade $Rg\ A = Rg\ A^T$.

[†] Der Leser uberzeuge sich davon, dass die Prämisse dieses Satzes gerade die Gleichheit der zu A und B gehörenden Matrizen in den festgesetzten Basen von X und Y ausdrückt (vgl. (6.1.12)). Die Dualitätstheorie erlaubt so eine neue Deutung der Indizes der Matrixkoeffizienten.

Im Lichte von (6.1.6)(iii) kann man das auch als koordinatenfreien Beweis von (2.3.14) auffassen.

6.1.15 Eine weitere Konsequenz ist die folgende Aussage.

Satz. Sei A aus $Hom(X, Y)$ dann gelten:

   i. Ist A injektiv, dann ist A^T surjektiv.
  ii. Ist A surjektiv, dann ist A^T injektiv.
 iii. Ist A bijektiv, dann ist es auch A^T.

Beweis. Ist A injektiv, dann ist $ker A = \langle o \rangle$ und folglich nach (6.1.14)(ii) $Im A^T = X^*$. Ist umgekehrt A surjektiv, dann ist $Im A = Y$, also (6.1.14)(ii) $ker A^T = \langle o \rangle$ und A^T ist injektiv. Der Rest folgt durch Zusammenfügen dieser beiden Aussagen.   □

6.1.16. Wir schliessen diesen Paragrafen mit einer Anwendung der Dualitätstheorie für Abbildungen auf lineare Gleichungssysteme. Dazu gehen wir auf die abbildungstheoretische Auffassung zurück, in der das System in der Form $Ax = y$ mit A aus $Hom(X, Y)$ gegeben ist.

Wir finden dann das auf Fredholm zurückgehende Resultat:

Satz. Für eine lineares Gleichungssystem gelten:

   i. Die Gleichung $Ax = y$ ist genau dann lösbar, wenn y im Annulator aller Lösungen der Gleichung $A^T y^* = o$ liegt.
  ii. Ist $dim\, X = dim\, Y$, dann haben die Gleichungen $Ax = o$ und $A^T y^* = o$ dieselbe Anzahl linear unabhängiger Lösungen.

Beweis. Gibt es eine Lösung x von $Ax = y$, dann liegt y in $Im A = (ker A^T)^o$. Liegt ungekehrt y in $(ker A^T)^o = Im A$, dann muss es ein x in X geben, das von A auf y geworfen wird. (i) folgt also aus (6.1.14)(i) und (6.1.6)(i).

Um (ii) zu beweisen schliesst man so: Wir verwenden die in der Bemerkung (6.1.14) bewiesene Beziehung und setzen sie so zusammen mit der Voraussetzung ein

$$dim(ker A) = dim\, X^* - dim(ker A)^o = dim\, Y^* - dim(Im\, A^T)$$

$$= dim(ker A^T).$$

Der Satz ist bewiesen.   □

Der erste Teil des Satzes führt die Existenzfrage auf die für ein homogenes Gleichungssystem zurück. Der zweite verbindet die Eindeutigkeitsfrage eines linearen Gleichungssystems mit der seines dualen Systems.

Wir geben zum Abschluss dieses recht theoretischen Paragrafen ein Zahlenbeispiel. Gegeben sei

$$3x_1 + 2x_2 = 3$$
$$4x_1 - x_2 = 2.$$

Dazu suchen wir mithilfe von (6.1.13) (iii) das duale homogene System

$$3x_1^* + 4x_2^* = 0$$
$$2x_1^* - x_2^* = 0,$$

dessen einzige Lösung $x_1^* = x_2^* = 0$ ist. Natürlich wird y von $\{o\}$ aus Y^* annulliert und somit hat das Ausgangssystem eine Lösung nach dem ersten Teil des Satzes in diesem Abschnitt.

Da hier $dim\ X = dim\ Y = 2$ vorliegt, liefert der zweite Teil, dass auch das Ausgangssystem nur eine Lösung hat, wenn wir (4.2.2) mitberücksichtigen.

Die linearen Ungleichungen

6.2.1. In Paragraf 1.1 haben wir am Beispiel eines landwirtschaftlichen Betriebs das Proportionalitätsgesetz und seine Rolle für einfache ökonomische Modelle dargestellt. Dieses wurde später mathematisch präzisiert und führte in der Folge zu der in den voranstehenden Kapiteln entwickelten Linearen Algebra. Für das hier anstehende Problem war damit ein mathematisches Modell gefunden, dessen praktische Seite die Gleichungstheorie war. Sie erlaubte es den Betriebsdurchlauf zu quantifizieren.

Wir haben mehrfach darauf hingewiesen, z.B. in (2.1.4) und in (3.2.1), dass es für die Entwicklung der diesem Modell zugrundeliegenden Theorie ganz wesentlich ist, dass wir die Idealisierung erlaubt haben, auch negative oder unbegrenzt grosse Anteile der Eingangsprodukte im Betrieb zu verwerten. Das ist unrealistisch. Sehen wir uns dazu folgende Aufgabe aus der Praxis an; es ist eine aus dem Bereich der LINEAREN OPTIMIERUNG.

Aufgrund unserer Kenntnis vom Betriebsablauf wissen wir, dass vom k-ten Eingangsprodukt der Anteil α_{ik} in das i-te Ausgangsprodukt geht. Nun nehmen wir an, der Betrieb produziere zum Verkauf $x_1^*, \ldots, x_m^*$, also m Güter[†] in der Quantität x_i^*. Insgesamt wird auf diese Weise vom k-ten Eingangsprodukt die Menge $\Sigma x_i^* \alpha_{ik}$ verbraucht.

Nun kommt der entscheidende Unterschied zum bisherigen Modell. Der Betrieb verfügt nur über die Menge β_k vom k-ten Eingangsprodukt; mehr kann er einfach nicht verbrauchen. Also haben wir die Bedingungen

$$(*) \qquad \sum_{i=1}^{m} x_i^* \alpha_{ik} \leqslant \beta_k$$

für alle $k = 1, \ldots, n$. Damit haben wir den Weg in die grossen Zahlen abgeschnitten, den in die negativen Quantitäten verbieten wir durch die

---

[†] Der Leser beachte, dass die Rede hier von den *Ausgangs*produkten ist, während wir in Paragraf 1.1 die *Eingangs*grössen im Auge hatten. Wir unterscheiden das formal, indem wir hier die x-Grössen mit einem Stern versehen.

Forderungen

$$(**) \qquad\qquad 0 \leqslant x_i^*$$

für alle $i = 1, \ldots, m$. Damit ist ein realistisches Modell des Betriebsablaufs abgesteckt. Darin stellen wir uns ein konkretes Problem: Angenommen der Betrieb erzielt einen Verkaufserlös von α_i pro Einheit des i-ten
Ausgangsprodukts, hat also insgesamt Einnahmen von $\Sigma x_i^* \alpha_i$. Dann stellt
sich die Frage, den Betriebsausstoss so zu regulieren, dass

$$(***) \qquad\qquad \sum_{i=1}^{m} x_i^* \alpha_i = \text{maximal}$$

wird. Wir fragen bescheidener: Gibt es $x_1^*, \ldots, x_m^*$, so dass unter den
Einschränkungen (*) (**) die Forderung (***) erfüllt ist, und wenn ja, wie
kann man diese x_k^* bestimmen. Hat man sie, dann wissen wir auch, wie wir
die Einkäufe darauf abstimmen können; das leistet die Gleichungstheorie.
Das hier gestellte Problem ist eines *der Theorie linearer Ungleichungen*.

6.2.2. Da sich die Lineare Algebra bisher gut bewährt hat, wollen wir den
Versuch machen, auch das oben genannte Problem darin einzubauen. Wir
schliessen dabei an die geometrische Deutung linearer Gleichungssysteme
an. Eine solche war für diese nicht allzu bedeutungsvoll, da die praktischen
Lösungsverfahren, das Gauss'sche oder das Cramer'sche beispielsweise, gar
keinen Bezug zur Geometrie verlangen. In der Tat liegt die Bedeutung des
letzten Paragrafen vordringlich darin, die Gleichungstheorie der Geometrie
als analytisches Hilfsmittel zur Verfügung zu stellen. Aber auch das wäre
nur ein schwacher Grund, sich dem mühevollen Studium der doch schon
innerhalb der axiomatischen Theorie recht fortgeschrittenen Dualitätstheorie
zuzuwenden. Spielt doch, wie schon in (1.4.5) bemerkt, die lineare Algebra
im Vergleich mit genuin geometrischen Techniken eine recht bescheidene
Rolle beim Auffinden geometrischer Erkenntnisse.[†] Die heutige Auffassung
der linearen Optimierung dagegen macht recht expliziten Gebrauch von der
geometrischen Anschauung. Ihr liegt zentral der Begriff der Konvexität
einer Menge zugrunde, der wiederum am einfachsten an Beispielen wie
Strecke, Dreieck udgl. in Erscheinung tritt. Er besagt, dass mit zwei Punkten
auch deren Verbindungsstrecke in der Menge liegen muss; siehe (5.2.8).
Daran sehen wir, dass jetzt *die Ordnungsstruktur der reellen Zahlen*, von der
die bisher betrachtete Theorie keinen Gebrauch macht[‡], ein *wesentliches
neues Element ist, das wir in die Axiomatik einbauen müssen*. Das tun wir,
indem wir jetzt darauf bestehen, dass der Skalarkörper eben $\mathbb{R}$ sein muss; er

---

[†]Das mag sich heute etwas zugunsten der Algebra verschieben, will man etwa
Rechner-gesteuerte Beweisprüfverfahren auch für die Elementargeometrie entwickeln.

[‡]Wir haben sie nur bei Beispielen im Geometriekapitel 5 verwendet, nirgendwo
aber im axiomatisch begründeten Aufbau der Linearen Algebra.

selbst hat seine eigene axiomatische Begründung, zu der die Ordnungsaxiome gezählt werden sollen.

Da die geometrische Anschauung forciert werden soll, ist der Ansatzpunkt die Dualitätstheorie. In der Tat scheint die Theorie linearer Ungleichungen die erste interessante Anwendung derselben in der Praxis zu sein. Die andere, historische, ist das Dualitätsprinzip der projektiven Geometrie; diese wird in diesem Buch nicht behandelt. Der Leser findet sie beispielsweise in [48] oder in knapper Form in [38].

In diesem Sinne übersetzen wir die Problemstellung in die Sprache, die wir im voranstehenden Paragrafen entwickelt haben.

Seien A aus $Hom(X, Y)$, b^* aus X^* und a aus Y vorgegebene Grössen. Sei darüberhinaus in X eine Basis $e_1, \ldots, e_n$ und in Y eine: $f_1, \ldots, f_m$ gegeben. In der Praxis des Rechnens denkt man sich $X = \mathbb{R}^n$ und $Y = \mathbb{R}^m$, für die Interpretation der Ergebnisse wissen wir aber, dass wir uns da mehr Freiheit lassen und nur bei Bedarf vom Übertragungsprinzip Gebrauch machen sollen. Die Aufgabe lautet dann so:

Problem A. Wir suchen ein (oder mehrere) y^* aus Y^*, so dass die folgenden Ungleichungen erfüllt sind:

i. $(y^*|f_k) \geqslant 0$
ii. $(A^T y^*|e_j) \leqslant (b^*|e_j)$

für alle $k = 1, \ldots, m$ und $j = 1, \ldots, n$. Ausserdem soll noch $(y^*|a)$ maximal werden.

Wir bezeichnen die Lösungsmenge von (i) und (ii) mit L_A und nennen die Teilmenge, deren Elemente ausserdem der dritten Bedingung genügen, L_A^{opt}.

Problem B. Wir suchen ein (oder mehrere) x aus X, so dass die folgenden Ungleichungen erfüllt sind:

i. $(e_j^*|x) \geqslant 0$
ii. $(f_k^*|Ax) \geqslant (f_k^*|a)$

für $j = 1, \ldots, n$ und $k = 1, \ldots, m$. Ausserdem soll noch $(b^*|x)$ minimal werden.

Die Lösungsmenge von (i) (ii) heisse L_B und die Teilmenge der Elemente, die dieser Zusatzbedingung genügen, L_B^{opt}.

Ein Vergleich mit (6.2.1) zeigt, dass dort gerade das Problem **A.** vorliegt. Man setze $A = (\alpha_{ik})$, $b^* = (\beta_1, \ldots, \beta_n)$ und $a = (\alpha_1, \ldots, \alpha_m)^T$ und benutze die kanonischen Basen in $\mathbb{R}^m$ und $\mathbb{R}^n$. Die Überlegungen in Paragraf 6.1 zeigen, dass wir oben eine koordinatenfreie Formulierung der eingangs gestellten betriebswirtschaftlichen Aufgabe gegeben haben.

Die Problemstellung **B.** ist, wie der aufmerksame Leser an der Formulierung erkennen mag, dual zu der in **A.** Wir wollen diese Dualität nicht im Detail deuten; der Leser findet das zum Beispiel in [43] oder [18]. Einen knappen Hinweis auf die Anwendungen geben wir in (6.2.8). Es handelt sich um die einfachste Entscheidung eines Kaufmanns, um zu materiellen Erfolg zu kommen: Entweder Gewinne maximieren oder (dual dazu) Ausgaben zu minimieren. Unser Ziel ist es, den berühmten *Dualitätssatz von J.v. Neumann* zu beweisen. Er besagt im Wesentlichen, dass entweder beide Probleme keine optimale Lösung besitzen, oder beide gleichzeitig optimal gelöst werden können. Der Leser vergleiche das mit den Aussagen vom Fredholm'schen Typus wie beispielsweise (6.1.16).

6.2.3. Wir wollen jetzt den Hintergrund erarbeiten, insbesondere wichtige geometrische Begriffe vorstellen.

Sei x^* aus X^*, dann heisst die Menge aller x aus X, für die $(x^*|x) \geqslant \alpha$ gilt und die wir mit $[x^* \geqslant \alpha]$ bezeichnen wollen, der von $[x^* = \alpha]$ begrenzte (positive) HALBRAUM. Analog könnte man den negativen Halbraum einführen, doch haben die Vorzeichen hier nur den Sinn die beiden Seiten des durch die Ebene getrennten Raums zu unterscheiden.

Die Lösungsmengen in den Problemstellungen aus (6.2.2) sind dann offenbar endliche Durchschnitte solcher Halbräume. Mengen dieser Art nennt man POLYEDRISCH. Ist *jede* Linearform x^* aus X^* auf einer polyedrischen Menge P *beschränkt*, d.h. nimmt sie darauf nur Werte innerhalb eines *endlichen* Intervalls der reellen Geraden an, dann nennt man P ein POLYEDER.

Der Leser überzeuge sich davon, dass alle hier eingeführten Mengen konvex im Sinne von (5.2.8) sind. Für die Halbräume ist das ziemlich klar und dann prüfe er, dass der Durchschnitt konvexer Mengen wieder konvex sein muss.

Die optimalen Lösungen in (6.2.2) benötigen den Begriff des STÜTZHALBRAUMS einer polyedrischen Menge P. Darunter verstehen wir einen Halbraum $[x^* \geqslant \alpha]$, der P enthält und in dem Sinne extremal ist, dass für jedes $\alpha_o > \alpha$ stets ein Punkt p in P zu finden ist, für den $(x^*|p) < \alpha_o$ ausfällt. Die zugehörige Ebene $[x^* = \alpha]$ heisst dann auch STÜTZEBENE von P.[†]

Ein weiterer zentraler Begriff ist der eines KEGELS. Darunter verstehen wir eine Menge K in X, die die Eigenschaft hat, dass mit x auch λx für jedes reelle $\lambda \geqslant 0$ in K liegt. Ein solcher Kegel heisst SPITZ, wenn o der einzige Punkt ist, der sowohl in K wie in $-K$, d.h. der Menge aller $-x$, x aus K, liegt.

Speziell denken wir uns endlich viele Vektoren $a_1, \ldots, a_m$ in X gegeben und bilden alle Linearkombinationen

$$\left\{ \sum_i \lambda_i a_i \mid \lambda_i \geqslant 0 \right\}.$$

[†] Die Existenz dieser Gebilde folgt sofort aus dem Vollständigkeitsaxiom der reellen Zahlen. In der Ungleichungstheorie benötigen wir dieses starke Argument aber nicht, wie sich später zeigen wird. Der zweite Teil der Definition kann auch so gefasst werden: Wenigstens ein Punkt aus P liegt in $[x^* = \alpha]$.

Diese Menge ist offenbar ein Kegel, der mit $K[a_1, \ldots, a_m]$ bezeichnet werden soll, und der von $a_1, \ldots, a_m$ ERZEUGTE KEGEL heisst.

Ist K ein Kegel, dann nennt man seine parallelverschobenen Verwandten, d.h. die Mengen $a + K$, wo a ein Vektor aus X sein soll, AFFINE KEGEL. Offenbar ist der Kegel mit dem stets in ihm enthaltenen ausgezeichneten Nullpunkt ein Objekt der linearen Geometrie, während hier noch der affine Begriff der Parallelverschiebung hinzukommt. Halbräume sind Beispiele für affine Kegel.

6.2.4. Mit den im vorhergehenden Abschnitt gesammelten Begriffen wollen wir jetzt einige wichtige Sätze der Ungleichungstheorie beweisen. Ihre topologischen Varianten spielen auch in der Funktionalanalysis, der unendlichdimensionale Vektorräume zugrunde liegen, eine fundamentale Rolle. In der Literatur wird meist darauf Bezug genommen. Wir wollen aber unsere Argumente streng im Rahmen der Axiomatik der Linearen Algebra führen.

Satz. (TRENNUNGSSATZ) Sind $a_1, \ldots, a_m$ Vektoren eines reellen, endlichdimensionalen Vektorraums und ist b nicht in $K[a_1, \ldots, a_m]$ enthalten, dann gibt es ein x^* aus X^*, so dass $(x^*|k) \geqslant 0$ für alle k aus $K[a_1, \ldots, a_m]$, aber $(x^*|b) = -1$ gilt.

Beweis. Ist b nicht in $Lin\{a_1, \ldots, a_m\}$ enthalten, dann folgt der Satz aus (6.1.6)(i), was der Leser nachprüfen möge. Wir nehmen also an, dass b in $Lin\{a_1, \ldots, a_m\}$ liegt, und dass alle $a_i \neq o$ sind. Letzteres könnte man gleich in die Definition des erzeugten Kegels stecken, doch haben wir es aus Bequemlichkeit unterlassen.

Unter diesen Annahmen führen wir einen Induktionsbeweis nach m.

Ist $m = 1$, dann ist $K = \mathbb{R}^+ a_1$ und $b = \lambda a_1$ mit $\lambda < 0$. Nach (6.1.6)(i) gibt es ein x^* aus X^* mit $(x^*|a_1) \neq 0$, also auch eines mit $(x^*|a_1) = |\lambda|^{-1}$.

Für $m > 1$ können wir voraussetzen, dass b nicht in $K[a_2, \ldots, a_m]$ liegt, wäre doch andernfalls die Voraussetzung des Satzes verletzt, da es sich hier um einen Teilkegel des gegebenen handelt. Nach der im letzten Absatz verankerten Induktionsvoraussetzung gibt es also ein x_1^* aus X^* mit $(x_1^*|k_1) \geqslant 0$ für alle k_1 aus $K[a_2, \ldots, a_m]$ und $(x_1^*|b) = -1$. Ist nun zufällig auch $(x_1^*|a_1) \geqslant 0$, dann können wir $x_1^* = x^*$ setzen und wir sind fertig.

Also nehmen wir $(x_1^*|a_1) < 0$ an und setzen dann

$$a_i' = (x_1^*|a_i)a_1 - (x_1^*|a_1)a_i$$
$$b' = (x_1^*|b)a_1 - (x_1^*|a_1)b$$

für $i = 2, \ldots, m$ an.

Wäre b' in $K[a_2', \ldots, a_m']$, d.h. von der Form $\Sigma \lambda_i' a_i'$ mit positiven λ_i' dann folgte daraus

$$b = -(x_1^*|a_1)^{-1}\left[\sum_{i=2}^{m} \lambda_i'(x_1^*|a_i) - (x_1^*|b)\right]a_1 - \sum_{i=2}^{m} \lambda'(x_1^*|a_1)a_i$$

mithilfe der obigen beiden Gleichungen. b wäre damit also in $K[a_2,\ldots,a_m]$ entgegen der Annahme.

Also ist b' nicht in $K[a'_2,\ldots,a'_m]$ enthalten und nach der Induktionsannahme folgt daraus, dass es ein x_2^* in X^* mit $(x_2^*|k') \geqslant 0$ für alle k' aus $K[a'_2,\ldots,a'_m]$ und $(x_2^*|b') = -1$ gibt.

Jetzt machen wir den Ansatz

$$x^* = (x_2^*|a_1)x_1^* - (x_1^*|a_1)x_2^*$$

und setzen es ein. Dann finden wir

$$(x^*|a_i) = (x_2^*|a'_i) \geqslant 0 \qquad \text{für } i = 2,\ldots, m$$
$$(x^*|a_1) = 0$$
$$(x^*|b\;) = (x_2^*|b') = -1.$$

Damit ist der Satz nachgewiesen. □

Geometrisch bedeutet der Satz, und das rechtfertigt auch seinen Namen, dass man echt zwischen den Kegel und b eine Hyperebene, etwa $[x^* = -0.5]$ legen kann.

Der Leser versuche den Beweis durch eine Skizze geometrisch zu verdeutlichen.

6.2.5. Den nächsten Satz soll der Leser mit (6.1.6) vergleichen. Zunächst führen wir zu einem Kegel K aus X seinen DUALKEGEL K^o in X^* ein. Darunter verstehen wir die Menge

$$K^o = \{x^*|x^* \text{ aus } X^* \text{ und } (x^*|k) \leqslant 0 \text{ auf } K\}.$$

Damit wird der Begriff des Annullators eines Teilraums erweitert. Ist nämlich K ein Teilvektorraum in X, dann ist mit k auch $-k$ in K und somit muss für alle x^* aus K^o sogar $(x^*|k) = 0$ für k aus K gelten.

In Verallgemeinerung von (6.1.6) beweisen wir den

Satz. Ist $K = K[a_1,\ldots,a_m]$ wie im Trennungssatz gegeben, dann gilt $(K^o)^o = K$.

Beweis. Die Gleichheit ist hier, genau wie in (6.1.6)(i) im Sinne des Isomorphismus zwischen X^* und X^{**} zu verstehen. Es ist per definitionem klar, dass K in $(K^o)^o$ enthalten ist. Gäbe es noch ein a in $(K^o)^o$, das nicht in K liegt, dann liefert der Trennungssatz, dass es ein x^* aus X gibt mit $(x^*|a) = -1$ und x^* positiv auf K. Also liegt $-x^*$ in K^o und $(-x^*|a) = 1$, d.h. a kann entgegen der Annahme nicht aus $(K^o)^o$ kommen. Dieser Widerspruch beendet den Beweis. □

Mit diesem Satz ist die Dualität in das geometrische Bild eingebracht worden. Es ist jetzt an der Zeit eine erste Anwendung auf Ungleichungssysteme zu versuchen.

6.2.6. Der erste Schritt zum Satz von v. Neumann ist die folgende Version der Fredholmalternative, formuliert für Ungleichungen. In ihr kommt auch die Dualität der Ausgangsprobleme dieses Paragrafen zum Vorschein.

Satz. Sei A aus $Hom(X, Y)$ und b^* aus X^*. Basen in X und Y seien wie in (6.2.2) gewählt. Dann gilt die folgende Alternative

  i. Entweder hat das System

$$\left(A^T y^* | e_j\right) \leqslant \left(b^* | e_j\right), \qquad \left(y^* | f_k\right) \geqslant 0$$

    mit $j = 1, \ldots, n$, $k = 1, \ldots, m$ eine Lösung in Y^*

 ii. oder es besitzt das System

$$\left(f_k^* | Ax\right) \geqslant 0, \qquad \left(b^* | x\right) < 0, \qquad \left(e_j^* | x\right) \geqslant 0$$

    mit $j = 1, \ldots, n$, $k = 1, \ldots, m$ eine in X.
Beides gleichzeitig kann nicht vorkommen.

    Beweis. Angenommen y^* wäre eine Lösung von (i), x eine von (ii). Dann ist mit dem Korollar (6.1.4)

$$\left(A^T y^* | x\right) = \sum_{j=1}^{n} \left(e_j^* | x\right)\left(A^T y^* | e_j\right) \leqslant \left(b^* | x\right).$$

Andererseits liefert die Lösungseigenschaft von x

$$\left(A^T y^* | x\right) = \left(y^* | Ax\right) = \sum_{k=1}^{m} \left(y^* | f_k\right)\left(f_k^* | Ax\right) \geqslant 0.$$

Wir haben also aus (i) und (ii) geschlossen, dass $\left(b^* | x\right) \geqslant 0$ entgegen der in (ii) formulierten Eigenschaft von x sein müsste. Also können nicht gleichzeitig beide Systeme lösbar sein.

    Hat aber (i) keine Lösung, dann benutzen wir wieder Korollar (6.1.4) und sehen, dass dann auch die Gleichungen

$$\sum_{k=1}^{m} \left(y^* | f_k\right)\left(A^T f_k^* | e_j\right) + \sum_{k=1}^{n} \lambda_k\left(e_k^* | e_j\right) = \left(b^* | e_j\right)$$

für $j = 1, \ldots, n$ keine Lösungen mit positiven $\left(y^* | f_k\right)$ und positiven λ_k haben können. Das aber bedeutet, wenn wir auf die Schlussweise aus (6.1.13) zurückgehen, dass b^* nicht in

$$K = K\left[A^T f_1^*, \ldots, A^T f_m^*, e_1^*, \ldots, e_n^*\right]$$

liegen kann. Wenden wir auf b^* und diesen Kegel den Trennungssatz an, dann finden wir, identifizieren wir wieder X^{**} mit X nach (6.1.4)(ii), ein x aus X mit

$$\left(k^* | x\right) \geqslant 0 \qquad \text{für alle } k^* \text{ aus } K$$
$$\left(b^* | x\right) = -1.$$

Setzt man für k^* speziell die Kegelerzeugenden ein und geht man auf den Zusammenhang von A^T und A ein, dann bedeuten diese Ungleichungen gerade, dass x (ii) löst.   □

6.2.7. Als zweite Vorbereitung auf den Satz, den wir eigentlich anstreben, stellen wir eine Beziehung zwischen den in (6.2.2) angeführten Lösungsmengen her.

Wir nehmen wieder an, es gäbe ein y^* in L_A und ein x in L_B. Dann gilt folgende Ungleichungskette, wobei wieder die Formeln in (6.1.4) verwendet werden,

$$(y^*|a) = \sum_{k=1}^{m} (y^*|f_k)(f_k^*|a) \leqslant (y^*|Ax) = (A^T y^*|x)$$

$$= \sum_{j=1}^{n} (e_j^*|x)(A^T y^*|e_j) \leqslant (b^*|x),$$

die wir als Lemma formulieren wollen.

Lemma. Seien L_A bzw. L_B die in (6.2.2) beschriebenen Lösungsmengen der dort gestellten Optimierungsaufgaben. Ist y^* aus L_A und x aus L_B, dann besteht die Ungleichung

$$(y^*|a) \leqslant (b^*|x).$$

Aus diesem Lemma folgert man weiter:

Korollar. Unter den Voraussetzungen des Lemmas gelten:

i. Ist y^* in L_A und gilt für ein x aus L_B, dass $(y^*|a) = (b^*|x)$ erfüllt ist, dann ist y^* sogar in L_A^{opt}.

ii. Ist x in L_B und findet man ein y^* aus L_A, so dass es $(y^*|a) = (b^*|x)$ erfüllt, dann liegt x in L_B^{opt}.

Der Beweis ist völlig trivial. Der Sinn des Korollars besteht darin, eine formelmässig ausdrückbare hinreichende Bedingung zu finden, die sicherstellt, dass eine Lösung der Ungleichungen auch optimal ist. Wenn wir unseren Dualitätssatz formulieren, wird klar, warum so etwas interessant ist.

6.2.8. Wir gehen wieder von den Problemen in (6.2.2) aus und verwenden die dort benutzten Bezeichnungen. Auf J.v. Neumann geht das nachfolgende Resultat zurück.

Satz. (DUALITÄTSSATZ der Linearen Optimierung) Sind beide Lösungsmengen L_A und L_B nichtleer, dann trifft das auch für die Mengen der optimalen Lösungen L_A^{opt} und L_B^{opt} zu.

In diesem Fall gilt für jedes Paar y^* aus L_A^{opt} und x aus L_B^{opt} die Identität $(b^*|x) = (y^*|a)$.

Hat eines der Probleme keine Lösung, dann hat das jeweils andere keine optimale Lösung.

Um den Satz zu deuten, denken wir uns in einem Betrieb zwei Kaufleute. Einer, den wir in (6.2.1) genauer beschrieben haben, produziert Waren y^*

und möchte den Umsatz ($y^*|a$) möglichst gross machen, ist aber durch das Rohstoffangebot b^* beschränkt. Der andere denkt als Einkäufer: Er investiert in die Rohstoffe b^* möglichst wenig Kapital x und kann mit dieser Investition einen Preis von $\alpha_{ki}x_i$ im k-ten Produkt erwirtschaften; die ihm auferlegte Bedingung ist, dass dieser über den Selbstkostenpreis a_k zu liegen kommt.

Die Aussage des Satzes ist dann entweder, dass, wenn einer mit seiner Strategie Schiffbruch erleidet, der andere nie zufrieden werden kann, oder beiden ein optimaler Erfolg beschieden ist. Im letzten Fall ist das, was die Umwelt am Einkäufer verdient dasselbe, was sie dem Verkäufer zahlen muss. In unserem Wirtschaftsmodell kann keine Seite die andere übervorteilen, solange beide Enden die optimale Strategie fahren. Das Lemma (6.2.7) zeigt, dass bei Abweichung von der besten Strategie, sei es beim Einkäufer oder beim Produzenten des Betriebs, stets der Betrieb der Verlierer ist.

6.2.9. Wir wenden uns jetzt dem Beweis des Satzes (6.2.8) zu. Es ist der bisher komplizierteste des Buches. Dabei führen wir eine Beweistechnik vor, auf die man vermutlich als Anfänger nicht gleich verfallen wird. Sie ist das Ergebnis einer längeren mathematischen Tradition und Erfahrung. Wir bilden aus den vorhandenen Räumen Supervektorräume, in denen wir die Probleme **A** und **B** zu *einem System* zusammenfassen und dann bearbeiten können.

Unter Verwendung des kartesischen Produkts aus (2.2.5) schaffen wir uns die beiden Vektorräume $X_o = X \times Y^* \times \mathbb{R}$ und $Y_o = Y \times X^*$, wobei wir uns beim Rechnen auf diese Reihenfolge der Komponenten einigen wollen.

Mit unseren Vorgabedaten finden wir in X_o eine Basis[†]

$$\{[e_j, o, 0], [o, f_k^*, 0], [o, o, 1]\}$$

mit $j = 1, \ldots, n$ und $k = 1, \ldots, m$. Ihre Vektoren nennen wir e_I mit $I = 1, \ldots, (n + m + 1)$.

Analog ist eine Basis von Y_o durch die Vektoren aus

$$\{[f_k, o], [o, e_j^*]\}$$

mit j, k wie oben und der Bezeichnung f_K, $K = 1, \ldots, (n + m)$, gegeben.

Der Leser prüfe als leichte Übung nach, dass dann die Dualräume so aussehen: $X_o^* = X \times Y^* \times \mathbb{R}$ und $Y_o^* = Y^* \times X$, wenn wir wieder den Bidualraum mit dem Ausgangsraum identifizieren. Die Dualbasen entstehen aus obigen, indem man e_j und e_j^* bzw. f_k und f_k^* dort vertauschen.

Mithilfe der Vorgabedaten A, b^* und a bilden wir eine lineare Abbildung A_o von X_o in Y_o wie folgt: Für jeden Vektor $[x, y^*, \alpha]$ aus X_o sei der

---

[†]Um diese Vektortupeln von Zahlentupeln zu unterscheiden, verwenden wir eckige Klammern.

Bildvektor durch

$$A_o[x, y^*, \alpha] = \left[Ax - \alpha a, -A^T y^* + \alpha b^*\right]$$

gegeben. Man sieht, dass sie in $Y \times X^*$ abbildet und prüft auch ohne Mühe die Linearität nach, wenn man beachtet, dass das Rechnen mit den Tupeln von Vektoren genauso abläuft wie das mit Zahlentupeln.

Zu A_o benötigen wir die Transponierte A_o^T von Y_o^* in X_o^*. Das läuft nach dem in (6.1.13) beschriebenen Prinzip ab. Die Gleichungskette

$$\left(A_o^T[y^*, x] \mid [u, v^*, \alpha]\right) = \left([y^*, x] \mid A_o[u, v^*, \alpha]\right)$$
$$= \left(y^* \mid Au - \alpha a\right) + \left(-A^T v^* + \alpha b^* \mid x\right)$$
$$= \left([A^T y^*, -Ax, (b^* \mid x) - (y^* \mid a)] \mid [u, v^*, \alpha]\right)$$

für alle $[y^*, x]$ aus Y_o^* und alle $[u, v^*, \alpha]$ aus X_o liefert die gesuchte Beziehung für die Transponierte:

$$A_o^T[y^*, x] = \left[A^T y^*, -Ax, (b^* \mid x) - (y^* \mid a)\right].$$

Damit haben wir die technischen Vorbereitungen erledigt und kümmern uns um den Beweis selbst.

Die erste Aussage des Satzes geht davon aus, dass beide Probleme eine Lösung haben. Es soll dann unter diesen ein y^* aus Y^* und ein x aus X gefunden werden, so dass $(b^* \mid x) - (y^* \mid a) \leqslant 0$ ist. Aus dem Lemma (6.2.7) folgt dann Gleichheit und aus dem Korollar (6.2.7) die Aussage des Satzes.

Die so formulierte Aufgabe ist aber gleichwertig damit, dass wir für das folgende Ungleichungssystem eine Lösung finden:

(*)
$$\left(A_o^T[y^*, x]) \mid e_I\right) \leqslant \left(b_o^* \mid e_I\right)$$
$$\left([y^*, x] \mid f_K\right) \geqslant 0$$

mit $I = 1, \dots, (m + n + 1)$ und $K = 1, \dots, (m + n)$. Dabei ist $b_o^* = [b, -a, o]$ in X_o^*.

Um diese Zwischenbehauptung zu verstehen, braucht man nur die verschiedenen Basisvektoren einzusetzen.

$$\left(A_o^T[y^*, x] \mid [e_j, o, 0]\right) = \left(A^T y^* \mid e_j\right) \leqslant \left(b^* \mid e_j\right) = \left(b_o^* \mid [e_j, o, 0]\right)$$
$$\left(A_o^T[y^*, x] \mid [o, f_k^*, 0]\right) = -\left(f_k^* \mid Ax\right) \leqslant -\left(f_k^* \mid a\right) = \left(b_o^* \mid [o, f_k^*, 0]\right)$$
$$\left(A_o^T[y^*, x] \mid [o, o, 1]\right) = (b^* \mid x) - (y^* \mid a) \leqslant 0 = \left(b_o^* \mid [o, o, 1]\right)$$
$$\left([y^*, x] \mid [f_k, o]\right) = (y^* \mid f_k) \geqslant 0$$
$$\left([y^*, x] \mid [o, e_j^*]\right) = (e_j^* \mid x) \geqslant 0.$$

Die mittlere Gleichung ist die gesuchte, die anderen sind gerade die aus Problem **A** und **B** und besagen eben, dass y^* aus L_B und x aus L_A sind.

In diesem Beweisschritt kommt am deutlichsten zum Ausdruck, wie in den grossen Räumen, die verschiedenen Systeme in ein einziges zusammengefasst werden konnten.

Dem System (*) sind wir aber in (6.2.6) begegnet. Die dort bewiesene Alternative sagt aus, dass im Falle, dass zu (*) keine Lösung existiert, ein Vektor $[u, v^*, \alpha]$ in X_o liegen muss, für den folgenden Ungleichungen gelten

$$\left(f_k^* | A_o[u, v^*, \alpha] \right) \geqslant 0$$

(**) $$\left(b_o^* | [u, v^*, \alpha] \right) < 0$$

$$\left(e_r^* | [u, v^*, \alpha] \right) \geqslant 0.$$

Schreiben wir diese wieder für die einzelnen Typen von Basisvektoren aus, dann besagt die letzte Ungleichung:

(a) $$\left(e_j^* | u \right) \geqslant 0, \qquad \left(v^* | f_k \right) \geqslant 0, \qquad \alpha \geqslant 0,$$

die vorletzte bedeutet

(b) $$\left(b^* | u \right) - \left(v^* | a \right) < 0$$

und die erste ist nichts anderes als das Paar

$$\left(f_k^* | Au \right) \geqslant \alpha \left(f_k^* | a \right)$$

(c)

$$\left(A^T v^* | e_j \right) \leqslant \alpha \left(b^* | e_j \right)$$

für $j = 1, \ldots, n$ und $k = 1, \ldots, m$.

Nehmen wir für den Augenblick an, dass $\alpha > 0$ ist, dann sehen wir daraus, dass $\alpha^{-1} u$ aus L_B und $\alpha^{-1} v^*$ aus L_A sind. In diesem Fall kann aber die mittlere Gleichung (b) wegen Lemma (6.2.7) nicht mehr gelten. Der Satz ist in seiner ersten Aussage also bewiesen, wenn wir $\alpha = 0$ ausschliessen können. Das packen wir jetzt an:

Wäre $\alpha = 0$, dann folgte für y^* aus L_A, (b) und (c)

$$\left(b^* | u \right) \geqslant \left(A^T y^* | u \right) = \sum_{k=1}^{m} \left(y^* | f_k \right) \left(f_k^* | Au \right) \geqslant 0$$

und für x aus L_B, (b) und (c)

$$\left(v^* | a \right) \leqslant \left(v^* | Ax \right) = \sum_{j=1}^{n} \left(e_j^* | x \right) \left(A^T v^* | e_j \right) \leqslant 0.$$

Subtrahieren wir die zweite Gleichung von der ersten, entsteht

$$\left(b^* | u \right) - \left(v^* | a \right) \geqslant 0,$$

was (b) verletzt. Also muss wegen (a) $\alpha > 0$ sein.

Es bleibt die zweite Aussage des Satzes zu beweisen. Dazu nehmen wir zunächst an, dass L_A leer ist. Dann sagt (6.2.6) aus, dass wir ein x_o in X finden können mit $\left(f^* | Ax_o \right) < 0$, $\left(b^* | x_o \right) < 0$ und $\left(e_j^* | x_o \right) \geqslant 0$.

Hätte nun das Problem **B** eine Lösung x aus L_B, dann gilt dafür $\left(f_k^* | Ax \right) \geqslant \left(f_k^* | a \right)$ und $\left(e_j^* | x \right) \geqslant 0$. Dann bilden wir $z = x + \lambda x_o$ und stellen fest, dass dieser Vektor für alle positiven λ in L_B liegt. Wenden wir darauf b^* an, dann finden wir $\left(b^* | z \right) = \left(b^* | x \right) + \lambda \left(b^* | x_o \right)$ und diese Zahl kann wegen $(b^*|x_o) < 0$ beliebig klein gemacht werden, indem man nur λ gross genug wählt. b^* kann auf L_B kein Minimum erreichen und L_B^{opt} muss leer sein.

Analog folgt, dass L_A^{opt} leer ist, wenn es L_B war. Der Leser führe das als Übung aus. Damit ist der Satz gezeigt. $\square$

Zur Lösbarkeit linearer Ungleichungssysteme

6.3.1. J.v. Neumanns Satz ist ein schönes Beispiel für die Bedeutung und auch die Anwendbarkeit der Dualitätstheorie. Es kommt hier beispielsweise ganz natürlich der aus dem Leben bekannte Dualismus von Ein- und Verkäufermentalität in das Denkschema der Linearen Algebra. Der Beweis des Satzes mag vielen als schwierig erscheinen, obwohl alles durch explizites Rechnen schrittweise abgelaufen ist. Die Hürde, die zu überwinden ist, ist der sogenannte ERWEITERUNGSTRICK, d.h. die Einführung grosser Hilfsvektorräume. Diesen wollen wir daher etwas mehr einüben, indem wir ihn in geeignet variierter Form zur Entwicklung eines Lösungsverfahrens für lineare Ungleichungen heranziehen wollen. Dabei werden wir mehr Einsicht in den Nutzen der geometrischen Anschauung für die Bearbeitung von Gleichungsfragen gewinnen. Allerdings soll nur die wesentliche Idee erarbeitet werden und die in der Praxis unvermeidbaren Varianten dem Leser zum Selbststudium bleiben; die Ungleichungstheorie ist kein Hauptanliegen, sondern nur ein Anwendungsbeispiel in einer Einführung in die Lineare Algebra.

Zu lösen ist beispielsweise das System

$$(*) \qquad \begin{array}{ll} \text{(i)} & (f_k^*|Ax) \geqslant (f_k^*|a) \\ \text{(ii)} & (e_i^*|x) \geqslant o \end{array}$$

in der bisher benutzten Bezeichnung und ohne zunächst auf das Extremalproblem einzugehen. A ist aus $\text{Hom}(X, Y)$. Der Erweiterungstrick besteht hier darin, ihm ein A_o aus $\text{Hom}(X_o, Y)$ mit grösserem Ausgangsraum $X_o = X \times Y$ zuzuordnen. Wir setzen $A_o[x, y] = Ax - y$, offenbar eine lineare Abbildung.

Das Ungleichungssystem $(*)$ ist dann äquivalent zu dem folgenden

$$(**) \qquad \begin{array}{ll} \text{(i)} & A_o[x, y] = a \\ \text{(ii)} & (e_i^*|x) \geqslant 0, \quad (f_k^*|y) \geqslant 0, \end{array}$$

und zwar in dem folgenden Sinne: Ist $[x, y]$ eine Lösung von $(**)$, dann ist x eine von $(*)$ und finden wir umgekehrt eine Lösung x von $(*)$, dann löst es zusammen mit $y = Ax - a$ das System $(**)$. Der Schluss macht wieder von (6.1.13) Gebrauch.

Bemerkenswert ist der Zusammenhang zwischen der Lösungsmenge L des Problems (*) und der von (**), die wir L_o nennen wollen. L entsteht durch eine Projektion aus L_o, indem $[x, y]$ nach x, also auf die erste Komponente geworfen wird. Umgekehrt kann man L_o aus L gewinnen, indem man x auf $[x, Ax - a]$ wirft. Die erste Abbildung ist linear, die zweite affin.

Schliesslich fügen wir noch an, dass die Optimierungsbedingung, die die Minimalität von $(b^*|x)$ fordert, übergeht in die Bedingung, dass $(b_o^*\|[x, y])$ minimal werden soll, sofern man $b_o^* = [b^*, o]$ in $X^* \times Y^*$ wählt.

Die Idee der Raumerweiterung entspricht auf diese Weise der *Einführung von Hilfsvariablen*, die bewirken, dass aus der Ungleichung eine Gleichung wird, das Problem also zum guten Teil auf uns längst geläufige Algorithmen zurückgeführt werden kann. Entsprechend nennt man y auch in der Linearen Optimierung die FREIE VARIABLE.[†] Obige Überlegung gilt für das Problem **B** aus (6.2.2), für das andere geht man analog vor, indem man dort $A_o[x, y] = Ax + y$ verwendet. Wieder entsteht (**). Wir gehen auf diesen zweiten Fall gar nicht mehr besonders ein.

6.3.2. Die Überlegungen des letzten Abschnitts führen uns darauf, ein System der Form (**) lösen zu wollen. Um dabei Existenzproblemen aus dem Weg zu gehen, wollen wir annehmen, dass der Operator A surjektiv ist, d.h. nach (4.2.4), dass $RgA = m$ ist. Selbstverständldich ist dann auch A_o surjektiv, hat also ebenfalls den Rang m.

Im Raum X_o behandeln wir zunächst das folgende System

(i) $\qquad\qquad\qquad A_o x = a$

(ii) $\qquad\qquad\qquad (e_J^*|x) \geqslant 0 \qquad$ für $J = 1, \dots, n + m$,

wobei wir vereinbaren, dass die ersten n Vektoren der Basis die Basisvektoren $e_1, \dots, e_n$ von X und die letzten m die von Y, die wir oben $f_1, \dots, f_m$ genannt haben, bedeuten.

Eine Basistransformation im Bildraum Y, insbesondere die elementaren Operationen des Gauss'schen Verfahrens, wenn wir sie auf die Gleichung (i) anwenden wollten, beeinflussen die Lösungsmenge L_o von unserem System nicht. Wir erlauben uns also, im Bildraum Y die Basis zu verändern, lassen sie aber im Urbildraum ungeändert.

Nun ist $RgA_o = m$, also finden wir geeignete Vektoren aus der Basis von X_o, die auf eine Basis $f_1, \dots, f_m^{‡}$ abgebildet werden, dass also

(*) $\qquad\qquad\qquad A_o e_{i_k} = f_k$

für alle $k = 1, \dots, m$ gilt.

[†]Diese Bezeichnung benutzt die Literatur meist für die m-Variablen $(f_k^*|y)$, wir wollen aber vektoriell denken und daher von einer *Vektor* variablen reden.

[‡]Diese f's haben mit denen aus (6.3.1) nichts zu tun; die alten heissen jetzt e_{n+k}!

Ist das der Fall, dann ist durch die Indexmenge $I = \{i_1, \ldots, i_m\}$ und durch $(e_{i_k}^*|x) = (f_k^*|a)$, $k = 1, \ldots, m$ und $(e_i|x) = 0$ für nicht in I enthaltene Indizes i, eine Lösung von (i) bestimmt. Das folgt aus der Formel in (6.1.4)

$$A_o x = \sum_{k=1}^{m} (e_{i_k}^*|x) A_o e_{i_k} = \sum_{k=1}^{m} (f_k^*|a) f_k = a.$$

Definition. Die so konstruierte Lösung von (i) nennen wir die zur Indexmenge I gehörende GRUNDLEGENDE Lösung. *Ihre Projektion* mithilfe von P auf X heisst dann eine GRUNDLÖSUNG des zu unserem System gehörenden Ungleichungssystems (6.2.1)(*)(i).

Zu jeder Telmenge I aus $\{1, \ldots, m + n\}$ mit der Eigenschaft, dass $\{Ae_i \mid i$ aus $I\}$ ein linear unabhängiges System von Vektoren, aus denen man a linear kombinieren kann, ist, finden wir eine Grundlösung. Wir nennen sie die durch I bestimmte Grundlösung.

Nach (6.3.1) und der Konstruktion besteht zwischen diesen besonderen Mengen, den zugehörigen grundlegenden und den davon abstammenden Grundlösungen eine eineindeutige Zuordnung. Die Überlegung oben zeigt, dass aufgrund der Rangvoraussetzung mindestens eine Grundlösung existiert und jetzt haben wir eingesehen, dass es nur endlich viele, eine sehr grobe Abschätzung ist 2^{n+m}, geben kann.

Der Leser vergleiche die grundlegende Lösung mit (4.2.4), indem er sich überlegt, was passiert, wenn man A_o in Normalform vorliegen hat.

6.3.3. Wir wissen aus (6.2.3), dass die Lösungsmenge L_o der in (6.3.2)(i)(ii) gestellten Aufgabe polyedrisch, insbesondere konvex ist.

Dann nennen wir einen Punkt x aus einer konvexen Menge K einen EXTREMALPUNKT von K, wenn er nicht als innerer Punkt einer ganz in K verlaufenden Strecke auftreten kann. Aus Paragraf 5.2 wissen wir, dass wir das formelmässig so fassen können: Aus $x = \lambda u + (1 - \lambda)v$ mit $0 < \lambda < 1$ und u, v aus K folgt $x = u = v$. Die Menge der Extremalpunkte von K nennen wir $Ext(K)$.

Als Beispiel wähle der Leser ein Dreieck K und prüfe, dass die Extremalpunkte gerade seine Ecken sind. Er mache sich aber am Beispiel einer Hyperebene K klar, dass $Ext(K)$ durchaus leer sein kann. Das für die Lösungsmenge L_o unseres Problems auszuschliessen wird ein wesentlicher Punkt bei der folgenden Analyse sein.

Die Lösungsmenge des Ausgangsproblems (6.3.1)(*) L und L_o stehen zueinander in der Beziehung $PL_o = L$ oder $L_o = SL$, wenn S die affine Abbildung $Sx = Ax - a$ von X nach X_o bedeutet.

Die Konvexität und die Extremalpunkteigenschaft sind affin invariante Aussagen und so finden wir über die genannten Abbildungen, dass sich *$Ext(L_o)$ und $Ext(L)$ eineindeutig entsprechen.* Das benutzen wir zum Beweis der folgenden Sätze, die wir "doppelt formulieren". Hier ist die geometrische Deutung der Grundlösungen von unserer Optimierungsaufgabe.

Satz. Die folgenden Aussagen gelten unter den bisher gemachten Vereinbarungen.

    i. x aus X_o ist genau dann eine grundlegende Lösung der Aufgabe (6.3.1)(**), wenn x aus $Ext(L_o)$ ist.

    ii. x aus X ist genau dann eine Grundlösung der Aufgabe (6.3.1)(*), wenn x aus $Ext(L)$ ist.

Beweis. Es genügt den ersten Teil zu zeigen, der Rest folgt über die Abbildungen P und S. Im folgenden Beweis lassen wir den Index o überall weg.

Sei $x = \lambda u + (1 - \lambda)v$, $0 < \lambda < 1$ und u, v aus L eine Grundlösung zur Indexmenge I. Dann folgt aus der Positivität von $(e_j^*|u)$ und $(e_k^*|v)$, dass für alle nicht in I liegenden j sogar $(e_j^*|u) = 0 = (e_j^*|v)$ ist. Dann finden wir daraus und aus der Lösungseigenschaft (6.3.2)(i)

$$(*) \qquad Au = \sum_{j \text{ in } I} (e_j^*|u)Ae_j = a = \sum_{k=1}^{m} (f_k^*|a)f_k$$

und durch Koeffizientenvergleich aufgrund von (6.3.2)(*) $(e_{i_k}^*|y) = (f_k^*|a)$ für alle i_k aus I. Dasselbe Resultat erhalten wir, wenn wir u durch v ersetzen. Nehmen wir alle Aussagen über die Koeffizienten der Formel aus (6.1.4) zusammen, haben wir $u = v$ bewiesen. Daraus folgt aber, dass $x = u = v$ sein muss. x ist tatsächlich Extremalpunkt.

Haben wir einen extremalen Lösungsvektor x, dann gilt insbesondere $u = \Sigma(e_j^*|x)Ae_j$. Nun betrachten wir die Indexmenge I aller j aus $\{1, \ldots, n\}$, für die $(e_j^*|x) > 0$ ausfällt. Sind die Vektoren Ae_j, j aus I, linear unabhängig, dann haben wir es in x mit einer Grundlösung zu tun. Andernfalls finden wir reelle Zahlen $\lambda_1, \ldots, \lambda_n$ mit $\lambda_i = 0$ für i nicht in I, die nicht alle verschwinden, so dass $\Sigma\lambda_i Ae_i = o$ ist. Das bedeutet, dass $u = \Sigma\lambda_i e_i$ aus dem Kern von A ist, also $x + \mu u$ für alle reelen μ eine Lösung von (6.3.2)(i) wird. Speziell wählen wir

$$\mu_o = min\{|\lambda_i|^{-1}(e_i^*|x)|\lambda_i \neq 0\},$$

was eine echt positive Zahl mit $(e_i^*|x) \geqslant \mu_o|\lambda_i|$ für alle i aus I ergibt. Es folgt daraus, dass $x \pm \mu_o u$ zwei unterschiedliche Punkte aus L sind, deren Verbindungsstrecke offenbar x als Mittelpunkt hat. Danach wäre x nicht extremal entgegen der Annahme, womit die oben gesetzte lineare Abhängigkeit nicht auftreten kann. Der Satz ist bewiesen. $\square$

6.3.4. Jetzt bearbeiten wir die Existenzfrage unseres Systems.

Satz. Hat das System (6.3.1)(**) [bzw. (6.3.1)(*)] eine Lösung, dann hat es auch eine grundlegende Lösung [bzw. Grundlösung].

Diese Aussagen treffen auch zu, wenn man sie auf die optimalen Lösungen der jeweiligen Systeme beschränkt.

An diesem Satz erkennt man, dass sich die Ungleichungssysteme anders als die Gleichungssysteme verhalten. Der Leser blättere nach (6.1.9) zurück, wo wir eingesehen haben, das für letztere dessen Lösungsmannigfaltigkeit ein $(n - m)$-Flach in X ist, das i.a. keine Extremalpunkte besitzt. Mit (6.3.3) widerspräche das dem Satz, ausser im Trivialfall, dass $x = o$ die einzige Lösung ist. Im Ansatz steckt das in (6.3.2)(ii), womit man sich auf Vektoren x im "positiven Quadranten" beschränkt.

Wieder sind die Systeme bezüglich der Aussagen, die ja affinen Charakter haben, eineindeutig aufeinander bezogen und wir beschränken die Diskusssion auf den Fall (**) und lassen den Index wieder weg. Wir führen den Beweis des Satzes aus.

Ist $x = o$, dann ist es natürlich Grundlösung. Andererseits wählen wir die Indexmenge $I = \{j | (e_j^*|x) > 0\}$ und stellen fest, dass x entweder Grundlösung ist, oder die Vektoren $\{Ae_i | i$ aus $I\}$ in Y linear abhängig sind.

Das Argument ist in (6.3.3) gegeben, wo übrigens die Zwischenrechnung (*) zeigt, dass *bei der getroffenen Wahl von I* bereits aus der linearen Unabhängigkeit der Ae_i, *i aus I, allein* die Grundlösungseigenschaft folgt. Eine nützlichhe Bemerkung!

Jetzt bilden wir wieder wie im letzten Abschnitt die Vektoren $x \pm \mu_o u$ aus einer nichttrivialen Linearkombination $\Sigma \lambda_i Ae_i = o$, was in (6.3.3) genauer beschrieben wurde. Sie sind mit x Lösungen von (6.3.2)(i) und (ii), ist x sogar optimal, dann sind sie es auch. Wäre nämlich $(b^*|u) > 0$, dann wäre $(b^*|x - \mu u) < (b^*|x)$ im Widerspruch zur Optimalität von x. Ein Vorzeichenwechsel schliesst den Fall $(b^*|u) < 0$ aus, d.h. $(b^*|u)$ muss verschwinden, woraus die Zwischenbehauptung folgt.

Wählen wir aus den Indizes $1,\dots,n$ denjenigen aus, für den $\mu_o = min\{|\lambda_k|^{-1}(e_k^*|x), k$ aus $I\}$ wird, dann ist eine der beiden Zahlen $(e_k^*|x \pm \mu_o u)$ null. Auf diese Weise haben wir eine neue Lösung x' gefunden, die entweder Grundlösung ist, oder für die wir das Verfahren mit einer Teilmenge I', die echt kleiner als I ist, da der Index k jetzt wegfällt, iterieren können.

Schliesslich wird I klein genug, so dass $\{Ae_i | i$ aus $I\}$ tatsächlich alle linear unabhängig sind, wir also eine Grundlösung antreffen.   □

6.3.5. Grundsätzlich können zwei Typen von nichtleeren, polyedrischen Lösungsmengen von (6.3.2)(i)(ii) auftreten: Sie sind entweder Polyeder oder nicht. Der Leser wähle für x die Ebene $\mathbb{R}^2$ und für Y den Zahlenraum $\mathbb{R}$, dann kann er sich durch eine Skizze überzeugen, dass die Lösungsmenge des Systems

$$Ax = \alpha, \quad x_i \geqslant O$$

für den Operator $A(\xi_1, \xi_2) = \xi_2$ eine zur x_1-Achse paralle Halbgerade durch (O, α), aber kein Polyeder ist. Wählt man dagegen den Operator $A(\xi_1, \xi_2)$

$= \xi_1 + \xi_2$ dann ist die Lösungsmenge gerade die Verbindungsstrecke ihrer Extremalpunkte (O, α) und (α, O), also ein Polyeder.

Der Zusammenhang von L und L_o zeigt nun, dass sie entweder beide Polyeder sind, oder keine von beiden die Eigenschaft hat. Ist beispielsweise L_o ein Polyeder und sei u^* aus X^*, das auf L nicht beschränkt wäre (vgl. (6.2.3)), dann wäre $[u^*, o]$ auf L_o nicht beschränkt, was der Polyedereigenschaft widerspräche. Der Leser beweise zur Übung die andere Richtung, wozu die Abbildung S aus (6.3.3) benutzt werden kann.

Es ist auch klar, dass mit L auch die Menge L^{opt} ein Polyeder oder leer sein muss und umgekehrt. Die Bemerkung wird beim Kalkül nützen.

Eine geometrische Eigenschaft: *Ein Polyeder kann keine Halbgerade enthalten.* Wäre mit x auch $x + \mu u$ für ein $u \neq o$ und alle $\mu \geqslant 0$ im Polyeder enthalten, dann wähle man mit (6.1.6) ein u^* aus X^* mit $(u^*|u) = 1$ und findet dann $(u^*|x + \mu u) = (u^*|x) + \mu$, d.h. u^* wäre unbeschränkt auf dem Polyeder, was (6.2.3) widerspräche.

6.3.6. Im folgenden Satz ist eine Existenzaussage versteckt. Es lohnt sich, ihn mit (6.3.4) zu vergleichen; dazu muss noch (6.3.3) zur Interpretation herangezogen werden.

Satz. Erklären wir die Lösungsmengen L und L_o wie im Satz (6.3.4) und nehmen wir an, dass L ein nichtleeres Polyeder ist, dann ist jedes x aus L [bzw. L_o] eine KONVEXE LINEARKOMBINATION der Extremalpunkte.

Das bedeutet, dass es zu jedem solchen x positive reelle Zahlen $\lambda_1, \ldots, \lambda_s$ mit $\Sigma \lambda_i = 1$ und Extremalpunkte $x_1, \ldots, x_s$ gibt, so dass x sich in der Form

$$x = \sum_{i=1}^{s} \lambda_i x_i$$

darstellen lässt.

Beweis. Wieder genügt es, ihn für L_o zu führen, da die Aussage eine affin-invariante ist. Den Index lassen wir im Beweis fort. Ist $a = o$, dann ist $x = o$ eine Grundlösung, also selbst Extremalpunkt nach (6.3.3), ist $x \neq o$, dann enthält L auch μx für alle positiven μ, also eine Halbgerade, was die Voraussetzung aber verbietet.

Sei $a \neq o$, $x = \Sigma(e_i^*|x)e_i$, wo die Summe über die Indexmenge $I = \langle i|(e_i^*|x) > 0\rangle$ läuft. Wir machen eine Induktion nach der Mächtigkeit $|I|$ von I.

Für $|I| = 1$ liegt wieder eine Grundlösung vor, x ist extremal. Dasselbe gilt, wenn $\langle Ae_i|i$ aus $I\rangle$ linear unabhängig ausfällt.

Nehmen wir jetzt an es gäbe von Null verschiedene Zahlen μ_i mit $\Sigma \mu_i Ae_i = o$. Wären alle $\mu_i \leqslant 0$, dann ist für jedes positive μ der Vektor $x - \mu \Sigma \mu_i e_i$ in L, entgegen der Annahme, dass L keine Halbgerade umfassen soll.

Andernfalls bilden wir

$$\mu_o = min\{\mu_i^{-1}(e_i^*|x)|\mu_i > 0 \text{ und } i \text{ aus } I\}.$$

Der Vektor $x' = x - \mu_o \Sigma \mu_i e_i$ ist dann Lösungsvektor, dessen zugehörige Indexmenge I' echte Teilmenge von I ist. Damit bilden wir

$$\nu = max\{(e_i^*|x')(e_i^*|x)^{-1}|i \text{ aus } I\}.$$

Wäre nun

$$(e_i^*|x) \geqslant (e_i^*|x') = (e_i^*|x) - \mu_o \mu_i$$

für alle i aus I, dann wären wegen $\mu_o > 0$ alle $\mu_i \geqslant 0$ und wieder enthielte L eine Halbgerade. Also gibt es einen Index i mit $(e_i^*|x') > (e_i^*|x)$ und somit muss $\nu > 1$ sein.

Dann ist aber $x'' = (\nu - 1)^{-1}(\nu x - x')$ in L und ausserdem $(e_k^*|x'') = o$ für den Index k, wo das Maximum ν in der definierenden Relation erreicht wird. Also ist auch die zu x'' gehörende Indexmenge I'' echte Teilmenge von I.

Damit greift die Induktionsvoraussetzung und besagt, dass x' und x'' konvexe Linearkombinationen von Extremalpunkten sind. Die Formel

$$x = \nu^{-1}x' + (1 - \nu^{-1})x''$$

mit $\nu^{-1} < 1$ beweist danach die Aussage, wovon der Leser sich selbst überzeugen möge. □

6.3.7. Ist M eine Menge, dann nennt man die Menge, aller konvexen Linearkombinationen von Elementen aus M die KONVEXE HÜLLE von M, die wir mit $conv(M)$ bezeichnen. Uns interessieren in diesem Buch wieder nur die endlichen Mengen $a_1, \ldots, a_s$. Die konvexe Hülle davon nennt man auch den von $a_1, \ldots, a_s$ erzeugten KONVEXEN KÖRPER.

Aus (6.3.2) wissen wir, dass $Ext(L)$ endlich sein muss, sind doch die Extremalpunkte nach (6.3.3) gerade die Grundlösungen. Unsere Polyeder L sind nach dem Satz also konvexe Körper.

Die folgenden Feststellungen tragen zum Verständnis des Satzes (6.3.6) bei.

Bemerkung. Vergleicht man die Formel $x = \Sigma \lambda_i x_i$ einer konvexen Linearkombination der Extremalpunkte mit der Interpretation aus (5.2.8), dann stellt sich uns x gerade als der Schwerpunkt einer Massenverteilung λ_i auf den Extremalpunkten x_i dar. Bereits die Entdecker der Linearen Algebra, sowie Physiker der damaligen Zeit, haben davon Gebrauch gemacht; Maxwell ging so Ladungsverteilungen an. Der Satz (6.3.6) sagt uns, das jeder Punkt als Schwerpunkt einer geeigneten Verteilung vorkommen kann. In Abhängigkeit von der Gestalt des Polyeders braucht die Verteilung nicht eindeutig durch x bestimmt zu sein. Ist das so, dann kennzeichnet das die Simplices, die wir in (5.2.8) vorgestellt haben. Es ist übrigens interessant,

dass die ersten Ansätze zu einer Vektorrechnung unter anderem im bary-
zentrischen Kalkül von A.F. Möbius aus dem Jahre 1827 zu finden sind.

Bemerkung. Als zweite wichtige Anmerkung fügen wir hinzu, dass der Satz
auch geometrisch formuliert werden kann: *Jedes Polyeder ist gerade der von
seinen endlich vielen Extremalpunkten erzeugte konvexe Körper.*
   In der Tat ist ein Polyeder als Durchschnitt endlich vieler Halbräume
durch $(a_k^*|x) \geqslant \alpha_k$, $k = 1, \ldots, m$ beschrieben. Nach (6.1.9) entspricht den m
Linearformen durch Untereinanderschreiben eine $m \times n$-Matrix, also einer
Abbildung A aus $Hom(X, \mathbb{R}^m)$, und $(\alpha_1, \ldots, \alpha_m)^T = a$ einem Vektor im
Bildraum. Die Halbraumbedingung ist dann $(f_k^*|Ax) = (a_k^*|x) \geqslant \alpha_k =
(f_k^*|a)$ Da ein Polyeder eine affine Bildung ist, können wir den Nullpunkt
des Koordinatenssystems, das für diese Konstruktion benutzt wurde, so
legen wie wir wollen. Da alle Linearformen auf dem Polyeder beschränkt
sind, gilt das insbesondere für die Koordinatenfunktionale, also ist es
möglich, entlang aller Achsen so zu transformieren, dass $(e_i^*|x) \geqslant 0$ *für
$i = 1, \ldots, n$* wird.
   Die beiden letzten Absätze bedeuten: *Jedes Polyeder kann als Lösung
eines Ungleichungssystems vom Typ (6.3.1)(*) aufgefasst werden.*
   Der Satz folgt dann aus dem über L Bewiesenen.

6.3.8 Jetzt sind wir soweit, dass wir nicht nur die geometrische Deutung,
sondern auch das Lösen von linearen Ungleichungssystemen vom Polyedertypus[†] im Griff haben.
   Der Satz, der eine Brücke schlägt, ist dieser:

Satz. Ist A aus $Hom(X, Y)$ vom Rang m, b^* aus X^* und a aus Y. Ist das
lineare Ungleichungssystem

$$(f^*_k|Ax) \geqslant (f_k^*|Ax) \qquad k = 1, \ldots, m$$
$$(e_i^*|x) \geqslant 0 \qquad i = 1, \ldots, n$$

vom Polyedertypus und ist es lösbar, dann wird das Minimum von b^* auf L
in $Ext(L)$ angenommen.
   Beweis. Aus der Voraussetzung wissen wir, dass L nichtleer ist. Nach
(6.3.7) gibt es daher endlich viele Extremalpunkte $x_1, \ldots, x_s$. Darauf nehme
b^* sein Minimum in x_1 an, d.h. $(b^*|x_1) \leqslant (b^*|x_i)$ für alle $i = 2, \ldots, s$.
Daraus ergibt sich nach dem Darstellungssatz (6.3.7) für jedes x aus L

$$(b^*|x) = \left(b^*|\sum_{i=1}^{s} \lambda_i x_i\right) = \sum_{i=1}^{s} \lambda_i (b^*|x_i) \geqslant (b^*|x_1),$$

weil ja $\Sigma \lambda_i = 1$, $\lambda_i \geqslant 0$ war.   □

   Der Leser beachte, dass der Beweis den Satz (6.3.7) einmal als Existenz-
satz für Extremalpunkte und einmal als Satz über die Darstellbarkeit von

---

[†]d.h. L ist leer oder ein Polyeder.

Lösungen durch extremale versteht. Es soll auch deutlich geworden sein, dass extremal und optimal verschiedene Begriffe sind, dass sie aber, wie wir nun wissen, wenigstens in einer Lösung sich treffen: Das x_1 ist beides.

Damit ist die Rechenstrategie gegeben. Man verschaffe sich die Lösungsmenge L von (6.3.1)(*), indem man gegebenenfalls über die Einführung von freien Variablen und das System (6.3.1)(**) verfügen kann, bestimme dann $Ext(L)$ und berechne anschliessend die endlich vielen Zahlen $(b^*|x_1), \ldots, (b^*|x_s)$ auf $Ext(L)$. Ein Sortieren liefert eine kleinste und damit die optimale Lösung von (6.3.1)(*).

Ehe wir ein praktikables Verfahren skizzieren, geben wir ein instruktives Zahlenbeispiel, das die geometrische Sachlage verdeutlichen soll.

$X = \mathbb{R}^2$, $Y = \mathbb{R}^2$, beide mit der klassischen kartesischen Orthogonalbasis versehen. In Koordinaten $x = (\xi_1, \xi_2)$ ist mit $Ax = \xi_1 + \xi_2$ ein linearer Operator und durch $b^* = (\mu_1, \mu_2)$ mit $(b^*|x) = \mu_1\xi_1 + \mu_2\xi_2$ ein lineares Funktional auf X gegeben. a sei durch die Zahl 1 repräsentiert, so dass das System lautet[†]

$$\xi_1 + \xi_2 \leqslant 1, \quad \xi_1 \geqslant 0, \quad \xi_2 \geqslant 0.$$

Die Lösungsmenge ist offenbar das von $\langle(0,0), (1,0), (0,1)\rangle$ aufgespannte Dreieck L.

Mit einer Hilfsvariablen $\nu \geqslant 0$ bekommt man das System

$$(\xi_1 + \xi_2) + \nu = 1, \quad \xi_1 \geqslant o, \quad \xi_2 \geqslant 0, \quad \nu \geqslant 0,$$

dessen Lösungsmenge L_o das von $\langle(0,0,1), (1,0,0), (0,1,0)\rangle$ aufgespannte Dreieck im Raum ist. Sie liegt also über L und die Extremalpunkte entsprechen sich. Diese sind bei Dreiecken natürlich gerade die Eckpunkte.

Jetzt soll $\mu_1\xi_1 + \mu_2\xi_2$ minimal auf L werden. Das ist für $\mu_1 = \mu_2 = 0$ einfach: Ganz L ist optimal. Sind $\mu_1, \mu_2 > 0$, dann ist $(0,0)$ der einzige optimale Lösungspunkt. Sind $\mu_1, \mu_2 < 0$, dann ist $\mu_1\xi + \mu_2\xi_2 = c$ eine Gerade mit negativem Anstieg. c ist ihr Schnittpunkt mit der x_2-Achse und das Optimierungsproblem ist, ihn möglichst weit die x_2-Achse hochzubringen. Ist $\mu_1 = \mu_2$, dann hat die Gerade den Anstieg -1 und die ganze Verbindungsstrecke von $(1,0)$ nach $(0,1)$ ist optimal. Ist $\mu_1 < \mu_2$, wird die Gerade steiler und sie durch $(1,0)$ zu legen ist die beste Wahl, für $\mu_1 > \mu_2$ wird sie flacher und man greift zu $(1,0)$. Die anderen Fälle überlassen wir dem Leser.

Nach unseren Untersuchungen hätten wir auch b^* auf den Extremalpunkten prüfen können. Wir hätten dann der Reihe nach die Werte 0, μ_1, μ_2 gefunden und bei der Diskussion der Fälle dieselbe Antwort, wie bei der geometrischen Analyse, diesmal aber schneller und müheloser, bekommen.

Das sollte dem Leser das geometrische Bild der Ungleichungstheorie vor Augen führen und zeigen, dass es sich lohnt, eine axiomatisch begründete

---

[†] Im Theorieteil war die erste Ungleichung anders gestellt. Man erreicht das durch Umkehrung der Vorzeichen an A und a. Diese Form ist elementargeometrisch anschaulicher und bekannter.

Analyse voranzustellen, deren Ergebnis mit Vorteil zum Entscheidungsverfahren herangezogen werden kann.

Der Leser analysiere zur Übung eine zweites Beispiel, wo etwa zu den obigen Ungleichungen noch $2\xi_1 + \xi_2 \leqslant 1$ hinzugenommen werden soll.

6.3.9 In der Praxis benötigen Optimierungsaufgaben eine grosse Anzahl von Variablen, wo die naive Methode der Analytischen Geometrie zu schwerfällig wäre. Wir *müssen* dann auf unsere Theorie zurückgreifen und wollen deshalb jetzt ein recht gut arbeitendes Verfahren zur Lösung skizzieren. Es heisst das SIMPLEXVERFAHREN, da es vor allem im Fall, dass L ein Simplex ist, den wir im obigen Beispiel vorliegen hatten, besonders anschaulich ist.

Es läuft iterativ über mehrere Schritte.

1. Schritt. Durch Hinzufügen freier Variabler macht man die Ungleichung (6.3.1)(*)(i) zu einer Gleichung und untersucht damit L_o. Wir wissen, wie wir am Ende davon auf L das Resultat projizieren können.

Man wählt dann eine Indexmenge I in $\{1,\ldots,n\}$, so dass $\{Ae_i | i$ aus $I\}$ eine Basis von $\mathbb{R}^m$ wird. Das Gauss-Jordan'sche Verfahren kann das entscheiden, wie wir wissen. Diese Basisvektoren nennen wir f_k^I, $k = 1,\ldots,m$. Ist nun $a_I^k = (f_k^{I*}|a) \geq 0$, dann ist die zu I gehörige grundlegende Lösung ein Extremalpunkt von L.

Andernfalls muss man weitersuchen. Ist die Positivitätsbedingung nicht erfüllbar, dann ist L leer, dass Problem also unlösbar.

2. Schritt. Hat man eine grundlegende Lösung x^I gefunden, dann zeigt die Gauss-Jordan'sche Normalform, dass in dem zugehörigen Basispaar $e_1,\ldots,e_n$ und $f_1^I,\ldots,f_m^I$ die Matrix A die Koeffizienten (α_{ik}^I) mit $\alpha_{ik}^I = \delta_{ik}$ für i aus I hat. x^I ist gegeben durch

$$x_i^I = \left(f_i^{I*}|a\right) \quad \text{für } i \text{ aus } I$$

$$x_i^I = 0 \quad \text{sonst.}$$

Hat man eine beliebige Lösung, dann gelten komponentenweise die Gleichungen für i aus I:

$$(*) \qquad\qquad x_i + \sum_j{}^I \alpha_{ij}^I x_j = a_i^I,$$

wo über die nicht in I liegenden Indizes summiert wird, was wie durch das Symbol I an der Summe andeuten. Daraus folgt nach kurzer Rechnung mit $b_j^* = (b^*|e_j)$:

$$\left(b^*|x\right) = \left(b^*|x^I\right) + \sum_j{}^I \left[b_j^* - \sum_{i \text{ aus } I} b_i^* \alpha_{ij}^I\right] x_j .$$

Sind alle Ausdrücke in der eckigen Klammer positiv, dann hat man eine optimale Lösung.

Andernfalls ist für ein k, das nicht in I liegt, der Ausdruck $b_k^* - \Sigma b_i^* \alpha_{ik}^I$ < 0. Dann kann man durch Wahl eines möglichst grossen x_k erreichen, dass $(b^*|x)$ möglichst klein, sicher kleiner als $(b^*|x^I)$ wird. Dabei wird wegen der Kopplung (*) ein x_i, i aus I, null; passiert das nicht, hat b^* kein Minimum auf L. Bei Polyedern kann das nicht auftreten. Hat man den grössten so zugelassenen Wert erreicht, dann bekommt man eine neue Grundlösung x^J, wo J aus I entsteht, indem man dort i durch k ersetzt. Den Wert von i bestimmen wir im.

3. Schritt. Man hat es also mit den beiden Gleichungen

$$Ae_k - \sum_{i \text{ aus } I} \alpha_{ik}^I f_i^I = 0$$

(**)

$$\sum_{i \text{ aus } I} x_i^I f_i^I = a$$

zu tun, bei denen k bekannt ist. Gesucht ist nun der Index, der in I durch k ersetzt werden muss, um J zu bekommen. Für $\mu \geqslant 0$ kann man das μ-Fache der ersten Gleichung in (**) zur zweiten addieren und erhält eine Lösung von (6.3.1)(**)

(i)

$$\sum_{i \text{ aus } I} \left(x_i^I - \mu \alpha_k^I \right) e_i + \mu e_k,$$

die für $\mu_k = min\{a_i^I(\alpha_{ik}^I)^{-1}|i \text{ aus } I, \alpha_{ik}^I > 0\}$ auch (ii) erfüllt. Sei i der Index, wo das Minimum angenommen wird, dann wird er durch k ersetzt.

Ist $\alpha_{ik}^I \leqslant 0$ für alle i aus I, dann enthält L eine Halbgerade, ein Fall, den man durch Modifizierung des Simplexverfahrens behandeln kann, den wir aber ausschliessen wollen.

Mit dem so gefundenen J iteriert man das Verfahren. Dafür gibt es algorithmische Formeln. Der Leser gehe auf die Spezialliteratur [43] zurück. Wir sind in diesem Buch am Verständnis des Problems, das wir aus der geometrischen Analyse der vorhergehenden Abschnitte gewonnen haben, interessiert, wollten dem Leser aber auch den numerischen Zugang nicht ganz vorenthalten.

Übrigens hat auch er eine geometrische Deutung: Das Verfahren sucht erst einen Extremalpunkt x^I. Ist er noch nicht optimal, dann wählt es unter den *benachbarten* Ecken des Polyeders diejenige aus, wo der Wert von b^* kleiner wird. Die Nachbarschaftseigenschaft kommt darin zum Ausdruck, dass nur *ein* Index in der Menge I ersetzt wird. So läuft man entlang der Kanten dem Gefälle von b^* nach, vermeidet also ungünstigere Lösungswerte, und erreicht auf diese Weise schneller das Optimum, als wenn man alle Extremalpunkte gesucht und darauf b^* getestet hätte. Dass das stets zum Erfolg führen muss, ist plausibel, da das Minimum geometrisch erreicht wird, indem man die Hyperebene $[b^* = \alpha]$ über das Polyeder schiebt; das führt einen in einem Eckpunkt sitzenden Beobachter, folgt er der Hyperebene, entlang geeigneter Kanten stetig in eine optimale Ecke.

7. KAPITEL

Die metrischen Strukturen

Die metrische Dualitätstheorie

7.1.1. Im Anhang C findet der Leser eine ganze Gruppe von Axiomen, die Kongruenzaxiome, die sich mit dem *Winkel* begriff befassen. Dieser ist in unserem Bild von Geometrie, wie es sich aus der Linearen Algebra entfaltet, noch nicht aufgetreten.

Nicht nur in der Geometrie, sondern auch in der Gleichungstheorie und den aussermathematischen Anwendungen spielt der Begriff der *Länge* eine bedeutsame Rolle. Der Leser denke an den Abschnitt (4.2.9) zurück, wo er gesehen hat, dass beispielsweise kleine und in der Praxis unvermeidbare Abweichungen bei der Matrixbestimmung zu grossen Veränderungen führen können, wendet man die Matrizen auf ein bestimmtes, durch einen Vektor gegebenes Problem an. In der Deutung eines Betriebsablaufs bedeutet das, dass kleine innerbetriebliche Schwankungen gewaltige Auswirkungen auf die aus einer festen Eingabemenge zu erzielende Produktion haben können. Man sucht nun nach einem Indikator, der die qualitativ feststellbaren Effekte in Relation setzt. Im Beispiel eingangs (4.2.9) liegen die Schwankungen der Matrix *komponenten* unter 5%, was der durch Personalerkrankung entsprechen mag, und das führt zu einer bis zu 50% in den *Komponenten* des Ausgangsvektors. Es fragt sich nun, wie man den neuen Produktionsausstoss bewerten will; hat man für alle produzierten Güter gleichoffene Märkte und bewertet demnach das quadratische Mittel der Gesamtproduktion, dann weichen die Werte nur mehr um *etwa* 10% voneinander ab, was akzeptabel sein mag, kann der Betrieb aber nur das erste Gut absetzen, der Rest ist unverwertbarer Produktionsabfall, dann verliert er u.U. 50% durch die Schwankung des Personalbestands. Es liegt auf der Hand, dass Bewertungsfragen, quantitative Beurteilung von Rechenungenauigkeiten, geometrische Abstände eine grosse Bedeutung in der Praxis haben. Alles das hängt mit einem geeignet aufgebauten Längenbegriff zusammen, wobei das Wort selbst, das der Geometrie entlehnt ist, heute meist durch das neutralere "Norm" ersetzt wird.

In der Geometrie aber sind Länge und Winkel nicht ganz voneinander unabhängige Begriffe. Konstruiert man ein Dreieck aus der Längenvorgabe seiner drei Seiten, dann liegen die Winkel alle fest und das stimmt auch umgekehrt, wenn man für eine Seite allein eine Skalenvereinbarung trifft und damit die Distanz zwischen ihren Endpunkten fixiert. Der Leser beachte das diese Fixierung der affinen Geometrie angehört.

Formelmässig kommt in der Elementargeometrie der Zusammenhang in der Verallgemeinerung des Pythagoreischen Lehrsatzes zum Vorschein. Bezeichnen wir die Länge von x mit $|x|$, dann lautet er:

$$|x + y|^2 = |x|^2 + |y|^2 + 2|x|\,|y|\cos w(x, y).$$

Das Auftreten einer transzendenten Funktion in dieser Beschreibung zeigt einerseits, dass wir, gehen wir von der Länge als fundamentaler Grösse aus, bei der algebraischen Ableitung des Winkelbegriffs Schwierigkeiten erwarten dürfen, ist aber andererseits ein Beispiel dafür, wie die Analytische Geometrie durch Anleihen bei der Analysis, dieselben elegant umgehen kann. Der Mischterm $|x|\,|y|\,cos\,w(x, y)$ hat, wie der Leser durch einfache elementargeometrische Überlegungen der Konstruktionslehre, wenn er diese mit deren Vektorrauminterpretation aus Paragraf 1.4 verbindet, selbst feststellen möge, eine bemerkenswerte Eigenschaft: *Er ist in x bei festgehaltenem y linear.* Offenbar ist er *symmetrisch in x und y* und nach dem verallgemeinerten Satz von Pythagoras ist er *allein durch die Längen von x, y und $x + y$ bestimmt.*

Im Geiste unseres bisherigen Vorgehens ist der Mischterm, den wir abkürzend mit $\langle x|y\rangle$ bezeichnen wollen, als eine in jeder einzelnen Variablen lineare Funktion auf dem Ortsvektorraum zu sehen und kann in dieser Formulierung in die axiomatische Theorie als ein zusätzliches Datum eingebaut werden. Das liegt an der Wurzel des Übergangs von der affinen zur metrischen Geometrie.

7.1.2. Ausgehend von den Axiomen in (2.1.2) pfropfen wir dem Vektorraumbegriff eine zusätzliche Struktur auf, indem wir zu den Konzepten der Addition und der Skalarmultiplikation noch das Vorhandensein einer dritten binären Operation fordern. Diese muss mit den ersten beiden verknüpft werden. Wir beschreiben sie so.

Definition. Ist X eine reeller Vektorraum, dann nennt man eine reelle Funktion $x, y \to \langle x|y\rangle$ auf $X \times X$ ein SKALARPRODUKT auf X, wenn sie für jede Wahl der Vektoren x, y, z und Skalare α, β den folgenden Regeln genügt:

   i. $\langle x|y\rangle = \langle y|x\rangle$
  ii. $\langle \alpha x + \beta z|y\rangle = \alpha\langle x|y\rangle + \beta\langle z|y\rangle$
 iii. $\langle x|x\rangle \geqslant 0$ und aus $\langle x|x\rangle = 0$ folgt stets $x = o$.

Häufig wird dafür auch noch der von H. Grassmann eingeführte Ausdruck INNERES PRODUKT verwendet.

Wir geben zwei typische Beispiele dafür an.

Beispiel 1. Hier sei X der $\mathbb{R}^n$ und ein Vektor x durch die Spalte $(\alpha_1, \ldots, \alpha_n)^T$, analog y durch $(\beta_1, \ldots, \beta_n)^T$, gegeben. Wir definieren dann

$$\langle x | y \rangle = \sum_{i=1}^{n} \alpha_i \beta_i$$

und nennen es das NATÜRLICHE Skalarprodukt auf $\mathbb{R}^n$.

Beispiel 2. Sei P_n der Raum der Polynomfunktionen höchstens n-ten Grades auf dem reellen Intervall $[0, 1]$, dann liefert das Riemann'sche Integral durch

$$\langle p | q \rangle = \int_0^1 p(\tau) q(\tau) \, d\tau$$

für alle p, q auf P_n ein Skalarprodukt. Dieses Beispiel deutet an, dass der Begriff auch in der Analysis eine wichtige Rolle spielt.

Wir wollen im Folgenden von einem EUKLIDISCHEN Vektorraum sprechen, wenn wir es mit einem mit einem inneren Produkt versehenen Vektorraum zu tun haben.

7.1.3. Fasst man die beiden ersten Aussagen zusammen, folgert man daraus sofort, dass *das Skalarprodukt auch linear in y ist*.

Dieses Resultat benutzt man, um ihm durch eine *in jeder Basis gleichlautende Vorschrift* eine Matrix zuzuordnen. Sei $e_1, \ldots, e_n$ eine Basis, dann ist nach dem eben Besprochenen das innere Produkt durch seine Werte auf der Basis festgelegt und wohlbestimmt. Benutzen wir die Schreibweise (2.2.15) für die Koordinatenfunktionale, dann finden wir für alle x, y aus X die Formel

$$\langle x | y \rangle = \sum_{i, k=1}^{n} \langle e_i | e_k \rangle \alpha_i(x) \alpha_k(y).$$

Die Matrix $G = (\gamma_{ik})$ mit $\gamma_{ik} = \langle e_i | e_k \rangle$ heisst der METRISCHE FUNDAMENTALTENSOR oder einfach die METRIK auf X.

Er ist in *jedem* Koordinatensystem SYMMETRISCH

$$\gamma_{ik} = \gamma_{ki}$$

für alle $i, k = 1, \ldots, n$ und POSITIV DEFINIT. Das soll bedeuten, dass für alle n-Tupeln nicht identisch verschwindender Zahlen $\lambda_1, \ldots, \lambda_n$ die Ungleichung

$$\sum_{i, k=1}^{n} \gamma_{ik} \lambda_i \lambda_k > 0.$$

erfüllt ist. Die erste Aussage prüft man mit einem Blick auf die Definition, die zweite folgt aus dem Übertragungsprinzip, wonach alle solchen n-Tupeln als Koordinaten eines von Null verschiedenen Vektors auftreten können. Die Transformationsformeln (3.3.2) liefern mithilfe der Matrixdarstellung für die Basistransformation, dass der metrische Fundamentaltensor in der neuen Basis die Gestalt

$$\gamma'_{ik} = \sum_{j,\, l=1}^{n} \gamma_{jl}\phi_{ji}\phi_{lk}$$

annimmt, wenn (ϕ_{ij}) die Transformation mit $e'_j = \sum_{i=1}^{n} \phi_{ij}e_i$ darstellt.

Hat man umgekehrt eine Matrix, die diesen drei Forderungen genügt, dann definiert sie, was der Leser selbst prüfe, über

$$\langle x|y\rangle = \sum_{i,\, k=1}^{n} \gamma_{ik}\alpha_i(x)\alpha_k(y)$$

zunächst bei fester Basis $e_1, \ldots, e_n$ eine Funktion mit den Eigenschaften des inneren Produkts. Die dritte, die Transformationseigenschaft, garantiert wegen (3.3.3), dass die linke Seite nicht wirklich von der Basiswahl abhängt.

Die dritte ist die TENSORIDENTITÄT und eine Matrix, die sie erfüllt, wird TENSOR genannt. Als Merkregel kann man sich durch Vergleich mit (3.3.2) merken: In jedem ihrer beiden Indizes transformiert die Matrix nach den Transformationsregeln eines Vektors. Man kann sie sich vereinfacht als nebeneinandergesetzte Vektoren oder als Summe solcher Ausdrücke denken; in der Tat wurden so von W. Gibbs die Tensoren eingeführt und damals als DYADEN bezeichnet. Heute gehört das Studium dieser Objekte zum Problemkreis der MULTILINEAREN ALGEBRA, die auch der Vektoranalysis zugrunde liegt; in diesem Buch berühren wir sie nur peripher und gehen auf die gemachten und dem Leser vielleicht etwas mysteriösen Bemerkungen nicht mehr weiter ein.

Die Darstellung des inneren Produkts durch den Fundamentaltensor ist beliebt und angebracht in der Geometrie und der Physik. In A. Einstein's Relativitätstheorie hat sie besondere Popularität erreicht. Die damit zusammenhängende Geometrie studieren wir in (7.3.15).

7.1.4. Benutzt man die Möglichkeit, aus positiven reellen Zahlen die Wurzel ziehen zu können, dann kann man dem Skalarprodukt folgende reelle Funktion auf X zuordnen: $x \to \langle x|x\rangle^{1/2}$; man nennt sie die vom Skalarprodukt induzierte NORM und bezeichnet sie mit $|x|$ für x aus X.

Im Falle des euklidischen Skalarprodukts findet man hier gerade die Länge eines Ortsvektors der Geometrie vor.

Die so erklärte Norm hängt durch folgende wichtige Beziehungen mit dem Skalarprodukt zusammen:

Satz. Für alle reellen Zahlen α, β und alle x, y aus X gelten:

i. $|\alpha x + \beta y|^2 - \alpha^2|x|^2 - \beta^2|y|^2 = 2\alpha\beta\langle x|y\rangle$.

ii. $|\langle x|y\rangle| \leqslant |x||y|$.

In (ii) liegt Gleichheit genau dann vor, wenn $x = \lambda y$ für ein reelles λ ist.

Beweis. Die erste Aussage folgt unmittelbar aus der Definition der Norm und der Bilinearität des Skalarprodukts. Aus (i) folgt aber

$$(*) \qquad (\alpha|x| + \beta|y|)^2 + 2\alpha\beta(\langle x|y \rangle - |x|\,|y|) \geq 0$$

und daraus für die Werte $\alpha = |y|$ und $\beta = -|x|$ die Formel $\langle x|y \rangle \leq |x|\,|y|$. Ersetzen wir darin y durch $-y$, dann haben wir (ii) bewiesen.

Sind x, y linear abhängig, dann gilt natürlich in (ii) die Gleichheit. Sind x, y linear unabhängig, dann muss für α, β, von denen wenigstens eine von Null verschieden sein soll, $|\alpha x + \beta y| > 0$ sein und daraus folgt echte Ungleichheit auch in (*). Mit den speziellen Werten von α, β, die wir oben gewählt haben, folgt auch die echte Ungleichheit in (ii). □

Die wichtige Ungleichung (ii) nennt man die SCHWARZ'SCHE Ungleichung; (i) ist die Form des Kosinussatzes in der axiomatischen Theorie.

7.1.5.   Der obige Satz hat eine wichtige Konsequenz für die Norm.

Satz. Für die vom Skalarprodukt induzierte Norm gilt die MINKOWSKI'SCHE Ungleichung:

$$|x + y| \leq |x| + |y|$$

für alle x, y aus X. Das Gleichheitszeichen gilt genau dann, wenn x, y linear abhängig sind.

Die Deutung des Resultats mithilfe von Ortsvektoren ist einfach: Eine Dreieckseite ist stets kürzer als die Summe der beiden anderen.

Beweis. (7.1.4) (i) und (ii) implizieren

$$|x + y|^2 \leq |x|^2 + |y|^2 + 2|x|\,|y|,$$

wobei das Gleichheitszeichen genau dann auftritt, wenn die beiden Vektoren linear abhängig sind. □

Als Bemerkung fügen wir an, dass man in der Minkowski-Ungleichung x durch $x - y$ ersetzen kann, woraus $|x| - |y| \leq |x - y|$ folgt. Die rechte Seite ist symmetrisch in x und y, so dass wir die oft nützliche Relation

$$\big\| |x| - |y| \big\| \leq |x - y|$$

für alle x, y aus X finden.

7.1.6.   Im euklidischen Vektorraum bekommt die Dualitätstheorie eine neue Deutung. Offenbar ist mithilfe des Skalarprodukts (X, X) ein duales Paar im Sinne von (6.1.5). Der Leser beweise zur Übung die Bedingungen (6.1.5)(ii).

Der Satz aus (6.1.5) übersetzt sich dann so:

Satz. Das Skalarprodukt induziert einen Isomorphismus von X^* auf X, d.h. zu jedem x^* aus X^* gibt es genau ein x in X, so dass für alle y aus X die Gleichung $(x^*|y) = \langle x|y \rangle$ gilt.

Man nennt ihn den NATÜRLICHEN Isomorphismus.

Bemerkung. Das x auf diese Weise entsprechende lineare Funktional ist von (7.1.3) bei gegebener Basis $e_1, \ldots, e_n$ von X abzulesen. Es wird nach der Dualitätstheorie aus den Koordinatenfunktionalen linear zusammengesetzt. Genauer ist

$$x^* = \Sigma \alpha_i(x) \gamma_{ik} \alpha_k,$$

so dass man in diesem Sinne $\alpha_k(x) \to \alpha_i(x) \gamma_{ik}$, was die Koordinaten von x bezüglich $e_1, \ldots, e_n$ auf die von x^* bezüglich der dazu dualen Basis wirft, als die Umkehrabbildung zum natürlichen Isomorphismus, ausgedrückt durch den metrischen Fundamentaltensor, verstehen kann.

Diese Formel tritt in der Physik häufig auf, allerdings in der Form $\alpha_k(x) \to \gamma_{ik} \alpha_k(x)$, was seinen Grund darin hat, dass dort der Isomorphismus, also y^*, über die Linearität $x \to \langle x|y \rangle$ gewählt wird. Hier klaffen mathematische und physikalische Tradition auseinander.

Der Sinn dieses Satzes besteht darin, dass man in euklidischen Vektoräumen Dualitätstheorie betreiben kann, ohne den dualen Raum einführen zu müssen. Wir wollen im Folgenden die Konsequenzen davon untersuchen.

Diese Theorie bekommt dadurch eine unmittelbare geometrische Bedeutung und Anschaulichkeit. Dem Leser wird empfohlen, rückblickend das Kapitel 6 von dieser neuen Warte zu betrachten. Insbesondere die Ungleichungstheorie gewinnt in euklidischen Räumen an geometrischen Gehalt.

7.1.7. Im Anschluss an das elementargeometrische Skalarprodukt aus (7.1.1), das in Bezug auf ein orthogonales kartesisches Koordinatensystem der elementaren Analytischen Geometrie gerade dem natürlichen inneren Produkt auf $\mathbb{R}^n$ entspricht, nennen wir zwei Vektoren x, y zueinander ORTHOGONAL, wenn sie $\langle x|y \rangle = 0$ erfüllen.

Damit bekommt über den natürliche Isomorphismus aus (7.1.6) der für die Dualitätstheorie so wichtige Begriff des Annullators aus (6.1.6) eine neue Deutung. In X nimmt Y^o *die Gestalt der Menge aller zu Y orthogonalen Vektoren* an. Behalten wir die Schreibweise bei, dann entspricht er gerade

$$Y^o = \{x | \langle x|y \rangle = 0 \text{ für alle } y \text{ aus } Y\}.$$

Man sieht an dieser Fassung wieder, dass Y^o stets ein Teilvektorraum von X ist, egal welche Form Y hatte.

Die Dualitätstheorie baut jetzt auf folgendem Resultat auf:

Satz. Ist Y ein Teilvektorraum im euklidischen Vektorraum X, dann gelten:

   i. $Y^{oo} = Y$.

   ii. X ist direkte Summe von Y und Y^o.

Beweis. Der erste Teil ist eine direkte Übertragung von (6.1.6)(i), der zweite verschärft die dortige zweite Aussage. Ist x in $Y \cap Y^o$, dann muss offenbar $\langle x|x \rangle = 0$ gelten, woraus mit (7.1.2) $x = o$ folgt. Aus der Dimensionsformel (6.1.6)(ii) und (7.1.6) folgt daraus (ii).   □

7.1.8. Der obige Satz verweist auf die vollkommene Symmetrie, die die Dualitätstheorie in euklidischen Vektorräumen annimmt. Die schöne Zerlegung in (ii) nennt man eine ORTHOGONALZERLEGUNG des Raumes.

Da direkte Zerlegungen bei der Konstruktion einer Basis in Paragraf 2.2 eine wesentliche Rolle spielten, liegt es nahe, sich zu fragen, ob man nicht in euklidischen Räumen mit Vorteil die speziellen orthogonalen Zerlegungen einsetzen kann. Das Pendant zur Basis im allgemeinen ist hier der Spezialfall der ORTHONORMALBASIS[†].

Darunter verstehen wir eine Basis $e_1, \ldots, e_n$ von X mit der Zusatzeigenschaft, dass für alle $i, k = 1, \ldots, n$ die Beziehung

$$\langle e_i | e_k \rangle = \delta_{ik}$$

gilt, d.h. dass die Vektoren der Basis paarweise zueinander orthogonal sind und die Länge 1 haben.

Im $\mathbb{R}^n$ mit dem natürlichen Skalarprodukt finden wir damit schliesslich das klassische kartesische Koordinatensystem. Damit ist eigentlich erst jetzt das von Leibniz aufgezeigte Programm abgeschlossen. Das in (2.1.2) angesprochene Normierungsproblem ist gelöst.

In der axiomatische Theorie müssen wir wieder beweisen, dass es eine solche Basis überhaupt gibt. Das wollen wir uns jetzt ansehen.

Satz. Ist X ein n-dimensionaler reeller Vektorraum, $n \geqslant 1$, auf dem ein inneres Produkt erklärt ist. Dann gibt es darin n Vektoren $e_1, \ldots, e_n$, die den Gleichungen

$$\langle e_i | e_k \rangle = \delta_{ik}$$

für alle $i, k = 1, \ldots, n$ genügen.

Jedes solche Vektorensystem ist linear unabhängig.

Beweis. Man wähle ein x_1 aus X und bilde daraus den Vektor $e_1 = |x_1|^{-1}x_1$. Nach (7.1.7) ist $\langle e_1 \rangle^o$ ein $(n-1)$-dimensionaler Vektorraum und offensichtlich ist die Einschränkung des Skalarprodukts darauf wieder eines.

[†]Allgemeiner nennt man eine Basis, die $\langle e_i | e_k \rangle = \alpha_k \delta_{ik}$ erfüllt, eine ORTHOGONALBASIS.

Damit ist die Aussage des ersten Teils induktiv bewiesen: Für $n = 1$ haben wir sie oben verankert und der Dualitätssatz sorgt für das Fortschreiben der Induktion nach der Dimension des Vektorraums. Die im Satz behaupteten Gleichungen, die wir die ORTHONORMALITÄTSRELATIONEN nennen wollen, vererben sich von $\langle e_1 \rangle^o$ auf X für $e_2, \ldots, e_n$ und sind für $i = 1$ automatisch erfüllt.

Die zweite Behauptung folgt so: Wäre $e_k = \sum_{i \neq k} \lambda_i e_i$ eine Linearkombination der davon verschiedenen Vektoren des Systems, dann müsste $\langle e_k | e_k \rangle = \sum_{i \neq k} \lambda_i \langle e_k | e_i \rangle = 0$ entgegen der Normierung $\langle e_k | e_k \rangle = 1$ sein. $\quad\square$

Bemerkung. Vergleicht man den Satz dieses Abschnitts mit der Bildung einer Dualbasis unter Benutzung von (7.1.6), dann findet man, dass *eine Orthonormalbasis dadurch gekennzeichnet ist, dass sie ihre eigene Dualbasis ist.* Wieder ein deutlicher Hinweis auf die starke Symmetrie der Dualitätstheorie in euklidischen Vektorräumen. In einer Orthonormalbasis findet man für die Koordinatenfunktionale die schon Grassmann bekannte einfache Formel $\alpha_k(x) = \langle x | e_k \rangle$, $k = 1, \ldots, n$.

7.1.9. Das war ein Beweis mithilfe der Dualitätstheorie, in dem wir aber schon ein konstruktives Verfahren anklingen haben lassen. Im Hinblick auf seine praktische Bedeutung wollen wir es genauer vorstellen. Es handelt sich um das sogenannte SCHMIDT'SCHE ORTHONORMIERUNGSVERFAHREN.

Die Aufgabe sieht so aus: Gegeben sind Vektoren $x_1, \ldots, x_m$ in einem reellen Vektorraum mit Skalarprodukt. Es soll eine Orthonormalbasis für den davon erzeugten Teilraum gefunden werden.

Das Verfahren ist iterativ.

1. Schritt. Ist $x_1 = o$, werfen wir es weg und numerieren die restlichen Vektoren neu durch. Das iteriert man, bis man entweder gelernt hat, dass alle $x_i = o$ sind, es also keine Basis geben kann, oder man auf ein $x_1 \neq o$ stösst. Dann setzt man

$$e_1 = |x_1|^{-1} x_1,$$

schreibt sich das Ergebnis auf und nimmt x_1 von der Ausgangsmenge weg.

2. Schritt. Hat man bereits einen Satz orthonormaler Vektoren $e_1, \ldots, e_k$ vorliegen—für $k = 1$ ist das oben passiert—dann numeriert man die verbliebenen Ausgangsvektoren beginnend mit x_{k+1} und lässt das Suchverfahren aus dem 1. Schritt darüberlaufen. Sind alle $x_i = o$, dann spannen $e_1, \ldots, e_k$ bereits den Teilraum auf, sonst erhält man $x_{k+1} \neq o$.

3. Schritt. Man bildet jetzt den Vektor

$$e_{k+1} = \frac{x_{k+1} - \sum_{i=1}^{k} \langle x_{k+1} | e_i \rangle e_i}{\left[|x_{k+1}|^2 - \sum_{i=1}^{k} \langle x_{k+1} | e_i \rangle^2 \right]^{1/2}}$$

aus den vorhandenen Daten. Ist $e_{k+1} = o$, dann ist x_{k+1} bereits in $Lin\{e_1, \ldots, e_k\}$ enthalten und man lässt es fallen und geht wieder in den 2. Schritt. Ist er dagegen von Null verschieden, dann ist er orthogonal zu $e_1, \ldots, e_k$ und hat die Länge 1. Man erweitert damit die Liste zu $e_1, \ldots, e_{k+1}$ und geht dann in den 2. Schritt.

Der Leser verfolge das Verfahren rechnerisch und überzeuge sich, dass auf diese Weise die gewünschte Orthonormalbasis entsteht.

Man beachte, dass man damit insbesondere *ein neues Verfahren zur Bestimmung der Dimension eines Teilraums* gefunden hat. Hat man es mit einem $\mathbb{R}^n$ zu tun, dann kann man jederzeit das natürliche Skalarprodukt zuhilfe nehmen, um es anzuwenden.

7.1.10. Die linearen Abbildungen A^T aus $Hom(Y^*, X^*)$ werden mit (7.1.6) zu solchen aus $Hom(Y, X)$, wenn wir von A aus $Hom(X, Y)$ ausgehen. Man überträgt sie mit dem natürlichen Isomorphismus: Bezeichnen wir diesen mit $N_X: X^* \to X$, dann heisst das, dass A^T mithilfe der Bildung $N_X A^T N_Y^{-1}$ zu einer Abbildung von Y nach X wird.

Man nennt die so entstandene Abbildung die ADJUNGIERTE von A und bezeichnet sie mit A^*.

Die obige Beschreibung setzt sie zwar begrifflich in die richtige Perspektive zur transponierten Abbildung, für die Praxis zieht man aber die folgende Kennzeichnung vor.

Satz. Es sind die beiden Aussagen gleichwertig:

    i. $\langle By | x \rangle = \langle y | Ax \rangle$ für alle x aus X und alle y aus Y.
    ii. $B = A^*$.

Beweis. Es gelten offenbar $\langle By | x \rangle = (N_X^{-1} B N_Y N_Y^{-1} y | x)$ und $\langle y | Ax \rangle = (N_Y^{-1} y | Ax) = (A^T N_Y^{-1} y | x)$. Da mit y auch $N_Y^{-1} y$ den ganzen Raum durchläuft, ist somit (i) gleichwertig mit

$$\left(N_X^{-1} B N_Y y^* | x \right) = \left(A^T y^* | x \right)$$

für alle y^* aus Y^* und x aus X.

Das in (6.1.13) gegebene Standardargument der Dualitätstheorie liefert, dass dies genau

$$B = N_X A^T N_Y^{-1}$$

entspricht, also (ii). $\qquad\qquad\qquad\qquad\qquad\qquad\qquad\qquad\qquad\qquad\square$

Korollar. Seien in X und Y *Orthonormalbasen* gewählt, dann findet man für A^* die Matrixdarstellung (α_{ki}), wenn $A = (\alpha_{ik})$, $i = 1, \ldots, m$, $k = 1, \ldots, n$, war.

Der Beweis lässt sich genauso wie in (6.1.12), wo wir die Matrixform für die transponierte Abbildung A^T bezüglich einer Dualbasis berechnet haben, führen. Es muss nur auf die Bemerkung in (7.1.8) geachtet werden, oder, mehr im Sinne der Rechentechnik, beobachtet werden, dass die Bedingung $\langle e_i | e_k \rangle = \delta_{ik}$ die entscheidende ist.

Bemerkung. In der physikalischen Literatur und auch in der Geometrie haben die gewählten Basen oft eine direkte Interpretation und ein Übergang zu einer neuen, orthonormierten ist dann unerwünscht. Deshalb sollte noch die dann dort zu verwendende Formel angegeben werden.

Sei $(\alpha_{ik}^*) = A^*$, bezüglich einer nicht notwendig orthonormierten Basis $e_1, \ldots, e_n$ in X und $f_1, \ldots, f_m$ in Y.

$$\langle A^* f_k | e_i \rangle = \langle f_k | A e_i \rangle$$

bedeutet dann mit Verwendung des metrischen Tensors in X bzw. Y

$$\sum_{j=1}^m \alpha_{jk}^* \gamma_{ji}^X = \sum_{j=1}^m \alpha_{ji} \gamma_{kj}^Y.$$

Fallen insbesondere X und Y zusammen, dann wissen wir, dass man den metrischen Fundamentaltensor invertieren kann. Für die Inverse haben wir beispielsweise in (4.3.17) eine explizite Formel, doch schreibt die physikalische Literatur meist die Komponenten der Inversen in G als (γ_k^i). Es ergeben sich also die Formeln:

$$\gamma_k^i = \frac{(-1)^{i+k} \det G_{ki}}{\det G}$$

$$\alpha_{ik}^* = \sum_{j,l=1}^n \gamma_{kj} \alpha_{jl} \gamma_i^l$$

für alle $i, k = 1, \ldots, n$.

Die Determinante $\det G$ nennt man die GRAM'SCHE Determinante der Metrik, deren geometrische Bedeutung weiter unten geklärt wird.

An dieser Stelle empfehlen wir eine Übungsaufgabe. Der Leser denke sich irgendeine Abbildung A aus $End(X)$, $\dim X = 2$, und eine Orthonormalbasis e_1, e_2 in X. Dann drücke er die Komponenten von A^* durch die von A *unter Verwendung der Basis* $f_1 = e_1 + e_2, f_2 = e_2$ aus.

7.1.11. Wir wollen unsere weiteren Untersuchungen auf $End(X)$ beschränken und einige nützliche Eigenschaften des Adjungierens zusammenfassen. Hier spielt wieder eine generationenlange Erfahrung mit: Gewisse Rechengesetze treten beim Argumentieren immer wieder als Schalt- und Knotenpunkte auf und es empfiehlt sich dann, sie in einer Liste zusammenzufassen; dasselbe gilt für die Lehrsätze eines wohlumrissenen Themenkreises. Es ist nicht schwer, sich auszumalen, wie daraus allmählich Axiome, eine Theorie, deren grundlegende Rechengesetze und Formeln wachsen.

Der folgende Satz kopiert die Ergebnisse aus (6.1.13) bis (6.1.15) in die metrischen Dualitätstheorie.

Satz. Die Zuordnung $A \rightarrow A^*$ ist eine lineare Abbildung von $End(X)$ in sich. Es gelten:

   i. $(AB)^* = B^*A^*$ und $A^{**} = A$ für alle Endomorphismen A, B.
   ii. Für alle A aus $End(X)$ findet man die Formeln:
      a. $(Im\ A)^o = ker\ A^*$.
      b. $(ker\ A)^o = Im\ A^*$
   iii. A^* ist genau dann in $Aut(A)$, wenn A es war; es liegt die Gleichung $det\ A = det\ A^*$ vor.

Wir wollen die letzte Aussage mithilfe der Dualität beweisen, um den Nutzen der Charakterisierung (7.1.10) hervorzuheben. Dazu nehmen wir zwei Systeme $x_1, \ldots, x_n$ und $y_1, \ldots, y_n$ von Vektoren in X und bilden die zugehörige GRAM'SCHE Determinante, der wir in einem Spezialfall schon im letzten Abschnitt begegnet waren, nämlich $det\langle x_i | y_k \rangle = G(x_1, \ldots, x_n; y_1, \ldots, y_n)$.

Aufgrund der Bilinearität des Skalarprodukts ist G in jeder Variablen linear. Halten wir nun $y_1, \ldots, y_n$ fest, dann ist G stets null, wenn zwei der $x_1, \ldots, x_n$ übereinstimmen; G ist also Determinantenfunktion. Nach (4.3.9) gibt es also eine Zahl, die noch von den Parametern y_i nicht aber mehr den x_k abhängen darf, so dass

$$G(x_1, \ldots, x_n; y_1, \ldots, y_n) = \lambda(y_1, \ldots, y_n)\delta_o(x_1, \ldots, x_n)$$

für eine fest gewählte normierte Determinantenfunktion δ_o gilt. Wiederholt man das Argument in y_k bei festgehaltenen $x_1, \ldots, x_n$, dann wird

$$\lambda(y_1, \ldots, y_n) = \lambda\delta_o(y_1, \ldots, y_n).$$

Nun fassen wir beides zusammen, nehmen aber dabei an, dass δ_o eine bezüglich einer *Orthonormalbasis* normierte Determinantenfunktion sei, dann entsteht die interessante Beziehung

(*) $\det\langle x_i | y_k \rangle = \delta_o(x_1, \ldots, x_n)\delta_o(y_1, \ldots, y_n)$.

Dass $\lambda = 1$ ist, erkennt man durch Einsetzen der Orthonormalbasis anstelle der beiden Vektorensysteme.

Eine direkte Konsequenz dieser Formel sind die beiden folgenden

$$\det\langle A^*e_i | e_k \rangle = det\ A^*$$
$$\det\langle e_i | Ae_k \rangle\ = det\ A$$

und diese beweisen den Satz. Die Dualitätstheorie liefert somit einen koordinatenfreien Beweis von (4.3.15).   □

7.1.12. Ging A von X in Y, dann war A^* eine Abbildung von Y in X; sie ging also in die umgekehrte Richtung, ein Verhalten, das wir bei der

Inversen beobachten. Bereits das Beispiel der Skalarmultiplikation, die wir als Abbildung mit der Matrix αI auffassen können, zeigt aber für $\alpha \neq 0$, dass A^* durchaus von A^{-1} verschieden sein, ja sogar mit A zusammenfallen kann. Es ist also wirklich ein neuer Typ von algebraischer Operation.

Die Abbildungen, für die $A^* = A^{-1}$ gilt, nennt man ORTHOGONAL. Man kann sie auf folgende Weise kennzeichnen:

Satz. A ist genau dann orthogonal, wenn es einer der folgenden Bedingungen genügt:

   i. $A^*A = I$.
   ii. $\langle Ax | Ay \rangle = \langle x | y \rangle$ für alle x, y aus X.
   iii. $|Ax| = |x|$ für alle x aus X.

Beweis. Aus (3.2.4)(iii) sehen wir, dass (i) äquivalent zur Orthogonalität ist. Aus (i) folgt (ii) und daraus, wenn wir $x = y$ wählen, (iii) unmittelbar.

Aus (iii) folgt natürlich sofort die Invertierbarkeit von A, wir benötigen aber mehr, nämlich $A^{-1} = A^*$. Dafür muss man auch mehr tun. Wir bekommen aus (iii)

$$\langle (A^*A - I)x | x \rangle = 0$$

für alle x aus X und beobachten, dass $(A^*A - I)^* = (A^*A - I)$ als Folge der Regeln (7.1.10) ist. Dann benutzt man den sogenannten Trick der POLARISATION, d.h. man benutzt für x, y aus X und B aus $End(X)$ die Identität

$$\langle Bx | y \rangle + \langle By | x \rangle = \langle B(x+y) | x+y \rangle - \langle Bx | x \rangle - \langle By | y \rangle,$$

aus der dann in unserem Fall $B = A^*A - I$ ziemlich schnell

$$\langle (A^*A - I)x | y \rangle = 0$$

für alle x, y aus X errechnet werden kann. Alle diese Schritte prüft der Leser mühelos selbst nach, insbesondere möge er die Polarisationsidentität verifizieren. Die letzte Gleichung ist nach dem Dualitätsschluss (6.1.6) äquivalent zu $A^*A = I$, also folgt durch Multiplikation von rechts mit A^{-1} die Orthogonalität von A. $\qquad\qquad\square$

Die letzte Bedingung des Satzes verweist auf die geometrische Rolle orthogonaler Abbildungen hin: *Sie sind längentreu*. Aus (ii) lesen wir für das in (7.1.1) besprochene Modell der Elementargeometrie ab, dass *sie winkeltreu sind*; insbesondere führen sie rechte in rechte Winkel über, was ihren Namen motiviert.

Der Leser möge sich davon überzeugen, *dass die Bedingung (i) gerade bedeutet, dass die Spaltenvektoren einer orthogonalen Matrix paarweise orthogonal aufeinander stehen.*

Im Beweis dieses Satz haben wir schon ein Beispiel für das andere Extrem bezüglich des Adjungierens gesehen, nämlich eine Abbildung für die $A = A^*$ gilt.

Solche nennt man HERMITESCH oder SELBSTADJUNGIERT; bei reellen Vektorräumen ist auch der Ausdruck SYMMETRISCH in Gebrauch.

Dazu verwandt sind die SCHIEFHERMITESCHEN, die $A^* = -A$ erfüllen.

Aufgrund der Identität

$$2A = (A + A^*) + (A - A^*)$$

kann man jede Abbildung in einen hermiteschen und einen schiefhermiteschen Anteil additiv zerlegen. Leider kann man damit nicht allzuviel anfangen.

Von grosser Wichtigkeit ist dagegen die Beobachtung, dass *man für jede selbstadjungierte Abbildung eine durch sie eindeutig bestimmte Zerlegung $X = Im\ A + ker\ A$ des Raums hat, und dass diese eine orthogonale Zerlegung im Sinne von* (7.1.7) *ist.* Der Beweis folgt aus (7.1.7) und (7.1.11) sofort. Die Aussage selbst ist bedeutsam als erster Schritt zu einer Reduktionstheorie, die wir im letzten Kapitel des Buchs behandeln wollen. Wir verdeutlichen das Problem im nächsten Abschnitt.

7.1.13. Wir sehen uns genauer den Zusammenhang zwischen selbstadjungierten Abbildungen und orthogonalen Zerlegungen an. Dabei stossen wir auf eine wichtige Klasse hermitescher Operatoren, die in aller Regel nicht invertierbar ausfallen.

Sei Y ein Teilvektorraum in X. Nach (7.1.7) und (2.2.7) ist dann jedes x aus X eindeutig zerlegt in $p(x) + q(x)$ mit $p(x)$ aus Y, $q(x)$ aus Y^o. Aufgrund der Eindeutigkeit der Zerlegung ist die Abbildung $x \to p(x)$ linear. Sie erfüllt $p(p(x)) = p(x)$ und ausserdem findet man für jedes y aus X:

$$\langle y|p(x)\rangle = \langle p(y) + q(y)|p(x)\rangle = \langle p(y)|p(x)\rangle$$
$$= \langle p(y)|p(x) + q(x)\rangle = \langle p(y)|x\rangle;$$

die Abbildung ist hermitesch. Wir schreiben für $p(x) = Px$. Die Ausgangsräume sind mithilfe von P beschrieben durch $Y = Im\ P$, $Y^o = ker\ P$, was auf die im letzten Abschnitt angesprochene Zerlegung zurückverweist.

Man nennt P die ORTHOGONALE PROJEKTION auf Y, oder sagt auch P ist ein ORTHOGONALER PROJEKTOR mit zugehörigem Teilraum Y. Letzteres wird aus dem folgenden Satz, dessen erste Hälfte wir schon eingesehen haben, noch deutlicher.

Satz. Zwischen den Teilvektorräumen von X und den orthogonalen Projektoren aus $End(X)$ besteht folgender eineindeutiger Zusammenhang:

  i. Ein Teilraum Y bestimmt gemäss obiger Konstruktion eindeutig ein P aus $End(X)$ mit $P^2 = P$ und $P^* = P$.
 ii. Ist P aus $End(X)$ mit $P^2 = P$ und $P^* = P$, dann ist die durch den P zugeordneten Teilraum $Im\ P$ nach (i) bestimmte orthogonale Projektion gerade P.

Wir wissen, dass $X = Im\ P + ker\ P$ eine orthogonale Zerlegung ist und jedes x zerfällt in $x = Px + (I - P)x$ mit $P(I - P)x = o$ aufgrund der

Idempotenzbedingung $P^2 = P$. Also liegt Px in $Im\ P, (I - P)x$ in $ker\ P$ und die Eindeutigkeit der Zerlegung zeigt (ii). □

Wir haben schon in Kapitel 3 eine eineindeutige Beziehung zwischen Vektorraumbasen und $Aut(X)$ hergestellt. In diesem Satz haben wir ein weiteres Stück der Vektorraumtheorie, die Teilräume, in den Bereich der Abbildungen verlagert und damit dem Matrizenkalkül zugänglich gemacht.

Um noch einmal die letzten Sätze des vorigen Abschnitts aufzugreifen, wollen wir das Problem stellen: Sei A eine selbstadjungierte Abbildung; kann man dann den interessanten Teil $Im\ A$ noch weiter orthogonal zerlegen und zwar so, dass A auf diesen Teilen besonders einfach wird?

Als Beispiel denke man sich A von der Form $\Sigma \lambda_i P_i$ mit s orthogonalen Projektionen auf paarweise orthogonale Teilräume. Letzteres bedeutet offenbar $P_i P_j = O$ für $i \neq j$. Auf x aus $Im\ P_i$ wirkt dann A einfach: $Ax = \lambda_i x$. $ker\ A = ker(\Sigma P_i)$ und der Raum ist orthogonal zerfällt in $Im\ P_1 + \cdots + Im\ P_s + ker\ A$, so dass man, wenn man x entsprechend in $x = \Sigma P_i x + (I - \Sigma P_i)x$ aufspaltet, vollständige Kontrolle über die Wirkung von A hat. Passt man etwa die Orthonormalbasis der Zerlegung an, dann findet man für A Diagonalgestalt mit $Diag(A) = (\lambda_1, \ldots, \lambda_s, 0, \ldots, 0)$, wobei jedes λ_i u.U. mehrfach auftreten kann, was nocheinmal die Einfachheit von A in Matrizenform aufzeigt.

Die Reduktionstheorie wird zeigen, dass diese Form für jedes hermitesche A erreichbar ist. Die letzte Bemerkung der Koordinatenanpassung läuft dann darauf hinaus, die Ausgangsbasis geeignet zu transformieren, d.h. darauf, eine Variablentransformation beispielsweise für ein Gleichungssystem zu finden, die die Koeffizientenmatrix bezüglich der neuen Variablen diagonal macht. Ein Beispiel findet der Leser in (3.3.12) und er ist gebeten, sich dieses von der jetzigen Warte nocheinmal anzusehen.

Ehe wir diese Probleme aufgreifen, behandeln wir noch die metrische Geometrie, zumal auch von dort wichtige Impulse zur Reduktionstheorie kommen.

Die metrische Geometrie

7.2.1. Dem metrischen Raum der Anschauung wird der affine Raum zugrunde gelegt, so dass wir die Überlegungen des Kapitels 5 alle mitberücksichtigen können. Insbesondere die Idee, die geometrischen Aussagen erst über dem affinen Vektorraum zu entfalten und gegebenenfalls anschliessend auf den konkret interessierenden Raum der Anschauung zu übertragen.

Als neues Element tritt jetzt der Begriff des Abstands in seiner universellen Bedeutung zur affinen Geometrie hinzu. Dort war entlang jeder Geraden eine Distanz, also ein Abstandsbegriff möglich gewesen, eine Kopplung aller solchen war nicht gegeben; es fehlte der universelle Bezugsmassstab.

Den liefert uns jetzt die Norm, die von einem Skalarprodukt auf dem Tangentenraum induziert wird.

Der ABSTAND zwischen zwei Punkten x, y im Vektorraum ist erklärt durch $d(x, y) = |x - y|$.

Er erfüllt für alle x, y, z aus X und alle reellen α die Regeln:

i. $d(\alpha x, \alpha y) = |\alpha| d(x, y)$.

ii. $d(x, y) \leqslant d(x, z) + d(z, y)$.

iii. $d(x, y) = d(y, x) \geqslant 0$. Darüberhinaus trennt er die Punkte, d.h. $d(x, y) = 0$ impliziert, dass $x = y$ sein muss.

iv. $d(x + z, y + z) = d(x, y)$.

Mit dem Abstandsbegriff ist natürlich auch der einer LÄNGE einer Strecke als der Abstand ihrer Endpunkte gegeben. Von hier aus lassen sich weitere geometrische Messbegriffe wie Flächen- und Rauminhalte aufbauen.

Vorläufig ist der Abstand nur im Vektorraum X, der dem affinen Raum $(A, \langle P + \rangle, X)$ zugrundeliegt, gegeben. Die Bedingung (iv) ist die entscheidende, dass man ihn eindeutig und wohldefiniert auf A durch die Anheftungsabbildung übertragen kann. Dazu muss $d(P, Q) = d(O + p, O + q) = d(p, q)$ definiert werden und wir müssen den Leser überzeugen, dass diese Definition nicht von der zufälligen Wahl des Aufpunkts O abhängt. Aus dem Kapitel 5 wissen wir, dass das gerade die Invarianz gegenüber Parallelverschiebung bedeutet, die sich gemäss der Interpretation des Erlanger Programms im Vektorraum direkt durch die Translationsinvarianz (iv) manifestiert.

Trägt ein affiner Raum eine Metrik, d.h. eine Abstandsfunktion, dann heisst er EUKLIDISCH. Diese stehen zu den cuklidischen Vektorräumen in derselben Beziehung, wie die affinen zu den affinen Vektorräumen. Wir müssen nur darauf achten, dass bei der Anheftungsabbildung der Abstand in den des Vektorraums übergeht. Abbildungen, die solches leisten nennt man ISOMETRIEN. Anstatt sie allgemein zu behandeln, studieren wir sie und die Theorie der metrischen Räume im Geiste des Erlanger Programms direkt in der Vektorraumtheorie.

7.2.2. Im Sinne des Klein'schen Programms [39] suchen wir die Hauptgruppe der metrischen Geometrie. Die Klasse der metrischen Räume soll eine Teilklasse der der affinen Räume sein, d.h. alle affinen Aussagen sollen in der neuen Geometrie bestehen bleiben und daher bezüglich der neuen Hauptgruppe Invarianten darstellen. Wir vermehren also die Invarianten, müssen also die erlaubten Transformationen vermindern. Die gesuchte Gruppe erscheint damit als Untergruppe von $GA(X)$, soll jedoch wenigstens die Translationsgruppe $T(X)$ umfassen, hat doch die euklidische Geometrie auch keinen ausgezeichneten Raumpunkt und sollte deshalb gegen Parallelverschiebungen unempfindlich sein. Das grenzt die Suche ein.

Natürlich muss die Invarianz des Abstands eine Rolle spielen. Bei genauerem Hinsehen finden wir aber zunächst eine schwächere Forderung. Für die Geometrie, etwa für die Gültigkeit des Höhensatzes, der zu seiner Formulierung den metrischen Begriff der Orthogonalität benötigt, ist es absolut unerheblich, welchen Masstab wir wählen, oder anders betrachtet, wie gross wir ein Dreieck malen. Die Geometrie sieht daher auch Transformationen vor, bei denen nur das Längenverhältnis erhalten bleibt, m.a.W. solche, für die gilt:

$$(*) \qquad\qquad |Ax| = \mu_A |x|$$

für alle x aus X. Die reelle Zahl μ_A hängt von A, aber nicht von x ab und ist stets echt grösser als Null. Gehen wir damit in (7.1.4)(i), dann finden wir, dass das gleichwertig mit

$$(**) \qquad\qquad \langle Ax | Ay \rangle = \mu_A^2 \langle x | y \rangle$$

für alle x, y aus X ist. Dabei benutzen wir stets die vom Skalarprodukt gemäss (7.1.4) induzierte Norm.

Konbinieren wir diese Transformationen mit Translationen, dann erhält man schliesslich in $GA(X)$, die Untergruppe der ÄHNLICHKEITS-TRANSFORMATIONEN. Sie führen x in $Ax + p$ mit p aus X und A aus $GA(X)$ so, dass (*), oder äquivalent dazu (**), erfüllt wird, über.

Führen wir zwei hintereinander aus, dann wird $ABx + Aq + p$ aus x, aber auch der Nullpunkt wandert und zwar nach $Aq + p$. Die Normbeziehung (*) ist aber in der Geometrie als Abstand von x zum Nullpunkt, also nach der Verschiebung als Abstand der neuen Punkte zu lesen. Dieser ist aber $|ABx| = \mu_A \mu_B |x|$. Nennen wir μ_A den DEHNUNGFAKTOR, dann stellen wir fest, dass der Dehnungsfaktor eines Produkts gerade gleich dem Produkt der Dehnungsfaktoren ist. Speziell bilden also die Transformationen mit Dehnungsfaktor $\mu_A = 1$ eine Untergruppe; ihre Elemente heissen ISOMETRIEN, ORTHOGONALE oder auch LÄNGENTREUE Transformationen.

Die Gruppe der Isometrien bezeichnen wir mit $GO(X)$, die der linearen Isometrien mit $O(X)$. Letztere heisst auch die ORTHOGONALE Gruppe.

Für weitere Untersuchungen können wir uns auf den linearen Anteil in der Transformation beschränken. Die Translation bilden in den genannten Gruppen einen Normalteiler und werden wie in (5.2.6) behandelt.

Wir haben nun folgende Beschreibung.

Satz. Die Abbildung der linearen Ähnlichkeitstransformationen, die jedem A den Dehnungsfaktor μ_A zuordnet, ist ein Homomorphismus auf die multiplikative Gruppe der reellen Zahlen. Ihr Kern ist gerade $O(X)$.

Jede lineare Ähnlichkeitstransformation lässt sich auf genau eine Weise als Produkt $H_\lambda.O$ darstellen, wobei H_λ eine Homothetie mit $\lambda > 0$ und O eine lineare Isometrie ist. Alle solchen Produkte sind Ähnlichkeitstransformationen.

Beweis. Den ersten Teil haben wir schon abgehandelt. Um den zweiten einzusehen, stellen wir zunächst fest, dass $|H_\lambda Ox| = |\lambda Ox| = |\lambda|\,|Ox| = |\lambda|\,|x|$, insbesondere für $\lambda > 0$ $H_\lambda O$ eine Ähnlichkeitstransformation beschreibt. Umgekehrt sei A eine solche, dann ist mit $\lambda = \mu_A > 0$ die Abbildung $H_\lambda^{-1}A = H_{1/\lambda}A$ eine Isometrie O aus $O(X)$; wir haben dazu (5.2.7) verwendet.

Hätten wir zwei Darstellungen $H_{\lambda_1}O_1 = H_{\lambda_2}O_2$, dann wäre $H_{\lambda_1}^{-1}H_{\lambda_2}$ in $O(X)$, weil es ja gleich $O_1O_2^{-1}$ ist, und somit muss es Dehnungsfaktor 1 haben, d.h. $\lambda_1^{-1}\lambda_2 = 1$ oder $\lambda_1 = \lambda_2$. Daraus folgt natürlich $O_1 = O_2$. Wir haben damit festgestellt, dass $H(X) \cap O(X) = \{I\}$ ist. $\square$

Wir erwähnen zur Ergänzung noch, dass die Homothetien mit allen orthogonalen Transformationen vertauschen, d.h. stets $HO = OH$ für alle H aus $H(X)$ und O aus $O(X)$ gilt. Da $H(X)$ eine abelsche Gruppe (vgl. Anhang A) ist, vertauschen sie auch mit allen linearen Ähnlichkeitstransformationen.

7.2.3. Eine weitere wichtige Untergruppe bilden die Spiegelungen.

Sei Y ein Teilvektorraum von X, dann haben wir nach (7.1.7) die orthogonale Zerlegung $X = Y + Y^o$; d.h. $x = Px + (I - P)x$, wenn P die orthogonale Projektion im Sinne von (7.1.13) auf Y ist. Wir definieren dann den Endomorphismus S_Y durch

$$S_Y x = x \qquad \text{für } x \text{ aus } Y$$

$$S_Y x = -x \qquad \text{für } x \text{ aus } Y^o$$

und allgemein durch $S_Y x = Px - (I - P)x$, also durch lineare Fortsetzung.

Diese Abbildung ist eine INVOLUTION. Darunter verstehen wir Endomorphismen die $A^2 = I$ erfüllen. Aus $S_Y^2 = I$ folgt, dass S_Y längentreu ist, was man aber auch der Definition direkt ansehen kann. Somit ist S_Y in $O(X)$.

Hat man umgekehrt in $O(X)$ eine Involution S vorliegen, dann stellt man fest, dass

$$X_+ = \{x + Sx | x \text{ aus } X\}$$

$$X_- = \{x - Sx | x \text{ aus } X\}$$

zwei Teilvektorräume mit $X = X_+ + X_-$ sind. Ist nun y in beiden enthalten, dann folgt aus der Involutionseigenschaft und y aus X_+ bzw. X_-

$$Sy = S(x + Sx) = Sx + x = y$$

$$Sy = S(x - Sx) = Sx - x = -y,$$

dass $y = o$ also die Zerlegung direkt ist. Ist x_+ aus X_+ und x_- aus X_-, dann findet man, benutzt man die zur Längentreue äquivalente Bedingung (7.2.2)(**) und $\mu_S = 1$, die Schlusskette

$$\langle x_+ | x_- \rangle = \langle Sx_+ | Sx_- \rangle = \langle x_+ | -x_- \rangle = -\langle x_+ | x_- \rangle$$

und die beiden Vektoren müssen zueinander orthogonal sein. Die Zerlegung ist orthogonal und S ist gerade die Spiegelung an X_+.

Insgesamt gilt folgende Äquivalenzaussage, deren zweiter Teil vom Leser als einfache Übungsaufgabe durch Inspektion der Begriffe gelöst werden kann.

Satz. Unter den linearen Ähnlichkeitstransformationen sind die Involutionen genau die Spiegelungen an den Teilvektorräumen von X. Sie liegen in $O(X)$.

Zwischen der orthogonalen Projektion auf Y und der Spiegelung an Y besteht die Beziehung

$$2P_Y = I + S_Y.$$

Ist S eine Spiegelung an Y, dann ist $-S$ eine an Y^o, gehört also zum Projektor $I - P_Y$.

Die Formel zeigt insbesondere, dass auch zwischen Spiegelungen und Teilvektorräumen eine eineindeutige Beziehung besteht. Diese kann man auf affine Teilmannigfaltigkeiten ausdehnen, wenn man die oben erklärten linearen Spiegelungen, ähnlich wie es bei den Homothetien in (5.2.7) geschehen war, durch Übergang zu $T_q S_Y T_{-q}$ zu affinen Spiegelungen an $Y + q$ erweitert. Der Leser prüfe die Wirkung solch einer Transformation nach und verifiziere die Aussage des voranstehenden Satzes. (Zur Übung: Was bewirkt OS_yO^* für O aus $O(X)$?)

Kommen wir auf (7.1.12), (7.1.13) zurück, dann sind Spiegelungen besonders interessant. Die Formel des Satzes zeigt mit $P^* = P$:

$$S^* = (2P - I)^* = 2P - I = S$$
$$S^*S = I$$

also, dass *Spiegelungen sowohl selbstadjungiert wie orthogonal* sind. Diese Eigenschaft macht Spiegelungen für die Numerik interessant. A. Householder führt sie gleich auf den ersten Seiten seines klassischen Werks [37] ein. Interessant sind dort die Spiegelungen an einer Hyperebene Y. Eine solche ist stets von der Form $\langle a \rangle^o$ für ein $a \neq o$ in X, wie wir aus (7.1.7) wissen. Nun steht der Vektor

$$x - |a|^{-2}\langle a|x\rangle a$$

sicherlich auf a senkrecht und stellt somit die eindeutig bestimmte Y-Komponente in der orthogonalen Zerlegung $X = Y + \mathbb{R}a$ dar. Es handelt sich somit gerade um den Vektor $P_Y x$. Dann wenden wir die Formel des Satzes an und bekommen

$$S_Y x = x - 2|a|^{-2}\langle a|x\rangle a.$$

In der numerischen Mathematik wird diese Transformation[†] mit H_a bezeichnet und HOUSEHOLDER-TRANSFORMATION oder ELEMENTARER REFLEKTOR—etwa in [51]—genannt. Meist normiert man $|a| =$

[†] Der Leser verwechsle die Bezeichnung nicht mit der für Homothetien. Dort ist der Index eine reelle Zahl, hier ein Vektor aus X.

1 und denkt sich H_a als Matrix gegeben. Aufgrund der Darstellung von Linearformen durch Zeilen, ist die Matrixform

$$H_a = I - 2aa^T$$

wenn a eine Spalte in $\mathbb{R}^n$ mit $a^T a = 1$ ist. Wir kommen auf den Nutzen dieser Matrizen noch zu sprechen.

7.2.4. Wir fügen noch eine weitere Beobachtung über orthogonale Matrizen hinzu. Aus $O^* O = I$ folgt mit (7.1.11), dass $(det\, O)^2 = 1$ ist, also die Determinante einer orthogonalen Transformation entweder $+1$ oder -1 ausfällt. Diejenigen mit $det\, O = +1$ bilden offenbar eine Untergruppe von $O(X)$, die man mit $SO(X)$ bezeichnet und die Gruppe der SPEZIELLEN ORTHOGONALEN Transformationen oder auch der DREHUNGEN nennt. In unserem Programm, die Gruppe der Ähnlichkeitstransformationen genauer kennenzulernen, interessiert das folgende Ergebnis.

Satz. $O(X)$ ist disjunkte Vereinigung von $SO(X)$ und $S \cdot SO(X)$, wobei S eine beliebige aber fest gewählte Spiegelung an einer Hyperebene ist.

Ist $e_1, \ldots, e_n$ eine beliebige aber fest gewählte Orthonormalbasis in X, dann ist für jedes A aus $O(X)$ auch $Ae_1, \ldots, Ae_n$ eine Orthonormalbasis. Dadurch ist eine eineindeutige Zuordnung von $O(X)$ auf die Menge aller Orthonormalbasen von X gegeben. $SO(X)$ erzeugt auf diese Weise alle zu $e_1, \ldots, e_n$ gleichorientierten, $S \cdot SO(X)$ alle dazu entgegengesetzt orientierten Orthonormalbasen X.

Beweis. Wir beginnen mit einer Vorbetrachtung. Sei S eine Spiegelung an Y in $O(X)$ und wählen wir eine Orthonormalbasis $e_1, \ldots, e_k, e_{k+1}, \ldots, e_n$, so dass $e_1, \ldots, e_k$ gerade Y aufspannen. Für eine an diese Basis angepasste normierte Determinantenfunktion finden wir:

$$det\, S = \delta(Se_1, \ldots, Se_k, Se_{k+1}, \ldots, Se_n)$$
$$= \delta(e_1, \ldots, e_k, -e_{k+1}, \ldots, -e_n) = (-1)^{n-k}.$$

Speziell für eine Hyperebene Y gilt, dass $det\, S = -1$ ist. Diese Spiegelung halten wir nun fest.

Ist dann A aus $SO(X)$, dann ist SA in $O(X)$ mit $det\, SA = -1$, hat dagegen A die Determinante -1, dann liegt SA in $SO(X)$ und wegen $S^2 = I$ ist $A = S(SA)$ von der im Satz behaupteten Form. Das beweist den ersten Teil.

Der zweite ist klar, wenn wir bemerken, dass für eine beliebige Orthonormalbasis $f_1, \ldots, f_n$ durch die Abbildung $Ae_i = f_i$, $i = 1, \ldots, n$, offenbar ein A aus $O(X)$ bestimmt ist. Der Leser greife dazu auf die Gram'sche Determinantenformel (7.1.11)(*), zurück.   □

Im zweiten Teil des Satzes finden wir, dass $O(X)$ für die Orthonormalbasen dieselbe Rolle wie $Aut(X)$ für die Basen aus Paragraf 2.2 spielt. Damit wird auch dieser Begriff aus der Theorie metrischer Vektorräume in $End(X)$ gehoben. Dasselbe trifft für die Orientierung (5.2.12) zu.

7.2.5. Aus dem Satz wird auch eine andere Deutung der Drehungen klar: Es sind gerade die VOLUMTREUEN orthogonalen Transformationen in X. Der Leser blättere dazu nach (5.2.12) zurück.

Wir wollen hier bemerken, dass sich im euklidischen Vektorraum eine Normierung der Determinantenfunktion anbietet, die besonders natürlich erscheint. Man wähle eine Orthonormalbasis $e_1, \ldots, e_n$ und normiere dann $\delta_o(e_1, \ldots, e_n) = 1$, wie gehabt. Sieht man von der Orientierung ab, dann ist $\delta_o^2(e_1, \ldots, e_n) = 1$. Diese Grösse aber kann *basisunabhängig* erklärt werden. Wir gehen auf die Gram'sche Determinante aus (7.1.11) zurück und finden, wenn wir den metrischen Fundamentaltensor, der als eine dem Skalarprodukt äquivalente Grösse (vgl. (7.1.13)) mit der Metrik mitgegeben ist, benutzen, für jede Basis und jede Determinantenfunktion δ die Formel

$$det\, G = \delta^2(e_1, \ldots, e_n).$$

Damit ist $\delta_o = \pm(det\, G)^{-1/2}\delta$ auf ± 1 normiert. *Die Normierung ist* bis auf die Orientierung *durch das Skalarprodukt bestimmt.*

Das kann man auch allgemeiner fassen. Sei durch $p_1, \ldots, p_n$ ein Parallelepiped am Nullpunkt angeheftet, dann ist dessen Volumen durch

$$v(p_1, \ldots, p_n) = (det\langle p_i | p_k \rangle)^{1/2}$$

gegeben. Das ist die geometrische Bedeutung der Gram'schen Determinante.

Bemerkung. Fassen wir (7.1.3) und die vorletzte Formel zusammen, dann bekommen wir ein für die Praxis wichtiges Korollar: *Die Determinante einer positiv definiten Matrix ist stets positiv.*

7.2.6. Zusammenfassend können wir im Sinne des Erlanger Programms sagen, dass eine EUKLIDISCHE GEOMETRIE durch Vorgabe eines euklidischen Vektorraums X zusammen mit der Gruppe der affinen Ähnlichkeitstransformationen gegeben ist. Unter einer METRISCHEN Geometrie verstehen wir das Paar $(X, OA(X))$, wo $OA(X)$ die Gruppe der affinen abstandserhaltenden Transformationen, also $O(X)$ unter Hinzufügung der Translationsgruppe $T(X)$ ist. Will man eine VOLUMTREUE METRISCHE Geometrie studieren, muss man in $(X, SOA(X))$ arbeiten, wo wieder $SOA(X)$ die Zusammenfügung von $SO(X)$ und $T(X)$ ist.

Die linearen Abbildungen zwischen zwei solchen Geometrien, etwa $(X, OA(X))$ und $(Y, OA(Y))$ berücksichtigen genau dann die geometrische Struktur, wenn für A aus $Hom(X, Y)$ $\langle Ax | Ay \rangle_Y = \langle x | y \rangle_X$ ist, wo der Index auf den Raum verweist, in dem das Skalarprodukt zu berechnen ist.

Damit kopiert man alles für den affinen Fall an Beispielen in Kapitel 5 Dargelegte. Wir gehen darauf nicht weiter ein, wollen aber wenigstens einen wichtigen Begriff der euklidischen Geometrie als Demonstration eines unter der Hauptgruppe invarianten Begriffs vorstellen: Den des Winkels.

7.2.7. In der Konstruktionslehre wird der Winkel mit einem Winkelmesser, also einem "krummen Lineal", bestimmt und dann durch reelle Zahlen—Bruchteile eines Halb- oder Vollkreises beispielsweise—gemessen. Die Zuordnung zwischen den Winkeln und den Zahlen des Intervalls $[0, \pi)$—oder $[0, 2\pi)$—ist jeweils eineindeutig.

Besonders wichtig sind dabei zwei Dinge. Bei der Messung durch reelle Zahlen bleibt die Ordnung erhalten: Grösseren Winkelräumen entsprechen auch grössere Messzahlen. Aber auch das Zusammenfügen von Winkeln wird durch das additive Zusammenfügen der Messzahlen beschrieben. Für den Moment lassen wir dabei ausser acht, dass beide, Ordnung und Addition, Probleme aufwerfen, wenn die Winkel zu gross werden, dürfen doch unsere Zahlen das vorgegebene Messintervall nicht verlassen. Es ist vom Standpunkt dieser Schwierigkeit her leichter, an den Anfang die *"additive Teilbarkeit"* zu stellen. Das soll heissen: Hat man in einem von zwei von einem Punkt P ausgehenden Halbgeraden g_1, g_2 aufgespannten Winkelraum eine dritte Halbgerade g_3, dann soll gelten

$$w(P; g_1, g_2) = w(P; g_1, g_3) \dotplus w(P; g_3, g_2),$$

wenn wir für die Winkelmesszahlen die Bezeichnung aus Anhang C verwenden.

Ein wichtiges Gesetz für den Winkel ist dann seine *unbeschränkte Teilbarkeit*: Ist $w = w(P; g_1, g_2)$ ein gegebener Winkel, dann gibt es zu jeder natürlichen Zahl n einen Winkel w_n, so dass $w = nw_n$ ist. Das zu verstehen, verlangt die Kenntnis des Kongruenzaxioms, das den Winkelvergleich erlaubt; dann soll die conclusio heissen, dass n aneinanderliegende und paarweise einander kongruente Winkel sich zu w aufaddieren.

Nach diesen Vorbetrachtungen soll nun in den folgenden Abschnitten versucht werden, den Winkelbegriff in die axiomatische Theorie einzubauen; dazu kann man mehrere Wege einschlagen.

7.2.8. Nunmehr ist jeder Winkel ein Begriff, der sich in einer Ebene, der von zwei Halbgeraden aus P aufgespannten, abspielt. Wir nehmen daher für den Rest des Paragrafen an, dass X ein 2-dimensionaler reeller Vektorraum ist. Auf X ist ein inneres Produkt gegeben, weiter eine orthonormierte Basis e_1, e_2 und dazu wiederum eine normierte Determinantenfunktion δ_o mit $\delta_o(e_1, e_2) = 1$; letzteres legt eine positive Orientierung in X fest.

Wir beginnen mit dem ELEMENTARGEOMETRISCHEN WINKEL. Er taucht in der klassischen Geometrie Euklids als Innenwinkel eines Dreiecks auf, hat also in der klassischen Winkelmessung seine Werte in $[0, \pi)$ und findet in der Analytischen Geometrie seinen prominentesten

Platz im Kosinusatz, den wir in (7.1.1) unter Verwendung von Norm und Skalarprodukt aufgeschrieben haben.

Wir definieren den durch zwei Vektoren $x \neq o$, $y \neq o$ bestimmten elementargeometrischen Winkel

(1) $$\phi(x, y) = arc\ cos(|x|^{-1}|y|^{-1}\langle x|y\rangle)$$

mit der Umkehrfunktion $arc\ cos$ zu cos:$[0, \pi) \to (-1, 1]$, also unter Berufung auf eine transzendente Funktion der Analysis. Macht man aber diese Vereinbarung über die Bedeutung von $arc\ cos$, dann ist der Rest allein durch Begriffe des euklidischen Vektorraums gegeben. Die Schwarz'sche Ungleichung (7.1.4)(ii) stellt sicher, das das Argument von $arc\ cos$ in (1) auch zwischen $+1$ und -1 liegt.

Der Winkel hängt nicht von der Länge der Vektoren ab und auch nicht von ihrer Reihenfolge, weil die spezielle Wahl der Umkehrfunktion des Kosinus sicherstellt, dass man stets vom Innenwinkel des zu x und y gehörenden Geradenpaars spricht. Also gelten

(2) $$\phi(\lambda x, y) = \phi(x, y)$$

(3) $$\phi(x, y) = \phi(y, x)$$

für alle $\lambda > 0$ und alle x, y ungleich o.

Befreit man den Winkelbegriff noch von der Nullpunktswahl durch $\phi(x + q, y + q) = \phi(x, y)$ für alle q aus X, dann folgt ausserdem, dass *der Winkel eine Invariante der euklidischen Geometrie ist.*

All das schliessen wir nur aus den Eigenschaften des Skalarprodukts. Wie verhält es sich mit der "additiven Teilbarkeit"

(4) $$\phi(x, y) = \phi(x, z) + \phi(z, y)$$

für ein z, dessen Halbgerade zwischen der von x und der von y verläuft?

Äquivalent dazu können wir fragen, ob für $z = \lambda x + \mu y$ und $\lambda, \mu > 0$, die Gleichung

(*) $$cos\ \phi(x, y) = cos\ \phi(x, z)cos\ \phi(z, y) - sin\ \phi(x, z)sin\ \phi(z, y)$$

gilt. Hier kommt der Sinus vor, der in dem betrachteten Winkelbereich stets positiv ist.

Aus der Gram'schen Determinantenformel in (7.1.11) sehen wir

$$\delta_o^2(x, y) = |x|^2 |y|^2 - \langle x|y\rangle^2$$
$$= |x|^2|y|^2 sin^2\phi(x, y)$$

oder

$$sin\ \phi(x, y) = |x|^{-1}|y|^{-1}|\delta_o(x, y)|.$$

Damit wird (*) äquivalent zu

(**) $$\langle x|y\rangle = |z|^{-2}(\langle x|z\rangle\langle z|y\rangle - |\delta_o(x, z)\delta_o(z, y)|).$$

Die Transformation $Tx = z$, $Tz = y$ wird durch die Matrix

$$S\begin{pmatrix} \mu & -\mu^2\lambda^{-1} \\ \lambda & (1 - \mu\lambda)\lambda^{-1} \end{pmatrix}S^{-1}$$

mit $Se_1 = x$, $Se_2 = y$ vermittelt, deren Determinante $\lambda^{-1}\mu > 0$ ist. Also haben x, z und z, y dieselbe Orientierung und wir können die Betragsstriche in der Klammer der rechten Seite von (**) weglassen. Dann lautet (**) so:

$$\delta_o(z, y)\delta_o(z, y) = |z|^2\langle x|y\rangle - \langle x|z\rangle\langle z|y\rangle,$$

was gerade die Gram'sche Determinantenformel ist, da rechts $G(x, z; z, y)$ steht; der Leser schlage in (7.1.11) nach.

Die gesuchte Additivität ist über diese Kette äquivalenter Aussagen schliesslich bewiesen.

Zusammenfassend: *Der elementargeometrische Winkel* $0 \leqslant \phi(x, y) < \pi$, *der durch* (1) *definiert ist, hat die in* (2)–(4) *zusammengefassten Eigenschaften.*

7.2.9. Die Diskussion oben macht aber auch deutlich, dass der Linearen Algebra auch der Vollwinkel $0 \leqslant \phi < 2\pi$ vertraut ist. Wieder benötigt man die transzendenten Winkelfunktionen. Diesmal nehmen wir das Paar *cos* und *sin*, die *zusammen* eine eineindeutige Beschreibung des Intervalls ermöglichen.

Algebraisch bedeutet das, dass wir im Gegensatz zum vorhergehenden Abschnitt diesmal die Orientierung mitberücksichtigen müssen, da wir dem Sinus beide Vorzeichen ermöglichen wollen.

Wir definieren den ORIENTIERTEN WINKEL $\phi(x, y)$ für von Null verschiedene Vektoren x, y als Lösung der beiden Gleichungen

$$cos\ \phi(x, y) = |x|^{-1}|y|^{-1}\langle x|y\rangle$$

$$sin\ \phi(x, y) = |x|^{-1}|y|^{-1}\delta_o(x, y)$$

im reellen Intervall $[0, 2\pi)$.

Aus dem vorigen Abschnitt bleiben (2) und (4) erhalten, aber (3) muss ersetzt werden durch

(3)′ $\phi(x, y) = 2\pi - \phi(y, x)$.

Der Leser laufe noch einmal durch alle Argumente, die wir in (7.2.8) gegeben haben, und prüfe die Behauptungen als Übung. Er wird feststellen, dass man bei der Wahl von $z = \lambda x + \mu y$ jetzt sogar auf $\lambda, \mu \geqslant 0$ verzichten kann, womit der Vollwinkel etwas bequemer vom rechnerischen Standpunkt wird.

Dies war der Winkelbegriff der Analytischen Geometrie.

7.2.10. Als dritten wollen wir noch den PHYSIKALISCHEN WINKEL einführen. Ihn müsste man mit einem modifizierten Kilometerzähler, modifiziert insofern, als er bei Rückwärtsfahrt die durchlaufene Strecke vom Kilometerstand abzählen soll, messen. Man interessiert sich bei einem Rad nicht nur für die Abweichung der End- von der Ausgangslage, sondern möchte auch die dazwischen durchlaufenen Volldrehungen mitzählen.

Diesen Winkel wollen wir wieder mit den schon bekannten transzendenten Funktionen angehen, doch diesmal einen ganz anderen Weg einschlagen, der gleichzeitig die geometrische Rolle von $SO(X)$ beleuchtet.

In unserer Basis wird wegen $A^* = A^{-1}$ und $det\,A = 1$ jede Abbildung A aus $SO(X)$ durch eine Matrix der Form

$$(*) \qquad \begin{pmatrix} \alpha & -\beta \\ \beta & \alpha \end{pmatrix}$$

repräsentiert und jede solche beschreibt eine Drehung in X. Diese Matrizengruppe wird auch $SO(2)$ genannt.

Nun benutzen wir die Eigenschaft der Winkelfunktionen, die für alle reellen τ

$$cos^2\tau + sin^2\tau = 1$$

erfüllen und dabei alle Zahlenpaare mit der Eigenschaft $\alpha^2 + \beta^2 = 1$ auch einschliessen.

Die entscheidende Idee besteht darin, die Abbildung

$$\tau \to \begin{pmatrix} cos\,\tau & -sin\,\tau \\ sin\,\tau & cos\,\tau \end{pmatrix}$$

zu studieren. Aufgrund der Additionstheoreme der Winkelfunktionen können wir feststellen, dass es sich hier um einen Homomorphismus Φ der additiven Gruppe der reellen Zahlen auf $SO(2)$ handelt, d.h. es gilt $\Phi(\tau_1 + \tau_2) = \Phi(\tau_1)\Phi(\tau_2)$ und $\Phi(0) = I$. Man nennt einen Homomorphismus in eine Matrixgruppe auch eine DARSTELLUNG; hier liegt also eine Darstellung der Gruppe $\mathbb{R}$ durch 2×2-Matrizen vor.

Nun benutzt man Satz (7.2.5), wonach $SO(X)$ alle Orthonormalbasen beschreibt, indem man eben die Ausgangsbasis e_1, e_2 in Ae_1, Ae_2 verdreht. Konzentriert man sich auf das Paar e_1, Ae_1, dann kann man dieses—in dieser Orientierung—mit dem orientierten Winkel aus (7.2.9) in eineindeutige Beziehung setzen.

Fasst man die beiden Ergebnisse der letzten Absätze zusammen, dann ist Φ eine surjektive Abbildung auf die Vollwinkel.

Die Abbildung ist surjektiv von $\mathbb{R}$ auf $SO(2)$ und injektiv auf dem Intervall $[0, 2\pi)$.

Geht man auf eine andere Orthonormalbasis über, dann wissen wir aus (7.2.5), dass das für die Matrizendarstellung bedeutet, dass wir M aus $SO(2)$ durch AMA^{-1} mit A aus $SO(2)$ ersetzen müssen; da $SO(2)$ aber eine abelsche Gruppe ist, erhalten wie wieder M. Daher sind alle Überlegungen, die wir angestellt haben, von der Wahl der Orthonormalbasis unabhängig.

Wir definieren nun den physikalischen Winkel als Paar (k, A) mit ganzer Zahl k und A aus $SO(X)$ und verstehen für das numerische Rechnen darunter stets die reelle Zahl $2\pi k + \tau_A$, wo τ_A die durch A eindeutig bestimmte reelle Zahl aus $[0, 2\pi)$ mit $\Phi(\tau_A) = A$ ist.

Um der Zahl τ_A eine geometrische Bedeutung zu geben, beachten wir, dass das zugehörige A den Basisvektor e_1 nach Ae_1 gerade um den Winkel $\phi(e_1, Ae_1)$ dreht; hier ist der Winkel der in (7.2.9) besprochene Vollwinkel. Aus seiner Definition ist klar, dass er die Eigenschaft von τ_A erfüllt, also $\tau_A = \phi(e_1, Ae_1)$. Die Zahl k zählt die Volldrehungen, je nach Vorzeichen Vorwärts- oder Rückwärtsdrehungen.

Um sich darüber klar zu werden, dass auch hier eine Invariante der metrischen Geometrie zu gewinnen ist, muss man in den n-dimensionalen Raum X zurück. Jede affine Transformation S führt Ebenen in Ebenen über und die Drehungen in der einen werden mit $A \to SAS^{-1}$ auf die der anderen eineindeutig abgebildet; der Homomorphismus Φ ist dieser Abbildung durch $\Phi(\tau) = A$ vorgeschaltet. Der physikalische Winkel ist das τ, das offenbar von der Verwandlung, die $\Phi(\tau)$ durch S erfährt, gar nicht betroffen ist. In der Physik deutet man S als Koordinatentransformation und die Überlegung zeigt, dass die Aussage, dass ein Rad um $2\pi k + \tau$ gedreht wurde, koordinatenunabhängig ist.

Bemerkung. Alle Winkelbegriffe wurden über transzendente Funktionen, also unter Hinzunahme der Analysis eingeführt. Beim physikalischen Winkel scheint davon am wenigsten Gebrauch gemacht worden zu sein, was durch die Paarnotation (k, A) zum Ausdruck kam. Man kann die Tatsache, dass $SO(X)$ eine *abelsche* Gruppe ist, mehr ausschlachten, wenn man noch feststellt, dass $SO(X)$ nur zwei Transformationen, die ihrem Inversen gleich sind, besitzt: I und $-I$. Der Leser prüfe das zur Übung ohne Rückgriff auf die Matrixform der Gruppe, d.h. $SO(2)$, also ohne Benutzung der transzendenten Funktionen nach.

Der Formel (*) sieht man die unbeschränkte Teilbarkeit der Drehgruppe an: Zu jedem A aus $SO(X)$ und jeder natürlichen Zahl n gibt es ein B aus $SO(X)$ mit $B^n = A$.

Nun kann man die abelsche Gruppe auch additiv schreiben. Nennen wir sie in dieser Form die Winkelgruppe $W(X)$. Sie enthält ein Element $\omega_o \neq 0$ mit $2\omega_o = 0$. Die Teilbarkeit erlaubt es $W(X)$ mit einem Intervall $[0, 2\omega_o)$ der reellen Zahlen und die Addition in $W(X)$ mit der in $\mathbb{R}$ zu identifizieren. Der physikalische Winkel entsteht dann, indem man $\mathbb{R}$ mit diesem Intervall durch Aneinanderlegen überdeckt, und den Winkel durch (k, ω) angibt.

All das geht innerhalb der axiomatisch begründeten Linearen Algebra. Um aber schliesslich den Winkel mit dem der Anschauung, also mit dem durch den Winkelmesser gemessenen zusammenzubringen, muss man $2\omega_o$ mit dem Umfang des Einheitskreises identifizieren. Hier rutscht dann doch wieder ein transzendentes Element in die Theorie.

Verschiedene Versuche, den Winkel zu erklären, findet der Leser auch in [17], [11] und [61].

7.2.11. Wir haben damit die Behandlung der metrischen Geometrie abgeschlossen. Die letzten Abschnitte dieses Paragrafen sollen Beispiele geben, wie man sie für das Lösen von linearen Gleichungssystemen nutzen kann.

Die erste fundamentale Feststellung ist, dass das numerische Rechnen grundsätzlich davon ausgeht, dass die Matrixdarstellung eines Problems, d.h. seine Übertragung in den $\mathbb{R}^n$, dort die kanonische Basis zugrundelegt. Ihre Vektoren sind e_i, Spalten der Länge n bestehend aus lauter Nullen mit Ausnahme der i-ten Stelle, wo 1 steht. Diese Basis ist aber bezüglich des natürlichen Skalarprodukts auf $\mathbb{R}^n$ eine Orthonormalbasis. Die Probleme können also stets so behandelt werden, als wäre man in einem euklidischen Vektorraum mit gegebener Orthonormalbasis. Alle darauf bezug nehmenden Sätze dieses Kapitels sind anwendbar.

Beginnen wir mit einem Spezialfall der *UDO*-Zerlegung aus (4.2.8). Ist $A = A^*$, also A hermitesch, dann finden wir

$$UDO = A = A^* = O^*D^*U^*,$$

wobei das Adjungieren jetzt einfach Spiegelung der Matrixeingänge an der Hauptdiagonale bedeutet. Damit wird O^* zu einer unteren, U^* zu einer oberen Dreiecksmatrix mit Einsen in der Diagonale, D^* bleibt Diagonalmatrix. Aus der Eindeutigkeit der Zerlegung folgt dann $D = D^*$ und $U = O^*$, so dass wir *für selbstadjungierte Matrizen*, die die Voraussetzung des Satzes (4.2.8) erfüllen, *die Zerlegung UDU* mit eindeutig bestimmter unterer Dreiecksmatrix U bekommen*; man könnte auch O^*DO mit eindeutig durch A bestimmter oberer Dreiecksmatrix O wählen. Da das Spiegeln an der Hauptdiagonale kein wesentlicher Rechenaufwand ist, ist das eine nützliche Vereinfachung gegenüber dem allgemeinen Fall. Sind die Diagonalelemente von D positiv, zieht man daraus die Wurzeln und erhält damit eine Diagonalmatrix $D^{1/2}$ mit $D^{1/2}D^{1/2} = D$. Dann kann man $UD^{1/2} = C$ setzen, was eine untere Dreiecksmatrix ist. Es gilt dann $A = CC^*$ mit eindeutig durch A bestimmtem C. Das nennt man die CHOLESKY-ZERLEGUNG von A.

7.2.12. Zur Vervollständigung soll nun gezeigt werden, wie das Gauss'sche Verfahren in einer metrischen Theorie ausgedrückt werden kann. Es gilt bei gegebener Orthonormalbasis $e_1, \ldots, e_n$

$$M(i, \alpha) = I - (1 - \alpha)e_i\langle e_i| \cdot \rangle$$
$$A(j; i + j) = I - (-1)e_i\langle e_j| \cdot \rangle$$
$$V(i; j) = I - (e_i - e_j)\langle e_i - e_j| \cdot \rangle.$$

Man verifiziert dies sehr leicht, indem man nach der Methode aus (3.3.6) beide Seiten auf die Basisvektoren e_k, $k = 1, \ldots, n$ anwendet, d.h. e_k anstelle des Punkts in die Metrik einsetzt.

Diese Ausdrücke erinnern formal an die Formel für die Spiegelung an einer Hyperebene aus (7.2.3). Man kann nun versuchen, ob man mit diesen nicht auch eine Vereinfachung der Koeffizientenmatrix erzwingen kann. In der Tat kann man damit etwas erreichen. Das entscheidende Hilfsmittel ist dieses:

Lemma. Sind a, b Vektoren gleicher Länge in X, dann gibt es eine Spiegelung an einer Hyperebene, die a in b überführt.

Beweis. Aus $|a| = |b|$ folgt $\langle a - b | a + b \rangle = 0$. Damit berechnet man für die Householder Transformation

$$H = I - 2|a - b|^{-2}(a - b)\langle a - b | \cdot \rangle$$

sofort $H(a - b) = -(a - b)$ und $H(a + b) = (a + b)$, woraus durch Addition der Resultate $Ha = b$ folgt.

Der Leser beachte, dass die Spiegelung nur in $Lin\{a, b\}$ etwas bewirkt, den Orthogonalraum dazu aber festlässt. □

Haben wir nun eine Matrix A vor uns, dann suchen wir ein H_1, das deren erste Spalte a_1 auf $|a_1|e_1$ abbildet; offenbar geht das, da beide Vektoren die gleiche Länge haben. Die Matrix H_1A hat dann in der ersten Spalte bis auf möglicherweise die erste Komponente lauter Nullen stehen. Danach wollen wir die erste Zeile der neuen Matrix nicht mehr weiterverändern und erreichen das, indem wir uns den Raum X in $\mathbb{R}e_1 + \langle e_1 \rangle^o$ zerlegt denken, was konkret bedeutet, dass wir in allen Spalten von H_1A die erste Komponente ignorieren; wir bezeichnen diese verstümmelten Spalten mit $a_k^{(1)}$, wo $a_1^{(1)} = o$ nach dem ersten Konstruktionsschritt ist. Nun wenden wir die Householder-Transformation in $\langle e_1 \rangle^o$ an und bilden $a_2^{(1)}$ auf $|a_2^{(1)}|e_2$ ab; dies beschreibt die Wirkung einer Abbildung H_2 in dem Teilraum $\langle e_1 \rangle^o$, auf e_1 wirke H_2 als Identität. Damit ist H_2 auf ganz X erklärt und offenbar eine Spiegelung. Dieses Vorgehen iteriert man, indem man zur Zerlegung $X = Lin\{e_1, e_2\} + \langle e_1, e_2 \rangle^o$ übergeht etc. Schliesslich findet man, dass

$$H_n \cdots H_1 A = R$$

eine obere Dreiecksmatrix ergibt. Der erzielte Effekt ist also vergleichbar mit dem des Gauss'schen Verfahrens, doch ist diesmal $H_n \cdots H_1$ eine orthogonale Transformation.

7.2.13. Interessant ist der folgende Spezialfall.

Satz. Sei A eine invertierbare Matrix. Dann gelten:

  i. Es gibt eine orthogonale Matrix Q und eine obere Dreiecksmatrix R, so dass $A = QR$ ist.
 ii. Ist $A = Q_1R_1$ eine andere solche Zerlegung, dann gibt es eine Diagonalmatrix, deren Diagonalelemente 1 oder -1 sind, so dass $Q = Q_1D$ und $R = DR_1$ ist.
iii. Ist A orthogonal, dann ist R eine Diagonalmatrix, ist A hermitesch, denn gilt $R^* = QRQ^{-1}$.

Man nennt die in diesem Satz beschriebene Darstellung in der numerischen Mathematik auch die QR-ZERLEGUNG von A.

Beweis. Wir haben bereits $A = QR$ oben gefunden. Ist A invertierbar, dann müssen es auch Q und R wegen (4.3.11) sein. Aus $A = Q_1 R_1$ folgt dann $Q^{-1}Q_1 = RR_1^{-1}$ und links steht eine orthogonale, rechts eine obere Dreiecksmatrix. Diese kann aber nur orthogonal sein, wenn sie diagonal ist, wovon sich der Leser als Übung überzeuge. Also $RR_1^{-1} = D$ und (ii) folgt. Da $A^*A = R^*R$ ist, liefert dasselbe Argument den ersten Teil von (iii). Aus $QR = A = A^* = R^*Q$ folgt der zweite. □

Wir bemerken als Ergänzung, dass das hier gegebene Triangulierungsverfahren etwa doppelt so viel Rechenaufwand wie das Gauss'sche beansprucht, dass aber die in (4.2.9) angedeuteten Instabilitäten dabei nicht auftreten. Darin liegt seine praktische Bedeutung. Der Leser vergleiche dazu [51].

Man kann den Algorithmus in Ergänzung zu dem Verfahren aus (7.1.9) zum Auffinden einer Orthonormalbasis benutzen. Man nehme irgendeine Basis $f_1, \ldots, f_m$ eines Teilraums und bilde daraus die Spalten einer $m \times m$-Matrix A. Da R invertierbar ist, ist $RgA = RgQ$, d.h. der Teilraum wird auch von den Spalten von Q aufgespannt. Die sind nach (7.1.12) aber orthonormal.

Praktische Bedeutung hat die QR-Zerlegung als eine effiziente Methode zur Eigenwertbestimmung, ein Problem, das wir im letzten Kapitel ansprechen werden.

Bemerkung. Man kann D im Satz so wählen, dass R nur positive Diagonalelemente hat. Der Leser prüfe das nach, indem er auf den Beweis (4.2.8) zurückgreift.

7.2.14. Beginnt man die oben beschriebene Konstruktion mit H_2 anstelle von H_1, dann wird beim ersten Schritt die erste Spalte von A ab dem dritten Koeffizienten nur mehr aus Nullen bestehen. Multipliziert man die Matrix $H_2 A$ von rechts mit H_2^{-1}, was gleich H_2 ist, ist doch H_2 eine Spiegelung, dann wird ihre erste Spalte dadurch nicht verändert. Iteriert man das, dann sieht man, dass

$$H_n \cdots H_2 A H_2 \cdots H_n = HAH^*$$

eine Matrix ist, die unterhalb der Hauptdiagonale nur mehr die erste Nebendiagonale von Null verschieden hat. Speziell für hermitesche Matrizen, eine Eigenschaft, die sich auf HAH^* überträgt, erhalten wir so eine TRIDIAGONALE Matrix.

Satz. Zu einer hermiteschen Matrix A gibt es eine orthogonale Matrix H, so dass HAH^* tridiagonal ist.

Auch das ist ein stabiles Verfahren, Matrizen zu vereinfachen.

7.2.15. Der Beweis des vorletzten Satzes enthält die Formel $A^*A = R^*R$ und gibt Anlass zu folgendem Resultat:

Satz. (POLARZERLEGUNG) Sei A eine invertierbare Abbildung und gebe es in X eine Basis $e_1, \ldots, e_n$, so dass A^*A eine Diagonalmatrix ist, dann gilt

$$A = QR,$$

wo Q eine orthogonale und R eine positive definite Abbildung ist.

Q und R sind durch A eindeutig bestimmt.

Beweis. A^*A ist hermitesch und positiv definit, d.h. $\langle A^*Ax|x \rangle > 0$ für alle $x \neq o$. Daher hat A^*A nur positive Diagonalelemente. Ziehen wir aus diesen die Wurzeln, kann man damit eine offenbar auch positiv definite Diagonalmatrix R bilden und $A^*A = R^*R$. Dann setzen wir $Q = AR^{-1}$ und finden $Q^*Q = (R^*)^{-1}A^*AR^{-1} = I$, d.h. Q ist orthogonal. Die Eindeutigkeit der Zerlegung beweise der Leser nach demselben Schema, wie wir es schon mehrfach benutzt haben. $\square$

Wir werden im letzten Kapitel sehen, dass die Voraussetzung über A^*A in dem Satz fallengelassen werden kann, weil für *jede* hermitesche Abbildung die verlangte Basis existiert.

Die Quadriken

7.3.1. Ein nützlicher Begriff der klassischen Geometrie ist der der Kugeln. Sie lassen sich im $\mathbb{R}^n$ mithilfe der zum natürlichen Skalarprodukt gehörenden Norm durch $\langle x | |x| \leqslant r \rangle$ ausdrücken. Ändert man das Skalarprodukt, dann kann man, wie wir untersuchen wollen, auch andere solche Gebilde, wie Ellipsoide und Hyperboloide, auf diese Weise in die Geometrie einbringen.

Der entscheidende axiomatisch fundierte Begriff muss jetzt eingeführt werden.

Definition. Eine Abbildung b von $X \times X$ in die reellen Zahlen heisst BILINEARFORM, wenn sie in jeder ihrer Variablen linear ist. Sie heisst SYMMETRISCH, wenn $b(x, y) = b(y, x)$, und ANTISYMMETRISCH, wenn $b(x, y) = -b(x, y)$ für alle x, y aus X gilt.

Das Skalarprodukt definiert mit $b(x, y) = \langle x|y \rangle$ ein Beispiel für eine symmetrische und die Determinantenfunktion im 2-dimensionalen Vektorraum mit $b(x, y) = \delta(x, y)$ eine antisymmetrische Bilinearform. Jede Bilinearform zerfällt gemäss

$$2b(x, y) = (b(x, y) + b(y, x)) + (b(x, y) - b(y, x))$$

in einen symmetrischen und einen antisymmetrischen Anteil. Bezeichnen wir mit $B(X)$ den Vektorraum der Bilinearformen, wieder gebildet in der uns schon vertrauten Weise durch die punktweisen Operationen (vgl. (2.1.4), Bsp. 5), und mit $B^s(X)$ bzw. $B^a(X)$ den Teilraum der symmetrischen und der antisymmetrischen, dann bedeutet die Aussage, dass $B(X) = B^s(X) + B^a(X)$ eine direkte Zerlegung ist.

7.3.2. Sei nun X mit einem fest gegebenen Skalarprodukt versehen. Ist dann b aus $B(X)$, dann ist $y \to b(x, y)$ für festes y eine Linearform, also gibt es nach dem Dualitätssatz (6.1.5) ein Element in X, dass wir mit Bx bezeichnen wollen, so dass

$$\langle Bx | y \rangle = b(x, y)$$

für alle x, y aus X gilt; die Zuordnung $x \to Bx$ ist eine lineare Abbildung. (6.1.13) zeigt, dass b eindeutig B bestimmt. Offenbar ist für jedes B aus $End(X)$ auch durch diese Formel eine Bilinearform b erklärt.

Ist das so gebildete b symmetrisch, dann finden wir

$$\langle Bx | y \rangle = b(x, y) = b(y, x) = \langle By | x \rangle = \langle x | By \rangle,$$

d.h. $B = B^*$, ist also hermitesch. Derselbe Schluss zeigt, dass ein antisymmetrisches b zu einem schiefhermiteschen B, $B = -B^*$, gehört.

Bezeichnen wir mit $End^s(X)$ die hermiteschen und mit $End^a(X)$ die schiefhermiteschen Endomorphismen, dann finden wir aufgrund obiger Überlegungen:

Satz. In einem euklidischen Vektorraum X ist durch

$$\langle Bx | y \rangle = b(x, y)$$

für alle x, y aus X ein Isomorphismus von $B(X)$ auf $End(X)$ gegeben. Dabei geht $B^s(X)$ auf $End^s(X)$ und $B^a(X)$ auf $End^a(X)$ über.

Offenbar entspricht somit die Zerlegung von $B(X)$ der in (7.1.12) begegneten von $End(X)$.

Dieser Satz deutet schon an, dass die Bilinearformen eine praktische Kombination von Endomorphismen und Skalarprodukten sind, indem sie die Techniken zur Behandlung der einen den anderen zur Verfügung stellen. Das berühmteste Beispiel wird die Hauptachsentransformation sein.

7.3.3. Den Zusammenhang zwischen Bilinearformen und den eingangs dieses Paragrafen angesprochenen geometrischen Gebilden bilden die quadratischen Formen.

Definition. Ist b eine symmetrische Bilinearform, dann induziert sie auf X eine QUADRATISCHE FORM q durch $q(x) = b(x, x)$ für x aus X.

Davon ausgehend kann man über die uns schon vom Skalarprodukt her bekannte POLARISIERUNGSGLEICHUNG b zurückgewinnen:

$$2b(x, y) = q(x + y) - q(x) - q(y)$$

für alle x, y aus X. Sie zeigt, dass die Menge aller von Bilinearformen induzierten quadratischen Formen isomorph zu $B(X)$ ist.

Ausserdem gilt die PARALLELOGRAMMGLEICHUNG für alle x, y aus X:

$$q(x + y) + q(x - y) = 2q(x) + 2q(y).$$

Bemerkung. Es ist bemerkenswert, dass jede (stetige) Funktion q, die dieser genügt, mithilfe der Polarisierungsgleichung eine symmetrische Bilinearform definiert, deren quadratische Form q ist. Hier benötigen wir die Vollständigkeitseigenschaften der reellen Zahlen, also einen Begriff der Analysis. Wir wollen diese an sich unschwer zu zeigende Aussage daher nicht weiterverfolgen.

Für die quadratischen Formen gelten die nützlichen Regeln $q(o) = 0$, $q(-x) = q(x)$ oder allgemeiner $q(\lambda x) = \lambda^2 q(x)$ für jedes reelle λ. Sie haben die Koordinatendarstellung

$$(*) \qquad q(x) = \sum_{i, j = 1}^{n} \alpha_i(x)\alpha_j(x)b(e_i, e_j),$$

sind also quadratische Funktionen in den Koordinaten, was den Namen rechtfertigt.

Später werden wir die folgende Klasseneinteilung für quadratische Formen benötigen:

Definition. q heisst POSITIV SEMIDEFINIT wenn für alle x aus X $q(x) \geqslant 0$ gilt, NEGATIV SEMIDEFINIT, wenn dafür $q(x) \leqslant 0$ wahr ist und INDEFINIT in allen anderen Fällen.

Gilt in den beiden ersten Fällen noch, dass aus $q(x) = 0$ stets $x = o$ folgt, dann verwendet man das Wort DEFINIT anstelle von semidefinit.

Offenbar entsprechen die positiv semidefiniten quadratischen Formen, wenn man ihnen über b den Operator B zuordnet, gerade den positiv semidefiniten Abbildungen im Sinne von (7.2.14).

Es folgt aus dem Beweis (7.1.4):

Satz. Ist b eine semidefinite symmetrische Bilinearform, dann gilt für alle x, y aus X die Cauchy-Schwarz'sche Ungleichung in der Form

$$b^2(x, y) \leqslant q(x)q(y).$$

Der Leser kopiere den Beweis (7.1.4) für positiv definite und übertrage das Ergebnis auf negativ definite, indem er $-q$ anstatt q darin einsetzt.

7.3.4. Der Begriff des Kerns einer Abbildung (3.1.4) ist der erste, den wir durch die Bilinearform beschreiben wollen. Es gilt aufgrund des Standardarguments aus (7.1.7):

$$ker\, B = \{x\,|\,Bx = o\}$$
$$= \{x\,|\,\langle Bx\,|\,y\rangle = 0 \text{ für alle } y \text{ aus } X\}$$
$$= \{x\,|\,b(x,\,y) = 0 \text{ für alle } y \text{ aus } X\}\,.$$

Der so durch b beschriebene Raum heisst der AUSARTUNGSRAUM von b, den wir mit X_b bezeichnen wollen. Ist $X_b = 0$ heisst die Bilinearform NICHTAUSGEARTET, sonst AUSGEARTET.

Eingeschränkt auf X_b ist B offenbar trivial, d.h. $b = 0$, dagegen ist es auf jedem Komplementärraum dazu nichtausgeartet. All das wollen wir uns genauer ansehen.

7.3.5. Die bisherigen Betrachtungen zeigen eine starke Analogie zwischen den symmetrischen Bilinearformen und den Skalarprodukten. Der entscheidende Unterschied ist, dass erstere negativ sein können oder auf nichttrivialen Teilräumen verschwinden dürfen. Genauer wird die Beziehung im folgenden fundamentalen Zerlegungssatz deutlich. Er liefert auch einen neuen Basisbegriff.

Sei b eine symmetrische Bilinearform und q die zugehörige quadratische Form. Dann nennen wir eine Basis $e_1,\ldots, e_n$ von X eine zu b gehörende ORTHOGONALBASIS, wenn $b(e_i, e_k) = 0$ für $i \neq k$, $i, k = 1,\ldots, n$, ist.

Es lässt sich nun der *Hauptsatz für quadratische Formen*, der das Übertragungsprinzip für einen mit einer symmetrischen Bilinearform versehenen Vektorraum enthält, formulieren und beweisen.

Satz. (TRÄGHEITSSATZ) Sei b aus $B^s(X)$ und q die davon induzierte quadratische Form, dann findet man:

i. Es gibt eine Orthogonalbasis $e_1,\ldots, e_r, e_{r+1},\ldots, e_{r+t}, e_{r+t+1},\ldots,$ e_n bezüglich b, so dass gelten
   a. $X_b = Lin\{e_1,\ldots, e_r\}$
   b. q ist auf $X_b^+ = Lin\{e_{r+1},\ldots, e_{r+t}\}$ positiv und auf $X_b^- = Lin\{e_{r+t+1},\ldots, e_n\}$ negativ definit.

ii. Man kann obige Basis so normieren, dass für alle x aus X gilt:

$$q(x) = \sum_{i=1}^{n} \epsilon_i \alpha_i^2(x)$$

mit $\epsilon_i = 0$ für $i = 1,\ldots, r$, $\epsilon_i = 1$ für $i = r + 1,\ldots, r + t$ und $\epsilon_i = -1$ für $i = r + t + 1,\ldots, n$. Man nennt dies die NORMALFORM von q.

iii. Jede Zerlegung $X = X_b + X_b^+ + X_b^-$ mit der Eigenschaft, dass q positiv definit auf X_b^+ und negativ definit auf X_b^- ist, ist direkt.

dim X_b^+ ist von der speziellen Zerlegung unabhängig und heisst der TRÄGHEITSINDEX von b bezeichnet mit $t(b)$. *dim* $X - dim$ X_b heisst der RANG von b bezeichnet mit $Rg(b)$.

Beweis. Wir wollen ihn durch einen Induktionsschluss nach der Dimension von X erbringen, dabei aber auch ein rechnerisches Verfahren im Auge behalten. Nach der Auffasssung des Buches arbeiten wir mit Vektoren, geben aber im Hinblick auf die Anwendungen an den entscheidenden Stellen die Koordinatenformulierung an.

Das Verfahren selbst nennt man die (affine) HAUPTACHSENTRANS-FORMATION. Sei also $e_1, \ldots, e_n$ eine Basis in X, in der q durch

$$q(x) = \sum_{i,k=1}^{n} \xi_i \xi_k b(e_i, e_k)$$

gegeben ist. Wir nehmen $q \neq 0$ und $n > 1$ an, da für *dim* $X = 1$ der Satz trivial zu verifizieren ist, was übrigens unsere Induktion verankert.

Sei $b(e_k, e_k) = 0$ für alle $k = 1, \ldots, n$, dann muss aber wenigstens ein Paar i, k mit $b(e_i, e_k) \neq 0$ existieren. Führen wir eine neue Basis, in der aus der alten e_i, e_k durch $e_i' = e_i + e_k$ und $e_k' = e_i - e_k$ ersetzt sind, ein, dann finden wir $b(e_i', e_i') = 2b(e_i, e_k) \neq 0$ wegen der Symmetrie von b. Mit dieser Transformation, die in Koordinaten $\xi_i' = \xi_i - \xi_k$, $\xi_k' = \xi_i + \xi_k$ lautet, können wir, eventuell nach Umnumerierung,

$$b(e_1, e_1) = \lambda_1 \neq 0$$

annehmen.

Dann schliessen wir die Transformation

$$e_1' = e_1 \qquad e_k' = e_k - \lambda_1^{-1} b(e_1, e_k) e_1$$

für $k = 2, \ldots, n$ an. Sie lautet für die Koordinaten $\xi_k' = \xi_k$ für $k = 2, \ldots, n$ und

$$\xi_1' = \xi_1 + \sum_{k=2}^{n} \lambda_1^{-1} b(e_1, e_k) \xi_k.$$

Dann finden wir $b(e_1, e_k) = 0$ für $k = 2, \ldots, n$, und erhalten für die quadratische Form die Gleichung

$$q(x) = \lambda_1 \xi_1^2 + \sum_{i,k=2}^{n} \xi_i \xi_k b(e_i, e_k),$$

wobei wir die Striche an den neuen Basisvektoren und Koordinaten der Einfachheit fallen lassen; wir überschreiben im Computer also.

Der zweite Summand auf der rechten Seite beschreibt eine quadratische Form q_1 auf $X_1 = Lin\{e_2, \ldots, e_n\}$, die gerade von der auf X_1 eingeschränkten Bilinearform b induziert ist.

Dann wenden wir die Induktion an—oder wiederholen rechnerisch den oben gemachten Schritt—und finden dort eine Orthogonalbasis für die eingeschränkte Bilinearform, die zusammen mit e_1 eine für X bezüglich b

liefert. q hat die Gestalt:

(*) $$q(x) = \sum_{i=1}^{n} \lambda_i \xi_i^2$$

mit $\lambda_i = b(e_i, e_i)$. Diese müssen wir umnumerieren, so dass für die zu e_i gemäss dieser Konstruktion gehörenden λ_i gilt:

$$\lambda_i = 0 \quad \text{für } i = 1, \ldots, r$$

$$\lambda_i > 0 \quad \text{für } i = r+1, \ldots, r+t$$

$$\lambda_i < 0 \quad \text{für } i = r+t+1, \ldots, n.$$

Danach ist offenbar, wenn wir die Formel (*) aus (7.3.4) benutzen, $X_b = Lin\{e_1, \ldots, e_r\}$ und q auf X_b^+ positiv, auf X_b^- negativ definit.

Um die Normalform zu erreichen ersetzt man e_i durch $|\lambda_i|^{-2}e_i$, womit (i) und (ii) bewiesen sind. Offenbar kann man X_b^+ nicht vergrössern ohne die positiv-definit-Eigenschaft zu verletzen.

Angenommen wir hätten $X_b + X_b^+ + X_b^- = X_b + Y_b^+ + Y_b^-$ mit den Eigenschaften aus (iii). Dann gilt sicher $X_b^+ \cap Y_b^- = \langle o \rangle$, weil q einmal positiv, einmal negativ definit ist. Also ist $X_b^+ + Y_b^-$ direkt und ausserdem hat es nur den Nullvektor mit X_b gemeinsam. Wäre nämlich $x^+ + y^-$ in X_b, x^+ aus X_b^+, y^- aus Y_b^-, dann gälte für alle x aus X.

$$b(x^+, x) = -b(y^-, x)$$

und insbesondere für $x = x^+$ deshalb $b(y^-, x^+) \leqslant 0$ mit Gleichheit genau dann, wenn $x^+ = o$ ist. Setzt man $x = y^-$ ein, dann bekommt man $b(y^-, x^+) \geqslant 0$ mit Gleichheit genau für $y^- = o$. Das beweist die gemachte Aussage.

Die Grassmann'sche Dimensionsformel (2.3.4)(v) liefert zusammen mit der vorausgesetzten direkten Zerlegung von X und $dim\, X_b = r$ die Ungleichung

$$(n - r) \geqslant dim\,(X_b^+ + Y_b^-) = dim\, X_b^+ + \left[(n - r) - dim\, Y_b^+\right]$$

aus der $dim\, X_b^+ \geqslant dim\, Y_b^+$ folgt. Aus Symmetriegründen gilt auch die Umkehrung davon, also Gleichheit. Dann aber ist der Satz bewiesen. □

Als Beispiel denken wir uns in der Ebene eine Orthonormalbasis e_1, e_2, in der eine Bilinearform durch $b(x, y) = \xi_1 \eta_1 - \xi_2 \eta_2$ gegeben sei. Wählen wir die Basisvektoren $f_1 = (\alpha_2, \alpha_1)$ und $f_2 = (\alpha_1, \alpha_2)$, dann sind sie, genau wie die Ausgangsbasis, orthogonal bezüglich b.

Es ist $dim\, X_b^+ = dim\, Y_b^+ = 1$, da wir $X_b^+ = \mathbb{R}e_1$ und $Y_b^+ = \mathbb{R}f_1$ aus den gegebenen Daten ablesen. Es sind also recht verschieden Räume zu vergleichen; der obige Beweis musste also eine Dimensionsformel heranziehen.

Bemerkenswert an dem Beispiel ist, dass e_1, e_2 im Gegensatz zu f_1, f_2 sowohl eine Orthogonalbasis für b wie für das Skalarprodukt, das hier das natürliche sein soll, ist. Das sehen wir uns genauer an.

7.3.6. Sei in X ein Skalarprodukt gegeben, also gälte $b(x, y) = \langle Bx|y \rangle$ gemäss (7.3.2). Dann findet man für eine Orthogonalbasis bezüglich b die Formel

$$\langle Be_i|e_k \rangle = \lambda_i \delta_{ik}$$

für $i, k = 1, \ldots, n$.

Ist nun diese Basis gleichzeitig orthonormal bezüglich des Skalarprodukts, dann liest sie sich so:

$$\langle Be_i|e_k \rangle = \lambda_i \langle e_i|e_k \rangle,$$

woraus wieder der Standardschluss der Dualitätstheorie folgert:

$$Be_i = \lambda_i e_i$$

für alle $i = 1, \ldots, n$, d.h. B ist durch eine Diagonalmatrix repräsentiert.

Findet man umgekehrt eine Orthonormalbasis bezüglich des Skalarprodukts in der $Be_i = \lambda_i e_i$ für alle $i = 1, \ldots, n$ gilt, dann ist sie auch Orthogonalbasis für die zu B gehörende Bilinearform.

Wir haben also gezeigt:

Satz. Ist X ein euklidischer Vektorraum mit Skalarprodukt und b aus $B(X)$, dann sind äquivalent:

  i. Es gibt eine Orthogonalbasis zu b mit $\langle e_i|e_k \rangle = \delta_{ik}$.
  ii. Es gibt eine Orthonormalbasis bezüglich des Skalarprodukts mit $Be_i = \lambda_i e_i$, λ_i reell.

Die Indizes i, k durchlaufen dabei $1, \ldots, n$.

Es zahlt sich auch im Hinblick auf das Kapitel 9, wo wir beweisen werden, dass für symmetrische Bilinearformen (ii) stets erfüllbar ist, aus, diesen Satz neben den des letzten Abschnitts zu stellen. Dort haben wir das Skalarprodukt auf X gar nicht ins Spiel gebracht, sind also geometrisch gesprochen von einem affinen Raum, auf dem eine Bilinearform b gegeben ist, ausgegangen und haben b auf Normalform gebracht. Hier dagegen liegt die metrische Geometrie zugrunde und die ihr gemässen Orthonormalbasen; das beste, was wir da für b erreichen können, ist die Gestalt (7.3.5)(*).

Deutlicher wird das, wenn wir uns auf eine positiv definite quadratische Form beschränken. Dann kann auch b als Skalarprodukt gesehen werden. Im ersten Fall finden wir dann eine Basis, in der die Mengen $[q(x) \leqslant 1]$ in der zur Basis gehörenden Koordinatenform auf Kugeln im $\mathbb{R}^n$ geworfen werden, während im zweiten Fall die Kugeln durch die zum Skalarprodukt gehörende Norm durch $[\|x\| \leqslant 1]$ beschrieben werden, die Mengen $[q(x) \leqslant 1]$ dagegen als Ellipsoide mit Hauptachsenlängen[†] $|\lambda_i|^{1/2}$ erscheinen. Es ist also die metrische Form, die die verschiedenen Ellipsoide unterscheiden kann und der daher die grössere praktische Bedeutung zukommt.

[†] Von daher kommt auch der Name Hauptachsentransformation.

Die Existenz der in diesem Satz beschriebenen Basen ist eine wichtige Frage für die Anwendung in Geometrie und Physik.

7.3.7. In den folgenden Abschnitten wollen wir die affine Theorie der oben angesprochenen geometrischen Gebilde besprechen, am Schluss des Paragrafen kommen wir kurz auf die metrische Theorie als Vorbereitung auf das letzte Kapitel zurück. Es wird dies alles dem Leser als ein Beispiel dafür vorgeführt, dass die Lineare Algebra, geeignet aufgebaut, eine geometrische Aufgabe vollständig lösen kann, genauso wie wir es in der Gleichungstheorie schon erlebt haben: *Alle Quadriken werden innerhalb der affinen Geometrie vollständig klassifiziert werden.*

Unter einer zur *symmetrischen* Bilinearform b gehörenden MITTEL-PUNKTSQUADRIK verstehen wir die Flächen

$$\{x \,|\, x \text{ aus } X \text{ und } q(x) = 1\},$$

die wir mit $[q = 1]$ bezeichnen wollen; q ist dabei die von b induzierte quadratische Form.

Oben haben wir die Gebilde der Form $[q \leqslant 1]$ angesprochen. Diese sind aber durch die Kenntnis der Oberfläche $[q = 1]$ mitgegeben. Ist q positiv definit, dann ist b ein inneres Produkt und $[q \leqslant 1]$ heisst die zugehörige EINHEITSKUGEL, ist q indefinit, semidefinit usw., dann treffen wir auf Hyperboloide, Zylinder und dergleichen.

Wir setzen für die weiteren Untersuchungen $q \neq 0$ voraus.

7.3.8. Zunächst geben wir eine geometrische Deutung des Ausartungsraumes X_b von b aus $B^s(X)$.

Dazu betrachten wir die PUNKTSPIEGELUNGEN an y aus X. Das sind Abbildungen, die für jede aus y auslaufende Gerade (vgl. (5.1.11))

$$x(\tau) = y + \tau(x - y)$$

den Punkt $x(\tau)$ in $x(-\tau)$ überführen. Insbesondere *wird jedes x aus X in $2y - x$ verwandelt*; diese Form ist die der Abbildung, die erste liegt dem geometrischen Bild näher. Die Punktspiegelungen an y liegen in $O(X)$, wie in (7.2.3) ausgeführt.

Satz. Der Vektor y liegt genau dann in X_b, wenn alle Punktspiegelungen an y $[q = 1]$ in sich überführen.

Beweis. Gehen wir zum Rechnen auf die Beziehung zwischen b und q aus (7.3.3) zurück, dann gilt für alle y aus X_b, dass $q(2y - x) = q(x)$, ist, $[q = 1]$ also in sich übergeht.

Nach (7.3.3) ist mit x auch $-x$ in $[q = 1]$ und so folgt aus der Invarianz gegen Punktspiegelungen an y, dass $q(2y - x) - q(2y + x) = 0$ ist; die linke Seite ist aber $-8b(x, y)$. Für beliebiges x mit $q(x) \neq 0$ befindet sich

$q(x)^{-1/2}x$ in $[q = 1]$ und das eben gefundene Zwischenresultat darauf angewendet liefert

$$b(x, y) = 0 \quad \text{für alle } x \text{ mit } q(x) \neq 0.$$

Nach der Vorausset $q \neq 0$ gibt es stets so ein x und für z aus X ist für kleine $\lambda > 0$ folglich $q(\lambda z + x) \neq 0$. Also gilt $b(\lambda z + x, y) = 0$, woraus dann zusammengenommen $b(z, y) = 0$ folgt. y gehört zu X_b. $\qquad \square$

7.3.9 Jetzt wollen wir im Geiste der Geometrie den Nullpunkt loswerden. Wir sprechen von QUADRIKEN, wenn es sich um $\{x \mid q(x - z) = 1\}$ handelt; sie haben also den Mittelpunkt z. Bei Punktspiegelungen an z gehen sie in sich über.

Sie entstehen offenbar aus den Mittelpunktsquadriken durch Parallelverschiebung $T_z x = x + z$. Hat man allgemeiner eine affine Transformation $T_z A$ mit T_z aus $T(X)$ und A aus $GL(X)$ im Sinne von Paragraf 5.2 vor sich, dann gilt

$$T_z A[q = 1] = \left[q \circ A^{-1} T_z^{-1} = 1 \right]$$

$$= \left\{ x \mid q\left(A^{-1}(x - z) \right) = 1 \right\}.$$

Quadriken, für die eine Transformation T aus $GA(X)$ existiert, so dass die Beziehung $[q' = 1] = T[q = 1]$ gilt, heissen äquivalent. Der Leser prüfe, dass es sich um eine Äquivalenzrelation handelt.

Damit hat man die allgemeinste Quadrik im Sinne der affinen Geometrie $(X, GA(X))$ gefunden. Wir wollen sehen, wie wir sie beschreiben können.

Nach dem Prinzip des Erlanger Programms kann die affine Geometrie nicht zwischen Quadriken unterscheiden, die durch eine affine Transformation ineinander übergeführt werden können. Die Frage läuft also darauf hinaus, dass man Invarianten unter den Abbildungen aus $GA(X)$ findet. Die Werte der Invarianten sind dann, wie wir hoffen in der Lage, die Äquivalenzklassen zu unterscheiden. Dazu muss man noch genug Invarianten finden, dass sie alle zusammen die Klasse eindeutig kennzeichnen.

Hier findet der Leser ein Musterbeispiel einer solchen Invariantentheorie vor. Ein grosser Teil moderner Mathematik, vor allem in der Topologie, beschäftigt sich damit, in oft recht komplexen Situationen dieses Programm zu kopieren; die Äquivalenzklassen kommen dabei nicht immer von Gruppen her.

7.3.10. Wir benutzen wieder den Trick des Übertragens der Gruppenwirkung. Sei A aus $GL(X)$, dann setzen wir

$$b^A(x, y) = b\left(A^{-1}x, A^{-1}y \right)$$

für alle x, y aus X; insbesondere ist dann $q^A(x) = q(A^{-1}x)$. b^A ist auch in $B^s(X)$.

Ist $e_1, \ldots, e_n$ eine Orthogonalbasis von b, dann gilt das für $Ae_1, \ldots, Ae_n$ in Bezug auf b^A, da $b(e_i, e_k) = b^A(Ae_i, Ae_k)$ für alle $i, k = 1, \ldots, n$ ausfällt.

Der Trägheitssatz (7.3.5)(iii) sagt dann, dass der Rang und der Trägheitsindex von b und b^A übereinstimmen.

Gilt umgekehrt $t(b) = t(b')$ und $Rg(b) = Rg(b')$, dann finden wir mit dem Trägheitssatz Basen $e_1, \ldots, e_n$ und $e'_1, \ldots, e'_n$ mit $b(e_i, e_k) = \epsilon_i \delta_{ik}$ und $b'(e'_i, e'_k) = \epsilon_i \delta_{ik}$, wo nach Voraussetzung die Verteilung der ϵ_i aus $0, 1, -1$ in beiden Fällen dieselbe sein muss. Die Abbildung $Ae_i = e'_i$ für $i = 1, \ldots, n$ liefert dann $b' = b^A$; es gilt nämlich $b^A(e'_i, e'_k) = b(e_i, e_k)$.

Wir fassen das Gezeigte zusammen.

Satz. Seien b, b' aus $B_s(X)$. Dann ist $b' = b^A$ für ein geeignetes A aus $GL(X)$ genau dann, wenn $t(b) = t(b')$ und $Rg(b) = Rg(b')$ gilt.

Das zusammen mit (7.3.9) zeigt, dass der Rang und der Trägheitsindex geeignete Invarianten unserer Äquivalenzklassen sind. Es bleibt zu zeigen, dass sie ausreichen, die Klassen durch ihre Zahlenwerte zu kennzeichnen. Wir müssen die geometrische Aussage für Quadriken aus dem algebraischen Resultat für Bilinearformen ableiten.

7.3.11. Die Brücke schlägt folgendes

Lemma. Für zwei quadratische Formen sind $[q = 1] = [q' = 1]$ und $q = q'$ gleichwertige Aussagen.

Beweis. Ist $q(x) > 0$, dann ist $x' = q(x)^{-1/2}x$ in $[q = 1]$, also in $[q' = 1]$ und wir haben $q'(x') = 1$ oder $q'(x) = q(x)$. Wir halten so ein x fest.

Für beliebiges z aus X finden wir für hinreichend kleines $\lambda > 0$, dass $q(\lambda z + x) > 0$ ist. Dann folgt

$$\lambda^2 q(z) + 2\lambda b(x, z) + q(x) = q(\lambda z + x)$$
$$= q'(\lambda z + x)$$
$$= \lambda^2 q'(z) + 2\lambda b'(x, z) + q'(x)$$

also

$$\lambda(q'(z) - q(z)) = 2(b(x, z) - b'(x, z)),$$

was für alle hinreichend kleinen λ nur richtig sein kann, wenn $q'(z) = q(z)$ ist. Dass aus $q = q'$ auch $[q = 1] = [q' = 1]$ folgt, ist trivial. $\square$

7.3.12. Das Lemma zusammen mit (7.3.10) liefert dann die AFFINE KLASSIFIKATION der Quadriken.

Satz. Seien b, b' aus $B^s(X)$. Die Quadriken T_z $[q = 1]$ und $T_{z'}$ $[q' = 1]$ können genau dann durch eine affine Transformation ineinander übergeführt werden, wenn $t(b) = t(b')$ und $Rg(b) = Rg(b')$ ist.

Beweis. Wir zeigen, dass die Bedingung hinreichend ist. Stimmen Rang und Trägheitsindex überein, dann ist nach (7.3.10) $b' = b^A$ und wir haben

$$T_{z'}[q' = 1] = T_{z'}[q^A = 1] = T_{z'}A[q = 1] = T_{z'}AT_z^{-1}T_z[q = 1].$$

Dass sie auch notwendig ist, sieht man so. Führe die affine Transformation $T_u A$ die beiden Quadriken ineinander über, dann gilt:

$$\langle x \mid q'(x - z') = 1\rangle = T_u A T_z[q = 1]$$
$$= T_{u+Az}A[q = 1]$$
$$= \langle x \mid q^A(x - u - Az) = 1\rangle$$

weil, wie der Leser schnell nachprüfen möge, $AT_z = T_{Az}A$ gilt. Die rechtsstehende Menge wird dann durch Punktspiegelungen sowohl an z' wie an $u + Az$ in sich übergeführt. Nach (7.3.8) ist dann $z' - (u + Az)$ in X_b. Daraus folgt:

$$q^A(x - (u + Az)) = q^A(x - (u + Az) + (u + Az) - z') = q^A(x - z')$$

und daraus weiter

$$\langle x \mid q'(x - z') = 1\rangle = \langle x \mid q^A(x - z') = 1\rangle.$$

Wendet man darauf $T_{z'}^{-1}$ an, dann wird daraus $[q' = 1] = [q^A = 1]$, also $q' = q^A$ nach dem Lemma. (7.3.10) schliesst den Beweis ab.   □

7.3.13. Wir geben zur Illustration ein Beispiel mit *dim X* = 2. Der Trägheitssatz (7.3.5) liefert wegen $q \neq 0$ die folgenden Fälle:
$Rg(b) = 1$, $t(b) = 1$: $q(x) = \xi_1^2 = 1$ und wir beschreiben zwei Geraden $\xi_1 = 1$ und $\xi_1 = -1$. $\langle q \leqslant 1\rangle$ ist die dazwischen liegende Fläche, der Zylinder in der Ebene.
$Rg(b) = 0$, $t(b) = 1$: $q(x) = \xi_1^2 - \xi_2^2 = 1$ und das ist eine Hyperbel, $\langle q \leqslant 1\rangle$ das dazwischenliegende ebene Hyperboloid.
$Rg(b) = 0$, $t(b) = 2$: $q(x) = \xi_1^2 + \xi_2^2 = 1$ ist ein Kreis, $\langle q \leqslant 1\rangle$ die Einheitskugel der Ebene.
Alle anderen Quadriken entstehen daraus durch affine Transformationen.

7.3.14. Die metrische Theorie wird erst mit den Resultaten aus Kapitel 9 abgeschlossen werden können. Wir bringen sie hier zur Motivation weiterer Untersuchungen.

Wir nehmen an, dass wir (7.3.6) erfüllen können, also eine Orthonormalbasis $e_1, \ldots, e_n$ in X haben, in der $Be_i = \lambda_i e_i$ für alle $i = 1, \ldots, n$ gilt. Die so bestimmten reellen Zahlen nennen wir die EIGENWERTE von B.

In der metrischen Geometrie müssen wir die Invarianten der orthogonalen Transformationen studieren; die Translationen behandelt man wie oben und wir lassen sie hier weg. Es gilt dann für A aus $O(X)$:

$$b^A(x, y) = b(A^{-1}x, A^{-1}y) = \langle ABA^{-1}x | y \rangle,$$

also gehört zu b^A die hermitesche Abbildung ABA^{-1} nach (7.3.2). Ihre Eigenwerte auf die Orthonormalbasis $Ae_1, \ldots, Ae_n$ bezogen sind dieselben $\lambda_1, \ldots, \lambda_n$ wie oben. Damit haben wir n Invarianten der Quadriken gefunden, die zur Klassifikation ausreichen, d.h.

Satz. Zwei Quadriken $T_{z'}[q' = 1]$ und $T_z[q = 1]$ können genau dann durch eine längentreue Abbildung ineinander übergeführt werden, wenn die Eigenwertmengen $\langle \lambda_1, \ldots, \lambda_n \rangle$ und $\langle \lambda'_1, \ldots, \lambda'_n \rangle$ übereinstimmen.

Ist $\lambda_i \neq 0$, dann nennt man $h_i = |\lambda_i|^{-1/2} e_i$ eine HAUPTACHSE der Quadrik. Die Quadrik selbst drückt man durch die Eigenwerte in der HAUPTACHSENGLEICHUNG nach (7.3.5) so aus:

$$q(x) = \sum_{i=r+1}^{n} \epsilon_i |\lambda_i|^{-2} \alpha_i^2(x)$$

mit $\epsilon_i = 1$ für $i = r + 1, \ldots, r + t$ und $\epsilon_i = -1$ für $i = r + t + 1, \ldots, n$. Das ist die *metrische Klassifikation der Quadriken*.

7.3.15. Aufgrund ihrer Verwandtschaft zum Skalarprodukt nennt man symmetrische Bilinearformen, die nicht entartet sind, auch METRIKEN. Der Spezialfall, wo im 4-dimensionalen reellen Vektorraum X eine Metrik mit $t(b) = 3$ gegeben ist, liegt der für die Relativitätstheorie wichtigen MINKOWSKI'SCHEN GEOMETRIE zugrunde.

Die sogenannte SYMPLEKTISCHE Geometrie des Phasenraums der klassischen Mechanik beruht auf der Vorgabe einer nichtentarteten *antisymmetrischen* Bilinearform. Auch hierfür gilt ein Trägheitssatz:

Satz. Ist auf X eine nichtentartete antisymmetrische Bilinearform gegeben, dann hat X gerade Dimension $2n$.

Es gibt eine Basis $e_1, \ldots, e_n, f_1, \ldots, f_n$, so dass gelten

$$b(e_i, e_k) = 0 \qquad b(f_i, f_k) = 0 \qquad b(e_i, f_k) = \delta_{ik}$$

für alle $i, k = 1, \ldots, n$.

Beweisskizze. Wir modifizieren hier das Orthonormierungsverfahren aus (7.1.9) ausgehend von einer beliebigen Basis $h_1, \ldots, h_s$. Wir setzen

$$e_1 = h_1 \qquad f_1 = b^{-1}(e_1, h_k) h_k,$$

wo k der erste Index, für den $b(e_1, h_k) \neq 0$ ausfällt, sein soll (b ist nichtentartet!). Die verbliebenen Vektoren numerieren wir neu durch und überschreiben sie mit:

$$h'_k = h_k - b(e_1, h_k) e_1 - b(f_1, h_k) f_1$$

für $k = 3, \ldots, n$. Zusammen mit e_1, f_1 bilden sie eine Basis von X und $b(e_1, h_k) = b(f_1, h_k) = 0$.

Dann iteriert man den Prozess im Teilraum, der von diesen $s - 2$ Vektoren aufgespannt wird. Würde nach n Schritten nur mehr ein einziger Vektor h_{2n+1} übrig sein, dann wäre er notwendig in X_b; in X_b aber liegt nur der Nullvektor nach Voraussetzung. Also ist *dim X* gerade. □

Man nennt die Bilinearformen aus diesem Satz SYMPLEKTISCHE METRIKEN.

In der Euklidischen Geometrie bestand die Hauptgruppe aus den Translationen und den orthogonalen Automorphismen. Letztere sind diejenigen, die

$$\langle Ax | Ay \rangle = \langle x | y \rangle$$

für alle x, y aus X erfüllen. Sie werden, wenn man die Minkowski'sche oder die symplektische Geometrie im Sinne des Erlanger Programms definieren will, durch die Automorphismen, die

$$b(Ax, Ay) = b(x, y)$$

für alle x, y aus X erfüllen, ersetzt. Im Falle der Minkowskischen Metrik handelt es sich dabei um die LORENTZGRUPPE, im anderen oben angegebenen um die SYMPLEKTISCHE Gruppe. Wir untersuchen sie hier nicht weiter, verweisen statt dessen auf [59], [47], [46].

8. KAPITEL

Die Rolle der komplexen Zahlen

Die komplexe Lineare Algebra

8.1.1. Historisch stand das Bemühen, die komplexen Zahlen, insbesondere die imaginäre Einheit, zu verstehen, am Anfang der Entwicklung der Linearen Algebra. Wir wollen deshalb versuchen, sie in der axiomatischen Theorie wiederzufinden.

Gegeben sei ein 2-dimensionaler reeller euklidischer Vektorraum X. In $End(X)$ betrachten wir dann die Abbildung E, die durch

$$Ee_1 = e_2 \quad Ee_2 = -e_1$$

in einer Orthonormalbasis e_1, e_2 beschrieben wird.

Man kann E auch basisunabhängig durch die Eigenschaft, dass es jeden Vektor in einen dazu orthogonalen gleicher Länge abbildet, und dass dabei die Orientierung von x, Ex stets positiv ist, also $det\ E = 1$ gilt, beschreiben. Sie wird die Rolle der imaginären Einheit übernehmen.

Wir nennen die Menge aller Endomorphismen, die mit E vertauschen, den KOMMUTATOR von E. Ihn können wir berechnen.

Satz. Ist X ein reeller zweidimensionaler euklidischer Vektorraum, dann gelten:

i. Der Kommutator von E besteht gerade aus den linearen Ähnlichkeitstransformationen vereinigt mit dem Nullendomorphismus.
ii. Er ist bezüglich der Rechenoperationen in $End(X)$ ein Körper, der $\mathbb{R}$ als Teilkörper enthält. Man nennt ihn den Körper der KOMPLEXEN ZAHLEN.

Beweis. Sei $Ae_1 = \alpha e_1 + \gamma e_2$ und $Ae_2 = \beta e_1 + \delta e_2$, dann gelten:

$$AEe_1 = \beta e_1 + \delta e_2 \quad EAe_1 = \alpha e_2 - \gamma e_1,$$

woraus $\gamma = -\beta$ und $\delta = \alpha$ folgen. Also ist $det\ A \geqslant 0$. Entweder ist dann $A = O$ der $A = H_{det\ A}A_o$ mit $det\ A > 0$ und $det\ A_o = 1$. Aus (7.2.2) folgt (i), da die Umkehrung sofort daran abzulesen ist, dass die Gruppe der Ähnlichkeitstransformationen auf einem zweidimensionalen Raum kommutativ ist.

Dann zeigt man (ii) leicht, da mit A, B auch $-A$, A^{-1} und $A + B$ mit E vertauschen, also *der Kommutator eine Algebra bildet*. Jedes von Null verschiedene Element liegt in $Aut(X)$, hat also ein Inverses; er ist daher sogar ein Körper. Die Teilmenge $\{\alpha I \mid \alpha$ aus $\mathbb{R}\}$ ist isomorph zum Körper der reellen Zahlen.   □

Die im Beweis für eine Orthonormalbasis gefundene Gestalt lässt sich basisunabhängig durch

$$Z = \alpha I + \beta E$$

mit reellen Zahlen α, β die durch Z eindeutig bestimmt sind, für alle Endomorphismen aus dem Kommutator von E angeben. Das ist die GAUSS'SCHE DARSTELLUNG, da $E^2 = -I$ gilt, E also die Rolle der imaginären Einheit der klassischen Theorie spielt.

Die Gauss'sche Darstellung zeigt, dass der komplexe Zahlkörper selbst als reelle Ebene mit I, E als Basisvektoren aufgefasst werden kann. Das ist die GAUSS'SCHE ZAHLENEBENE. Die Spiegelung an der Geraden $\mathbb{R}\,I$ führt dann $Z = \alpha I + \beta E$ in $\bar{Z} = \alpha I - \beta E$ über. Das ist der Übergang von Z zur KOMPLEX KONJUGIERTEN Zahl $\bar{Z}$. Die Gauss'sche Darstellung macht deutlich, dass mit Z auch Z^* im Kommutator von E liegt und $Z^* = \bar{Z}$ gilt.

Die Schreibweise ist für additives Rechnen bequem, nicht aber für das multiplikative. Dort ist die andere im Satz (7.2.2) angegebene Form für $Z \neq O$

$$Z = H_\lambda Z_\phi$$

mit eindeutig durch Z bestimmten reellen $\lambda > 0$ und Z_ϕ aus $SO(X)$ natürlicher. Man. nennt dies die POLARDARSTELLUNG der komplexen Zahlen.

Mithilfe des orientierten Winkelbegriffs $0 \leqslant \phi < 2\pi$ aus (7.2.9) finden wir

$$Z_\phi = cos\ \phi I + sin\ \phi E,$$

was mit der Eulerschen Formel klassisch durch $e^{i\phi}$ ausgedrückt wird.

Wählen wir in X einen Vektor x der Länge 1 aus, dann ist $|Zx| = \sqrt{2\ det\ Z}$. Das zeigt einerseits, dass die linke Seite von der Wahl von x nicht abhängt, und andererseits, dass $Z \to \sqrt{det\ Z}$ eine Norm auf $\mathbb{C}$, womit wir in Zukunft den Körper der komplexen Zahlen bezeichnen wollen, ist. Die zweite Behauptung folgt aus (7.2.5), was ja impliziert, dass $Z \to Zx$ injektiv ist. Diese Norm nennt man den BETRAG von Z und bezeichnet sie mit $|Z|$. Die Produktregel (4.3.11) zeigt, dass der Betrag multiplikativ ist. Offenbar kann man $H_{\sqrt{det\ Z}}$ mit $|Z|$ identifizieren und so erhält man, wenn man so $|Z|$ als Dilatation auffasst

$$Z = |Z|Z_\phi$$

Z_ϕ entspricht eineindeutig dem orientierten Winkel ϕ, den man als das ARGUMENT bezeichnet.

Damit haben wir aus der additiven Struktur von $End(X)$ die Gauss'sche Darstellung der komplexen Zahlen gewonnen, aus der multiplikativen aber das Verständnis der grundlegenden geometrischen Eigenschaften der Punkte der Gauss'schen Zahlebene entwickelt.

Im weiteren Verlauf des Buches werden wir die klassische Schreibweise komplexer Zahlen $z = \alpha + i\beta$ oder $z = |z|e^{i\phi}$ verwenden.

8.1.2. Unter der KOMPLEXEN Linearen Algebra wollen wir die Theorie verstehen, die man entwickeln kann, wenn man von den Axiomen (2.1.2) ausgeht, nachdem man dort den Skalarkörper $\mathbb{R}$ durch $\mathbb{C}$ ersetzt hat.

Bemerkung. Selbst in der reellen Theorie, will man dort die Struktur von Endomorphismen genauer kennenlernen, wird man zu dieser Erweiterung der bisherigen Axiomatik gezwungen; das werden wir noch sehen. Aber auch rein mathematische Anwendungen der Linearen Algebra, beispielsweise in der Zahlentheorie, führen dazu, Vektorräume über irgendwelchen für das jeweilige Problem interessanten Körpern zu untersuchen. Wir gehen darauf nicht ein, bemerken aber als für den Leser vielleicht kuriose Feststellung, dass ein endlichdimensionaler Vektorraum über einem endlichen Körper nur aus endlich vielen Vektoren besteht, was Anlass zu recht amüsanten geometrischen Betrachtungen gibt.

Der Leser blättere den bisherigen Text durch und wird finden, dass die Kapitel 1 bis 6.1 wörtlich übernommen werden können. In Paragraf 6.2 und 6.3 haben wir die Ordnungsstruktur der reellen Zahlen benutzt; eine solche gibt es, wie wir hier einfach feststellen wollen, für komplexe nicht. Die dortigen Untersuchungen werden wir aber im Folgenden nicht benötigen.

7.1 muss modifiziert werden. In einem komplexen Vektorraum ist das SKALARPRODUKT aus (7.1.2)(i) dahingehend abzuändern, dass man $\langle x|y \rangle = \langle y|x \rangle$ durch

$$\langle x|y \rangle = \overline{\langle y|x \rangle}$$

für alle x, y aus X ersetzt. Ein mit diesem inneren Produkt versehener komplexer Vektorraum heisst ein UNITÄRER RAUM oder ein HILBERT-RAUM nach dem Mathematiker D. Hilbert.

Eine Konsequenz davon ist, dass das Skalarprodukt zu den Abbildungen $(x, y) \to S(x, y)$ gehört, die im ersten Argument linear, im zweiten KONJUGIERT LINEAR sind. Das bedeutet

$$S(x, \alpha y + \beta z) = \overline{\alpha}S(x, y) + \overline{\beta}S(x, z)$$

für alle x, y, z aus X und α, β aus $\mathbb{C}$. Solche Formen nennt man SESQUI-LINEARFORMEN; sie übernehmen die Rolle der Bilinearformen der reellen Theorie. Es wird dann wieder X mit X^* identifiziert, doch ist die Zuordnung (7.1.6) jetzt *ein konjugiert linearer Isomorphismus*. Das zieht insbesondere nach sich, dass bezüglich einer Orthonormalbasis, in der $A = (\alpha_{ik})$ ist, die Abbildung $A^* = (\overline{\alpha_{ki}})$ wird; zum Transponieren kommt das Konjugieren dazu. Ansonsten bleibt die metrische Dualitätstheorie aus Paragraf 7.2 erhalten.

Dasselbe gilt weitgehendst für die Geometrie, wenn man diese als Studium der entsprechenden Gruppen auffasst. Von Bedeutung sind vor allem die längentreuen Transformationen, die jetzt die UNITÄRE GRUPPE $U(X)$ bilden, deren durch $det\ A = 1$ charakterisierte Untergruppe die SPEZIELLE UNITÄRE $SU(X)$ ist.

Die Diskussion des Winkels und die Überlegungen aus Paragraf 7.3 übertragen wir nicht ins Komplexe.

Mit dieser Übersicht als Leitfaden, kann der Leser versuchen, bekannte Sätze zur Übung auf ihre komplexen Analoga zu prüfen.

8.1.3. Wir wollen im *komplexen* 2-dimensionalen Vektorraum X eine Parallele zur Konstruktion der komplexen Zahlen wie wir sie in (8.1.1) mithilfe der speziellen *orthogonalen* Gruppe $SO(X)$ und der Homothetien vorgeführt haben, betrachten.

Als Ausgangspunkt nehmen wir diesmal die spezielle *unitäre* Gruppe $SU(X)$. Da jedes U daraus $U^* = U^{-1}$ erfüllt, errechnet man sofort, dass man diesen Automorphismus in jeder orthonormalen Basis durch die Matrix

$$U = \begin{pmatrix} \alpha & \beta \\ -\bar{\beta} & \bar{\alpha} \end{pmatrix} = \begin{pmatrix} \tau - i\xi_3 & \xi_1 - i\xi_2 \\ -\xi_1 - i\xi_2 & \tau + i\xi_3 \end{pmatrix}$$

mit komplexen α, β oder reellen $\tau, \xi_1, \xi_2, \xi_3$ darstellen kann. Aus *det* $U = 1$ folgt noch

$$|\alpha|^2 + |\beta|^2 = 1 = \tau^2 + \xi_1^2 + \xi_2^2 + \xi_3^2.$$

Wählt man die speziellen Matrizen

$$I_i = \begin{pmatrix} 0 & 1 \\ -1 & 0 \end{pmatrix} \quad I_j = \begin{pmatrix} 0 & -i \\ -i & 0 \end{pmatrix} \quad I_k = \begin{pmatrix} -i & 0 \\ 0 & i \end{pmatrix},$$

dann bekommen wir die Darstellung

(*) $U = \tau I + \xi_1 I_i + \xi_2 I_j + \xi_3 I_k.$

Nun prüft man schnell nach, dass für die eben eingeführten Matrizen die folgenden Relationen gelten:

$$I_i I_j = I_k = -I_j I_i$$
$$I_j I_k = I_i = -I_k I_j$$
(**) $\qquad I_k I_i = I_j = -I_i I_k$
$$I_i^2 = I_j^2 = I_k^2 = -I$$

Alle diese Matrizen beschreiben *schiefhermitesche Abbildungen*, d.h. $I_s^* = -I_s$ *für* $s = i, j, k$ *und haben ausserdem die Spur null.*

Unter der SPUR einer Abbildung verstehen wir die Zahl $Sp(A) = \Sigma\langle e_i | A e_i\rangle$, wo $e_1, \ldots, e_n$ eine Basis von X durchläuft. Der Leser überzeuge sich, dass diese Zahl von der Basiswahl unabhängig ist. Am besten sieht man das ein, indem man sich davon überzeugt, dass $Sp(A)$ bis eventuell auf das ohnehin nur von *dim X* abhängende Vorzeichen gerade der Koeffizient von λ^{n-1} im Polynom $det(A - \lambda I)$ ist. In Matrixform ist die Spur gerade die Summe der Diagonalelemente.

Die obige Multiplikationstabelle zeigt nun, dass die rechte Seite von (*) unitär ist, und die von W.R. Hamilton stammenden Beobachtung:

Satz. Die reellen Linearkombinationen der Endomorphismen I, I_i, I_j, I_k bilden einen Schiefkörper $\mathbb{H}$. Ihn nennt man den QUATERNIO-NENKÖRPER.

Die Abbildung $Q \to Q^*$, die I festlässt und die anderen drei erzeugenden Matrizen in ihr Negatives wirft, ist eine Konjugation auf $\mathbb{H}$.

Wir wollen diesen Körper nicht weiter studieren, aber noch einige Bemerkungen machen, die wir dem Leser als Übung zum Nachprüfen lassen, und die den Satz beweisen helfen.

Ist Q beliebig in $\mathbb{H}$, dann ist es von der Form $H_\lambda U$, wo H_λ eine Homothetie mit $\lambda = (\tau^2 + \xi_1^2 + \xi_2^2 + \xi_3^2)$ und U aus $SU(X)$ ist. Das ist die POLARDARSTELLUNG von Quaternionen.

In der Tat werden Quaternionen damit repräsentiert, wie die oben gegebene Summendarstellung für U aus $SU(X)$ mit der Tabelle (**) zeigt. Es ist offenbar $\mathbb{H}$ gerade $H^+(X)SU(X)$, wo $H^+(X)$ die Homothetien mit echt positivem Streckfaktor sind, vereinigt mit der Nullabbildung.

Die Multiplikation der Summendarstellung (*) mit $H_\lambda, \lambda \geqslant 0$, liefert dann die Summendarstellung für die Quaternionen; sie nennen wir die HAMILTON'SCHE DARSTELLUNG.

Wir sehen, dass die Quaternionen mit $SU(X)$ genauso eng verbunden sind, wie die komplexen Zahlen mit $SO(X)$.

Bemerkung. Hamilton hat seine Studien zur Algebra aus einer Betrachtung über die Zeit begonnen und nannte sie die "Wissenschaft von der reinen Zeit" [29]. Hätte er damals anstelle von I_s die Matrizen iI_s betrachtet, dann hätten diese zusammen mit I reell kombiniert eine Matrix der Form

$$\tau I + i\xi_1 I_i + i\xi_2 I_j + i\xi_3 I_k$$

gegeben, deren Determinante gerade

$$\tau^2 - \left(\xi_1^2 + \xi_2^2 + \xi_3^2\right)$$

ist. Das ist aber die Normalform der Minkowskigeometrie (7.3.15) mit der A. Einstein 60 Jahre später den Begriff von der Zeit in der Physik grundlegend veränderte. Hamilton hatte dem keine Beachtung geschenkt; dazu hätte er das Vektorraumdenken von H. Grassmann aufnehmen müssen.

Ein komplexer Skalarkörper für den Vektorraum scheint erstmals von W. Gibbs durchdacht worden zu sein; er erwähnt es 1886 in der vierten Fussnote in seinem Artikel in Proc. Am. Assoc. Adv. Science (siehe [22]).

8.1.4. Wir wollen jetzt etwas genauer das Verhältnis zwischen reellen und komplexen Vektorräumen ansehen, indem wir aus der Einbettung der reellen in die komplexen Zahlen die Konsequenzen für die Vektorraumtheorie ziehen.

Sei X ein reeller Vektorraum. Dann kann man ihm einen komplexen $X_{\mathbb{C}}$ zuordnen, indem man die reellen Skalare überall durch komplexe ersetzt. Man sieht das am besten, wenn man eine Basis $e_1, \ldots, e_n$ in X wählt und dann die Summen $\Sigma \alpha_i e_i$ betrachtet. Solange die α's reell sind, kann man dies als eine Summe in X verstehen und erhält ganz X damit. Ersetzt man sie aber durch komplexe Zahlen, dann verliert die Summation ihren Sinn. Der Trick besteht, sie dann als *formale* Summen aufzufassen. Ihre Menge nennt man $X_{\mathbb{C}}$ und diese ist so strukturiert:

Zwei formale Summen sind gleich, wenn *alle* Koeffizienten übereinstimmen; das stimmt mit dem Gleichheitsbegriff in X wegen (2.2.14) überein. Eine lineare Struktur ist gegeben durch

$$\alpha \Sigma \alpha_i e_i + \beta \Sigma \beta_i e_i = \Sigma (\alpha \alpha_i + \beta \beta_i) e_i,$$

wobei α, β ganz $\mathbb{C}$ durchlaufen. Es ist damit für den Leser, der uns bis hierher durch das Buch gefolgt ist, klar, dass $X_{\mathbb{C}}$ ein komplexer Vektorraum und $e_1, \ldots, e_n$ eine Basis darin ist; *es gilt also dim X = dim $X_{\mathbb{C}}$.*

Man nennt $X_{\mathbb{C}}$ die KOMPLEXIFIZIERUNG von X.

Damit bekommt man bis auf Vektorraumisomorphismen alle komplexen Vektorräume (vgl. (3.1.8)): Ist umgekehrt X ein solcher, dann kann man den Skalarkörper auf $\mathbb{R}$ einschränken, die Addition und Skalarmultiplikation als Operationen auf X aber belassen. Das bedeutet, wenn wir eine (komplexe) Basis $e_1, \ldots, e_n$ in X wählen, dass wir nur Vektoren in X der Form $\Sigma \alpha_i e_i$ mit reellen α's zulassen dürfen. Das sind wirklich Vektoren in X im Gegensatz zu den formalen Summen oben. Diese Teilmenge nennen wir $X_{\mathbb{R}}$ und beobachten, dass sie ein reeller Vektorraum mit *dim $X_{\mathbb{R}}$ = dim X* ist. Es gilt offenbar $(X_{\mathbb{R}})_{\mathbb{C}} = X$, wenn wir den Isomorphismus, der nach (3.1.8) aus einer Betrachtung der komplexen Dimension folgt, als Gleichheit schreiben.

Den reellen Vektorraum $X_{\mathbb{R}}$ nennen wir die DEKOMPLEXIFIZIERUNG von X.

Identifizieren wir die formalen Summen mit reellen Koeffizienten in $X_{\mathbb{C}}$ mit den Vektorraumsummen im reellen linearen Raum X, dann ist X durch einen reellen Vektorraumisomorphismus in $X_{\mathbb{C}}$ eingebettet. Wir können aber jedes z aus $X_{\mathbb{C}}$ in der Form $x + iy$ mit derartigen reellen Summen x, y schreiben, so dass wir analog zu $\mathbb{C}$ auch hier eine GAUSS'SCHE DAR-

STELLUNG

$$X_C = X + iX$$

vorfinden. Diese Darstellung zeigt, dass die Komplexifizierung nicht von der Wahl einer Basis in X abhängt, wie es oben noch der Fall zu sein schien. Wieder handelt es sich um *einen Funktor, diesmal von der Klasse der reellen auf die der komplexen Vektorräume.*

Die Gauss'sche Darstellung verdeutlicht eine andere Möglichkeit vom Komplexen ins Relle überzugehen. Sei X ein komplexer linearer Raum mit Basis $e_1, \ldots, e_n$. Die reellen Linearkombinationen davon bilden einen reellen Teilraum Y und $X = Y + iY$. Y ist also eine Dekomplexifizierung von X. Statt dessen kann man X auch als reellen Vektorraum betrachten, da für reelle α stets $\alpha \Sigma \beta_i e_i = \Sigma \alpha \beta_i e_i$ auf X erklärt ist; die Addition ist die auf X. Der so erklärte Raum hat als (reelle) Basis $e_1, \ldots, e_n, ie_1, \ldots, ie_n$, hat also doppelte Dimension verglichen mit dem Ausgangsraum. Man nennt ihn die REELLIFIZIERUNG und wie bezeichnen ihn mit $X^{\mathbb{R}}$.

Der Leser beachte den Unterschied: Es sind Addition und Skalarmultiplikation auf X vorhanden, wir machen von letzterer aber *nur eingeschränkt Gebrauch*, indem wir sie nur auf den Teilkörper der reellen Zahlen anwenden. Bei der Reellifizierung konstruieren wir damit einen reellen Vektorraum aus X, bei der Dekomplexifizierung nur aus einer (komplexen) Basis von X. Im ersten Fall bekommen wir einen (nicht kanonischen) *Teilraum* von X, im zweilen dagegen *ganz* X, der jetzt aber (kanonisch) als $\mathbb{R}$-Vektorraum erscheint.

8.1.5. Die Gauss'sche Darstellung $X = Y + iY$ erlaubt es, den KONJUGATIONSOPERATOR $\sigma(x + iy) = x - iy$ in Analogie zu $\mathbb{C}$ einzuführen.

Er erfüllt: $\sigma^2 = I$, $\sigma(z + z') = \sigma(z) + \sigma(z')$ und $\sigma(\alpha z) = \bar{\alpha} \sigma(z)$ für alle komplexen α und z, z' aus X. Speziell gilt $\sigma \circ iI = -iI \circ \sigma$; er antivertauscht mit der imaginären Einheit.

Satz. Sei Y ein Teilraum des reellen Vektorraums X, dann ist Y_C ein σ-invarianter Teilraum von X_C.

Ist Z ein σ-invarianter Teilraum des komplexen Vektorraums X_C, dann gibt es einen Teilraum Y von X mit $Y_C = Z$.

Beweis. Der erste Teil ist klar, der zweite folgt so: Man setze $Y = \{z + \sigma(z) | z \text{ aus } Z\}$ und stelle fest, dass für die Vektoren daraus $\sigma(y) = y$ gilt. Nun ist aber X gerade der Teilraum von X_C, der aus den Fixpunkten von σ besteht, also liegt Y in X und natürlich nach Voraussetzung auch in Z. Die Vektoren $z - \sigma(z)$, z aus Z, bilden einen Teilraum, der durch iI bijektiv auf Y abgebildet wird, also gerade iY ist. Zusammen gibt das $Z = Y + iY = Y_C$. $\square$

8.1.6. Ist wieder $X = Y + iY$, dann kann man jedem A aus $End(Y)$ durch

$$A_{\mathbb{C}}(x + iy) = Ax + iAy$$

für alle x, y aus Y einen Endomorphismus aus $End(X)$ zuordnen.

Ist in einer Basis $A = (\alpha_{ik})$, dann ist $A_{\mathbb{C}} = (\alpha_{ik})$, wenn man die Basis auch für $Y_{\mathbb{C}} = X$ gemäss (8.1.4) verwendet. M.a.W. jede $m \times m$-Matrix mit reellen Koeffizienten kann auch als Operation auf $\mathbb{C}^m$ wirken.

Diese speziellen Endomorphismen von X haben folgende Charakterisierung:

Satz. B aus $End(X)$ ist genau dann von der Form $A_{\mathbb{C}}$ für ein A aus $End(Y)$, wenn $\sigma \circ B = B \circ \sigma$ gilt.

Beweis. Die Vorbemerkung zeigt, dass die Bedingung notwendig ist.

Sei y aus Y, dann ist $\sigma(By) = B\sigma(y) = By$, liegt also in Y, der Fixpunktmenge von σ. Man setze A gleich der Einschränkung von B auf Y und folgert dann sofort $B = A_{\mathbb{C}}$. $\qquad\square$

Ein beliebiger Endomorphismus B auf X ist bereits auf dem reellen Teilraum Y eindeutig bestimmt. Genauer:

Korollar. Zu B aus $End(X)$ gibt es durch B eineindeutig bestimmte Endomorphismen A_1, A_2 auf Y mit

$$B = A_{1\mathbb{C}} + A_{2\mathbb{C}}.$$

Beweis. Zunächst gilt $B(x + iy) = Bx + iBy$ für alle x, y aus X. Dann setzt man für x aus Y

$$2B_1 x = Bx + \sigma Bx$$

$$2B_2 x = Bx - \sigma Bx$$

und rechnet $B_1(ix) = -B_2 x$ und $B_2(ix) = B_1 x$ aus. Insbesondere vertauschen B_1, B_2 mit σ und stammen nach dem Satz somit von Endomorphismen A_1, A_2 von Y. Man prüft schnell die Formel:

$$B(x + iy) = (A_{1\mathbb{C}} + iA_{2\mathbb{C}})(x + iy). \qquad\square$$

Wir haben eine nützliche Formel gefunden, die man auch in Matrixschreibweise angeben kann. Wir interpretieren X als reellen Vektorraum als direkte Summe $Y + Y$ und schreiben z als Spalte $(x, y)^T$ x, y aus Y. Dann lautet die Formel

$$Bz = \begin{pmatrix} A_1 & -A_2 \\ A_2 & A_1 \end{pmatrix} \begin{pmatrix} x \\ y \end{pmatrix}$$

und macht den Zusammenhang zwischen $Y_{\mathbb{C}}$ und dessen Reellifizierung transparenter.

Auf diese Weise kann man beispielsweise n komplexe Gleichungen als $2n$ reelle auffassen und darauf die Methoden der voranstehenden Kapitel anwenden, will man das Implementieren komplexer Algorithmen vermeiden.

8.1.7. Wir wissen jetzt wie reelle und komplexe Vektorräume und die zugehörigen Endomorphismen zusammenhängen. Jetzt machen wir noch ein paar Beobachtungen zum Skalarprodukt.

Ist $Y_C = Y + iY$ und trägt Y das Skalarprodukt

$$\langle x|y \rangle = \sum_{i,k=1}^{n} \alpha_i(x)\alpha_k(y)\langle e_i|e_k \rangle,$$

dann kann man es auf Y_C übertragen, indem man für komplexe α_k, β_k, $k = 1,\ldots, n$, setzt:

$$\langle \Sigma\alpha_k e_k|\Sigma\beta_k e_k \rangle = \sum_{i,k=1}^{n} \alpha_i\overline{\beta_k}\langle e_i|e_k \rangle.$$

Offenbar erfüllt es alle an das komplexe innere Produkt gestellten Bedingungen und fällt auf dem reellen Teilraum Y mit dem Ausgangsprodukt zusammen.

War dann $e_1,\ldots, e_n$ eine Orthonormalbasis in Y, dann ist es auch eine in Y_C.

Ist A aus $O(Y)$, dann Ist A_C in $U(Y_C)$, denn

$$\langle A_C z|A_C u \rangle = \langle Ax + iAy|Av + iAw \rangle$$
$$= \langle Ax|Av \rangle + i\langle Ay|Av \rangle - i\langle Ax|Aw \rangle + \langle Ay|Aw \rangle$$
$$= \langle x|y \rangle + i\langle y|v \rangle - i\langle x|w \rangle + \langle y|w \rangle$$
$$= \langle z|u \rangle$$

für alle $z = x + iy$, $u = v + iw$ in Y_C.

Nicht jede unitäre Transformation kommt aber von einer orthogonalen, denn wir finden beispielsweise $\sigma \circ (e^{i\phi}I) = e^{-i\phi}\sigma$ und nach dem Satz (8.1.6) ist somit $e^{i\phi}I$ nicht einmal von der Form A_C, A aus $End(Y)$.

Analog gehen hermitesche Abbildungen in hermitesche über.

Zum Abschluss bringen wir ein wichtiges Beispiel. $X = \mathbb{R}^2$ sei mit der natürlichen Basis versehen, $A = Z_\phi$ aus (8.1.1). Mithilfe der Eulerschen Formel findet man dann $A_C(e_1 + ie_2) = e^{i\phi}(e_1 + ie_2)$ und $A_C(e_1 - ie_2) = e^{-i\phi}(e_1 - ie_2)$. Das Vektorenpaar $e_1 + ie_2, e_1 - ie_2$ ist bezüglich des auf X_C erweiterten Skalarprodukts orthogonal und kann daher mit einer unitären Transformation U aus e_1, e_2 gewonnen werden. In der alten Basis e_1, e_2 hat A_C dieselbe Matrixform wie A, in der neuen hat es Diagonalgestalt: $UA_C U^{-1}$ ist $Diag(e^{i\phi}, e^{-i\phi})$.

Hier kommt der Sinn der Komplexifizierung deutlich heraus. A ist auf X nicht diagonalisierbar (Übungsaufgabe), wohl aber A_C auf X_C. Die Matrix wird im Komplexen viel einfacher und kann besser untersucht werden.

Als Beispiel nehme man etwa die Determinante. Da A_C in einer Basis dieselbe Matrixform wie A hat, ist stets $det\, A_C = det\, A$ und erstere ist in Diagonalform leicht zu berechnen.

Der nächste Paragraf wird auf einen weiteren Umstand hinweisen, der den Übergang zum Komplexen so wertvoll macht.

Es handelt sich um eine Eigenschaft, die den komplexen Zahlkörper mit Gleichungen höheren Grades verbindet. Wir werden sehen, wie man daraus auch für lineare Probleme seinen Nutzen ziehen kann.

Die komplexen Polynomfunktionen

8.2.1. In gewissem Sinne haben wir die Axiomatik der Linearen Algebra jetzt erschöpfend ausgeschlachtet. Um weitere Aussagen über die Endomorphismen eines Vektorraums zu bekommen, und daran sind wir im abschliessenden Kapitel interessiert, müssen wir eine andere Theorie zuhilfe nehmen: Die der Polynomfunktionen. Sie kann zwar in gewissem Sinne auf das bisherige gegründet werden, geht aber in ihren wesentlichen Aussagen darüber hinaus. Wir wollen sie hier nur skizzenhaft beschreiben und verweisen den Leser ansonsten auf die Literatur, beispielsweise auf [57].

Unter einer POLYNOMFUNKTION vom Grade n verstehen wir eine Funktion $p: \mathbb{C} \to \mathbb{C}$ der Form

$$p(z) = \alpha_o + \alpha_1 z + \cdots + \alpha_n z^n$$

mit $\alpha_n \neq 0$. α_n heisst der HÖCHSTE KOEFFIZIENT von p. Man nennt diese Funktionen meist einfach POLYNOME.

Für unsere Untersuchungen ist der entscheidende Satz der erstmals von C.F. Gauss in seiner Doktorarbeit 1799 bewiesene *Fundamentalsatz der Algebra* [20].

Satz. Zu jeder nichtkonstanten Polynomfunktion p gibt es ein z in $\mathbb{C}$, so dass $p(z) = 0$ ist. Man nennt eine solche Zahl eine NULLSTELLE oder eine WURZEL von p.

Diese Aussage ist im Reellen falsch, wie die Polynomfunktion $z^2 + 1$, die für reelle z nie Null wird, beweist. Der Satz macht wesentlich von den komplexen Zahlen Gebrauch und zwar von der unbeschränkten Teilbarkeit des Winkels, der in dem Argument von z auftritt (vgl. (7.2.7) und (8.1.1)). Der Beweis ist wesentlich analytischer Natur.

Man kann daraus eine genauere Information über Polynomfunktionen folgern, die sogenannte PRIMFAKTORZERLEGUNG.

Korollar. Jede nichtkonstanten Polynomfunktion p vom Grade n hat n (nicht notwendig verschieden) Nullstellen $z_1, \ldots, z_n$ und es gilt

$$p(z) = \alpha_n(z - z_1)(z - z_2) \cdots (z - z_n).$$

Bis auf die Reihenfolge der Faktoren ist die Primfaktorzerlegung durch p eindeutig bestimmt.

Im Spezialfall, dass alle Koeffizienten $\alpha_o, \ldots, \alpha_n$ von p reell sind, gilt $p(\bar{z}) = \overline{p(z)}$, d.h. mit z ist auch $\bar{z}$ Nullstelle, und man bekommt noch genauere Information.

Korollar. Ist p eine nichtkonstante Polynomfunktion mit reellen Koeffizienten vom Grade n, dann gibt es eine Zahl m mit $m \leqslant n$, m echt komplexe Zahlen $z_1, \ldots, z_m$ und $n - 2m$ reelle Zahlen $x_1, \ldots, x_{n-2m}$, so dass gilt

$$p(z) = \alpha_n (z - z_1)(z - \overline{z_1}) \cdots (z - x_{n-2m}).$$

Speziell ist für ungerades n wenigstens eine Wurzel reell.

8.2.2. *Jede Polynomfunktion ist eineindeutig durch ihre Koeffizienten bestimmt.* Man nehme paarweise verschiedene Punkte, etwa $t_o, \ldots, t_n$, falls p den Grad n hat, und findet:

$$\begin{pmatrix} 1 & t_0 & \cdots & t_0^n \\ 1 & t_1 & \cdots & t_1^n \\ \vdots & \vdots & \vdots & \vdots \\ 1 & t_n & \cdots & t_n^n \end{pmatrix} \begin{pmatrix} \alpha_0 \\ \alpha_1 \\ \vdots \\ \alpha_n \end{pmatrix} = \begin{pmatrix} p(t_0) \\ p(t_1) \\ \vdots \\ p(t_n) \end{pmatrix}$$

und die hier auftretende VANDERMONDE'SCHE Matrix hat die Determinante $\Pi(t_i - t_k)$, wobei das Produkt über alle $i, k = 0, \ldots, n$ mit $i > k$ genommen wird (Übung!). Nach der Wahl der Punkte ist sie von Null verschieden und somit kann das System nach $\alpha_o, \ldots, \alpha_n$ aufgelöst werden.

Dieses einfache Ergebnis hat die wichtige Konsequenz, dass man *reelle Polynomfunktionen auf jede Algebra über $\mathbb{R}$ fortsetzen kann.* Beispiele sind $\mathbb{C}$, $End(X)$ oder $End(X_\mathbb{C})$, wenn X eine reeller Vektorraum ist. Man kann auch komplexe auf $End(X)$ für komplexe Vektorräume X fortsetzen udgl. mehr.

Als erstes Beispiel setzen wir p zu einer komplexen Polynomfunktion fort, die wir wie in (8.2.1) angegeben faktorisieren können.

Nun ist $(z - z_1)(z - \overline{z_1}) = z^2 - 2 Re(z_1)z + z_1\overline{z_1}$. Beschränken wir uns nachträglich wieder auf reelle Variable, dann finden wir die Faktorisierung reeller Polynome

$$p(x) = \alpha_n \left(x^2 + \lambda_1 x + \mu_1 \right) \cdots \left(x^2 + \lambda_m x + \mu_m \right)$$
$$\cdots \left(x - x_1 \right) \cdots \left(x - x_{n-2m} \right).$$

8.2.3. *Die Polynomfunktionen bilden* unter den punktweisen Operationen $(p + \alpha q)(z) = p(z) + \alpha q(z)$, $(pq)(z) = p(z)q(z)$ für α, z aus $\mathbb{C}$ *eine kommutative Algebra P.* Die Algebra ist NULLTEILERFREI, d.h. aus $pq = o$ folgt: $p = o$ oder $q = o$.

Eine Teilalgebra I von P heisst eine IDEAL, wenn für alle p aus P stets pI in I liegt.

Als Folge der Nullteilerfreiheit von P kann man Ideale verhältnismässig gut beschreiben.

Satz. Ist I ein von Null verschiedenes Ideal in P, dann gibt es ein durch I eindeutig bestimmtes Polynom p_I mit höchstem Koeffizienten 1, so dass $I = p_I P$ ist.

Dieser Satz besagt in anderen Worten: Jedes Polynom aus I ist durch p_I teilbar. Nach dem Korollar (8.2.1) finden wir im Komplexen die paarweise verschiedenen (eventuell mehrfachen) Nullstellen $z_1, \ldots, z_m$, die die Primfaktorzerlegung

$$p_I = (z - z_1)^{i_1} \cdots (z - z_m)^{i_m}$$

für geeignete $i_1, \ldots, i_m$ nach sich ziehen. Diese beiden Feststellungen fassen wir zusammen.

Korollar. In der vorangestellten Notation gelten:

  i. Jede Polynomfunktion q aus I hat $z_1, \ldots, z_m$ als Nullstellen.
 ii. Die Menge $Sp(I) = \{z_1, \ldots, z_m\}$ nennt man das SPEKTRUM von I. Es ist durch I eindeutig bestimmt und zu jeder endlichen Menge S paarweise verschiedener komplexer Zahlen gibt es ein grösstes Ideal J in P mit $Sp(J) = S$.

Beweis. (i) ist nach dem Vorangestellten klar. Setzen wir

$$p_o(z) = (z - z_1) \cdots (z - z_m)$$

und $J = p_o P$. Offenbar ist $p_o = p_J$, da beide den höchsten Koeffizienten 1 haben. Der Rest ist dann sofort zu sehen. $\square$

Im allgemeinen ist $i_k \neq 1$, jedoch ist p_I stets ein Polynom mit dem *niedrigsten Grad unter den in I auftretenden.*

8.2.4. Wir wollen uns die Rolle des Fortsetzungsprinzips (8.2.2) für $End(X)$ ansehen.

Ist p eine Polynomfunktion auf dem Skalarkörper von X, der reell oder komplex sein kann. Dann kann man diesem eine Polynomfunktion auf $End(X)$ zuordnen:

$$p(A) = \alpha_o I + \alpha_1 A + \cdots + \alpha_n A^n,$$

wenn $\alpha_o, \ldots, \alpha_n$ die Koeffizienten von p und A aus $End(X)$ sind.

Offenbar wird durch eine fest gewählte lineare Abbildung A durch

$$I_A = \{p \,|\, p \text{ aus } P \text{ und } p(A) = O\}$$

ein Ideal, das nach (8.2.3) die Form $p_A P$ hat, festgelegt. Man nennt das auf diese Weise von A eindeutig bestimmte Polynom p_A das MINIMALPOLYNOM von A.

Sei k sein Grad. Dann folgt aus $p_A(A) = O$, dass A^k in $Lin\{I, A, \ldots, A^{k-1}\}$ enthalten ist, also auch A^l für alle $l \geqslant k$. Jede lineare Kombination dieser Erzeugenden bestimmt nach (8.2.2) ein Polynom; wäre sie null, wäre dieses in I_A und hätte höchstens den Grad $k - 1$. Nach (8.2.3) geht das nicht und so sind die Erzeugenden linear unabhängig.

Wir bekommen unser erstes für die lineare Algebra interessantes Resultat.

Satz. Sei $[A]$ die von A in $End(X)$ erzeugte Teilalgebra, d.h. die Menge aller Operatoren, die man aus Skalarvielfachen von A durch endlich viele Additionen und Multiplikationen darstellen kann. Dann gelten:

i. $dim[A] = Grad\ p_A$.

ii. Ist $dim[A] = k$, dann ist $\langle I, A, \ldots, A^{k-1}\rangle$ eine Basis von $[A]$, in der $A^k = \sum_{i=o}^{k-1} \alpha_i A^i$ lautet; $\alpha_o, \ldots, \alpha_{k-1}, 1$ sind die Koeffizienten des Minimalpolynoms von A.

8.2.5. Aufgrund des zuletzt angegebenen Satzes ist natürlich $Grad\ p_A \leqslant n^2$, da $dim[A]$ durch $dim\ End(X)$ beschränkt ist. Der folgende Satz verbessert diese Abschätzung zu $Grad\ p_A \leqslant n$. Das ist, wie auch aus dem folgenden Ergebnis hervorgeht, die bestmögliche Abschätzung, die man, ohne näher auf A selbst einzugehen, bekommen kann: Man wähle $A = Diag(\lambda_1, \ldots, \lambda_n)$ mit paarweise verschiedenen Zahlen λ_i.

Satz. (CAYLEY-HAMILTON). Sei A aus $End(X)$, dann ist das Polynom c_A definiert durch

$$c_A(z) = det(A - zI)$$

in I_A. Man nennt es das CHARAKTERISTISCHE Polynom von A.

Beweis. c_A ist basisunabhängig erklärt, da die Determinante gegenüber den Automorphismen von $End(X)$ invariant ist. Zur Rechnung führen wir aber eine Basis ein und stellen $A - zI$, das wir mit M abkürzen wollen, als Matrix dar.

Aus der Formel $M\hat{M} = det\ M.I$ aus (4.3.17) folgt, wenn wir sie für irgendein Diagonalelement der rechten Seite auswerten, induktiv, dass c_A eine Polynomfunktion mit höchstem Koeffizienten 1 ist. Zu zeigen bleibt $c_A(A) = 0$.

Als Vorbemerkung stellen wir fest, dass in der so c_A beschreibenden Formel nur Additionen und Multiplikationen, aber nirgends Divisionen auftreten, wir aber benutzt haben, dass die Matrixeingänge untereinander vertauschen. Man kann sich also auch vorstellen, dass die Matrix M eine $n \times n$-Matrix ist, deren Eingänge paarweise vertauschbare Endomorphismen anstatt Zahlen sind. Von dieser Möglichkeit machen wir Gebrauch, indem wir die Polynomfunktion c_A, nachdem wir sie auf $End(X)$ fortgesetzt haben, wieder als Determinante einer $n^2 \times n^2$-Matrix auffassen können. Es ist für T aus $End(X)$ mit $A = (\alpha_{ik})$:

$$c_A(T) = det \begin{pmatrix} \alpha_{11}I - T & \alpha_{12}I & \cdots & \alpha_{1n}I \\ \alpha_{21} & \alpha_{22}I - T & \cdots & \alpha_{2n}I \\ . & . & \cdots & . \end{pmatrix}$$

Nennen wir die grosse Matrix T_o, dann kann man sie als Endomorphismus auf X_o, der n-fachen direkten Summe von X mit sich selbst auffassen. Für $T = A$ besteht unsere Aufgabe darin, $\det A_o = 0$ zu zeigen; das ist nach (4.3.17) äquivalent zu $\det A_o^T = 0$. Nach der obenstehenden Determinantenformel läuft das darauf hinaus, $(A_o^T)^\wedge A_o^T e_o = o$ für einen nichttrivialen Vektor e_o aus X_o zu beweisen.

Wir wählen $e_o = (e_1, \ldots, e_n)^T$, wo $e_1, \ldots, e_n$ die eingangs festgelegte Basis von X sein soll. Dann gilt

$$\left(A_o^T e_o \right)_k = \sum_{i=1}^n \alpha_{ik} e_k - A e_k$$

für $k = 1, \ldots, n$. Aufgrund der Matrixform $A = (\alpha_{ik})$ verschwindet die rechte Seite für alle k. Daraus folgt dann

$$\left(\det A_o^T \right) e_o = \left(A_o^T \right)^\wedge A_o^T e_o = o,$$

also $\det A_o^T = 0$.   □

Eine Folgerung dieses Satzes ist, dass *das charakterische Polynom stets durch das Minimalpolynom von A teilbar ist*.

8.2.6. Zum Abschluss betrachten wir eine Variante der obigen Überlegungen. Für x aus X wollen wir uns das Ideal

$$I_{Ax} = \langle P \,|\, p \text{ aus } P \text{ und } p(A)x = o \rangle$$

ansehen. Es hat die Form $p_{Ax} P$ nach (8.2.3) und enthält natürlich p_A, also auch I_A.

Der Durchschnitt aller Ideale I_{Ax}, wenn x ganz X durchläuft, ist ein Ideal $I_o = p_o P$. Nach Konstruktion muss $p_o(A)x = o$ für alle x aus X, also $p_o(A) = O$ sein, d.h. p_o liegt in I_A.

Die beiden letzten Absätze zusammengefasst ergeben, dass stets $I_o = I_A$ und $p_o = p_A$ gelten muss.

I_A ist also der Durchschnitt aller Ideale I_{Ax}. Diese werden von p_{Ax} erzeugt, was nach einem völlig zu (8.2.4) analogen Schluss folgende geometrische Invariante enthält.

Satz. *Grad p_{Ax} ist die Dimension des von x ERZEUGTEN A-INVA-RIANTEN Teilraums $Lin\{x, Ax, \ldots, A^{k-1}x\}$ von X.*

Alle diese Ergebnisse deuten an, dass die Polynomalgebra Schlüsse erlaubt, die mit Vorteil für die Lineare Algebra benutzt werden können. Umgekehrt kann man Methoden der letzteren verwenden, um beispielsweise numerische Untersuchungen an Polynomfunktionen, wie die Nullstellenbestimmung, vorzunehmen.

9. KAPITEL

Die Reduktionstheorie

Das Spektrum

9.1.1. Wir wollen dieses Kapitel mithilfe eines Beispiels aus der Analysis motivieren. In der Mechanik untersucht man *dynamische Systeme*, d.h. Bewegungsabläufe im Phasenraum. Dabei kann man mit Vorteil auf die Lineare Algebra zurückgreifen, vor allem bei der Untersuchung des qualitativen Verhaltens. Die Grundidee sieht man schon bei dem einfachsten mehrdimensionalen Modell.

X sei ein reeller Vektorraum mit gegebener Basis e_1, e_2, in der der Bewegungsablauf durch den Vektor $x(t) = (\xi_1(\tau), \xi_2(\tau))^T$ beschrieben werden soll. Dies geschieht durch die Angabe eines Startpunkts $x(o) = x$ und einer Differentialgleichung, die so aussehen möge:

$$Dx(\tau) = \begin{pmatrix} D\xi_1(\tau) \\ D\xi_2(\tau) \end{pmatrix} = \begin{pmatrix} \alpha\xi_1(\tau) + \beta\xi_2(\tau) \\ \gamma\xi_1(\tau) + \delta\xi_2(\tau) \end{pmatrix} = Ax(\tau)$$

D bedeutet Differentiation nach τ und die aussenstehenden Ausdrücke sind die *Matrixform des Systems*.

Findet man dann eine Transformation T auf eine neue Basis, in der TAT^{-1} Diagonalgestalt haben und $Tx(\tau) = y(\tau) = (\eta_1(\tau), \eta_2(\tau))^T$ sein soll, dann wird daraus, wenn λ_1, λ_2 die Diagonalelemente bezeichnet,

$$D\eta_1(\tau) = \lambda_1\eta_1(\tau) \qquad D\eta_2(\tau) = \lambda_2\eta_2(\tau).$$

Setzt man die Anfangswerte ein, dann findet man sofort die Lösung $\eta_1(\tau) = e^{\lambda_1\tau}\eta_1, \eta_2(\tau) = e^{\lambda_2\tau}\eta_2$, aus der $x(\tau)$ durch einfache Transformation gewonnnen werden kann.

Der Leser stelle sich die erste Basis als eine mit dem Problem aus der Physik mitgegebene, etwa an die Versuchsanordnung angepasste, und die transformierte als eine aus mathematischen Gründen für das Lösen bequeme vor. Soweit also erscheint das Problem dann dasselbe wie das in (3.3.12) betrachtete zu sein. Das ist nicht ganz richtig.

Aus (8.1.7) wissen wir am Beispiel der Drehung, dass A unter Umständen im Reellen gar nicht, wohl aber A_C nach Übergang zur Komplexifizierung X_C diagonalisierbar ist.

Die Diagonalelemente λ_1, λ_2 sind dann komplexe Zahlen, denen man aber, und ohne dabei auf die reellen Ausgangskoordinaten oder eine exakte Lösung $x(\tau)$ zurückgreifen zu müssen, schon das qualitative Verhalten des Systems ansehen kann. Sind beide Zahlen negativ, dann stürzt es in den Nullpunkt, ist eine positiv, beide aber reell, läuft es ins Unendliche. Für rein imaginäre λ_1, λ_2 durchläuft die Bewegung periodisch eine Ellipse deren Hauptachsenrichtungen durch die zur Diagonalform gehörenden Basisvektoren bestimmt ist. Im Falle echt komplexer Zahlen hat man die Mischform von ein- oder auslaufenden Spiralbahnen.

Wir sehen also einerseits, dass die Diagonalisierung, und sei sie auch nur in X_C möglich, eine Vereinfachung des Lösungsvorgangs ermöglicht hat, dass aber andererseits die dabei auftretenden Diagonalglieder selbst bereits eine ganze Menge über das dynamische System aussagen. Das ist wichtig für die allgemeine Theorie dynamischer Systeme, wo die zweite Beobachtung noch wahr bleibt, man aber aufgrund der Komplexität der Vorgänge keine exakten Lösungen finden kann (siehe [35]).

Dieses Beispiel sowie die in Paragraf 7.3 gemachten Beobachtungen bei der metrischen Klassifikation von Quadriken motivieren die nachfolgenden Untersuchungen.

Ihre Problemstellung lautet verkürzt so: Kann man eine affine bzw. isometrische Transformation finden, so dass eine gegebene Matrix in den neuen Koordinaten diagonal oder sonstwie einfach wird?

(7.2.14) formuliert einen Satz dieser Art, (7.2.13) zeigt, was man über den Aufbau von Automorphismen lernen kann, wenn ein geeigneter Diagonalisierungssatz vorliegt.

9.1.2. Die genannten Beispiele legen es nahe in einem nichttrivialen n-dimensionalen Vektorraum X, der zunächst reell oder komplex sein darf, die Diagonalelemente und die an die Diagonalgestalt angepassten Basen in die axiomatische Theorie einzubauen. Wir geben zwei sich anbietende Definitionen, eine im Vektorraum und eine im zugehörigen Endomorphismenring.

Definition. Sei A aus *End*(X). Ein *von Null verschiedener* Vektor x aus X heisst EIGENVEKTOR von A, wenn es im Skalarkörper von X ein λ gibt, so dass $Ax = \lambda x$ ist. Man nennt die dann durch A und x eindeutig bestimmte Zahl $\lambda = \lambda(A, x)$ den EIGENWERT von A zum Eigenvektor x.

Definition. Sei A aus *End*(X). Eine Zahl λ aus dem Skalarkörper von X heisst SPEKTRALWERT von A, wenn $A - \lambda I$ *nicht* invertierbar ist. Die

Menge aller Spektralwerte von A heisst das SPEKTRUM von A und wird mit $Sp(A)$ bezeichnet.

Ist λ aus $Sp(A)$, dann heisst jeder *von Null verschiedene* Vektor x aus X im Kern von $A - \lambda I$ ein zu λ gehörender EIGENVEKTOR von A. Den Kern von $A - \lambda I$ nennen wir den EIGENRAUM von λ; er wird mit X_λ bezeichnet.

9.1.3. Ist $x \neq o$ gemäss der ersten Definition Eigenvektor mit Eigenwert λ, dann liegt er in $ker(A - \lambda I)$, also kann nach (3.1.6) die Abbildung $A - \lambda I$ keine Inverse besitzen, λ ist somit Spektralwert und x Eigenvektor im Sinne der zweiten Definition. Ist umgekehrt λ Spektralwert, dann ist der Kern von $A - \lambda I$ nichttrivial und jeder darin auftretende von Null verschiedene Vektor erfüllt $Ax = \lambda x$, ist also Eigenvektor mit Eigenwert λ im Sinne der ersten Definition.

Die Kennzeichnung von Eigenwerten ist zunächst das wichtigste Problem. Für den folgenden Satz haben wir einen Teil des Beweises schon gegeben, der Rest folgt aus (4.3.11).

Satz. Die Eigenwertmenge stimmt mit dem Spektrum überein.

In Bezug auf das Spektrum und die Menge der Eigenvektoren sind beide Definitionen gleichwertig.

Das Spektrum von A ist genau die Nullstellenmenge des charakteristischen Polynoms c_A.

Wir haben damit eine *vektorraumtheoretische*, eine *abbildungstheoretische* und eine *algebraische* Definition für das Spektrum.

Die zuletzt aufgeführte Kennzeichnung des Spektrums mag dem Leser befremdlich erscheinen: Sie greift über den Rahmen der Linearen Algebra hinaus, was aus der knappen Diskussion der Polynomfunktionen in Paragraf 8.2 deutlich wird, und trägt, wie die Erfahrung mit grossen Matrizen zeigt, auch wenig zur Berechnung der Eigenwerte bei.

Sie hat aber den Vorteil, sehr schnell einige grundsätzliche Existenzaussagen zu liefern und damit die nachfolgenden Untersuchungen von vornherein in die richtige Perspektive zu rücken.

Satz. Aus (8.2.1) finden wir

   i. Es gibt höchstens n Eigenwerte von A.

   ii. Im Komplexen gibt es mindestens einen Eigenwert.

   iii. Die Komplexifizierung A_C eines reellen Endomorphismus A hat mindestens zwei Eigenwerte; diese sind zueinander konjugiert.

   iv. Im Reellen braucht es keine Eigenwerte zu gegen. Ist dagegen die Dimension von X ungerade, dann finden wir auch hier mindestens einen Eigenwert.

Die zweite Definition hat algebraischen Charakter. Zunächst verdeutlicht sie nocheinmal die weitreichenden Konsequenzen, die die Tatsache hat, dass

End(X) keine unbeschränkte Division erlaubt. Sie liefert *als Folge* der Existenz von Spektralwerten die der zugehörigen Eigenvektoren.

Die erste schliesslich ist der geometrischen Bedeutung und der Interpretation der Eigenwerte für das Lösen von Gleichungssystemen am nächsten. Beispielsweise folgt aus (iv) oben, *dass in Räumen ungerader Dimension,* etwa im $\mathbb{R}^3$, der der räumlichen Geometrie zugrundeliegt, *jede Drehung eine Drehachse,* also eine unter ihr invariante Gerade, *besitzt.* Die Konsequenz für die Gleichungstheorie haben wir in (9.1.1) und (3.3.12) aufgezeigt.

Jede seiner Kennzeichnungen zeigt, dass das Spektrum ein basisunabhängiger Begriff ist, d.h. *für alle T aus Aut(X) haben A und TAT^{-1} dieselben Spektralwerte.*

Daraus leitet sich die zentrale Aufgabe der Spektraltheorie ab. Sei eine Untergruppe G von $Aut(X)$ gegeben. In der affinen Geometrie wird man $GL(X)$, in der euklidischen $O(X)$ usw. wählen. Dann versucht man in der Äquivalenzklasse

$$\{TAT^{-1}|T \text{ aus } G\}$$

von Matrizen bezüglich einer festen Basis diejenige zu finden, die eine besonders einfache Gestalt hat. Anders ausgedrückt, sucht man nach einer Basis, in der A besonders einfache Matrizenform annimmt (vgl. (3.3.9)). Die Klasse, und damit auch die Antwort, hängt natürlich von A ab; beispielsweise werden wir sehen, dass für hermitesche Endomorphismen die Klasse, gebildet bezüglich $O(X)$, eine Diagonalmatrix enthält, was für orthogonale A nicht zuzutreffen braucht.

9.1.4. Ein Vergleich von (9.1.3)(ii) und (iii) legt es nahe, die Wirkung der Komplexifizierung auf das Spektrum zu untersuchen. In (9.1.1), haben wir gesehen, dass die stets existierenden Spektralwerte von A_C auch eine Interpretation für das reelle, durch A beschriebene Problem, haben, das selbst dann, wenn $Sp(A)$ leer ist. Wir schliessen dazu an (8.1.4) bis (8.1.7) an. Mit den dort verwendeten Bezeichnungen finden wir:

Satz. Sei X eine reeller Vektorraum und A aus $End(X)$. Dann gelten:

    i. $Sp(A)$ besteht gerade aus den reellen Spektralwerten von A_C.

   ii. Ist λ ein reeller Spektralwert von A_C, dann findet man $(X_C)_\lambda = (X_\lambda)_C$.

  iii. Hat λ aus $Sp(A_C)$ mindestens einen σ-invarianten Eigenvektor, dann ist λ reell.

  iv. Ist $\lambda = \alpha + i\beta$ aus $Sp(A_C)$ echt komplex mit Eigenvektor $x + iy$ in X_C. Dann sind x, y in X linear unabhängig und es gilt

$$Ax = \alpha x - \beta y \qquad Ay = \beta x + \alpha y.$$

   v. Ist λ in $Sp(A_C)$, dann ist es auch $\bar{\lambda}$, $(X_C)_{\bar{\lambda}} = \sigma(X_C)_\lambda$. Haben λ und $\bar{\lambda}$ einen gemeinsamen Eigenvektor, dann ist λ reell.

Beweis. Ist $\alpha + i\beta$ aus $Sp(A_{\mathbf{C}})$ mit Eigenvektor $x + iy$ in Gauss'scher Darstellung. Dann gilt

$$Ax + iAy = A_{\mathbf{C}}(x + iy) = (\alpha x - \beta y) + i(\beta x + \alpha y),$$

woraus die Gleichungen in (iv) folgen. Daraus liest man (i), (ii) ab. Ist $y = o$, dann folgt aus $A_{\mathbf{C}} x = Ax$ und Ax aus X, dass $\beta = 0$ sein muss, also (iii). (v) folgt dann, wenn man (8.1.6), (8.2.2) und (9.1.3) hinzunimmt. Die Formeln in (iv) zeigen, dass aus der linearen Abbhängigkeit von x und y stets $\beta = 0$ folgt. Der Leser vergewissere sich davon. $\square$

9.1.5. Wir wollen uns (9.1.4)(iv) und (v) genauer anschauen. Sei dazu λ ein Spektralwert von $A_{\mathbf{C}}$ und $z_1, \ldots, z_m$ eine Basis des zugehörigen Eigenraums $(X_{\mathbf{C}})_\lambda$. Aus (8.1.6) schliessen wir für $k = 1, \ldots, m$:

$$A_{\mathbf{C}}\sigma(z_k) = \sigma(A_{\mathbf{C}}z_k) = \sigma(\lambda z_k) = \bar{\lambda}\sigma(z_k)$$

und $\sigma(z_1), \ldots, \sigma(z_m)$ liegen im Eigenraum von $\bar{\lambda}$. Da $\sigma^2 = I$ ist und σ die lineare Unabhängigkeit erhält, bilden sie sogar eine Basis von $(X_{\mathbf{C}})_{\bar{\lambda}}$.

Jetzt interessieren wir uns für den Fall echt komplexer Eigenwerte, d.h. $\lambda \neq \bar{\lambda}$. Dann sind $z_1, \ldots, z_m, \sigma(z_1), \ldots, \sigma(z_m)$ $\mathbb{R}$-linear unabhängig.

Wäre das nicht wahr, dann müsste es nach (2.2.9) einen ersten Vektor, und der könnte nach obigem nur von der Form $\sigma(z_k)$ sein, geben, der von seinen Vorgängern reell linear abhängt. Damit folgt

$$\bar{\lambda}\sigma(z_k) = \bar{\lambda}\left(\Sigma\alpha_i z_i + \sum_{j<k} \beta_j\sigma(z_j)\right)$$

$$A_{\mathbf{C}}\sigma(z_k) = \Sigma\alpha_i\lambda z_i + \sum_{j<k} \beta_j\bar{\lambda}\sigma(z_j)$$

und daraus wegen der Übereinstimmung der linken Seiten

$$(\lambda - \bar{\lambda})\Sigma\alpha_i z_i = o.$$

Also sind alle $\alpha_i = 0$, $i = 1, \ldots, m$, und folglich auch die β_i, weil $\sigma(z_1), \ldots, \sigma(z_m)$ eine Basis von $(X_{\mathbf{C}})_{\bar{\lambda}}$ ist.

Man bestimmt dann die reellen Vektoren in X

$$e_k = 2^{-1}(z_k + \sigma(z_k)) \text{ und } f_k = (2i)^{-1}(z_k - \sigma(z_k))$$

für $k = 1, \ldots, m$. Es gilt damit

$$z_k = e_k + if_k, \quad \sigma(z_k) = e_k - if_k.$$

Damit sind $e_1, \ldots, e_m, f_1, \ldots, f_m$ $\mathbb{R}$-linear und bijektiv auf obiges linear unabhängiges System abgebildet und bilden somit ein linear unabhängiges Vektorensystem in X.

Mit diesen ausführlichen Rechnungen, die zum Teil die Argumente seines Beweises wieder aufgreifen, stossen wir auf eine wichtige Folgerung des Satzes (9.1.4).

Korollar. Sei λ aus $Sp(A_C)$ und m die Dimension seines Eigenraums in X_C. Dann unterscheiden wir zwei Fälle:

i. Ist λ reell, dann gibt es in X einen m-dimensionalen A-invarianten Teilraum $X(\lambda)$.

ii. Ist $\lambda = \alpha + i\beta$ mit $\beta \neq 0$, dann enthält X einen $2m$-dimensionalen A-invarianten Teilraum $X(\lambda)$.

Im ersten Fall ist $X(\lambda) = X_\lambda$ und A hat darauf Diagonalgestalt bezüglich jeder Basis von X_λ; in der Diagonale steht überall λ.

Im zweiten Fall gibt es in $X(\lambda)$ eine Basis $e_1, f_1, \ldots, e_m, f_m$ bezüglich der A QUASIDIAGONALGESTALT hat. Das bedeutet, dass A eine Blockmatrix ist, deren von Null verschiedene Blöcke entlang der Diagonale aufgereihte 2×2-Matrizen sind. Diese haben die Gestalt

$$\begin{pmatrix} \alpha & -\beta \\ \beta & \alpha \end{pmatrix}.$$

Wir folgern aus dem Korollar mit (7.2.2).

Korollar. Ist $A_C = Diag(\lambda_1, \ldots, \lambda_n)$, dann zerfällt X in eine direkte Summe von A-invarianten Teilräumen $X_i, i = 1, \ldots, s, n/2 \leq s \leq n$, mit *dim* $X_i \leq 2$. Auf jedem X_i wirkt A durch eine Ähnlichkeitstransformation.

Endomorphismen A aus $End(X)$ mit der in dem letzten Korollar genannten Eigenschaft nennt man HALBEINFACH.

Man nennt die Eigenwerte von A_C die KOMPLEXEN EIGENWERTE von A, versteht darunter meist aber nur $\lambda = \alpha + i\beta$, ignoriert also das dadurch mitbestimmt $\bar\lambda$ was auch Eigenwert von A_C ist. Beispielsweise ist für die Drehung der Ebene $e^{i\varphi}$ der komplexe Eigenwert von A, die Eigenwerte von A_C sind aber $e^{i\varphi}, e^{-i\varphi}$.

Ihre Deutung ist in diesen Sätzen gegeben. Wir sehen, dass das Beispiel in (8.1.7) eine typische Situation beschreibt. Aus diesen Überlegungen wird auch klar, was es bedeutet, dass in $Sp(A_C)$ die Eigenwerte als Paare $\lambda, \bar\lambda$ auftreten.

Der Spektralsatz

9.2.1. Die A-INVARIANTEN Teilräume Y von X, d.h. diejenigen für die mit y auch stets Ay in Y liegt, haben sich in den Überlegungen des letzten Abschnitts als wesentliche Bausteine bei der Zerlegung eines Endomorphismus A von X in einfachere Bestandteile herauskristallisiert. Das

Beispiel der reellen JORDAN'SCHEN Matrizen

$$\begin{pmatrix} \lambda & 1 & 0 & . & . & 0 \\ 0 & \lambda & 1 & . & . & . \\ . & . & . & . & . & . \\ . & . & . & . & \lambda & 1 \\ 0 & . & . & . & 0 & \lambda \end{pmatrix}$$

zeigt, dass A unter Umständen nur wenige Eigenvektoren zu einem Eigenwert λ hat und dass es zu einem A-invarianten Teilraum nicht unbedingt einen A-invarianten Komplementärraum zu geben braucht.

Man nennt A aus $End(X)$ IRREDUZIBEL, wenn es in X keinen echten nichttrivialen A-invarianten Teilraum gibt, REDUZIBEL, wenn das Gegenteil der Fall ist. Diese Klasse hat noch die Teilklasse der VOLLSTÄNDIG REDUZIBLEN Endomorphismen, für die es einen echten nichttrivialen A-invarianten Teilraum mit A-invariantem Komplementärraum gibt.

Die Drehungen der Ebene sind irreduzibel, eine halbeinfache Abbildung auf einem wenigstens dreidimensionalen Raum ist dagegen nach (9.1.3) vollständig reduzibel, die Jordan'schen Matrizen beschreiben in reellen Vektorräumen Endomorphismen für die beides nicht mehr zutrifft.

9.2.2. Sei $e_1, \ldots, e_m$ die Basis eines echten A-invarianten Teilraums Y, die irgendwie zu einer Basis des Raums X ergänzt sei. Nachdem für $k = 1, \ldots, m$ Ae_k in Y liegt, muss für $k \leqslant m$ und $i > m$ stets $\alpha_{ik} = 0$ ausfallen. A hat in dieser Basis dann die Blockform

$$\begin{pmatrix} B & C \\ O & D \end{pmatrix}$$

mit B aus $M(m, m)$, D aus $M(n - m, n - m)$. Umgekehrt erklärt jede solche Blockmatrix einen reduziblen Endomorphismus; da die zugehörige Abbildung $Lin\{e_1, \ldots, e_m\}$ in sich überführt.

Enthält nun Y seinerseits einen echten nichttrivialen A-invarianten Teilraum, dann kann man B weiter in eine Blockform des eben gegebenen Typs übertragen. So kann man, so lange es möglich ist, weitermachen. Das erklärt den Namen des folgenden Resultats.

Satz. (KOMPLEXE TRIANGULIERBARKEIT) Ist X ein komplexer Vektorraum und A aus $End(X)$, dann gibt es eine Fahne von A-invarianten Teilräumen

$$\{o\} = Y_o \subset Y_1 \subset \cdots \subset Y_{n-1} \subset Y_n = X$$

mit $\dim Y_i = 1 + \dim Y_{i-1}$ für alle $i = 1, \ldots, n$.

Beweis. Die Transponierte A^* hat nach (9.1.2) wenigstens einen Spektralwert λ^* mit Eigenvektor $e^* \neq o$. Setzt man $Y_{n-1} = \langle e^* \rangle^o$, dann ist das wegen (6.1.6) ein $(n-1)$-dimensionaler Teilraum, der wegen

$$(e^*|Ax) = (A^*e^*|x) = \lambda^*(e^*|x) = 0$$

für alle x aus Y_{n-1} auch A-invariant ist. Iteriert man diese Überlegung, indem man beachtet, dass nach (6.1.6) der Dualraum von Y_{n-1} ein Komplementärraum von $\mathbb{R}\,e^*$ ist, findet man Y_{n-2} in Y_{n-1} mit *dim* $Y_{n-1} =$ *dim* $Y_{n-2} + 1$. So fortfahrend bekommt man induktiv eine Fahne mit den verlangten Eigenschaften.   □

Die Konstruktion legt nahe, im Dualraum X^* die duale Fahne

$$\langle o \rangle = X^o \subset Y_{n-1}^o \subset \cdots \subset Y_1^o \subset Y_o^o = X^*$$

zu betrachten und dann eine daran angepasste Basis $e_1^*, \ldots, e_n^*$ zu wählen, d.h. eine solche, für die $e_{m+1}^*, \ldots, e_n^*$ gerade Y_m^o aufspannen. Das geht wegen (2.3.4). Die kanonische Dualbasis $e_1, \ldots, e_n$ hat nach (6.1.2) und (6.1.6) die Eigenschaft, dass $e_1, \ldots, e_m$ eine Basis von Y_m ist.

Das Argument eingangs dieses Abschnitts liefert dann, dass *A in dieser Basis obere Dreiecksgestalt hat. Die Diagonalelemente* $\lambda_1, \ldots, \lambda_n$ *sind offenbar die Spektralwerte von A.*

Letzteres folgt aus (4.3.18), wonach $c_A(\lambda) = \lambda_1\lambda_2\ldots\lambda_n$ ist, aus (8.2.1) und (9.1.2).

Wendet man die Komplexifizierung auf einen Endomorphismus A eines reellen Vektorraums X an, dann bekommt man mithilfe der Überlegungen aus (9.1.5) einen Darstellungssatz für reelle Abbildungen aus dem obigen für komplexe.

Korollar. (QUASITRIANGULIERBARKEIT) Ist A aus *End*(X) und X ein reeller Vektorraum, dann gibt es eine Fahne

$$\langle o \rangle = Y_o \subset Y_1 \subset \cdots \subset Y_s = X$$

von A-invarianten Teilräumen mit

$$dim\, Y_k = 1 + dim\, Y_{k-1} \quad \text{für } k = 1, \ldots, r$$
$$dim\, Y_k = 2 + dim\, Y_{k-1} \quad \text{für } k = r+1, \ldots, s.$$

Es gibt eine an die Fahne angepasste Basis, in der A eine obere Quasi-Dreiecksmatrix ist. Genauer gilt, dass die Diagonale von A aus s Blöcken von $m \times m$-Matrizen, $m = 1$ oder $m = 2$, besteht, unterhalb dieser aber nur Nullen auftreten. Die ersten r Blöcke sind für $k = 1, \ldots, r$ von der Form

$$\begin{pmatrix} \alpha_k & -\beta_k \\ \beta_k & \alpha_k \end{pmatrix}$$

wobei $\lambda_k = \alpha_k + i\beta_k$ die echt komplexen Eigenwerte von A durchläuft; die restlichen $s - r$ Blöcke sind einfach die $s - r$ reellen Eigenwerte von A.

Das ist das beste Ergebnis, dass man für die Matrixform eines nicht weiter spezifizierten Endomorphismus *durch Basistransformation* erreichen kann. Der Leser vergleiche das Ergebnis mit der Gauss'schen Triangulierung und der in (7.2.14).

9.2.3. Hat man es mit reellen [komplexen] Matrizen zu tun, dann kann man diese stets als Koordinatenform bezüglich der natürlichen Basis in $\mathbb{R}^n$ [$\mathbb{C}^n$] einer linearen Abbildung auffassen. In diesen Räumen hat man das natürliche Skalarprodukt zur Verfügung und die genannte Basis ist sogar orthonormal. Diesen Sachverhalt kann man mit Vorteil für den numerischen Kalkül verwenden.

Wir wollen die Ergebnisse aus (9.2.2) verfeinern und wählen ausserdem ein anderes Beweisverfahren, das leicht in einen rechnerischen Algorithmus umgesetzt werden kann. Die Aussage, die wir beweisen wollen, lautet üblicherweise so:

Satz. Zu einer komplexen Matrix A gibt es stets eine unitäre U, so dass UAU^* obere Dreiecksgestalt hat. In der Diagonale von UAU^* stehen gerade die, unter Umständen mehrfach auftretenden, Spektralwerte von A.

Aufgrund der Vorbemerkungen und Satz (7.2.5) ist sie gleichbedeutend mit der nachfolgenden koordinatenfreien Fassung.

Satz. Ist X ein komplexer Vektorraum mit Skalarprodukt und A aus $End(X)$, dann kann man eine Orthonormalbasis in X finden, so dass die Koordinatendarstellung von A bezüglich dieser eine obere Dreiecksmatrix ist.

Beweis. Wir gehen davon aus, dass uns ein Eigenwert λ_1 aus $Sp(A)$ gegeben ist. Das können wir theoretisch mit (9.1.2) rechtfertigen, ist aber rechnerisch eine sehr starke Annahme, da die zur Eigenwertbestimmung herangezogenen Verfahren recht komplexer Natur sind. In jedem Fall steckt hier ein mathematisches Element drinnen, das nicht der axiomatischen Linearen Algebra angehört.

Dann benutzt man etwa ein Verfahren aus Kapitel 4, um aus $Ae_1 = \lambda e_1$ einen Eigenvektor e_1 der Länge 1 zu gewinnen. Diesen ergänzen wir, etwa nach (7.1.9) zu einer Orthonormalbasis $e_1, \ldots, e_n$. Nebeneinander gestellt bilden diese Spalten nach (7.1.12) eine unitäre Matrix $U_1 = [e_1 \cdots e_n]$. Man errechnet dann

$$U_1^* A U_1 = U_1^*[\lambda_1 e_1 \, Ae_2 \cdots Ae_n]$$

und die erste Spalte des rechts stehenden Matrizenprodukts ist $(\langle \lambda_1 e_1 | e_k \rangle)$, die anderen sind $(\langle Ae_i | e_k \rangle)$ mit $k = 1, \ldots, n$ und $i = 2, \ldots, n$.

Es gilt also

(*) $$U_1^* A U_1 = \begin{pmatrix} \lambda_1 & b_1 \\ O & A_1 \end{pmatrix}$$

mit komplexer $(n-1) \times (n-1)$-Matrix A_1. Dafür iteriert man das Verfahren und erhält eine unitäre $(m-1) \times (m-1)$-Matrix V die A_1 auf eine analoge Form (*) transformiert, wo aber eine neuer Eigenwert λ_2 aus $Sp(A_1)$ auftreten kann. Nach (4.3.18) ist aber $c_A(\lambda) = (\lambda_1 - \lambda)c_{A_1}(\lambda)$ und die Eindeutigkeit der Primfaktorzerlegung (8.2.1) stellt dann sicher, dass $Sp(A)$ gerade $Sp(A_1)$ u.U. vermehrt um λ_1 ist; also ist λ_2 aus $Sp(A)$.

Erweitert man dann V zu einer unitären $n \times n$-Matrix, indem man links eine Nullspalte und oben eine Nullzeile ansetzt und die dann links oben entstehende Ecke mit 1 füllt, dann findet man nach dem zweiten Schritt

$$U_2^* U_1^* A U_1 U_2 = \begin{pmatrix} \lambda_1 & * & * \\ 0 & \lambda_2 & * \\ 0 & 0 & A_2 \end{pmatrix}$$

und das Verfahren kann sinngemäss mit A_2 weitergeführt werden. Der Leser erfasse formelmässig den k-ten Schritt, indem er an den ersten Beweisgang anschliesst, wo wir b_1 und A_1 explizit durch die Basis und A ausgedrückt haben; diese Basis wird bei jedem Schritt neu arrangiert und überschreibt im Rechner die alte.

Schliesslich endet die Prozedur mit dem gewünschten Ergebnis.   □

Bemerkung. Wir machen hier eine wichtige Bemerkung. Das Verfahren liefert die unitären Matrizen U_i direkt, U_i^* entsteht dann durch Spiegelung an der Hauptdiagonale und komplexes Konjugieren. Hier liegt ein rechnerischer Vorteil gegenüber (9.2.2), wo wir die Triangulierung über $T A T^{-1}$ mit T aus $GL(X)$ erreicht hatten. Kennt man dort T, dann ist noch ein aufwendiger Algorithmus nötig, um T^{-1} zu bestimmen; wir haben einige davon kennengelernt.

Das zeigt, dass es auch ganz und gar nicht-geometrische Gründe geben kann, die unitäre Gruppe heranzuziehen.

Da eine unitäre Transformation eine hermitesche Matrix in eine ebensolche überführt und da für diese in einem Orthonormalsystem die Koeffizientenbedingung $\alpha_{ik} = \bar{\alpha}_{ki}$ erfüllt ist, folgern wir aus diesem Satz:

Korollar. Ist A eine selbstadjungierter Endomorphismus auf einem komplexen Vektorraum X mit Skalarprodukt, dann gibt es eine Orthonormalbasis in der A die Matrixform $Diag(\lambda_1, \ldots, \lambda_n)$ annimmt. Die Diagonalwerte sind genau die eventuell mehrfach auftretenden Spektralwerte von A.

Der Leser überlege analog zu (9.2.2), wie man die Ergebnisse auf reelle Endomorphismen übertragen kann; dazu muss auch (8.1.7) eingesetzt werden.

9.2.4. Wir wissen jetzt, wenn wir auf das zweite Korollar in (9.1.5) zurückblicken, dass jede selbstadjungierte lineare Abbildung eine Darstellung als quasidiagonale Matrix bezüglich einer Orthonormalbasis zulässt. Dieses Ergebnis wollen wir jetzt verbessern.

Lemma. Sei X ein komplexer Vektorraum mit Skalarprodukt und A ein hermitescher Endomorphismus auf X. Dann findet man:

  i. Alle Spektralwerte von A sind reell.
  ii. Sind λ, μ zwei verschiedene Werte in $Sp(A)$, dann ist X_λ orthogonal zu X_μ.

Erinnert sich der Leser an (9.1.4)(i), dann sieht er, dass im Rahmen der Argumentation des letzten Abschnitts das Lemma als unmittelbare Konsequenz die folgende Aussage hat:

Satz. Das Korollar (9.2.3) gilt auch für reelle Vektorräume.

Damit ist die metrische Klassifikation von Quadriken aus (7.3.14) und die Polarzerlegung aus (7.2.15) abschliessend behandelt; die dort gemachten Voraussetzungen sind stets erfüllt und können in der Formulierung der Sätze fallengelassen werden.

Der Beweis des Lemmas ist einfach. Ist λ aus $Sp(A)$ mit Eigenvektor $x \neq o$, dann gilt:

$$\lambda|x|^2 = \langle \lambda x | x \rangle = \langle Ax | x \rangle = \langle x | Ax \rangle = \langle x | \lambda x \rangle = \bar{\lambda}|x|^2,$$

woraus $\lambda = \bar{\lambda}$ folgt. Ist y ein Eigenvektor zu μ, dann finden wir

$$\lambda \langle x | y \rangle = \langle Ax | y \rangle = \langle x | Ay \rangle = \mu \langle x | y \rangle,$$

weil μ nach dem ersten Teil reell ist. Aus $(\lambda - \mu)\langle x | y \rangle = 0$ folgt aber $\langle x | y \rangle = 0$ für $\lambda \neq \mu$. $\qquad\qquad\qquad\qquad\qquad\qquad \square$

Bemerkung. Findet man eine Orthonormalbasis in der A Diagonalgestalt mit reellen Diagonalgliedern hat, dann ist A natürlich hermitesch. Man kann also diese "bestmögliche" Lösung des Reduktionsproblems genau für diese Klasse von Abbildungen erreichen.

Bemerkung. Sei A hermitesch und $e_1, \ldots, e_n$ eine Orthonormalbasis. Dann findet man nach dem Satz eine unitäres U, so dass in der Basis $u_1, \ldots, u_n$ mit $u_k = U^*e_k$ die Matrix von A die Diagonalform annimmt. Mit anderen Worten gilt $Diag(\lambda_1, \ldots, \lambda_n) = UAU^*$ oder äquivalent dazu

$$U^*Diag(\lambda_1, \ldots, \lambda_n) = AU^*.$$

Nun sind $u_1, \ldots, u_n$ die Spalten von U^*, dann bedeutet diese Gleichung gerade

$$\lambda_k u_k = Au_k \quad \text{für } k = 1, \ldots, n.$$

Da U^* unitär ist, bilden somit die $u_1, \ldots, u_n$ ein orthonormales System von Eigenvektoren von A der Länge 1. Man hat also mit U gleichzeitig die Basis $u_1, \ldots, u_n$ mitbestimmt: Die Koordinatendarstellung von u_k bezüglich der Ausgangsbasis $e_1, \ldots, e_n$ ist gerade der k-te Spaltenvektor U^* für $k = 1, \ldots, n$.

9.2.5. Ist A ein Endomorphismus in einem komplexen Vektorraum, der bezüglich einer Orthonormalbasis die Matrixform $A = Diag(\lambda_1, \ldots, \lambda_n)$ annimmt, dann ist $A^* = Diag(\bar{\lambda}_1, \ldots, \bar{\lambda}_n)$. Daraus folgt dann die koordinatenfreie Aussage, dass $A^*A = AA^*$ sein muss. Endomorphismen eines unitären Raums mit dieser Eigenschaft nennt man NORMAL. Die unitären Abbildungen sind Beispiele dafür.

Als eine weitere Konsequenz von (9.2.3) wollen wir die Kennzeichnung dieser Abbildungen im Rahmen der Reduktionstheorie angeben.

Satz. Ist A ein normaler Endomorphismus auf einem komplexen Vektorraum X mit Skalarprodukt. Dann gibt es in X eine Orthonormalbasis bezüglich der A die Matrixdarstellung $A = Diag(\lambda_1, \ldots, \lambda_n)$ hat. $\lambda_1, \ldots, \lambda_n$ sind Spektralwerte von A und jeder Spektralwert tritt wenigstens einmal in der Diagonalmatrix auf.

Ist A unitär, dann gilt $|\lambda_k| = 1$ für $k = 1, \ldots, n$

Ist A positiv, dann sind alle $\lambda_k \geqslant 0$, ist A positiv definit, dann sind sie sogar echt grösser als null.

Beweis. *Ist x ein Eigenvektor von A zum Eigenwert λ, dann ist er auch ein Eigenvektor von A^*, diesmal zum Eigenwert $\bar{\lambda}$.* Diese Beobachtung wird notwendigerweise erfüllt, wenn der Satz wahr ist. Wir beweisen sie direkt und folgern daraus das Theorem. Dazu sehen wir uns die Gleichungskette

$$
\begin{aligned}
|(A - \lambda I)x|^2 &= \langle x|(A - \lambda I)^*(A - \lambda I)x \rangle \\
&= \langle x|(A^* - \bar{\lambda}I)(A - \lambda I)x \rangle \\
&= \langle x|(A - \lambda I)(A^* - \bar{\lambda}I)x \rangle \\
&= |(A^* - \bar{\lambda}I)x|^2
\end{aligned}
$$

an und schliessen aus $Ax = \lambda x$ daraus $(A^* - \bar{\lambda}I)x = o$.

Aus (9.2.3) wissen wir, dass es eine Orthonormalbasis $e_1, \ldots, e_n$ gibt in der A obere Dreiecksform hat, also gilt $A_1 = \lambda_1 e_1$ und folglich auch $A^* e_1 = \bar{\lambda}e_1$. Nun ist aber die Matrixform in der genannten Basis $A^* = (\bar{\alpha}_{ki})$, wenn $A = (\alpha_{ik})$ war. Das impliziert

$$
\bar{\lambda}e_1 = A^* e_1 = \sum_{j=1}^{n} \bar{\alpha}_{1j} e_j
$$

und wir bekommen daraus $\alpha_{1j} = 0$ für alle $j = 2, \ldots, n$. Dann gilt aber auch $Ae_2 = \lambda_2 e_2$ und man kann den Schluss wiederholen mit dem Ergebnis, dass auch $\alpha_{2j} = 0$ für $j = 3, \ldots, n$ sein muss. Hinreichend häufiges Iterieren des Arguments liefert die Behauptung des Satzes.

Die Zusätze folgen direkt aus der Definition der jeweiligen Endomorphismen, wobei wir noch nachtragen müssen, dass A POSITIV heisst, wenn für alle x $\langle Ax|x \rangle \geqslant 0$ ist. $\square$

Korollar. Ein normaler Endomorphismus eines reellen Vektorraums ist stets quasidiagonalisierbar.

9.2.6. In den vorhergehenden Abschnitten haben wir stets eine Basis mitgeschleppt und damit auch eine rechnerisch befriedigende Antwort auf das Grundproblem der Reduktionstheorie gefunden. Diese war aufgefasst worden als das Aufsuchen einer bequemen *Matrixdarstellung* eines gegebenen Endomorphismus. Damit wurzeln alle diese Überlegungen in der Vektorraumtheorie. In diesem Abschnitt wollen wir das Problem *in den Endo-*

morphismenring selbst verlagern und uns fragen, ob man eine gegebene Abbildung in besonders einfache zerlegen kann. Als einfach empfinden wir hier (orthogonale) Projektoren und die Zerlegung stellen wir uns als Linearkombination solcher vor (vgl. (7.1.13)). Damit sind wir dann von der Basis des Raums völlig befreit und können auch auf Matrizendarstellung zur Veranschaulichung der Ergebnisse verzichten.

In der zweiten Definition in (9.1.2) haben wir das Spektrum ohne Bezug auf den Grundraum allein aus der Struktur von $End(X)$ erklärt, die zweite Zutat, den Eigenvektor bzw. allgemeiner den Eigenvektorraum müssen wir noch in den Endomorphismenring übernehmen. Das leistet das folgende Ergebnis.

Vorneweg wollen wir noch in Erinnerung bringen, dass ein orthogonaler Projektor auf einem Raum mit Skalarprodukt ein Endomorphismus mit $P^2 = P$ und $P = P^*$ ist. Trägt der Raum kein Skalarprodukt, dann verstehen wir unter einem PROJEKTOR einen Endomorphismus mit $P^2 = P$.

Satz. Sei X ein reeller oder komplexer Vektorraum und A aus $End(X)$. Dann gelten für $i, j = 1, \ldots, k$:

    i. Ist $X = X_1 + \cdots + X_k$ eine direkte Summe und sind P_i die Projektoren auf den Summanden X_i, dann ist $P_1 + \cdots + P_k = I$ und $P_i P_j = O$ für $i \neq j$.

    ii. Sind $P_1, \ldots, P_k$ Projektoren in $End(X)$, die die Teilräume $X_i = Im\, P_i$ definieren. Dann folgt aus $P_1 + \cdots + P_k = I$ und $P_i P_j = O$ für $i \neq j$, dass X die direkte Summe $X_1 + \cdots + X_k$ ist.

    iii. Liegt die in (i) bzw. (ii) beschriebene Situation vor, dann sind die Teilräume X_i genau dann alle A-invariant, wenn $A P_i = P_i A$ für alle i gilt.

    iv. Ist X mit einem Skalarprodukt versehen, dann kann man in (i), (ii) "direkte Summe" durch "orthogonale direkte Summe" und gleichzeitig "Projektor" durch "orthogonaler Projektor" ersetzen.

Beweis. Nach (2.2.7) sind die x_i in $x = x_1 + \cdots + x_k$ durch x eindeutig bestimmt. $P_i x = x_i$ ist eine lineare Abbildung mit $P_i^2 = P_i$ für $i = 1, \ldots, k$. Offenbar gelten die Operatorrelationen. Das bestätigt (i).

(ii) folgt so: $x = Ix = P_1 x + \cdots + P_k x$ liefert eine Zerlegung von X in Komponenten aus $X_i = Im\, P_i$, $i = 1, \ldots, k$. Ist nun x in X_i und X_j, $i \neq j$, dann ist $o = P_i P_j x = P_i x = x$ wegen $P_i^2 = P_i$ für alle $i = 1, \ldots, k$, also ist die Summe direkt.

Um (iii) zu zeigen, nehmen wir erst x_i aus X_i und sehen, dass $A x_i = A P_i x_i = P_i A x_i$ in $Im\, P_i = X_i$ liegt; X_i ist A-invariant für alle $i = 1, \ldots, k$. Sind umgekehrt x_i und $A x_i$ in X_i, dann gilt $A P_i x_i = P_i A x_i$ für alle $i = 1, \ldots, k$. Daraus folgt

$$A P_i x = A P_i x_i = P_i A x_i$$
$$= P_i (A x_1 + \cdots + A x_i + \cdots + A x_k)$$
$$= P_i A x,$$

wenn man die algebraischen Relationen und $A x_j$ aus X_j ausnutzt.

Der letzte Teil folgt daraus, dass die P_i genau dann $P_i = P_i^*$ erfüllen, wenn die direkte Summe orthogonal ist (vgl. (7.1.13)).   □

9.2.7. Mit dem eben gefundenen Ergebnis kann man den Satz (9.2.5) direkt übersetzen. Ist A normal auf einem komplexen Vektorraum, dann sagt der Satz, dass X in die orthogonale direkte Summe der Eigenräume X_λ, wobei λ ganz $Sp(A)$ durchläuft, zerfällt. Seien P_λ die zugehörigen orthogonalen Projektoren. Dann folgt daraus, dass A auf X_λ einfach durch Multiplikation mit λ wirkt, der folgende und wohl nützlichste Satz der Linearen Algebra.

Satz. (SPEKTRALSATZ) Ist A ein normaler Endomorphismus auf einem unitären Vektorraum mit $Sp(A) = \{\lambda_1, \ldots, \lambda_k\}$, dann gibt es in $End(X)$ eindeutig durch A bestimmte orthogonale Projektoren $P_1, \ldots, P_k$ mit $P_i P_j = O$ für $i \neq j$, $i, j = 1, \ldots, n$ und $P_1 + \cdots + P_k = I$, so dass

$$A = \lambda_1 P_1 + \cdots + \lambda_k P_k$$

ist und mit allen P_i, $i = 1, \ldots, n$, vertauscht.

Wegen der Bedeutung dieses Satzes wollen wir ihn noch einmal, diesmal im abbildungstheoretischen Rahmen beweisen. Ist λ aus $Sp(A)$, dann bezeichne P_λ den orthogonalen Projektor auf $ker(A - \lambda I)$. Nach (7.1.13) ist $(I - P_\lambda) = Q_\lambda$ dann der auf das orthogonale Komplement des Kerns. Sei x aus $ker(A - \lambda I)$ und y aus dessen orthogonalen Komplement. Dann gilt:

$$\langle x | Ay \rangle = \langle A^*x | y \rangle = \bar{\lambda}\langle x | y \rangle = 0$$

wegen (9.2.5), wo wir gezeigt haben, dass $ker(A - \lambda I) = ker(A^* - \bar{\lambda}I)$ ist. Also ist $Q_\lambda X$ A-invariant und nach (9.2.6) gelten, wenn man dasselbe Argument auf A^* anwendet: $P_\lambda A = A P_\lambda$ und $P_\lambda A^* = A^* P_\lambda$; dasselbe gilt für Q_λ.

Damit haben wir eine Zerlegung $A = \lambda P_\lambda + A Q_\lambda$ gefunden. Es errechnet sich für den zweiten Summanden:

$$(A Q_\lambda)^*(A Q_\lambda) = Q_\lambda A^* A Q_\lambda = Q_\lambda A A^* Q_\lambda$$
$$= Q_\lambda A Q_\lambda A^* = (A Q_\lambda)(A Q_\lambda)^*.$$

$A Q_\lambda$ ist somit wieder normal und man könnte das Verfahren iterieren. Da aber der Satz für *dim X* = 1 trivialerweise stimmt, beweisen wir ihn durch Induktion nach *dim X* und können an diese Stelle einsetzen

$$A Q_\lambda = \lambda_2 P_2 + \cdots + \lambda_k P_k.$$

Es ist $Q_\lambda P_i = P_i$, also $P_1 P_i = P_i P_1 = O$ für $i = 2, \ldots, k$, und $Q_\lambda = P_2 + \cdots + P_k$, also $P_1 + \cdots + P_k = I$; dabei setzen wir $\lambda_1 = \lambda$, $P_1 = P_\lambda$.

Den Beweis der Eindeutigkeit überlassen wir dem Leser als einfache Übung.   □

Auch dieser Beweis beginnt mit der Existensaussage, dass $Sp(A)$ nicht leer ist. Das zu finden bedarf stets analytischer Methoden, insbesondere auch, wenn man rechnerisch einen Spektralwert aufsuchen möchte. Bedauerlicherweise müssen wir dieses Thema anderen Schriften überlassen, da die Entwicklung des dafür nötigen analytischen Rahmens, den dieses Buches zu weit nach aussen drücken würde. Hier befassen wir uns nur mit der Linearen Algebra selbst und wollen an dieser Grenzlinie der Theorie halt-machen. Ausserdem ist die Analyse der Eigenwerte ein Problem mehr der Anwendungen als der Theorie selbst. Das wurde schon in (9.1.1) deutlich und trifft noch in höherem Masse auf die Eigenwertbestimmung, einem zentralen Thema der numerischen Analysis, zu.

9.2.8. Der Spektralsatz gehört sicher zu den bekanntesten Theoremen der Mathematik. In seiner koordinatenfreien Fassung ist es auch ein moderner Satz, mussten die Mathematiker doch erst lernen, Funktoren als seriöse Operationen zu begreifen, ehe sie zugunsten der Reichhaltigkeit alge-braischer Operationen in $End(X)$ bereit waren, das Vektoraumdenken fallen zu lassen. Dieses steht der klassischen anschaulichen Geometrie am nächsten und dort erscheint der Spektralsatz in seiner eindrucksvollsten Form bei der metrischen Klassifikation von Quadriken. Die Matrixform (9.2.5) wurzelt im klassischen Gleichungsproblem, weist aber wegen des schon Grassmann bekannten Zusammenhangs zwischen Matrizen und Ab-bildungen auf die moderne Fassung hin.

Diese beiden Hinweise deuten auch schon zwei Anwendungsbereiche des Satzes an. Wir wollen hier auf eine Technik verweisen, die den Nutzen der Linearen Algebra auf fast alle Gebiete der Mathematik sprunghaft erweitert hat und die auf dem Spektralsatz aufbaut: Der FUNKTIONENKALKÜL auf $End(X)$.

Wir schliessen mit einem Beispiel gleich an (8.2.2) an.

Sei p eine Polynomfunktion über $\mathbb{C}$, dann liefert das Fortsetzungsprinzip angewandt auf $End(X)$

$$p(A) = p(\lambda_1)P_1 + \cdots + p(\lambda_k)P_k,$$

wenn wir die Spektraldarstellung von A einsetzen. Jetzt wähle man speziell das LAGRANGE'SCHE Polynom

$$p_i(\tau) = \prod_j (\lambda_i - \lambda_j)^{-1}(\tau - \lambda_j),$$

wo die Produktbildung über alle $j = 1, \ldots, k$, $j \neq i$ erfolgt. Es hat die Eigenschaft, dass $p_i(\lambda_j) = \delta_{ij}$ ist. Setzt man das oben ein, dann findet man $P_i = p_i(A)$ für alle $i = 1, \ldots, n$.

Das liefert einerseits das wertvolle Resultat, dass *die Projektoren des Spektralsatzes durch A eindeutig als Polynome in A, d.h. ausdrückbar durch die algebraischen Operationen in $End(X)$, bestimmt sind*, es verweist aber auch auf eine neue mathematische Arbeitsmethode[†].

[†]und vollendet den Beweis in (9.2.7).

Definition. Sei A ein normaler Operator in seiner Spektralzerlegung und f eine auf $Sp(A)$ erklärte komplexwertige Funktion, dann setzt man

$$f(A) = f(\lambda_1)P_1 + \cdots + f(\lambda_k)P_k.$$

Der Leser beachte, dass diese Definition nur für normale Operatoren ausgesprochen ist. Das steht im Gegensatz zu $p(A)$, p Polynomfunktion, was auf ganz $End(X)$ erklärt ist. Für $f = p$ fallen aber die beiden Begriffsbildungen, die obige und die aus (8.2.2), zusammen.

Satz. Definiert man für Funktionen das Addieren, Multiplizieren und Konjugieren punktweise (vgl. (2.1.4), Bsp. 5), dann findet man:

    i. Für alle komplexen α, β und Funktionen f, g gelten:
        a. $(\alpha f + \beta g)(A) = \alpha f(A) + \beta g(A)$.
        b. $(fg)(A) = f(A)g(A) = g(A)f(A)$.
        c. $\bar{f}(A) = f(A)^*$.
    ii. $f(Sp(A)) = Sp(f(A))$.

Beweis. (i) folgt aus der Definition direkt. Ebenso ergibt sich sofort daraus, dass $f(Sp(A))$ in $Sp(f(A))$ liegt. Ist λ in $Sp(f(A))$ mit Eigenvektor $x \neq o$, dann gilt

$$0 = \left|(f(A) - \lambda I)x\right|^2 = \left|\Sigma(f(\lambda_i) - \lambda)P_i x\right|^2$$
$$= \Sigma|f(\lambda_i) - \lambda|^2|P_i x|^2$$

nach der PARSEVAL'SCHEN Gleichung für die Länge einer Summe paarweise orthogonaler Vektoren

$$|\Sigma x_i|^2 = \langle \Sigma x_i | \Sigma x_k \rangle = \sum_{i,k} \langle x_i | x_k \rangle = \sum_i |x_i|^2.$$

Da nun $x \neq o$ war, muss das für ein $P_i x$ auch zutreffen und dafür gilt dann nach dem eben gefundenen Zwischenergebnis $f(\lambda_i) = \lambda$. Das beweist die andere Richtung in (ii).   □

9.2.9. Wir geben zwei Anwendungen. Dazu sei zunächst A positiv. Dann ist A hermitesch, wie das folgende Lemma, das wir etwas weiter fassen wollen, zeigt

Lemma. In einem unitären Vektorraum gelten:

    i. Ein Endomorphismus A ist genau dann null, wenn für alle x aus X $\langle Ax|x \rangle = 0$ ist.
    ii. A ist genau dann hermitesch, wenn $\langle Ax|x \rangle$ für alle x aus X reell ist.

Beweis. Die komplexe POLARISATIONSGLEICHUNG lautet für α, β aus $\mathbb{C}$

$$\alpha\bar{\beta}\langle Ax|y\rangle + \bar{\alpha}\beta\langle Ay|x\rangle$$
$$= \langle A(\alpha x + \beta y)|A(\alpha x + \beta y)\rangle - |\alpha|^2\langle Ax|x\rangle - |\beta|^2\langle Ay|y\rangle.$$

Setzt man $\alpha = \beta = 1$ bzw. $\alpha = i$, $\beta = 1$ ein, dann erhält man

$$\langle Ax|y\rangle + \langle Ay|x\rangle = 0 \quad \text{und} \quad \langle Ax|y\rangle - \langle Ay|x\rangle = 0,$$

woraus (i) folgt.

Ist A hermitesch, dann ist offenbar $\langle Ax|x\rangle$ reell. Ist $\langle Ax|x\rangle$ reell, dann ist $\langle Ax|x\rangle = \langle A^*x|x\rangle$ also $\langle(A - A^*)x|x\rangle = 0$ und (ii) folgt aus (i). □

Im Beweis haben wir von der komplexen Einheit Gebrauch gemacht.

In der Tat ist der Satz für reelle Räume falsch, wie eine Drehung um einen rechten Winkel beweist.

Mit dem Lemma können wir den folgenden, für die Analysis von Operatorfunktionen wichtigen Satz beweisen.

Satz. Ist A ein positiver Operator in einem unitären Raum, dann gibt es einen durch A eindeutig bestimmten positiven Operator W mit $W^2 = A$.

Man nennt W die WURZEL von A.

Beweis. Wir können nach der Vorbetrachtung auf A den Spektralsatz anwenden und finden, dass alle $\lambda_i \geqslant 0$, $i = 1,\ldots,k$, sind. Daher ist die Wurzelfunktion w auf $Sp(A)$ erklärt und wir setzen $W = w(A)$. W ist dann positiv und nach (9.2.8)(i) ist $W^2 = A$.

Es bleibt die Eindeutigkeit offen. Dazu wenden wir auf W den Spektralsatz an: $W = \mu_1 P_1' + \cdots + \mu_s P_s'$ und erhalten eine Zerlegung

$$A = \mu_1^2 P_1' + \cdots + \mu_s^2 P_s'.$$

Da alle $\mu_i \geqslant o$ und paarweise verschieden waren, sind es auch die μ_i^2. Die Eindeutigkeit der Spektralzerlegung von A liefert dann die Formeln $s = k$, $\mu_i^2 = \lambda_i$ und $P_i = P_i'$ für $i = 1,\ldots,n$, nachdem wir eventuell noch die Numerierung der P_i' umstellen. □

9.2.10. Um den Nutzen des Wurzelbegriffs zu zeigen, beweisen wir eine zur Polarzerlegung (7.2.15) analoge komplexe Variante.

Satz. Ist A aus $Aut(X)$ in einem unitären Raum, dann gilt

$$A = PU$$

für einen eindeutig durch A bestimmten positiv definiten Operator P und eine eindeutig durch A bestimmte unitäre Transformation U.

Beweis. AA^* ist positiv und hat eine Wurzel W nach (9.2.9). Wäre der Satz wahr, dann gälte $AA^* = PP^* = P^2$, da P nach (9.2.9) hermitesch ist. Das bringt uns auf die Idee $P = W(AA^*)$ zu setzen, was nach (9.2.9) durch A eindeutig bestimmt ist.

Da A invertierbar war, ist es auch AA^* und deshalb ist P positiv definit. Jetzt ist $U = P^{-1}A$ auch eindeutig festgelegt und es gilt

$$U^*U = A^*(P^*)^{-1}P^{-1}A = A^*(AA^*)^{-1}A$$
$$= A^*(A^*)^{-1}A^{-1}A = I. \qquad \square$$

Mit diesen Beispielen haben wir einen Einblick in den Nutzen des Spektralsatzes gegeben. Wieviel Analysis man damit machen kann, sieht man beispielsweise in [1], oder, wenn man die Theorie auf unendlichdimensionale Räume erweitert, in der Literatur zur Quantenmechanik, die mathematisch auf dem Spektralsatz aufgebaut ist.

Gleichzeitig haben wir ein tieferes Verständnis für die Positivität eines Operators gewonnen. Ja noch mehr: Das Lemma (9.2.9) legt es nahe, den hermiteschen Endomorphismen in $End(X)$ dieselbe Rolle wie den reellen Zahlen in $\mathbb{C}$ zuzuweisen. Die Polarzerlegung entspricht dann der für komplexe Zahlen aus (8.1.1). In der Tat kann man diese Analogie bei algebraischen Untersuchungen in $End(X)$ komplexer Vektorräume mit Vorteil einsetzen.

Die Jordan-Zerlegung

9.3.1. Wir wollen jetzt wieder auf komplexe[†] Vektorräume *ohne Skalarprodukt* zurückgehen, im Grunde also die Äquivalenzklasse der allgemeinen linearen Gruppe studieren, und sehen, ob ein Operator mit ihrer Hilfe eine einfache Matrixdarstellung erreichen kann. Das beste Ergebnis in dieser Richtung war (9.2.2), der Satz von der Triangulierbarkeit.

Nennen wir einen Endomorphismus DIAGONALISIERBAR, wenn man ihn bei geeigneter Koordinatenwahl durch eine Diagonalmatrix darstellen kann, dann folgt unmittelbar aus (9.2.6):

Satz. A aus $End(X)$ ist genau dann diagonalisierbar, wenn es Projektoren $P_1, \ldots, P_k$ gibt, mit

$$A = \lambda_1 P_1 + \cdots + \lambda_k P_k,$$

wobei $\lambda_1, \ldots, \lambda_k$ die paarweise verschiedenen Punkte aus $Sp(A)$ durchläuft und für die Projektoren gelten:

$$P_1 + \cdots + P_k = I, \quad P_i P_j = O \quad \text{für } i \neq j \quad \text{und } AP_i = P_i A$$

für alle $i = 1, \ldots, k$.

Da wir in diesem Paragrafen die Beweistechnik der Polynomalgebra aus Paragraf 8.2 verwenden wollen, formulieren wir dieses an den Spektralsatz angelehnte Ergebnis um.

[†] Das benutzen wir in diesem Paragrafen nur um die Existenz von Eigenwerten sicherzustellen!

Zunächst bemerken wir, dass p_A und c_A dieselben Nullstellen haben. Wir benutzen (9.2.3), was uns zeigt, dass für jede Nullstelle λ von c_A $Ax = \lambda x$ für ein $x \neq o$ ist. Da p_A in I_A liegt, folgt daraus $p_A(\lambda)x = p_A(A)x = o$, also ist λ Nullstelle von p_A. Die Umkehrung folgt aus (8.2.5) direkt.

Sei dann $q(\tau) = (\tau - \lambda_1)\ldots(\tau - \lambda_k)$ ein Polynom, dessen Nullstellen genau die Punkte von $Sp(A)$ sind. Offenbar liegt es nach dem Satz in I_A, da $q(A) = \Sigma q(\lambda_i)P_i$ ist, muss also bis auf das Vorzeichen $(-1)^k$ gleich p_A sein.

Wir sehen also, dass p_A für diagonalisierbare Abbildungen in Linearfaktoren zerfällt.

Gilt umgekehrt $p_A = (\tau - \lambda_1)\ldots(\tau - \lambda_k)$, dann sind nach obigem Einschub $\lambda_1,\ldots,\lambda_k$ gerade die Spektralwerte von A. Zu diesen Zahlen bilden wir, wie in (9.2.8) die Lagrange'schen Polynome, $p_1,\ldots,p_k$ die eine Basis für die Polynomfunktionen vom Grade $k - 1$ bilden. Speziell gilt für $q_o(\tau) = 1$ und $q_1(\tau) = \tau$, dass man sie aus $p_1,\ldots,p_k$ linear kombinieren kann. Also gelten:

$$I = \sum_i p_i(A) \quad \text{und} \quad A = \sum_i \lambda_i p_i(A);$$

die Koeffizienten der Linearkombination enthält man durch Auswertung in $\lambda_1,\ldots,\lambda_k$. Da $p_i p_j$ für $i \neq j$ alle Faktoren $(\tau - \lambda_s)$, $s = 1,\ldots,k$, enthält, ist es Vielfaches von p_A und liegt daher in I_A, also ist $p_i(A)p_j(A) = O$ für $i \neq j$. Natürlich finden wir $p_i(A)A = Ap_i(A)$ für alle $i = 1,\ldots,k$. Mit $P_i = p_i(A)$ finden wir die Bedingungen des Satzes oben erfüllt, A ist also diagonalisierbar.

Die Überlegung nahm stillschweigend $k > 1$ an; für $k = 1$ ist aber $A = \lambda_1 I$. Somit haben wir allgemein bewiesen.

Satz. A aus $End(X)$ ist genau dann diagonalisierbar, wenn sein Minimalpolynom p_A in Linearfaktoren zerfällt.

9.3.2. Wir beginnen mit einer einfachen Beobachtung. Ist A aus $End(X)$, dann sind *für jeden mit A vertauschbaren Endomorphismus B, d.h. $BA = BA$, der Kern und das Bild von B A-invariante Teilräume.*

Ist nämlich $x = By$, dann ist $Ax = ABy = BAy$ aus $Im B$ und aus $By = o$ folgt $BAy = ABy = o$, d.h. Ay aus $ker B$.

Das hat für den Spektralsatz folgende wichtige Ergänzung zur Folge:

Satz. Ein Operator B vertauscht genau dann mit einem normalen A, wenn er mit allen Spektralprojektoren von A kommutiert, d.h. wenn $P_i A = AP_i$ für $i = 1,\ldots,k$ ist.

Will man beliebige Endomorphismen besonder einfach darstellen, dann hat man günstigenfalls Diagonalform, stets aber Dreiecksform nach (9.2.2). Offenbar kann man die Dreiecksmatrix als Summe einer Diagonalmatrix und einer Dreiecksmatrix mit Nullen in der Diagonale schreiben. Letztere haben die Eigenschaft, dass sie oft genug mit sich selbst multipliziert null werden. Sie können also keinen von null verschiedenen Eigenvektor haben; ihr Spektrum ist also leer. Dem entspricht, dass nach (9.2.2) alle Eigenwerte von A im Diagonalteil verblieben sind.

Im allgemeinen werden dabei die beiden Matrizen nicht vertauschen. Tun sie das aber, dann lässt nach der Vorbemerkung der eigenwertfreie Dreiecksanteil die Eigenräume des Diagonalteils fest; die Matrix kann auf Blockdiagonalform gebracht werden. Das ist eine wertvolle Zusatzinformation.

9.3.3. Den Rest dieses Paragrafen widmen wir der koordinatenfreien und genauen Formulierung, sowie dem Beweis des oben skizzierten Sachverhalts. Für jedes A aus $End(X)$ lässt sich, wie sich zeigen wird, der Raum als eine direkte Summe von Teilräumen darstellen, so dass bei geeigneter Basiswahl A auf jedem Teilraum durch eine Jordan'sche Matrix im Sinne von (9.2.1) dargestellt wird.

Zunächst müssen wir die oberen Dreiecksmatrizen in der Algebra $End(X)$ finden.

Definition. Ein Endomorphismus N aus $End(X)$ heisst k-stufig NILPOTENT, wenn $N^k = O$, aber $N^l \neq O$ für alle $l < k$, ausfällt.

Dann steckt der entscheidende Reduktionsschritt in der folgenden Aussage.

Lemma. Zu jedem Endomorphismus A auf X gibt es zwei Teilräume X_n und X_b, derart, dass gelten:

   i. X_n und X_b sind A-invariant.
   ii. X ist direkte Summe von X_n und X_b.
   iii. A ist auf X_n nilpotent und auf X_b bijektiv.

Beweis. Setzt man $X_i = ker\, A^i$, dann findet man auf diese Weise eine aufsteigende Kette von Teilräumen

$$\{o\} = X_0 \subset X_1 \subset \cdots \subset X_i \subset \cdots \subset X,$$

die alle A-invariant sind, und die wegen der endlichen Dimension von X nicht ständig echt wachsen können. Es gibt also eine k mit $X_{k+1} = X_k$. Offenbar ist dann aber auch $X_{k+s} = X_k$ für alle $s = 1, 2, \ldots$, so dass wir annehmen können, dass k die kleinste natürliche Zahl mit der angegebenen Eigenschaft ist, d.h. dass $X_o \subset X_1 \subset \cdots \subset X_k$ eine echt wachsende Kette ist.

Andererseits können wir die Teilräume $X^i = Im\, A_i$ untersuchen und finden, dass diese eine absteigende Kette A-invarianter Teilräume

$$X = X^o \supset X^1 \supset \cdots \supset X^i \supset \cdots$$

bilden, die ebenfalls für ein l schliesslich $X^{l+1} = X^l$ erfüllen müssen. Das bedeutet, dass A auf X^i surjektiv, also bijektiv ist. Daraus folgern wir wieder $X^{l+s} = X^l$ für alle $s = 1, 2, \ldots$ und l kann als der kleinste Index mit der genannten Eigenschaft angesehen werden.

Wir setzen $X_n = X_k$ und $X_b = X^l$. Beide Räume erfüllen (i) und (iii).

Sei nun x aus X, dann liegt $A^l x$ in X_b, und da darauf A, also auch A^l bijektiv ist, gibt es sogar eine y aus X_b mit $A^l x = A^l y$. Folglich liegt $x - y$ in $ker A^l$, also in X_n. Die Darstellung $x = (x - y) + y$, zeigt, dass $X = X_n + X_b$ ist. Ist x im Durchschnitt der beiden Teilräume, dann ist $A^k x = o$, woraus wegen der Bijektivität von A^k auf X_b $x = o$ folgt. Also gilt (ii). $\square$

Bemerkung. Der Leser folgere als Übung aus dem Lemma, dass sogar $k = l$ für die beiden im Beweis verwendeten natürlichen Zahlen gelten muss.

9.3.4. Ist nun A aus $End(X)$ irgendwie gegeben und λ ein (im Komplexen nach Paragraf 8.2 stets existierender) Eigenwert von A, dann kann man das Lemma (9.3.3) auf $A - \lambda I$ anwenden und findet eine Zerlegung

(*) $$X = X_n^\lambda + X_b^\lambda$$

In $(A - \lambda I)$-invariante Teilräume. Da $A = (A - \lambda I) + \lambda I$ ist, sind sie offenbar auch A-invariant.

λ war Eigenwert und somit $ker(A - \lambda I)$ nichttrivial, woraus sich $X_n^\lambda \neq \langle o \rangle$ ergibt. Die Einschränkung von $A - \lambda I$ auf X_b^λ ist bijektiv und kann daher λ nicht mehr als Eigenwert haben. Hat man umgekehrt einen von λ verschiedenen Spektralwert μ von A vorliegen, dann kann er nicht zum Spektrum der Einschränkung von A auf X_n^λ gehören: Wäre das nicht so, dann gäbe es ein $x \neq o$ aus X_n^λ mit $Ax = \mu x$, also mit $(A - \lambda I)^k x = (\mu - \lambda)^k x = o$, woraus $x = o$ im Widerspruch zur Annahme folgte.

Bezeichnen wir mit A_n^λ bzw. A_b^λ die Einschränkung von A auf X_n^λ und X_b^λ, dann finden wir, wenn wir beispielsweise eine an die direkte Zerlegung (*) angepasste Basis wählen und die Determinantenregel für Blockmatrizen aus Paragraf 4.3 einsetzen, dass

$$c_A = c_{A_b^\lambda} c_{A_n^\lambda}$$

gilt, was nach den Betrachtungen des obigen Absatzes bedeutet, dass das Spektrum von A die disjunkte Vereinigung von $Sp(A_b^\lambda)$ und $Sp(A_n^\lambda)$ ist.

Da A_n^λ auf X_n^λ k-stufig nilpotent ist, muss $p_{A_n^\lambda}(\tau) = (\tau - \lambda)^k$ sein und die Aussage in (9.3.1) über die Nullstellen von p liefert als Folge der oben gefundenen Resultate

$$p_A = (\tau - \lambda)^k p_{A_b^\lambda}$$

$$c_A = (\tau - \lambda)^m c_{A_b^\lambda}.$$

Aus (9.2.2) schliesst man noch $dim\, X_n^\lambda = m$.

9.3.5. Wir beginnen mit einer Definition, ehe wir den gesuchten Satz formulieren.

Definition. Hat A aus $End(X)$ die folgende Primfaktorzerlegung des charakteristischen Polynoms

$$c_A(\tau) = (\tau - \lambda_1)^{n_1} \ldots (\tau - \lambda_k)^{n_k},$$

dann nennt man die Zahlen n_i die ALGEBRAISCHEN MULTI-PLIZITÄTEN von A, während man die Dimensionen der zu λ_i gehörenden Eigenräume als die GEOMETRISCHEN MULTIPLIZITÄTEN bezeichnet.

Aus den Überlegung des obigen Abschnitts wissen wir dann, dass das Minimalpolynom von A die Form

$$p_A(\tau) = (\tau - \lambda_1)^{m_1} \ldots (\tau - \lambda_k)^{m_k}$$

hat. Der Leser vergleiche das mit dem zweiten Satz in (9.2.1).

Ausserdem sieht man, dass die algebraische stets grösser als die geometrische Multiplizität ist. Das Beispiel der Jordan'schen Matrizen zeigt wieder, dass dies durchaus eine echte Ungleichheit sein kann. Es lohnt sich daher den Eigenraum zu λ von dem in (9.3.4) gefundenen X_n^λ auch in der Bezeichnung zu unterscheiden.

Definition. Wir nennen $ker(A - \lambda_i I)^{m_i}$ den VERALLGEMEINERTEN EIGENRAUM oder besser WURZELRAUM von A; λ_i heisst WURZEL, wenn dieser nichttrivial ist.

Bemerkung. Natürlich fallen die Wurzeln mit den Spektralwerten zusammen, nicht aber die Wurzelräume mit den Eigenräumen, wie wir oben gesehen haben.

Wählt man nun aus dem Spektrum $\langle \lambda_1, \ldots, \lambda_k \rangle$ von A den ersten Eigenwert aus und wendet darauf das Verfahren (9.3.4) an, dann bekommt man die dort beschriebene Zerlegung. Die Abbildung $A_b^{\lambda_1}$ hat als Spektrum $\langle \lambda_2, \ldots, \lambda_k \rangle$ und man kann mit dem Spektralwert λ_2 darauf wieder (9.3.4) loslassen. Iteriert man das solange, bis alle Werte in $Sp(A)$ aufgebraucht sind, dann hat man sich von folgendem Resultat überzeugt:

Satz. (JORDAN-ZERLEGUNG) Sei A ein Endomorphismus von X mit Spektrum $\langle \lambda_1, \ldots, \lambda_k \rangle$, seien weiter

$$c_A(\tau) = (\tau - \lambda_1)^{n_1} \ldots (\tau - \lambda_k)^{n_k}$$

das charakteristische und

$$p_A(\tau) = (\tau - \lambda_1)^{m_1} \ldots (\tau - \lambda_k)^{m_k}$$

das Minimalpolynom von A. Bezeichnen wir mit X_i, $i = 1, \ldots, k$, den Wurzelraum zu λ_i, dann gelten.

    i. X_i ist A-invariant und $dim\, X_i = n_i$.
    ii. X ist direkte Summe von $X_1, \ldots, X_k$.
    iii. $(A - \lambda_i)$ ist m_i-stufig nilpotent auf X_i und bijektiv auf X_j für alle $j \neq i$.

9.3.6. Damit haben wir unseren Struktursatz schliesslich erreicht. Auch ihn bezeichnet man oft mit dem Namen der Jordan-Zerlegung.

Satz. (JORDAN-ZERLEGUNG) Ist X eine komplexer Vektorraum und A aus $End(X)$, dann ist $A = D + N$, d.h. Summe eines nilpotenten Endomorphismus N und eines diagonalisierbaren D; es gilt ausserdem $DN = ND$.
In dieser Zerlegung sind D und N durch A eindeutig bestimmt.

Beweis. Seien $P_1, \ldots, P_k$ die Projektoren auf die Wurzelräume $X_1, \ldots, X_k$ aus (9.3.5). Offenbar ist $AP_i = P_i A$, $P_1 + \cdots + P_k = I$ und $P_i P_j = O$ für $i \neq j$ und alle $i, j = 1, \ldots, k$; der Leser schlage (9.2.6) nach. Wegen (9.3.1) ist deshalb der Operator

$$D = \lambda_1 P_1 + \cdots + \lambda_k P_k$$

diagonalisierbar und

$$N = A - D = (A - \lambda_1) P_1 + \cdots + (A - \lambda_k) P_k$$

offenbar nach (9.3.5)(iii) nilpotent. $DN = ND$ ist dann klar.
Hat man eine andere solche Zerlegung $A = D' + N'$, dann findet man mit den oben eingeführten Projektoren

$$(D' - D) P_i = (N' - N) P_i$$

für alle $i = 1, \ldots, k$. Nun benutzen wir, dass die P_i Polynomfunktionen in A sind (vgl. (9.2.8) oder (9.3.1)). Da N' mit D' vertauscht, tut es das auch mit A, also mit jedem Polynom in A, speziell mit D und N. Dasselbe gilt für D': Es vertauscht mit D und N. Daraus folgt, dass in obiger Gleichung links ein diagonalisierbarer und rechts ein nilpotenter Operator steht. Das kann aber nur dann eine Gleichheit sein, wenn alle Eigenwerte des diagonalisierbaren verschwinden, also $DP_i = D'P_i$ ist; daraus folgert man $NP_i = N'P_i$ für alle $i = 1, \ldots, k$. Das beweist jetzt schnell die Eindeutigkeit der Zerlegung, wenn man die einzelnen Blöcke zusammenfügt. $\square$

9.3.7. Gehen wir auf die Bezeichnung von (9.3.5) zurück, dann können wir in X_i einen Vektor $x \neq o$ finden, so dass $(A - \lambda_i I)^{m_i - 1} x \neq o$ ausfällt. Nach (8.2.6) ist dann $\langle x, (A - \lambda_i I)x, \ldots, (A - \lambda_i I)^{m_i - 1} x \rangle$ eine Basis eines m_i-dimensionalen, A-invarianten Teilraums von X_i, auf dem A m_i-stufig nilpotent ist. In dieser Basis hat $A - \lambda_i I$ die Matrixform (β_{rs}) mit $\beta_{rs} = \delta_{r(s+1)}$ auf dem aufgezeigten Teilraum.
Man nennt einen solchen Teilraum ZYKLISCH und hat darauf für A die Form

$$\begin{pmatrix} \lambda & 0 & . & . & . & 0 \\ 1 & \lambda & . & . & . & . \\ 0 & 1 & \lambda & . & . & . \\ . & . & . & . & . & . \\ 0 & . & . & . & 1 & \lambda \end{pmatrix}$$

als Matrixdarstellung. Nun kann man den Wurzelraum X_i in eine Summe solcher Teilräume zerlegen und findet schliesslich als Ergebnis des Satzes (9.3.5), dass es eine Basis von X gibt, so dass A darin eine Matrixform hat, die man die JORDAN'SCHE NORMALFORM nennt. Sie besteht aus entlang der Diagonale aufgereihten Blöcken der eben angeschriebenen Form.

Der Leser führe das im Detail durch, am besten an einem selbstgewählten Zahlenbeispiel.

Bemerkung. Abschliessend wollen wir nocheinmal auf die Überlegungen zur Komplexifizierung hinweisen. Wie im Paragraf 9.2 kann man sie auch hier einsetzen, um die Ergebnisse auf reelle Vektorräume zu erweitern. Etwa (9.3.6) lautet dann, dass *man jeden reellen Endomorphismus als Summe eines halbeinfachen und eines nilpotenten darstellen kann.* Die Matrixform suche der Leser zur Übung selbst auf.

ANHANG A

Grundlegende algebraische Rechengesetze

A1. Die Geschichte der Mathematik und anthroposoziologische Untersuchungen haben gezeigt, dass der Übergang von überlieferten Rechenverfahren für konkret gestellte Aufgaben der Praxis zu allgemeingültigen, also ohne auf die konkrete Interpretation der Symbole bezugnehmende Rechenregeln in den unterschiedlichen Kulturkreisen manchmal um Jahrhunderte auseinanderliegt, und dass es in der Regel mehrerer Generationen bedarf, ehe er allgemeine Anerkennung findet. Ohne diesen Übergang ist Mathematik, wie wir sie heute verstehen, aber nicht möglich. Europa hat ihn spätestens im 12.Jahrhundert vollzogen[†]; damals erschien die erste lateinische Übersetzung der arabischen Monografie AL-JEBR W'AL-MUQUABALA von Mahommed ibn Musa Al-Kharizmi, von deren Titel sich das moderne Wort ALGEBRA ableitet. Dieses Buch wird sowohl vom mathematischen Gehalt wie von seinem Einfluss auf die weitere Entwicklung her neben die ELEMENTE des Euklid (vgl. Anhang C) gestellt und doch gab es noch bis ins 19.Jahrhundert hinein leidenschaftliche Pamphlete gegen den "Unsinn der negativen Zahlen", während man die Geometrie als Ausdruck einer göttlichen Weltordnung empfand. Erst seit etwa hundert Jahren ist uns klar, dass in beiden Fällen der Abstraktionsschritt, wenn er wirklich in Strenge vollzogen wird, derselbe ist und die Existenz negativer Zahlen nicht verwunderlicher ist als die Feststellung, dass auf einer Geraden wenigstens zwei Punkte liegen.

A2. Wir geben nun eine Reihe von Rechengesetzen an, die in der Algebra immer wieder auftreten werden. Als Beispiel für ihre Verwendung kann der Leser sich zunächst die reellen Zahlen vor Augen führen, doch werden im

---

[†]Obwohl Fragmente der Werke des Nichomachos in lateinischer Sprache im ersten Jahrhundert als Mathematiklehrbücher benutzt wurden, war die griechische Tradition im Bereich der Algebra völlig unterbrochen. Der Werke des Diophant wurden erst im 14. Jahrhundert wiederentdeckt.

Laufe des Studiums später noch andere Objekte auftauchen, auf die wenigstens noch einige der unten angeführten Regeln anwendbar sind. Das rechtfertigt es, die Gesetze in Gruppen zu fassen und diese mit Namen zu belegen.

Wir legen eine MENGE M mit unterschiedenen Elementen, die mit Buchstaben $a, b, c, \ldots$ bezeichnet werden, fest.[†] Da die Elemente unterschieden sein sollen, ist es klar, was es heissen soll, dass a, b zwei verschiedene Elemente ($a \neq b$) oder ein und dasselbe Element bezeichnen ($a = b$). Unter einer VERKNÜPFUNG auf M verstehen wir eine Abbildung von $M \times M$ in M (vgl. Anhang B). Unser Ziel ist es, die gegebene Menge M mit einer oder mehreren Verknüpfungen auszustatten und für diese Rechenvorschriften zu postulieren.

Die wichtigste Verknüpfung, gerade für die Lineare Algebra ist die ADDITION $(a, b) \to a + b$, für die die Regeln gelten:

A. $a + (b + c) = (a + b) + c$ für alle a, b, c (ASSOZIATIVGESETZ).
Es gibt (genau) ein Element 0 aus M, so dass für alle a aus M
$a + 0 = a$ gilt (EXISTENZ DER NULL).
Zu a aus M gibt es (genau) ein Element $(-a)$ aus M, so dass
$a + (-a) = 0$ ist (EXISTENZ DES NEGATIVEN).
$a + b = b + a$ für alle a, b (KOMMUTATIVGESETZ).

In der mathematischen Literatur besteht die Übereinkunft, das Summenzeichen nur im Zusammenhang mit dem Kommutativgesetz zu benutzen. Deshalb haben wir dieses in die definierenden Regeln mitaufgenommen. Eine Menge M, die mit einer Addition ausgestattet ist, nennt man eine KOMMUTATIVE oder auch ABELSCHE GRUPPE.

A3.   Neben der Addition trägt die Menge M oft noch eine zweite Verknüpfung, die MULTIPLIKATION oder das Produkt, $(a, b) \to ab$. Dafür gilt wieder ein Assoziativgesetz:

M1. $a(bc) = (ab)c$ für alle a, b, c aus M.

Das Produkt und die Addition sollen in folgender Weise verbunden sein:

D. $a(b + c) = ab + ac$
$(b + c)a = ba + ca$
für alle a, b, c aus M (DISTRIBUTIVGESETZ).

Ist mit zwei Verknüpfungen versehen, die **A.**, **M1.** und **D.** erfüllen, dann nennt man M einen RING, die Rechenregeln dann Ringaxiome.
Oft ist die Multiplikation noch reichhaltiger. Gilt noch

[†]Beachte: In der Mathematik bedeuten Buchstaben nie wirkliche Buchstaben!

M2. Es existiert (genau) ein von Null verschiedenes Element, das mit 1 bezeichnet wird, so dass für alle a aus M gilt $a1 = a = 1a$ (EXISTENZ DES EINSELEMENTS),

dann nennt man den Ring eine ALGEBRA.

Man spricht von einen SCHIEFKÖRPER, wenn zu allen bisher aufgeführten Regeln noch hinzukommt:

M3. Zu $a \neq 0$, a aus M, existiert (genau) eine Element, das mit a^{-1} bezeichnet wird, so dass gilt $a(a^{-1}) = 1 = (a^{-1})a$ (EXISTENZ DES INVERSEN).

Schliesslich mag noch das Kommutativgesetz für die Multiplikation hinzukommen; dann nennt man den Schiefkörper einen KÖRPER.

Während die Addition in der mathematischen Praxis stets als Block auftritt, findet man für ein Produkt oft nur einzelne der obigen Regeln realisiert. Das spiegelt sich in der Vielfalt der oben eingeführten Begriffe wieder. Häufig bekommt man es auch mit Mengen M zu tun, die keine Addition tragen, also auch kein Nullelement besitzen, auf denen aber ein Produkt erklärt ist, das **M1, M2, M3** erfüllt; solche Objekte nennen wir eine GRUPPE.[†] Gruppen können nur aus einem einzigen Element bestehen, dem Einselement, während eine Algebra zusätzlich das davon notwendigerweise verschiedene Nullelement enthält.

[†] Dies steht nicht in Konflikt mit dem oben eingeführten Begriff der abelschen Gruppen, sondern fasst ihn sogar weiter. Man sieht das ein, indem man feststellt, dass die ersten drei Regeln in A. bis auf die Schreibweise mit den Multiplikationsregeln übereinstimmen.

Die wichtigsten Grundbegriffe der Mengenabbildung

B1. Seien M, N zwei Mengen. Unter einer ABBILDUNG Φ von M in N verstehen wir eine Zuordnung (Vorschrift), die zu jedem x aus M genau ein y aus N angibt. y nennen wir dann das Bild von x unter der Abbildung Φ. Für die Abbildung ist die Kurzschreibweise $\Phi: M \to N$, oder $x \mapsto \Phi(x)$, bequem. Ist $M = N$, dann nennt man Φ eine Abbildung von M IN SICH.

Es ist oft bequem, Abbildungen von Punkten auf die Teilmengen von M auszudehnen: Ist A eine Teilmenge von M, dann ist $\Phi(A) = \langle \Phi(x) | x$ aus $A \rangle$ eine durch Φ und A eindeutig bestimmte Teilmenge von N, die wir das BILD von A unter Φ nennen. Dual kann man jeder Teilmenge B von N ihr URBILD unter Φ zuordnen:

$$\Phi^{-1}(B) = \langle x | x \text{ aus } M \text{ und } \Phi(x) \text{ aus } B \rangle.$$

Man spricht dementsprechend auch von M als dem URBILDBEREICH und von N als dem BILDBEREICH von Φ.

Es soll noch einmal betont werden, dass zur vollständigen Angabe einer Abbildung drei Daten nötig sind: Der Urbildbereich, der Bildbereich und schliesslich die Zuordnungsvorschrift selbst.

Die GLEICHHEIT von Abbildungen ist PUNKTWEISE erklärt, d.h. $\Phi = \Psi$ bedeutet, dass für alle x aus M stets $\Phi(x) = \Psi(x)$ gilt.

B2. Eine Abbildung $\Phi: M \to N$ heisst SURJEKTIV (oder AUF), wenn $\Phi(M) = N$ ist, sie heisst INJEKTIV, wenn aus $\Phi(x) = \Phi(y)$ stets $x = y$ folgt. Die Injektivität bedeutet insbesondere, dass das Urbild von $\langle y \rangle$, y aus N, höchstens einen Punkt enthält. Ist Φ sowohl surjektiv wie injektiv, dann spricht man von einer BIJEKTIVEN Abbildung; in diesem Fall enthält $\Phi^{-1}(\langle y \rangle)$ genau einen Punkt aus M und dieser ist dadurch offensichtlich dem y eindeutig zugeordnet. Dadurch ist für bijektives Φ eine neue Abbildung $\Phi^{-1}: N \to M$ durch $\Phi^{-1}(y) = x$, x aus $\Phi^{-1}(\langle y \rangle)$, erklärt, die man die UMKEHRABBILDUNG nennt.

Dieser Abschnitt ist als Referenz und zur Sprachregelung eingeschoben. Der Leser wird im Laufe der Vorlesung viele Beispiele für die obenbesprochene Begriffe finden und sie dabei besser verstehen lernen.

Hilberts Axiomatik der Euklidischen Geometrie

C1. Etwa 300 v.Chr. erschien eines der berühmtesten und einflussreichsten Mathematikbücher: Die ELEMENTE Euklids. (vgl. [31]) Es zeigt in seinem Aufbau eine Dreiteilung, die bis heute—in unserem Jahrhundert stärker als je zuvor—dem Aufbau einer mathematischen Abhandlung zugrundeliegt: In Form von DEFINITIONEN werden die Objekte, von denen Geometrie handelt, vorgestellt (Punkt, Gerade, Winkel u.a.m.), dann werden die Aussagen, die über diese Objekte und ihre Beziehungen zueinander gemacht werden können, in zwei weitere Kategorien eingeteilt:

    i. In die AXIOME oder POSTULATE, deren Gültigkeit ohne Beweis als garantiert angenommen wurde, und

    ii. in die THEOREME oder LEHRSÄTZE,[†] deren Richtigkeit allein mithilfe der von Archimedes formalisierten Logik aus den als wahr vorausgesetzten Axiomen und den schon als richtig erkannten Lehrsätzen folgt.

Bei Euklid sind diese drei Kategorien: Definitionen—Axiome—Theoreme auch in dieser Reihenfolge aufgeführt, eine logische Vertiefung dieser Dreiteilung erfolgt aber zunächst nicht. Diese wurde erst möglich (und notwendig) durch das beträchtliche Anwachsen des mathematischen Wissens etwa ab dem 17.Jahrhundert und durch die damit einhergehende Verfeinerung des Schliessens. Erst Ende des 19.Jahrhunderts wurden axiomatische Zugänge zur Euklidischen Geometrie gefunden, die den Anforderungen moderner Mathematik genügen; einen besonders einfachen fand 1899 D. Hilbert in seiner preisgekrönten Arbeit GRUNDLAGEN DER GEOMETRIE (vgl. [34]).

Hilbert fordert, dass die Theoreme ohne Bezug auf ein spezielles Modell aus den Postulaten ableitbar sein sollen. Insbesondere soll den in den Definitionen aufgeführten Objekten keine spezielle Veranschaulichung

---

[†]Sie werden heute meist einfach als SÄTZE bezeichnet.

aufgeprägt sein.[†] Von den Postulaten verlangt man

    i. Widerspruchsfreiheit, d.h. es soll nicht möglich sein aus ihnen einen Lehrsatz und zugleich auch dessen Verneinung abzuleiten, und

   ii. Minimalität, d.h. es soll nicht möglich sein, ein Postulat fallen zu lassen, ohne dass dabei die Gesamtheit der beweisbaren Sätze verändert wird.

Die unten vorgestellten Axiome erfüllen diese Forderungen und liefern sogar noch mehr: Sie legen die durch sie beschriebene Geometrie unter allen möglichen Geometrien[‡] eindeutig fest. Man spricht dann von der Vollständigkeit des Axiomensystems (vgl. [12]). Als weiteres Ergebnis dieser Grundlagenanalyse einer mathematischen Theorie sollte noch festgehalten werden, dass Euklids Anordnung der Kategorien nicht aufrecht erhalten werden kann; Definitionen, Axiome und Theoreme wechseln bei ihrem Aufbau einander ab.

Wir versuchen eine knappe Beschreibung der Hilbertschen Axiomatik. Wir beschränken uns auf die Geometrie der Ebene, die des Raumes ist analog aufgebaut und findet sich in [34].

C2. Die Grundobjekte der Geometrie werden unter Bezugnahme auf die als etabliert angenommene Mengenlehre als Elemente zweier Mengen, der Menge der Punkte $\{P, Q, R, S, \dots\}$ und der Menge der Geraden $\{g, h, l, \dots\}$, definiert. Zu diesen werden später weitere hinzugefügt werden. Sie werden zueinander in Beziehung gesetzt durch Worte wie "liegen auf", "liegt zwischen" usw., die eine ähnliche Rolle wie "$+$" oder "$\cdot$" in der Algebra (vgl. Anhang A) spielen. Die Beziehungen zwischen den Grundobjekten beschreiben die VERKNÜPFUNGSAXIOME:

V. Zu zwei Punkten P und Q gibt es genau eine Gerade g, auf der sowohl P wie auch Q liegt.
Auf einer Geraden liegen wenigstens zwei Punkte.
Es gibt drei Punkte, die nicht alle auf einer Geraden liegen.

und die ANORDNUNGSAXIOME:

O. Liegt Q zwischen P und R, dann sind P, Q und R verschiedene Punkte auf einer Geraden und Q liegt dann auch zwischen R und P.

[†] Das zieht nach sich, dass es völlig unerheblich ist, etwa von Geraden als von "unendlich dünn" gedachten Linien zu sprechen; Gerade und Punkte dürfen ruhig die Dicke von Bleistiftspuren annehmen.

[‡] Nicht-Euklidische Geometrien spielen beispielsweise in der Kosmologie oder der Funktionentheorie eine wichtige Rolle und sind wenigstens seit den bahnbrechenden Untersuchungen von N.I. Lobatschewski um 1830 bekannt.

Zwischen zwei Punkten P und R auf einer Geraden liegt ein Punkt Q.

Sind P, Q und R Punkte auf einer Geraden, dann liegt höchstens ein Punkt zwischen den beiden anderen.

Seien P, Q, R drei Punkte, nicht alle auf einer Geraden gelegen, und sei g eine Gerade. Enthält g einen Punkt zwischen P und Q, dann enthält sie auch einen Punkt entweder zwischen Q und R oder zwischen P und R.

C3. Aus den bisher aufgeführten Axiomen kann man bereits einige fundamentale Sätze der Geometrie folgern, etwa: Zwei verschiedene Geraden haben höchstens einen Punkt gemeinsam. Vom Standpunkt der Axiomatik ist es aber noch wichtiger, dass man neue Objekte der Geometrie definieren kann und gleichzeitig deren Existenz in der durch die bisherigen Axiome abgegrenzten Theorie beweisen kann; solche Objekte heissen dann WOHLDEFINIERT. In der mathematischen Literatur wird der Unterschied zwischen axiomatisch vorangestellten und aufgrund von Sätzen wohldefinierten Objekten meist nicht besonders betont. Achtet man allerdings nicht darauf, läuft man in Gefahr, später auf leere Sätze, d.h. Sätze über Objekte, die es in der behandelten Theorie garnicht gibt, zu stossen. Als Beispiele für wohldefinierte Objekte der Geometrie können wir aufgrund der Axiome **V** und **O** die Strecke zwischen zwei Punkten, die von einem Punkt ausgehende Halbgerade oder den als Paar von einem Punkt ausgehender Halbgeraden definierten Winkel anführen.[†]

KS. Ist PQ die Strecke zwischen P und Q und Rg eine von R ausgehende Halbgerade, dann gibt es genau einen Punkt S auf Rg, so dass PQ kongruent RS ist.

PQ ist kongruent QP.

Ist AB kongruent PQ und auch kongruent RS, dann ist PQ kongruent RS.

Liegen B zwischen A und C und Q zwischen P und R, dann folgt aus AB ist kongruent PQ und BC ist kongruent QR, dass auch AC kongruent PR ist.

In dieser Axiomengruppe war "kongruent sein" eine Verknüpfung zwischen Strecken, in der zweiten Gruppe der KONGRUENZAXIOME ist es eine Verknüpfung von Winkeln. Es ist Tradition dafür dasselbe Wort zu benutzen.

KW. Ist $w(P; g, h)$ ein durch die beiden von P ausgehenden Halbgeraden Pg und Ph gegebener Winkel und Qk eine Halbgerade,

---

[†]Der Leser mag sich bei diesen Begriffen auf seine geometrische Intuition verlassen. Dass sie wirklich wohldefinierbar sind, findet man in [34] ausgeführt.

dann liegt in jeder der durch k bestimmten Halbebenen genau eine von Q ausgehende Halbgerade Ql, so dass $w(P; g, h)$ kongruent zu $w(Q; k, l)$ ist.

$w(P; g, h)$ ist kongruent $w(P; g, h)$ und kongruent $w(P; h, g)$.

Der wichtigste Baustein der ebenen Geometrie ist das Dreieck, wohldefiniert und bestehend aus Strecken und Winkeln. Der Innenwinkel am Punkt A wird traditionell mit $w(BAC)$ bezeichnet. Der Vergleich verschiedener Dreiecke wird möglich durch das folgende Kongruenzaxiom

KD. Seien A, B, C und P, Q, R Punktetripel, die jeweils nicht auf einer Gerade liegen. Dann folgen aus AB kongruent PQ, AC kongruent PR und $w(BAC)$ kongruent $w(QPR)$, dass auch $w(ABC)$ kongruent $w(PQR)$ und $w(ACB)$ kongruent $w(PRQ)$ wahr ist.

Aus den bisherigen Axiomen kann man die Bewegungen wohldefinieren und viele der für geometrische Konstruktionen wichtige Eigenschaften von Dreiecken ableiten. Man kann aber nicht beweisen, dass die Winkelsumme im Dreieck gerade zwei Rechte ausmacht. Dies ist dann und nur dann der Fall, wenn man das PARALLELENAXIOM als wahr hinzufügt:

P. Zu jeder Geraden g und jedem nicht auf g liegendem Punkt P gibt es höchstens[†] eine Gerade h, die P enthält und mit g keinen Punkt gemeinsam hat.

C4. Seit den Untersuchungen von Fermat und Descartes im 17. Jahrhundert weiss man, dass es bequem ist, geometrische Aussagen analytisch zu beweisen. Dazu muss man Koordinaten einführen und das wiederum setzt voraus, dass man die reellen Zahlen unter Beibehaltung ihrer Anordnung eineindeutig auf eine (beliebige) Gerade abbilden können muss. Das wird dadurch sichergestellt, dass man das Prinzip des Dedekindschen Schnitts in die Geometrie einführt. Es ist dies dann das letzte Axiom, das AXIOM VON DER ZAHLENGERADEN:

Z. Sind die Punkte einer Geraden so in zwei nichtleere Klassen eingeteilt, dass jeder Punkt genau einer Klasse angehört und jeder Punkt der ersten Klasse vor jedem Punkt der zweiten liegt, dann gibt es entweder in der ersten Klasse einen Punkt, vor dem alle anderen Punkte dieser Klasse liegen, oder es gibt in der zweiten einen, der vor allen anderen seiner Klasse liegt.

Mit diesen fünf Axiomengruppen werden alle bisher in der ebenen Geometrie bekannten Sätze beweisbar und auch die analytische Geometrie

---

[†] Es ist bemerkenswert, dass die Existenz wenigstens einer solchen Geraden schon aus den vorhergehenden Axiomen gefolgert werden kann.

auf ein festes Fundament gestellt. Hilberts strenge Anforderungen an eine Axiomatik sind, wie er selbst gezeigt hat, alle erfüllt. Die so beschriebene Geometrie nennt man eine SYNTHETISCHE GEOMETRIE.

C5.   Der Leser hat hier am Beispiel der Geometrie, und vielleicht in der Analysisvorlesung an dem der reellen Zahlen, einen axiomatischen Zugang zu wichtigen mathematischen Theorien kennengelernt, die die Hoffnung nähren, auch andere Zweige der Mathematik auf die Mengenlehre gründen zu können. Es wäre sicherlich ästhetisch befriedigend, doch die Erfolge in anderen Bereichen sind leider nicht so überzeugend. Das soll ihn aber nicht entmutigen: Axiomatik steht am Ende einer Entwicklung! Die wirklichen Fortschritte werden oft über viele Jahrhunderte durch intuitives Vorgehen gefunden und die Intuition und Anschaulichkeit wird wohl immer im Vordergrund des praktischen Arbeitens stehen; die Geometrie selbst ist das beste Beispiel dafür.

Literaturverzeichnis

1. Baumgärtel, H., *Endlichdimensionale analytische Störungstheorie*, Akademie Verlag, 1972.

2. Bellmann, R., *Introduction to Matrix Analysis*, McGraw Hill, 1970.

3. Birkhoff, G., McLane S., *A Survey of Modern Algebra*, McMillan, 1965.

4. Bourbaki, N., *Algèbre linéaire*, Eléments de Mathématique, II, 2, Hermann, 1962.

5. Cayley, A., *The collected mathematical papers of A. Cayley*, Cambridge University Press, 1889–1898. Der 8. Band enthält eine Biographie von Cayley.

6. Crowe, M., *A History of Vector Analysis*, Notre Dame, 1967.

7. Cullen, Ch.G., *Linear Algebra and Differential Equations: An Integrated Approach*, Prindle, Weber & Schmidt, 1979.

8. Daniel, J.W., Noble, B., *Applied Linear Algebra*, Prentice Hall, 1969.

9. Deaux, R., *Introduction to the Geometry of Complex Numbers*, Frederick Ungar, 1981.

10. Descartes, R., *Oeuvres des Descartes*, L. Cerf, 1897–1913. Herausgegeben in 12 Bänden von Adam, Ch. und Tannery, P.

11. Dieudonné, J., *Algèbre linéaire et géometrie élémentaire*, 3.Auflage, Hermann, 1964.

12. Efimow, N.W., *Höhere Geometrie*, VEB Deutscher Verlag der Wissenschaften, 1960.

13. Faddejew, D.K., Faddejewa, W.N., *Numerische Methoden der linearen Algebra*, R. Oldenbourg, 1976.

14. Fearnley-Sander, D., American Math. Monthly 86, 10, 1979.

15. Forder, H.G., *The Calculus of Extensions*, Chelsea, 1941.

16. Freudenthal, H., *Weeding and Sowing, Preface to a Science of Mathematical Education*, Reidel, 1978.

17. Freudenthal, H., *Mathematik als pädagogische Aufgabe*, 2.Auflage, Klett, 1977/79. 2 Bände.

18. Gale, D., *The Theory of Linear Economic Models*, McGraw Hill, 1960.

19. Gantmacher, F.R., *Matrizenrechnung*, VEB Berlin, 1958. 2 Bände.

20. Gauss, C.F., *Demonstratio nova theorematis omnem functionem algebraicam rationalem integram unius variablis factores reales primi vel secundi gradus resolvi posse*, C.G. Fleckeisen, 1799.

21. Gibbs, J.W., *The Collected Works of J.Willard Gibbs*, Longmans, Green and Co., 1928. 2 Bände.

22. Gibbs, J.W., Wilson, E.B., *Vector Analysis*, 2.Auflage, Ch. Scribner's Sons und E. Arnold, 1907. 1.Auflage, Yale University, 1901.

23. Glazman, I., Liubitch, Y., *Analyse linéaire dans les espaces de dimensions finies*, MIR, 1974. Eine englische Übersetzung erschien bei MIT Press.

24. Grassmann, H., *Die Ausdehnungslehre von 1844 oder die lineale Ausdehnungslehre ein neuer Zweig der Mathematik*, 2.Auflage, O. Wigand, 1878.

25. Grassmann, H., *Gesammelte mathematische und physikalische Werke Hermann Grassmanns*, P.G. Teubner, 1894–1911, 3 Bände in 6 Teilen, herausgegeben von F. Engel.

26. Greub, W., *Lineare Algebra*, Springer, 1976, Nachdruck der Auflage von 1958.

27. Halmos, P.R., *Finite Dimensional Vector Spaces*, 2.Auflage, Springer, 1974.

28. Hamburger, H.L., Grimshaw, M.E., *Linear Transformations in n-dimensional Vector Spaces*, Cambridge University Press, 1951.

29. Hamilton, Sir William R., *Algebra*, Cambridge University Press, 1967. Es handelt sich hier um den 3. Band der Mathematical Papers of Sir W.R. Hamilton herausgegeben von Halberstam, H. und Ingram, R.E., 3 Bände.

30. Hasse, H., *Lineare Algebra*, Göschen, 1956, 2 Bände. Sammlung Göschen.

31. Heath, Sir Thomas L., *The Thirteen Books of Euclids Elements*, Dover, 1956. 3 Bände.

32. Heaviside, O., *Electromagnetic Theory*, Ernest Benn Ltd, 1893. 2 Bände. Das Buch wurde mehrfach nachgedruckt.

33. Heinhold, J., Riedmüller, B., *Lineare Algebra und Analytische Geometrie*, C. Hansen, 1973/75.

34. Hilbert, D., Bernays, P., *Grundlagen der Geometrie*, 8.Auflage, B.G. Teubner, 1956.

35. Hirsch, M., Smale S., *Differential Equations, Dynamical Systems and Linear Algebra*, Academic Press, 1974.

36. Hoffmann, K., Kunze, R., *Linear Algebra*, 2.Auflage, Prentice Hall, 1971.

37. Householder, A.S., *The Theory of Matrices in Numerical Analysis*, Blaisdell, 1964.

38. Kaplansky, I., *Linear Algebra and Geometry*, Allyn and Bacon, 1969.

39. Klein, F., *Vergleichende Betrachtungen über neuere geometrische Forschungen*, A. Deichert, 1872. Meist kurz als "Erlanger Programm" bezeichnet.

40. Kowalsky, H.J., *Lineare Algebra*, deGruyter, 1969.

41. Kuiper, N.H., *Linear Algebra and Geometry*, North Holland, 1962.

42. Leibniz, W.G., *Der Briefwechsel von Gottfried Wilhelm Leibniz mit Mathematikern*, Herausgeber G.J. Gerhardt. Mayer und Müller, 1899. Ein Nachdruck der gesammten mathematischen Schriften von G.W. Leibniz erschien 1962 bei G. Olms.

43. Luenberger, D.G., *Introduction to Linear and Nonlinear Programming*, Addison Wesley, 1965.

44. Merton, R.K., *On the Shoulders of Giants. A Shandean Postscript*, Harcourt, Brace and World, 1965.

45. Muir, Sir Thomas, *The Theory of Determinants in the Historical Order of Development*, Dover, 1960. Nachdruck der Ausgabe 1905–1923.

46. Murnaghan, F.D., *The Orthogonal and Symplectic Groups*, Dublin Inst. for Adv. Study, 1958.

47. O'Meara, O.T., *Symplectic Groups*, Am. Math. Soc., 1978.

48. Pickert, G., *Analytische Geometrie*, 2.Auflage, AVG-Verlag, 1955.

49. Simmonard, M., *Linear Programming*, Prentice Hall, 1966.

50. Steinberg, D.I., *Computational Matrix Algebra*, McGraw Hill, 1974.

51. Stewart, G.W., *Introduction to Matrix Computations*, Academic Press, 1973.

52. Strang, G., *Linear Algebra and its Applications*, Academic Press, 1976.

53. Sylvester, J.J., *The Collected Mathematical Papers*, Cambridge, 1904–1912. 4 Bände.

54. Toeplitz, O., Rend. Palermo 28, 88–96, 1909.

55. Vaisman, I., *Foundations of Three-Dimensional Euclidean Geometry*, Dekker, 1980.

56. Valentine, F.A., *Konvexe Mengen*, Bibliographisches Institut, 1968. BI 402/402a.

57. van der Waerden, B., *Algebra*, Springer, 1966/67. Heidelberger Taschenbücher.

58. Vinci, Leonardo da, *Tagebücher und Aufzeichnungen*, Paul List Verlag, Leipzig, 1940.

59. Weyl, H., *Raum, Zeit, Materie. Vorlesungen über allgemeine Relativitätstheorie*, 6.Auflage, Springer, 1970.

60. Wilkinson, J.H., *The Algebraic Eigenvalue Problem*, Oxford University Press, 1965.

61. Zassenhaus, H., American Math. Monthly 61, 6, 1954.

Sachverzeichnis

K. Jänich

Einführung in die Funktionentheorie

Hochschultext

2. Auflage. 1980. 157 Abbildungen. IX, 239 Seiten
DM 24,-. ISBN 3-540-10032-6

Inhaltsübersicht: Holomorphe Funktionen. – Der Wirtinger-Kalkül. – Der Cauchysche Integralsatz. – Erste Folgerungen aus dem Cauchyschen Integralsatz. – Isolierte Singularitäten. – Analytische Fortsetzung und Monodromiesatz. – Die Umlaufszahlversion des Cauchyschen Integralsatzes. – Der Residuen-Kalkül. – Folgen holomorpher Funktionen. – Satz von Mittag-Leffler, Weierstraßscher Produktsatz und Riemannscher Abbildungssatz. – Riemannsche Flächen. – Die Riemannsche Fläche eines holomorphen Keimes. – Algebraische Funktionen (kurz gefaßt). – Übungsaufgaben. – Hinweise zu den Übungsaufgaben. – Appendix. – Literatur. – Register.

Seit seinem Erscheinen im Jahre 1977 hat sich dieses Buch einen Platz in der einführenden Literatur zur Funktionentheorie erobert und behauptet. Die jetzt vorliegende Neuauflage enthält kleinere Korrekturen und Ergänzungen.

Aus den Besprechungen:
„... seine (des Autors) Darstellung kann als äußerst gelungen bezeichnet werden. Seine Art, geometrisch-anschaulich zu schreiben, d.h. einfache Skizzen als ‚Kristallisationspunkte des Verständnisses oder als Gedächtnisstützen‘ zu gebrauchen, macht das Werk sehr lebendig. Als weiteres Positivum wäre die konsequente Anwendung des bereits in den ersten beiden Semestern gehörten Stoffes (Analysis I, II) zu vermerken...
40 mit Hinweisen versehene Aufgaben runden das Werk ab und ergeben eine empfehlenswerte Einführung in die Funktionentheorie.“
Internationale Mathematische Nachrichten

Springer-Verlag
Berlin
Heidelberg
New York
Tokyo

„... Die vierzig zum großen Teil anspruchsvollen Übungsaufgaben mit Lösungshinweisen sind gut geeignet, den gebotenen Stoff zu vertiefen. Hervorzuheben ist die große Anzahl von Abbildungen, welche sehr gut zum besseren Verständnis des Textes beitragen.
... eine Bereicherung der Lehrbuch-Literatur auf dem Gebiet der Funktionentheorie...“
Mathematiche Operationsforschung und Statistik

Heidelberger Taschenbücher

sind eine Lehrbuchreihe, in der der Springer-Verlag seine zahlreichen Verbindungen zu hervorragenden Wissenschaftlern für den Studenten nutzbar macht.
Im Bereich der Mathematik haben sie das Ziel, ein ausgewogenes, begleitendes Lehrbuchprogramm zum Grundstudium der Mathematik anzubieten. Aufgrund der didaktischen Sorgfalt, mit der bei aller wissenschaftlichen Fundierung die einzelnen Bände verfaßt wurden, bewähren sich die Heidelberger Taschenbücher als Grundlage und als Begleitmaterial von Vorlesungen und Seminaren. Über zwei Drittel aller bisher vorliegenden Bände erschienen als Originalausgaben und wurden speziell für diese Reihe geschrieben.

Band 12: van der Waerden
Algebra I. 8. Auflage. 1971. DM 22,80

Band 15: Collatz/Wetterling:
Optimierungsaufgaben. 2. Auflage. 1971. DM 22,-

Band 23: van der Waerden
Algebra II. 5. Auflage. 1967. DM 26,80

Band 26: Grauert/Lieb
Differential- und Integralrechnung I: Funktionen einer reellen Veränderlichen. 4., verbesserte Auflage. 1976. DM 19,80

Band 30: Courant/Hilbert
Methoden der Mathematischen Physik I. 3., Auflage. 1968. DM 28,-

Band 31: Courant/Hilbert
Methoden der Mathematischen Physik II. 2. Auflage. 1968. DM 28,-

Band 36: Grauert/Fischer
Differential- und Integralrechnung II: Differentialrechnung in mehreren Veränderlichen. Differentialgleichungen. 3., verbesserte Auflage. 1978. DM 22,-

Band 43: Grauert/Lieb
Differential- und Integralrechnung III: Integrationstheorie, Kurven-und Flächenintegrale. 2., neubearbeitete und erweiterte Auflage. 1977. DM 23,80

Band 44: Wilkinson
Rundungsfehler. 1969. DM 16,80

Band 50: Rademacher/Toeplitz
Von Zahlen und Figuren. 1968. DM 16,80

Band 51: Dynkin/Juschkewitsch
Sätze und Aufgaben über Markoffsche Prozesse. 1969. DM 21,80

Band 64: Rehbock
Darstellende Geometrie. 3. Auflage. 1969. DM 18,80

Band 65: Schubert
Kategorien I. 1970. 18,80

Band 66: Schubert
Kategorien II. 1970. DM 18,80

Band 73: Pólya/Szegö
Aufgaben und Lehrsätze aus der Analysis I: Reihen, Integralrechnung, Funktionentheorie. 4. Auflage. 1970. DM 22,-

Band 74: Pólya/Szegö
Aufgaben und Lehrsätze aus der Analysis II: Funktionentheorie, Nullstellen, Polynome, Determinanten, Zahlentheorie. 4. Auflage. 1971. DM 22,-

Band 103: Diederich/Remmert
Funktionentheorie I. 1972. DM 19,80

Band 105: Stoer
Einführung in die Numerische Mathematik I. 3. verbesserte Auflage. 1979. DM 24,-

Band 107: Klingenberg
Eine Vorlesung über Differentialgeometrie. 1973. DM 24,-

Band 108: Schäfke/Schmidt
Gewöhnliche Differentialgleichungen. 1973. DM 24,-

Band 110: Walter
Gewöhnliche Differentialgleichungen. 2., korrigierte Auflage. 1976. DM 22,-

Band 114: Stoehr/Bulirsch
Einführung in die Numerische Mathematik II. 2., neubearbeitete und erweiterte Auflage. 1978. DM 24,-

Band 143: Bröcker/Jänich
Einführung in die Differentialtopologie. 1973. DM 26,-

Band 150: Oeljeklaus/Remmert
Lineare Algebra I. 1974. DM 24,80

Band 152: Blatter
Analysis 2. 2., verbesserte und erweiterte Auflage. 1979. DM 22,-

Band 153: Blatter
Analysis 3. 2., verbesserte und erweiterte Auflage. 1981. DM 28,-

Band 179: Greub
Lineare Algebra. Korrigierter Nachdruck. 1976. DM 18,80

Band 184: Forster
Riemannsche Flächen. 1977. DM 29,80

Springer-Verlag
Berlin
Heidelberg
New York
Tokyo